海洋采油工程

李占东　邱淑新　李阳　李吉　编著

中国石化出版社

图书在版编目（CIP）数据

海洋采油工程/李占东等编著．
—北京：中国石化出版社，2017. 8
ISBN 978－7－5114－4436－3

Ⅰ. ①海… Ⅱ. ①李… Ⅲ. ①海上开采
Ⅳ. ①TE53

中国版本图书馆 CIP 数据核字（2017）第 166036 号

中国石化出版社出版发行
地址:北京市朝阳区吉市口路 9 号
邮编:100020 电话:(010)59964500
发行部电话:(010)59964526
http://www. sinopec-press. com
E-mail:press@ sinopec. com
北京富泰印刷有限责任公司印刷
全国各地新华书店经销
*
787×1092 毫米 16 开本 23. 25 印张 531 千字
2017 年 8 月第 1 版 2017 年 8 月第 1 次印刷
定价:48. 00 元

前　言

“海洋采油工程”是海洋油气工程专业本科生的必修课，要求学生了解海上采油的基本理论及其与陆上采油的根本差别，了解海洋采油生产的基本设施及工作原理，从而为学生日后从事海洋石油相关工作奠定基础。为了更好地促进本学科教学工作，我们编写了教材《海洋采油工程》。本教材本着理论与实践相结合、内容精炼、覆盖面广的原则，结合海洋油气工程相关工作的实践要求，针对我国目前海洋采油工程发展现状，系统地介绍了海洋油气工程钻、采、集、输的各个环节，并以采油工艺为重点，帮助读者对海洋采油工程建立起较为全面的认知及理解。

《海上采油工程》全书共分为十二章，第一章：海上完井与试油；第二章：油气井流动规律；第三章：自喷和气举；第四章：电潜泵采油；第五章：螺杆泵采油；第六章：射流泵采油；第七章：采气工艺；第八章：注水工艺；第九章：油层改造与评价；第十章：堵水及调剖工艺；第十一章：天然气集输工艺；第十二章：海上油气田生产与管理。本教材既有理论分析，又有实践经验，内容较为丰富。全书文字简洁，并以图表形式为主，图文结合，实用性强。教材主要用于海洋油气工程专业学生学习使用，也可供海上采油各专业岗位技术人员及管理干部参考。

本书由东北石油大学多名老师联合编写，具体编写分工如下：第一章、第四章、第八章、第九章由李占东编写；第二章、第七章、第十一章由邱淑新编写；第五章、第六章由李阳编写；第三章、第十章、第十二章由李吉编写；全书由李占东统稿。本书在出版过程中，张树鑫、刘晨帆、张丽双、王鹏从事了初稿的文字录入工作，在此表示衷心感谢。

《海上采油工程》是首次编写，虽参考了国内外大量文献及资料，并经东北石油大学有关专家多次审查和修改，但由于我们编著水平有限，不足之处望有关领导和专家批评指正，我们将不断地修改、充实、完善，使之更好地适合海上油气田生产的需要。

前　言

目　录

第一章　海上完井与试油

完井工程是衔接钻井和采油工程而又相对独立的工程，是由从钻开油层到固井、完井、下生产管柱、排液、诱导油流，直至投产的工艺过程所组成的系统工程。完井工程设计水平的高低和完井施工质量的好坏对油井生产能否达到预期指标以及油田开发的经济效益有着决定性影响。

完井工程设计的任务是：通过对油、气层的研究以及对油、气层潜在损害的评价，提出从钻开油层开始到投产每一道工序都要保护油、气层的措施，尽可能减少对储层的损害，使油、气层与井筒之间保持良好的连通，保证油、气层发挥其最大产能；通过节点分析，充分利用油、气层能量，优化压力系统，并根据油藏工程和油田开发全过程特点以及开发过程中所采取的各项措施来选择完井方式、方法和选定套管尺寸，为科学和经济地开发油田提供必要的条件。

1）完井工程设计的内容

（1）根据勘探预探井或评价井所取的岩心，以及测井和试油等资料，进行系统的岩心分析和敏感性分析，并根据实验分析的结果，提出对钻开油气层的钻井液、射孔液、增产措施的压裂液和酸液，以及井下作业的压井液等的基本技术要求。

（2）根据测井资料、岩心分析、敏感性分析数据和实践经验去选择钻开油层时的钻井液类型、配方和添加剂，以防止钻井液的滤液侵入油层而造成油层损害，同时又能安全钻进。

（3）根据油田地质特点、油田开发方式和井别，去选择完井方式。

（4）采用节点系统分析，进行油层—井筒—地面管线的敏感性分析，选定油管和套管尺寸。

（5）根据选定的完井方式，以井别、油气层物理性质、流体性质、地应力及工程措施等方面的资料为基础，选择套管的钢级、壁厚以及连接螺纹类型等。

（6）根据不同井别对水泥性能和返高的要求，以及油气层压力状况等，提出固井要求。

（7）提出固井质量检验和评价要求。

（8）进行射孔敏感性分析，确定射孔孔密、孔径、布孔方式，选择射孔枪、射孔弹类型及射孔液。

（9）根据地面情况、油气性质和采油方式等因素，完成生产管柱和井口设计；根据油气层损害程度及油气层类型，确定投产措施。完井投产后，需评价完井情况，通过试井确定表皮系数，检查油层损害的程度，找出油层损害的原因，以便提出解除或减少会对油层造成损害的措施。

完井工程涉及油田地质和油藏工程以及采油工程技术，其中包括油藏类型、油藏渗流特征、油藏岩性和油藏流体性质，这是选择完井方式和防止油层损害的理论依据。采油工程技术则包括不同类别的井（如油井、气井、注水井、注气井、注汽井、水平井），不同的开采方式（如多层系同井合采、分层开采、自喷转人工举升开采）及油田开发过程所需进行的不同技术措施（如压裂、酸化、防砂、堵水等），对选择完井方式，选择套管尺寸和强度，固井水泥返高及耐高温等都有诸多方面的特殊要求。

2）完井工程系统设计程序（图1-1）

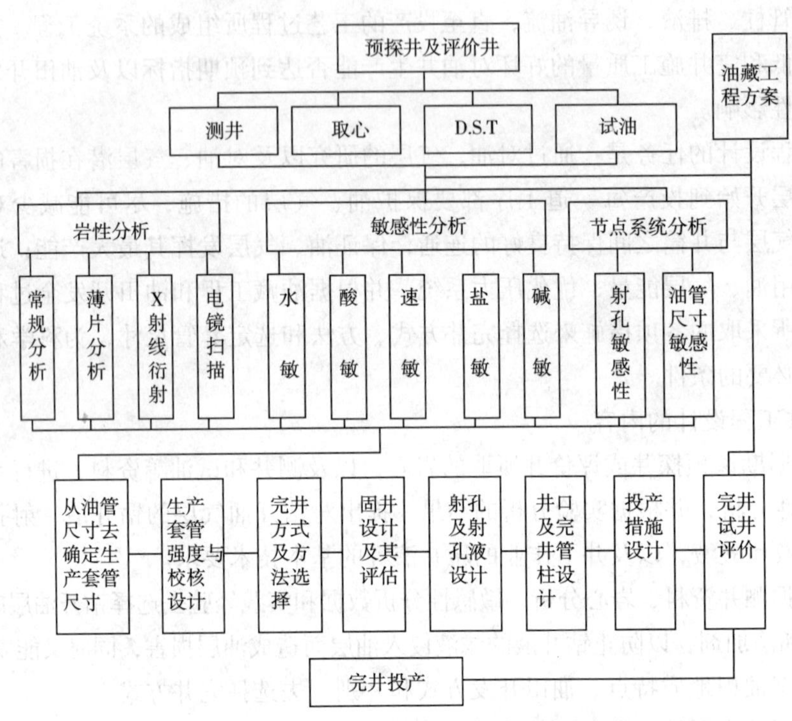

图1-1　完井工程系统设计框图

第一节　完井方式

完井方式是指油层与井筒的连通方式，不同的油藏地质和开采条件，其完井方式不同。目前完井方式有多种类型，以满足各种不同性质油气层有效开发的需要，但各自都有其适用条件和局限性。不同完井方式的井底结构、井口设备以及完井工艺方面有所不同。合理的完井方式应该力求满足以下要求：

（1）油、气层和井筒之间应保持最佳的连通条件，油、气层所受的损害最小。

（2）油、气层和井筒之间应具有尽可能大的渗流面积，油气入井的阻力最小。

（3）应能有效地封隔油、气、水层，防止气窜或水窜，防止层间的相互干扰。

(4) 应能有效地控制油层出砂，防止井壁坍塌，确保油井长期生产。

(5) 应具备便于人工举升和井下作业等的相关条件。

(6) 施工工艺简便，成本低。

一、井身结构

根据不同地区地层的不同特点，为了巩固井壁和消除塌、漏、喷、卡等多种复杂情况，井内往往需要下入好几层套管，经固井和射孔后使产层和井筒相通，投入开采。其井身结构如图1-2所示。

导管用以保护井口附近的表土地层，防止被经常流出的洗井液体冲垮。表层套管是在钻井中用以巩固上部比较疏松易塌的不稳定岩层，还可用以安装防喷器等井口设备，以控制钻开高压层时可能发生的井喷现象。技术套管在钻井中用以封隔某些难以控制的复杂地层，以便能顺利地钻达预定的生产目的层。为了减少套管层次，降低生产成本，一般应尽量采用调节泥浆性能的办法来控制塌、漏、喷、卡等复杂情况，尽可能地不下或少下技术套管。生产套管是在生产中作为流体通道的井筒内最里层的一层套管，也是每口井内必须下入的一层套管。它用来封隔油、气、水层，保证油井的正常生产。下至油层部位的套管，称为油层套管。

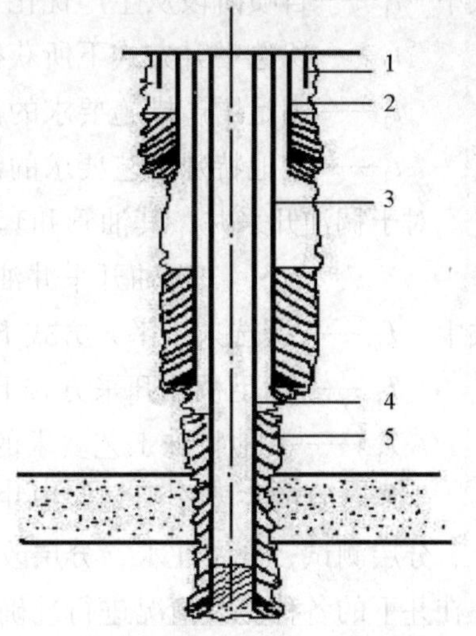

图1-2 井身结构示意图

1—导管；2—表层套管；3—技术套管；4—生产套管；5—水泥

生产套管尺寸的选定及井身结构设计是完井工程设计重要环节之一。传统作法是由钻井工程设计井身结构，确定生产套管的尺寸，完井后交给采油方面，然后采油工程在已定的生产套管内选择和确定油管尺寸及采油方式。这种作法的后果是采油工程受生产套管尺寸的限制，许多油、气井无法采用适合的工艺技术，一些增产措施也难以进行，且许多油井在高含水期实现不了提高产液量的要求。为改变这种作法，生产套管尺寸须合理的选定，其顺序应当是根据油层能量大小并考虑采油工程的要求先确定不同采油方式下的合理油管尺寸，而后选定可能的最小生产套管尺寸。

油气井油管及生产套管尺寸必须在完井之前就要选定，而在完井后油管尺寸是可以更换的，但生产套管则不可能更换。因此生产套管尺寸的选定要考虑到油井类型、采油方式、增产措施、原油特性及采油工程要求等因素的影响，从节点分析（Nodal Analysis）的油管敏感性分析确定油管尺寸，然后推算出生产套管尺寸，最后确定技术套管及井身结构。

对于天然气井，要从生产优化和增产措施两个方面来综合考虑并确定。因此，天然气井的油管和套管尺寸应当是：

$$\text{天然气井油、套管尺寸} = \max\{T_1,\ T_2,\ T_3\} \tag{1-1}$$

式中　T_1——从生产优化目标所得出的油、套管尺寸；

T_2——所选举升方式下所获得的油、套管尺寸；

T_3——满足增产措施要求的油、套管尺寸。

对于采油井，可分为常规采油井和稠油开采井。对常规采油井，其油管和套管尺寸应当是：

$$\text{常规采油井油、套管尺寸} = \max\{t_1, t_2, t_3, t_4\} \tag{1-2}$$

式中　t_1——自喷阶段从生产优化目标所得出的油、套管尺寸；

t_2——所选举升方式下所获得的油、套管尺寸；

t_3——满足增产措施要求的油、套管尺寸；

t_4——其他特殊工艺要求的油、套管尺寸。

对于稠油开采井，其油管和套管尺寸满足：

$$\text{稠油开采井油、套管尺寸} = \max\{T_{t_1}, T_{t_2}, T_{t_3}\} \tag{1-3}$$

式中　T_{t_1}——所选人工举升方式下所获得的油、套管尺寸；

T_{t_2}——满足稠油开采方式下所获得的油、套管尺寸；

T_{t_3}——其他特殊工艺要求的油、套管尺寸。

生产套管的主要作用是保护井壁，封固和分隔各油气层，必要时可实现油气井分层开采、分层测试、分层注水、分层改造。在进行生产套管柱强度设计时，一是要对生产套管柱在井下的各种受力情况进行准确分析，二是要选择合适的强度设计方法。

套管强度设计时，应考虑到下生产套管柱、注水泥以及油气井生产的不同时期，套管柱的受力是变化的；套管强度设计时，应考虑到在不同的地层条件和地质环境下，套管柱的受力是不同的。套管柱受力可归纳为3种主要的基本载荷：内压力、外挤压力和轴向拉力。受力分析是套管柱设计的基础，为此，搞清地应力分布、地层流体压力、特殊作业时所施加的压力等是非常重要的。

套管柱强度设计一般按下列步骤进行：

（1）弄清对套管柱强度设计的基本要求、设计参数和施工参数；

（2）根据套管柱的工作环境及库存条件，初步确定套管种类、螺纹类型；

（3）根据外载荷进行套管抗挤强度设计，确定各段套管钢级和壁厚；

（4）进行套管抗内压强度校核和设计；

（5）进行套管抗拉强度校核和设计。

上述步骤都已有相应设计规范（标准），可根据具体地区情况和油井的特殊情况参照使用。

二、完井方式

目前国内外最常见的完井方式有套管或尾管射孔完井、割缝衬管完井、裸眼完井、裸眼或套管内砾石充填完井等。由于现有的各种完井方式都有其各自适用的条件和局限性，因此，了解各种完井方式的特点是十分重要的。

1）裸眼完井方式

裸眼完井方式有先期裸眼完井方式、后期裸眼完井方式和复合型完井方式。

先期裸眼完井方式是钻头钻至油层顶界附近后，下套管注水泥固井。水泥浆上返至预定的设计高度后，再从套管中下入直径较小的钻头，钻穿水泥塞，钻开油层至设计井深完井（图1-3）。

有的厚油层适于裸眼完成，但上部有气顶或顶界临近又有水层时，也可以将技术套管下过油气界面，使其封隔油层的上部，然后裸眼完井，必要时可再射开其中的含油段。此类完井可称为复合型完井方式（图1-4）。

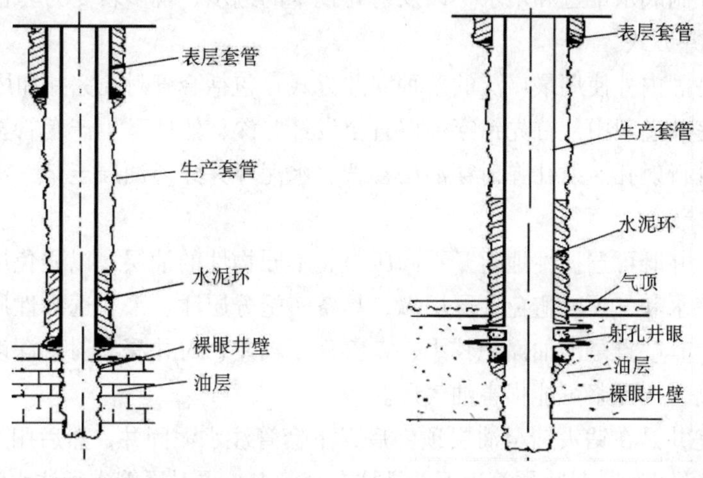

图1-3　先期裸眼完井示意图　　　图1-4　复合型完井方式示意图

后期裸眼完井方式是不更换钻头，直接钻穿油层至设计井深，然后下套管至油层顶界附近，注水泥固井。固井时，为防止水泥浆损害套管鞋以下的油层，通常在油层段垫砂或者替入低失水、高黏度的钻井液，以防水泥浆下沉（图1-5）。

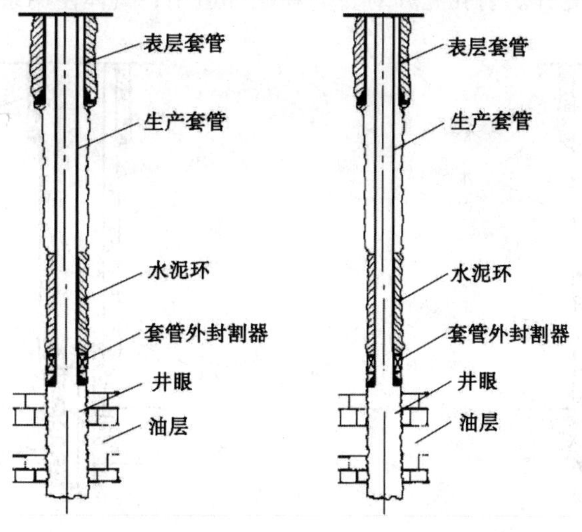

图1-5　后期裸眼完井示意图

裸眼完井的最主要特点是油层完全裸露，不会因井底结构而产生油气流向井底的附加渗流阻力，这种井称为水动力学完善井，其产能较高，完善程度好。裸眼完井方式的缺点是：不能克服井壁坍塌和油层出砂对油井生产的影响；不能克服生产层范围内不同压力的油、气、水层的相互干扰；无法进行选择性酸化或压裂；先期裸眼完井法在下套管固井时不能完全掌握该生产层的真实资料，以后钻进时如遇到特殊情况，会给钻进和生产造成被动。因此，裸眼完井方式的使用范围比较小，只适用于那些坚固、稳定且无油气水夹层的单一油层或一些油气层性质相同的多油气层井。如20世纪70年代中东地区的不少油田，我国华北地区任丘油田古潜山油藏，四川气田等大多使用裸眼完井。后因裸眼完井难以进行增产措施、控制底水锥进和堵水，以及射孔技术的进步，现多转变为套管射孔完井。

2）射孔完井方式

射孔完井是国内外使用最广泛的一种完井方式，包括套管射孔完井和尾管射孔完井。

套管射孔完井过程中，首先钻穿油层直至设计井深，然后下生产套管至油层底部注水泥固井，最后进行射孔。射孔弹射穿油层套管、水泥环并穿透油层至某一深度，建立起油流的通道（图1-6）。

套管射孔完井既可选择性地射开不同压力、不同物性的油层，以避免层间干扰，还可避开夹层水、底水和气顶，避免夹层坍塌，具备实施分层注、采和选择性压裂或酸化等分层作业的条件。其缺点是出油面积较小、完善程度较差，对井深和射孔深度要求严格，对固井质量要求高，水泥浆可能损害油气层。

尾管射孔完井是在钻头钻至油层顶界后，下套管注水泥固井，然后用小一级的钻头钻穿油层至设计井深，用钻具将尾管送下并悬挂在套管上。再对尾管进行注水泥固井，然后射孔（图1-7）。尾管射孔完井由于在钻开油层以前上部地层已被套管封固，因此，可以采用与油层相配伍的钻井液以平衡压力、欠平衡压力的方法钻开油层，有利于油层保护。此外，这种完井方式可以减少套管重量和固井水泥的用量，从而降低完井成本。目前较深的油、气井大多采用此方法完井。射孔完井对多数油藏都适用，具体使用条件如表1-1所示。

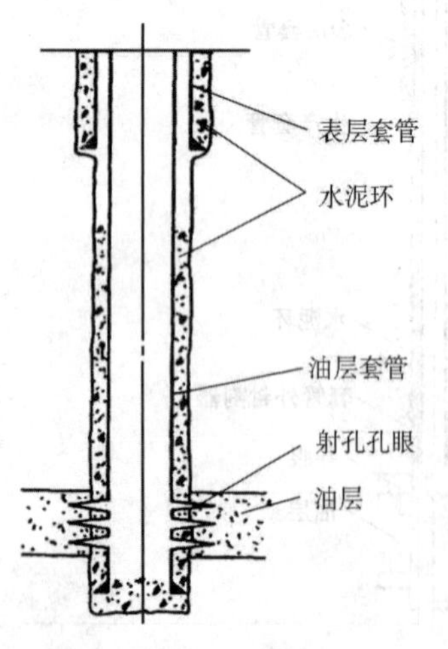

图1-6　套管射孔完井示意图

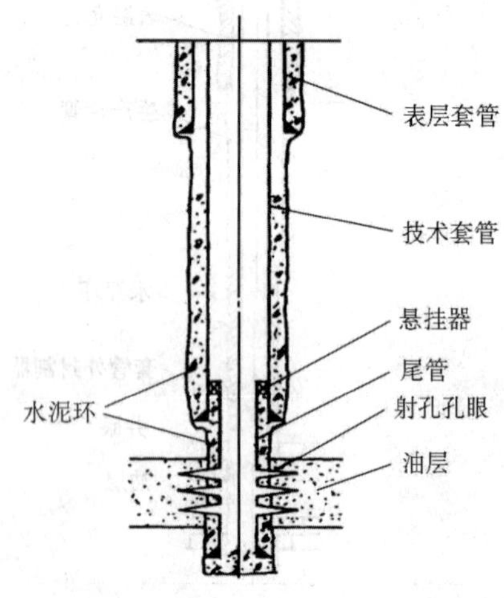

图1-7　尾管射孔完井示意图

表 1-1 各种完井方式适用的地质条件（垂直井）

完井方式	适用的地质条件
射孔完井	①有气顶、有底水或有含水夹层及易塌夹层等复杂地质条件，因而要求实施分隔层段的储层；②各分层之间存在压力、岩性等差异，因而要求实施分层测试、分层采油、分层注水、分层处理；③要求实施大规模水力压裂作业的低渗透储层；④含油层段长、夹层厚度大、不适于裸眼完井且构造复杂的油气藏
裸眼完井	①岩性坚硬致密，天然裂隙发育井壁稳定不坍塌的碳酸盐岩或砂岩储层；②无气顶、无底水、无含水夹层及易塌夹层的储层；③单一厚储层，或压力、岩性基本一致的多层储层；④不准备实施分隔层段，选择性处理的储层
割缝衬管完井	①无气顶、无底水、无含水夹层及易塌夹层的储层；②单一厚储层，或压力、岩性基本一致的多层储层；③不准备实施分隔层段，选择性处理的储层；④岩性较为疏松的中、粗砂粒储层
裸眼砾石充填	①无气顶、无底水、无含水夹层的储层；②单一厚储层，或压力、岩性基本一致的多层储层；③不准备实施分隔层段，选择性处理的储层；④岩性疏松出砂严重的的中、粗、细砂粒储层
套管内砾石充填	①有气顶、有底水、有含水夹层及易塌夹层等复杂地质条件，因而要求实施分隔层段的储层；②各分层之间存在压力、岩性等差异，因而要求实施选择性处理的储层；③岩性疏松出砂严重的的中、粗、细砂粒储层
复合型完井	①岩性坚硬致密，井壁稳定不坍塌的储层；②裸眼井段内无含水夹层及易塌夹层的储层；③单一厚储层，或压力、岩性基本一致的多层储层；④不准备实施分隔层段，选择性处理的储层；⑤有气顶、或储层顶界附近有高压水层，但无底水的储层

3）割缝衬管完井方式

割缝衬管完井方式有两种完井工序。一是用同尺寸钻头钻穿油层后，套管柱下端连接衬管下入油层部位，通过套管外封隔器和注水泥接头固井封隔油层顶界以上的环形空间（图 1-8）

但由于此种完井方式井下衬管损坏后无法修理或更换，因此一般都采用另一种完井工序，即钻至油层顶界后，先下套管注水泥固井，再从套管中下入直径小一级的钻头钻穿油层至设计井深。最后在油层部位下入预选的割缝衬管，依靠衬管顶部的衬管悬挂器（卡瓦封隔器），将衬管挂在套管上，并密封衬管和套管之间的环形空间，使油气通过衬管的割缝流入井筒（图 1-9）。这种完井工序油层不会遭受固井水泥浆的损害，可以采用与油层相配伍的钻井液或其他保护油层的钻井技术钻开油层，当割缝衬管发生磨损或失效时也可以起出修理或更换。

割缝衬管完井方式是当前主要的完井方式之一。它既起到裸眼完井的作用，又防止了裸眼井壁坍塌堵塞井筒，同时在一定程度上起到防砂的作用。由于这种完井方式的工艺简单，操作方便，成本低，故而在一些出砂不严重的中粗砂粒油层中广泛使用，特别在水平井中使用较普遍。其具体使用条件见表 1-1。

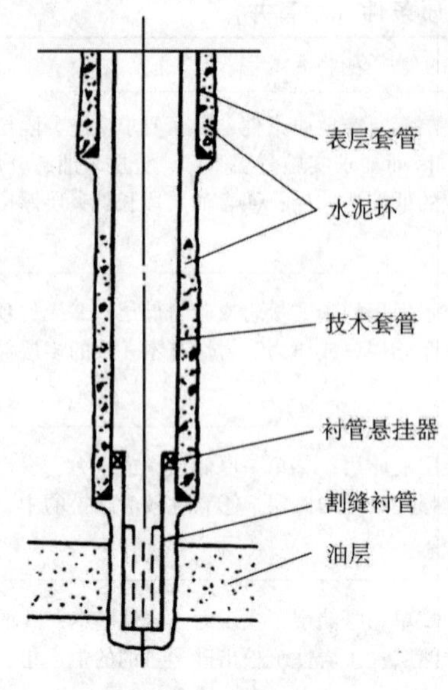

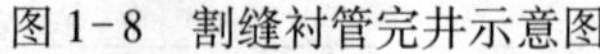

图 1-8 割缝衬管完井示意图

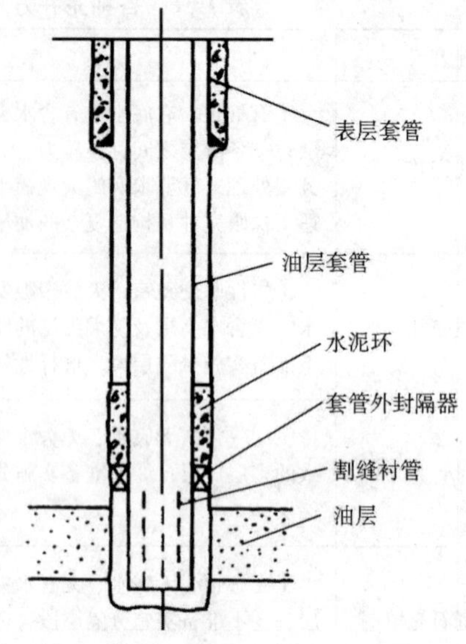

图 1-9 割缝衬管完井示意图

4）砾石充填完井方式

对于胶结疏松出砂严重的地层，一般应采用砾石充填完井方式。它是人为地在衬管和井壁之间充填一定尺寸的砾石，使之起到防砂和保护生产层的作用。充填砾石的方法可分为直接充填和预制充填两种。

直接充填是先将绕丝筛管或衬管下入井内油层部位，然后用充填液将在地面上预先选好的砾石泵送至绕丝筛管（或衬管）与井眼或绕丝筛管与套管之间的环形空间内，构成一个砾石充填层，以阻挡油层砂流入井筒，达到保护井壁、防砂入井的目的。

预制充填砾石绕丝筛管也是防砂完井的一种方法，该方法是在地面预先将符合油层特性要求的砾石填入具有内外双层绕丝筛管的环形空间而制成的防砂管，将此种筛管下入井内，对准出砂层位进行防砂。该防砂方法其油井产能低于井下砾石充填，防砂有效期不如砾石充填长，因其不能像直接充填那样防止油层砂进入井筒，所以只能防止油层砂进入井筒后不再进入油管。该方法工艺简便、成本低，在一些不具备砾石充填的防砂井，是一种有效方法。

砾石充填完井一般使用不锈钢绕丝筛管而不使用割缝衬管。其原因是：①割缝衬管的缝口宽度由于受加工割刀强度的限制，最小为 0.5mm，因此它适用于中、粗砂粒油层，而绕丝筛管的缝隙宽度最小可达 0.12mm，故其适用范围广；②绕丝筛管是由绕丝形成一种连续缝隙，流体通过筛管时几乎没有压降，且绕丝筛管的断面为梯形，外窄内宽，具有一定的“自洁作用”，轻微的堵塞可被产出流体疏通，其流通面积比割缝衬管大；③绕丝筛管以不锈钢丝为原料，其耐腐蚀性强，使用寿命长，综合经济效益高。

为了适应不同油层特性的需要，裸眼完井和射孔完井都可以充填砾石，分别称为裸眼砾石充填和套管内砾石充填。

在地质条件允许使用裸眼而又需要防砂时，就应采用裸眼砾石充填完井方式。其工序是钻头钻达油层顶界以上约3m后，下技术套管注水泥固井，再用小一级的钻头钻穿水泥塞，钻开油层至设计井深，然后更换扩张式钻头将油层部位的井径扩大到技术套管外径的1.5~2倍，以确保充填砾石时有较大的环形空间，增加防砂层的厚度，提高防砂效果（图1-10）。套管内砾石充填的完井工序是：钻头钻穿油层至设计井深后，下油层套管于油层底部，注水泥固井，然后对油层部位射孔。要求采用高孔密、大孔径射孔，以增大充填流通面积，有时还把套管外的油层砂冲掉，以便向孔眼外的周围油层填入砾石，避免砾石和地层砂混合增大渗流阻力（图1-11）。

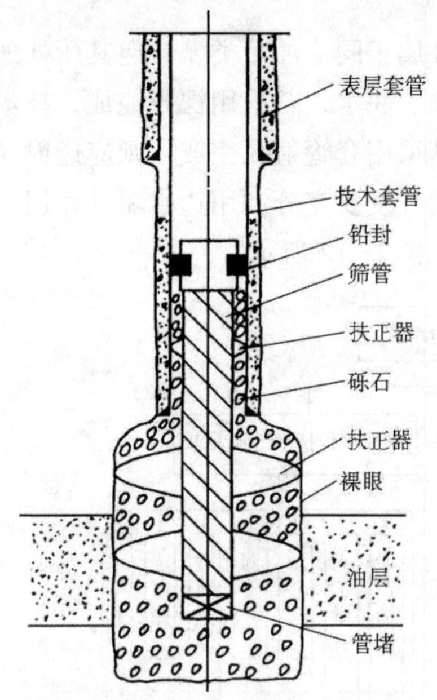

图1-10 裸眼砾石充填完井示意图

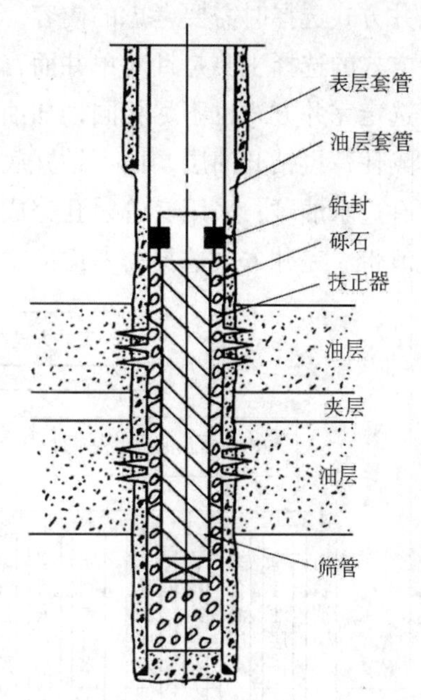

图1-11 套管内砾石充填完井示意图

为解决油层出砂问题，还可采用金属纤维防砂筛管、陶瓷防砂滤管、多孔冶金粉末防砂滤管、多层充填井下滤砂器以及化学固砂等方法完井。

三、完井方式选择

完井方式选择是完井工程设计的重要环节之一，只有根据油气藏的类型和油气层的特性，以及满足油气田投入开发后所采取的一系列工程技术措施的要求，去选择最合适的完井方式，才能有效地开发油田，延长油气井寿命和提高油田开发效果。

对注水开发的油田，由于注水贯穿于油田开发的全过程，而且注水压力接近油层破裂压力，特别是深井低渗透油层其注水压力较高，因此在选择注水井完井方式时，要求能分隔层段，需根据油水井节点系统分析确定合理的注水压力值，同时考虑生产套管强度和螺纹密封性，保证注水井在长期承受高压下正常工作；需采用压裂、酸化的井，由于作业时排量大、摩阻高，因而施工压力高，因此在选择完井方式时，必须选择套管射孔完成，同时考虑生产套管强度和螺纹密封性；对存在气顶、底水或边水的油藏，完井时必须充分考虑如何发挥气顶、底水或边水的有利作用，同时又要能有效地控制其不利因素；对油田开发中、后期的调整井，其目的是为调整井网或油水井损坏不能利用而重钻的油、水井，这类井与原来钻开的开发井有很大的不同，主要表现在油水井压力系统、层间压力和油层含油饱和度都已发生很大变化，层间压力差异大，有的夹层或油层已坍塌，给钻开油层和固井造成很大的困难，因此对调整井的完井要考虑已变化后的特点；对稠油油藏，因地下流体黏度高几乎不能流动，用常规方法无法开采，必须采用热采，完井时既要考虑套管受温度的影响，用耐高温水泥固井，又要考虑防砂等问题；采油工程中的防腐、注气等技术问题也是完井方式选择时需要考虑的内容。

完井方式的选择主要是针对单井而言。虽单井属于同一油藏类型，但其所处地理位置不同，所选定完井方式也不尽相同，如油藏有气顶、底水，若采用裸眼完成，技术套管应将气顶封隔住，再钻开油层，而不钻开底水层。若采用套管射孔完成，则应避射气顶和底水。又如有边水油藏，采用套管射孔完成时，油田开发要充分利用边水驱动作用，避免射开油水过渡带。完井方式选择需考虑的主要因素如图 1-12 所示。

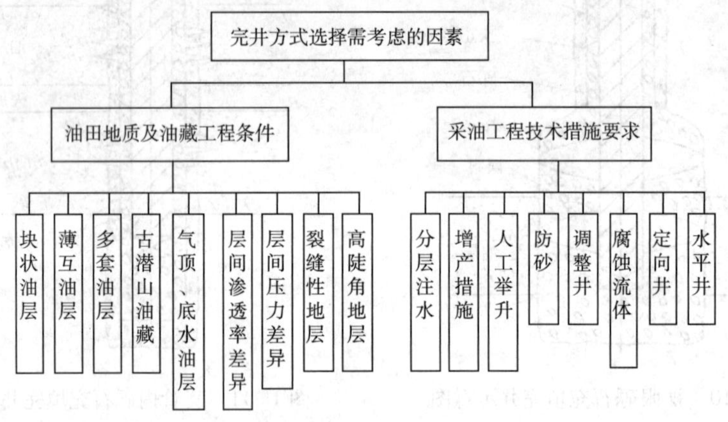

图 1-12　完井方式选择需要考虑的因素

1）直井的完井方式选择

相对来讲，直井完井的工艺技术较简单、建井周期短、造价低。油藏类型、渗流特征和原油性质不同，完井方式会有不同。砂岩油气藏的完井方式选择流程如图 1-13 所示；碳酸盐岩油气藏的完井方式选择流程如图 1-14 所示；火成岩、变质岩等油藏的完井方式选择流程如图 1-15 所示。

2）水平井及定向井完井方式选择

水平井完井方式选择可分为两类：

（1）按曲率半径选择完井方式。对短曲率半径的水平井，目前基本上是裸眼完井，它主要是在坚硬垂直裂缝的油层中完成，或是在致密裂缝砂岩中完成，因为这些地层不易坍塌；对中、长曲率半径的水平井可根据岩性、原油物性、增产措施等因素选择完井方式。目前水平井技术发展很快，井内水平段不断增长，因而不宜采用裸眼完井，通常采用的是割缝衬管加套管外封隔器完井或套管射孔完井。

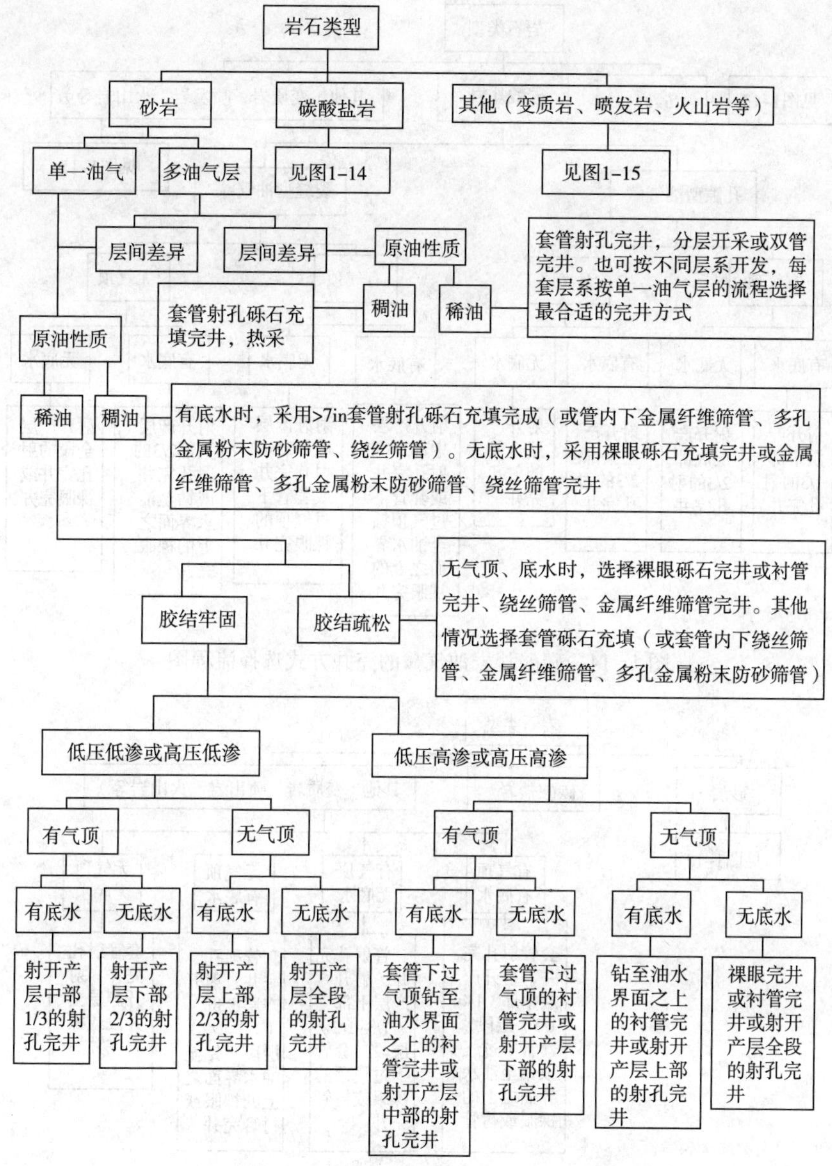

图 1-13　砂岩油气藏的完井方式选择流程图

（2）按开采方式及增产措施选择完井方式。对水平井采用注蒸汽开采稠油，其完井方式大多采用割缝衬管完井，再下金属纤维滤砂管或预充填绕丝筛管防砂，如我国胜利乐安油田采用了割缝衬管和套管射孔完井。对低渗透油层的水平井，需进行压裂措施，因此只能采用套管射孔完井，即使采用割缝衬管加套管外封隔器完井，也只能进行小型酸化措施，而无法进行压裂措施。至于定向井完井方式的选择，因其井斜大致在50°左右，其完井方式的选择基本同直井一致。

四、水平井完井技术

目前常见的水平井完井方式有裸眼完井、割缝衬管完井、带管外封隔器（ECP）的割

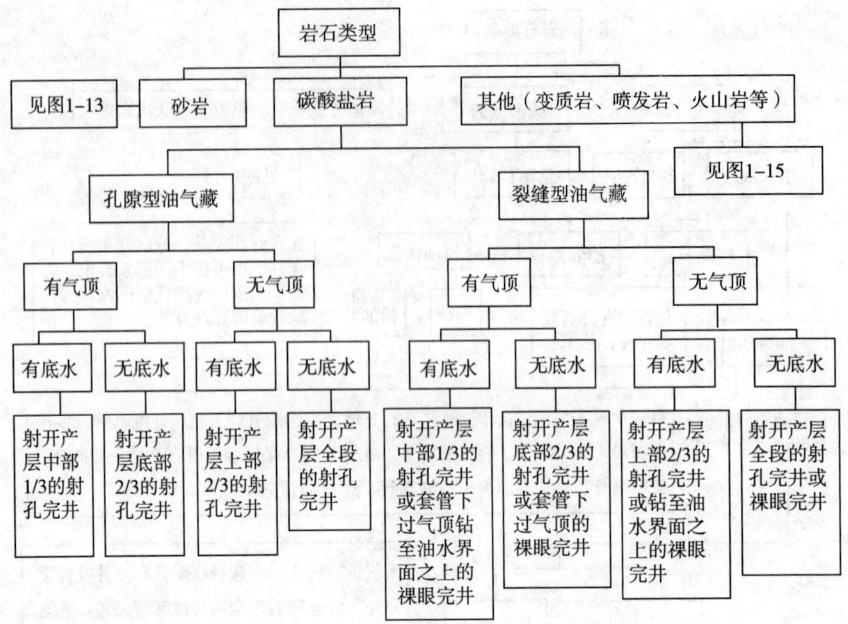

图 1-14　碳酸盐岩油气藏的完井方式选择流程图

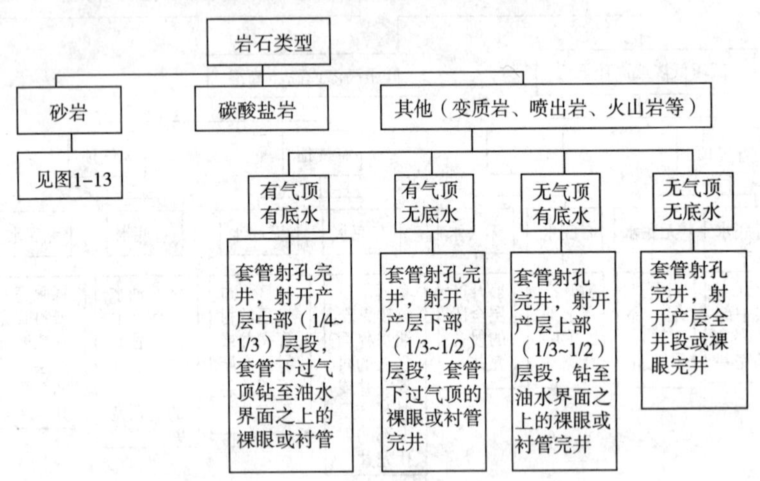

图 1-15　火成岩、变质岩等油气藏的完井方式选择流程图

缝衬管完井、射孔完井和砾石充填完井 5 类，各种完井方式的优缺点如表 1-2 所示。

表 1-2　各种水平井完井方式的优缺点

完井方式	优　点	缺　点
裸眼完井	①成本最低 ②储层不受水泥影响 ③使用可膨胀式双封隔器，可实施生产控制和分割层段的增产作业 ④使用转子流量计可实施生产检测	①输送储层，井眼可能坍塌 ②难以避免层段之间的串通 ③可选择的增产作业有限，如不能进行大型水力压裂作业 ④生产检测资料不可靠

续表

完井方式	优　点	缺　点
割缝衬管完井	①成本相对较低 ②储层不受水泥影响 ③可防止井眼坍塌	①不能实施层段的分离，因而不可避免层段之间的串通 ②无法进行选择性的增产增注作业 ③无法进行生产控制，不能获得可靠的生产测试资料
带 ECP 的割缝衬管完井	①完井成本中等 ②储层不受水泥浆的损害 ③依靠管外封隔器实施层段分离，可以在一定程度上避免层段之间的串通 ④可以进行生产控制、生产检测和选择性的增产增注作业	管外封隔器分割层段的有效厚度，取决于水平井眼的规则程度，封隔器的坐封和密封件的耐压，耐温等因素
射孔完井	①最有效的层段分隔，可以完全避免层段之间的串通 ②可以进行有效的生产控制、生产检测和包括水力压裂在内的任何选择性增产增注作业	①相对较高的完井成本 ②储层受水泥浆的损害 ③水平井的固井质量目前尚难保证 ④要求较高的射孔操纵技术
裸眼预充填砾石筛管完井	①储层不受水泥浆的损害 ②可防止疏松储层出砂及井眼坍塌 ③特别适宜于热采稠油油藏	①不能实施层段分隔，因而不可避免层段之间的窜通 ②无法进行选择性增产增注作业 ③无法进行生产控制等
套管内预充填砾石筛管完井	①可防止疏松储层出砂及井眼坍塌 ②特别适宜于热采稠油油藏 ③可以实施选择性的射孔层段	①储层受水泥浆的损害 ②必须起出井下预充填砾石筛管后才能实施选择性增产增注作业

1）裸眼完井方式

裸眼完井是一种简单的水平井完井方式，即技术套管下至预计的水平段顶部，注水泥固井封隔。然后换小一级钻头钻水平井段至设计长度完井（图 1-16）。

2）割缝衬管完井方式

它是将割缝衬管悬挂在技术套管上，依靠悬挂封隔器封隔管外的环形空间。割缝衬管完井时割缝衬管要加扶正器，以保证衬管在水平井眼中居中（图 1-17）。该完井方式简单，既可防止井塌，还可将水平井段分成若干段实施小型措施。

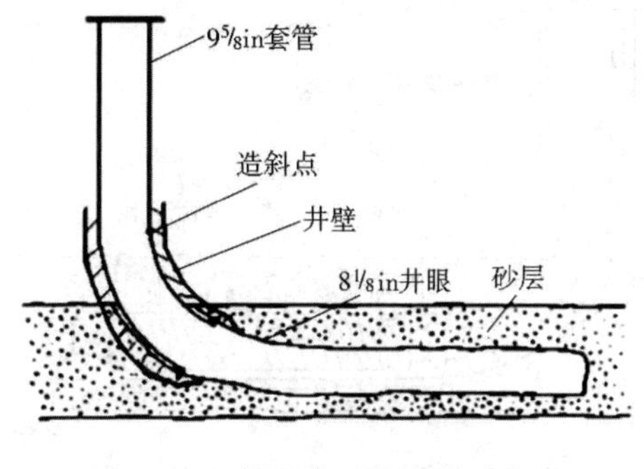

图 1-16　裸眼水平井完井示意图

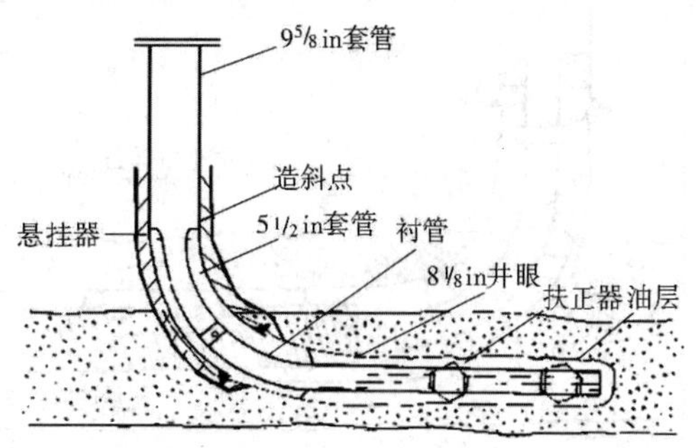

图 1-17　割缝衬管完井示意图

3）管外封隔器（ECP）完井方式

管外封隔器（ECP）完井方式是依靠管外封隔器实施层段的分隔，可以按层段进行作业和生产控制，该完井方式有3种形式（图1-18～图1-20）。

4）射孔完井方式

射孔完井方式是将套管下过直井段注水泥固井后，在水平井段内下入完井尾管、注水泥固井。完井尾管和套管重合100m左右为佳，最后在水平井段射孔（图1-21）。

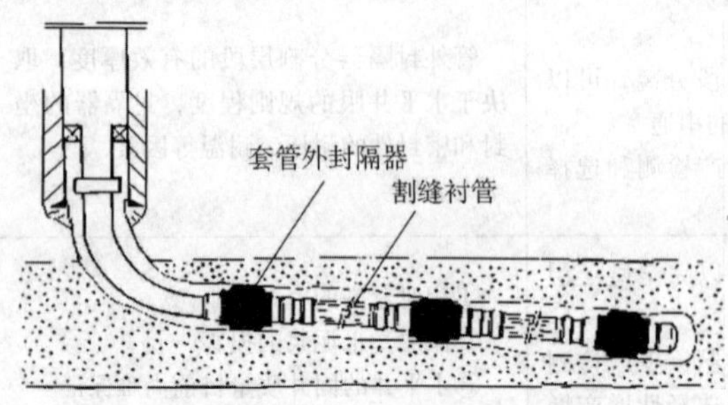

图1-18　套管外封隔器及割缝衬管完井示意图

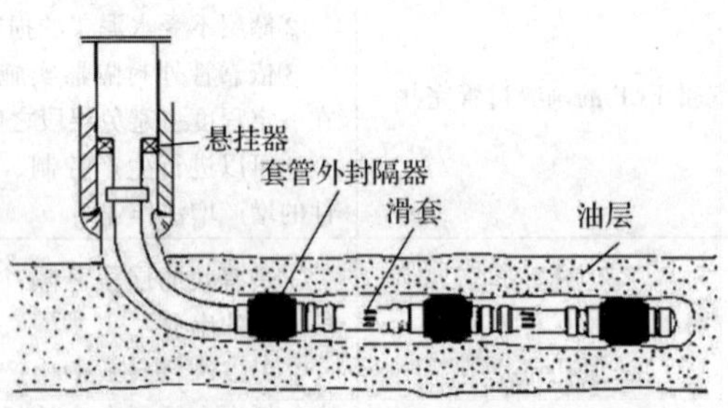

图1-19　套管外封隔器及滑套完井示意图

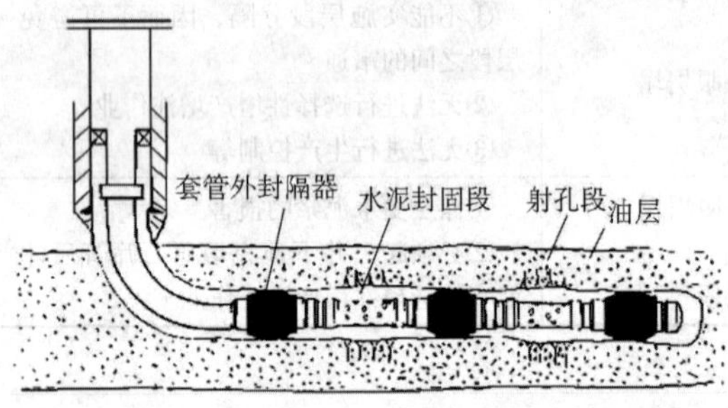

图1-20　套管外封隔器及衬管射孔完井示意图

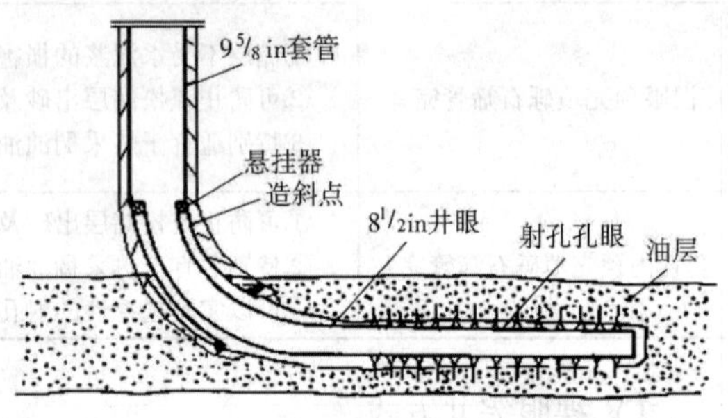

图1-21　水平井射孔完井示意图

5）砾石充填完井方式

在水平井段内，不论是进行裸眼井下砾石充填还是套管内井下砾石充填，其工艺都很复杂。裸眼水平井预充填砾石绕丝筛管完井，其筛管结构及性能与垂直井相同，但使用时应加扶正器，以使筛管在水平段居中（图1-22）。水平井套管内预充填砾石绕丝筛管完井是先射孔完井然后下入预充填绕丝筛管（图1-23）。

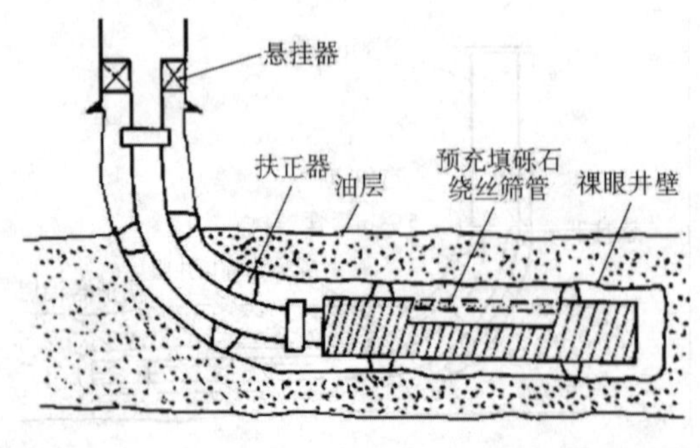

图1-22　水平井裸眼预充填砾石绕丝筛管完井示意图

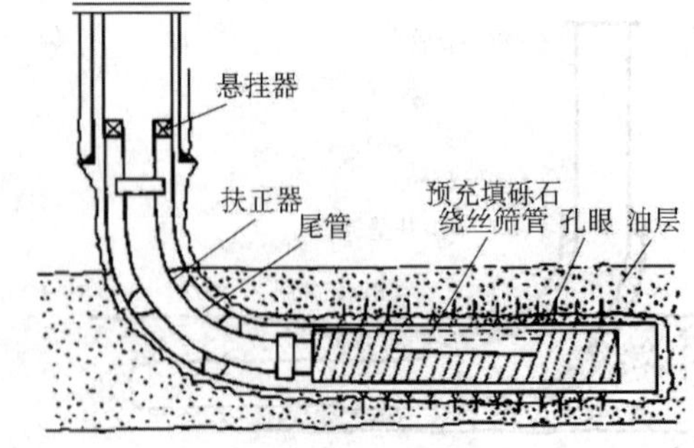

图1-23　水平井套管内预充填砾石筛管完井示意图

第二节 射孔方案设计

射孔完井是目前国内外使用最广泛的完井方法。在射孔完井的油气井中，井底孔眼是沟通产层和井筒的唯一通道。如果采用正确的射孔设计和恰当的射孔工艺，就可使射孔对产层的损害最小，完善程度高，从而获得理想的产能。

多年来人们对射孔工艺，射孔枪弹与仪器，射孔损害机理及评价方法，射孔优化设计以及负压射孔和射孔液等进行了大量的理论、实验和矿场试验研究，射孔技术取得了迅速的发展。采用先进的理论和方法，针对储层性质和工程实际情况，把射孔完井作为一项系统工程来考虑，优选射孔工艺和优化射孔设计，是做好完井工作必不可少的基本条件。

一、射孔参数设计

射孔参数设计是搞好射孔施工、提高射孔效率和经济效益的前提。要获得理想的射孔效果，必须针对不同的储层特点和不同的射孔目的，对射孔参数、射孔条件和射孔方法进行综合优选得到最佳设计。进行正确而有效的射孔参数优选，取决于以下3个方面：①对于各种储层和地下流体情况下射孔井产能规律的量化认识程度；②射孔参数、损害参数和储层及流体参数获取的准确程度；③可供选择的枪弹品种、类型的系列化程度。

射孔参数优化设计主要考虑3个方面的问题：各种可能参数组合的产能比、套管损害情况和孔眼的力学稳定性。产能比是优化目标函数，后两者是约束条件，对特殊井（压裂井、水平井等）还应做特殊考虑。

射孔参数优化设计前，首先要做好资料准备工作：

（1）收集射孔枪、弹的基本数据，射孔弹的基本数据包括混凝土靶的穿深、孔径、岩心流动效率、压实损害参数等，射孔枪参数包括枪外径、适用孔密、相位角、枪的工作压力和发射半径以及适用射孔弹型号。

（2）进行射孔弹穿深、孔径校正。

（3）完成钻井损害参数的计算（损害深度、损害程度），它是影响射孔优化设计的重要参数。

应用非线性回归方法，对有限元油井射孔模型中获得的大量计算数据进行回归，得出计算射孔油井产能的公式，通过综合整理得到射孔参数与产能比的关系式，其形式如下：

$$PRI = PRIMA + B\ \lg D_{n} R_{o} - C \tag{1-4}$$

式中 PRI——产率比（射孔井产能与自然产能的比值）；

$PRIM$——极限产率比；

A，B，C——孔参数有关的经验回归公式，视不同情况而有不同的表达式；

D_n——孔密，孔/m；

R_o——射孔孔眼半径，m。

射孔参数优化必须建立在对各种地质、流体条件下射孔产能规律正确认识的基础上，或者是建立起正确的模型，获得定量化的关系。根据此定量关系，计算各种可能的孔密、相位、射孔弹配合下的各种产能比，并计算出每种配合下套管抗挤能力降低系数，在保证套管抗挤能力降低不超过5%的前提下，选择出使产能比最高的射孔参数配合。具体的射孔参数优选过程是：

①建立各种储层和产层流体条件下射孔完井产能关系数学模型，获得各种条件下射孔产能比定量关系。

②收集本地区、邻井和设计井有关资料和数据，用以修正模型和优化设计。

③调配射孔枪、弹型号和性能测试数据。

④校正各种弹的井下穿深和孔径。

⑤计算各种弹的压实损害系数。

⑥计算设计井的钻井损害参数。

⑦计算和比较各种可能参数配合下的产能比、产量、表皮系数和套管抗挤毁能力降低系数。

优选出最佳的射孔参数配合。影响油井射孔产能的因素包括孔深、孔密、孔径、相位角、伤害程度、伤害深度、压实程度、压实厚度及非均质性等。射孔参数对各类油气层产能的影响可用电模拟及有限元数模方法研究。对孔隙性油藏，其研究结果如图1-24~图1-26所示。

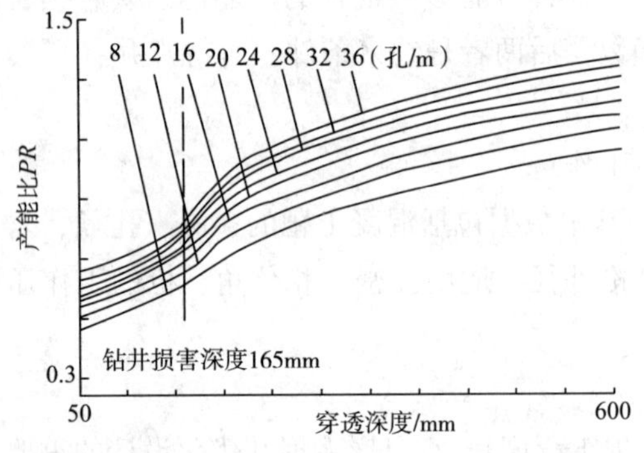

图1-24　孔深、孔密与油井产能比关系曲线

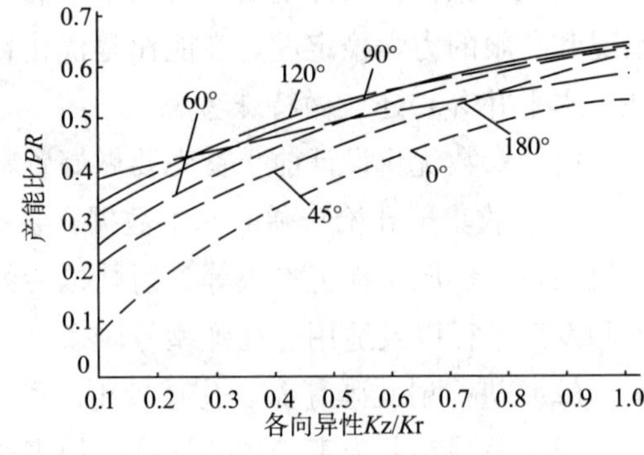

图1-25　相位角和各向异性与油井产能比关系曲线

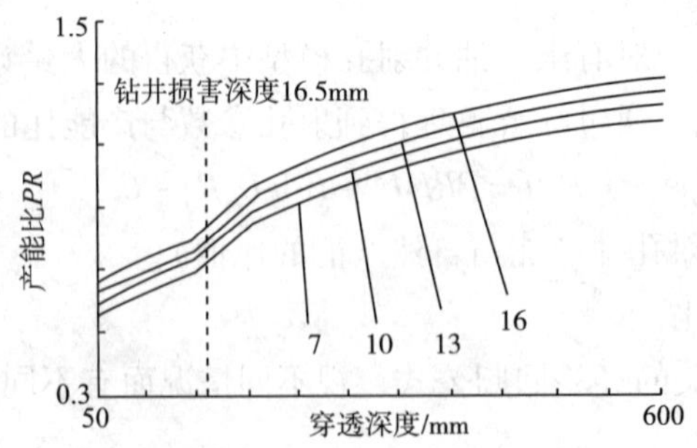

图1-26　孔径与油井产能比关系曲线

聚能射孔时的高温、高压冲击波会在孔眼周围产生压实带，研究结果表明：压实带厚度增加使产能比降低。压实损害程度（压实带渗透率与油层渗透率的比值）对产能的影响则比较明显，尤其是孔眼穿透钻井损害区以后，其影响将显著上升（图 1-27）。

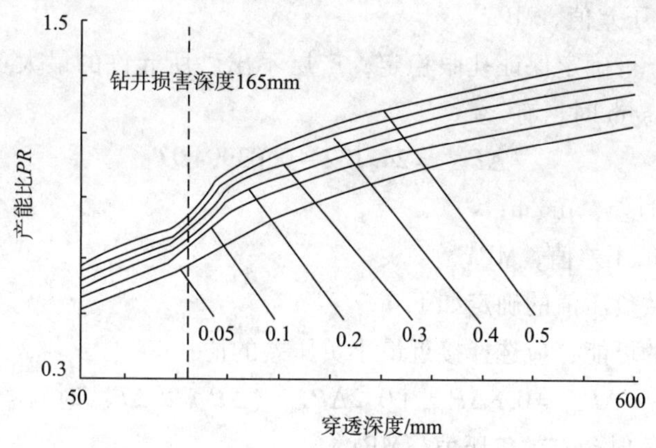

图 1-27　油井射孔压实程度与产能比关系曲线

二、射孔工艺设计

射孔工艺设计主要包括射孔方式、射孔枪、弹和射孔液选择。

1）射孔方式选择

根据油藏和流体特性、地层损害状况、套管程序和油田生产条件，选择恰当的射孔方式。

（1）电缆输送套管枪射孔（WCG）。按采用的射孔压差可分为常规电缆套管枪正压射孔和套管枪负压射孔。

套管枪正压射孔是指射孔前用高密度射孔液造成井底压力高于地层压力，在井口敞开的情况下，将电缆下入套管射孔枪后，通过接在电缆上的磁性定位器测出定位套管接箍对比曲线，调整下枪深度对准层位，在正压差下对油、气层部位射孔，取出枪后，下油管并装好井口，进行替喷、抽汲或气举等诱喷或直接采用人工举升的方法，使油气井投产。该方法具有施工简单，成本低及高孔密、深穿透的特点，但正压会使射孔液的固相和液相侵入储层而导致较严重的储层损害。为减少正压对地层的损害，特别要求优质的射孔液。

套管枪负压射孔与套管枪正压射孔基本相同，只是射孔前将井筒液面降低到一定深度，使井底压力低于油藏压力以建立适当的负压。该方法主要用于低压油藏，具有负压清洗和穿透较深的双重优点。

负压值是负压射孔的关键。一方面要保证孔眼清洁，冲刷出孔眼周围的破碎压实带中的细小颗粒，满足这一要求的负压称为最小负压；另一方面，负压值又不能超过某个值以免造成地层出砂、垮塌、套管挤毁或封隔器失效等其他方面的问题，对应的这一临界值称为最大负压。合理射孔负压值的选择应当是既高于最小负压又不超过最大负压。

射孔有效负压值可按以下计算方法确定：

最小有效负压差值计算式如下：

$$\Delta P_{min} = 17.24/K^{0.3} \tag{1-5}$$

式中 K——产层渗透率，$10^{-3}\mu m^2$；

ΔP_{min}——最小负压差值，MPa。

根据声波时差，可确定保证孔眼稳定，产层不出砂所允许的最大负压差值 ΔP_{max}。当声波时差 $DT > 295\mu s/m$ 时，有

$$\Delta P_{max} = 24.132 - 0.03994DT \tag{1-6}$$

式中 DT——声波时差，$\mu s/m$；

ΔP_{max}——最大负压差值，MPa。

最后，射孔有效负压值的确定如下：

若产层有出砂的可能，应选择接近最小负压差的值：

$$\Delta P_{rec} = 0.8\Delta P_{min} + 0.2\Delta P_{max} \quad (\Delta P_{max} \geqslant \Delta P_{min}\text{时}) \tag{1-7}$$

式中 ΔP_{rec}——推荐射孔有效负压值，MPa。

若产层出砂的可能性很小，可选择接近最大负压差的值：

$$\Delta P_{rec} = 0.8\Delta P_{max} + 0.2\Delta P_{min} \quad (\Delta P_{max} \geqslant \Delta P_{min}\text{时}) \tag{1-8}$$

$$\Delta P_{rec} = 0.8\Delta P_{max} \quad (\Delta P_{max} \leqslant \Delta P_{min}\text{时}) \tag{1-9}$$

（2）油管输送射孔（TCP）。其是利用油管将射孔枪下到油层部位射孔，油管下部连有压差式封隔器、带孔短节和引爆系统，油管内只有部分液柱形成射孔负压，通过地面投棒引爆、压力或压差式引爆或电缆湿式接头引爆等各种方式射开油气层。该方法具有高孔密、深穿透的优点，负压值高，易于解除射孔对储层的损害，对于斜井、水平井和稠油井等电缆难以下入的井更为有利。由于在井口预先装好采油树，故安全性能好，非常适于高压油、气井。同时射孔后即可投入生产，便于测试、压裂、酸化等和射孔联作，减少压井和起下管柱次数，减少对油层的损害和作业费用。

（3）油管输送射孔联作。其包括油管输送射孔和地层测试联作以及和压裂酸化联作工艺。

油管输送射孔和地层测试联作是指将油管输送装置的射孔枪、点火头、激发器等部件接到单封隔器测试管柱的底部。管柱下到待射孔和测试井段后，进行射孔校深、坐好封隔器并打开测试阀，引爆射孔后转入正常测试程序。这种工艺尤其适合于自喷井。

油管输送射孔与压裂、酸化联作工艺在我国四川气田、长庆油田获得了成功应用。完井时下一次管柱，能完成射孔、测试、酸化、压裂、试井等工序。

（4）电缆输送过油管射孔（TTP）。其首先将油管下至油层顶部，装好采油树和防喷管，射孔枪和电缆接头装入防喷管内，然后打开清蜡闸门下入电缆，射孔枪通过油管下出油管鞋。用电缆接头上的磁定位器测出短套管位置，点火射孔。该方法具有负压射孔、减少储层损害的优点，适合于不停产补孔和打开新层位的生产井，避免了压井和起下油管作业。但是，由于该射孔方式使用的射孔枪和射孔弹受到油管内径的限制，无法实现深穿透、高孔密、大孔径射孔，其应用受到很大限制。目前，一般都不采用这种方式。

（5）超高压正压射孔。其是利用聚能射孔时射流局部的高压和高速，采用高于油层破裂压力的正压进行射孔。如油管传输氮气正压射孔工艺，是在射孔枪下至射孔位置后，将液氮替入井内，并在井口加压使井底压力高于油层破裂压力下射孔。该工艺主要优点是：成孔瞬间的高正压差或气体膨胀能在孔眼周围形成微裂缝，以消除孔眼压实带造成的伤害；可避免射孔液对油层的伤害；部分进入油层的氮气有利于清洗孔眼及排液，从而解除油层堵塞；通过控制放压可使油井迅速建立压差投入生产；对于钻开油层及固井过程中造成严重损害的井，与酸处理联作（射孔前井内替入酸液）可有效地解除近井处的油层损害。

（6）高压喷射和喷砂射孔。指利用高压液体射流配合机械打孔装置在套管上钻孔，并以高压射流穿透地层，带喷嘴的软管边喷边向前进，射孔后收回。该方法的优点是孔径大、穿透深度远。水力喷砂射孔的原理是高压液携砂。携砂液浓度为5%左右，利用高压喷砂液体将套管射穿，继而射向地层。因射流压力高，若地层不是坚硬地层，可能将地层不是射成一个孔，而是形成一个洞穴，不利于今后生产，除非特殊要求，一般情况下不采用此方法。目前正在发展一种喷砂切割技术，形成穿透深度较大的窄缝，运用于低渗油藏，并可消除压实带的影响。

2）射孔枪、弹选择

根据射孔枪的枪体结构，可把它分为有枪身射孔和无枪身射孔。有枪身射孔枪是使用最早、适合各种用途的射孔枪，尤其在不允许套管和管外水泥受到破坏以及打开油水或油气界面附近的较薄地层时，通常采用该方法。其基本特点为：爆炸材料与井内液体无接触；爆炸的飞出物和弹筒的碎片残留在壳体内。

无枪身射孔枪分为全销毁型和半销毁型，主要用于过油管射孔作业。其特点为：对套管弯曲和有缩径井况具有较好的通过性；射孔后电缆易于提出地面。

目前在生产中普遍使用的是聚能射孔弹，它由弹壳、聚能药罩（金属衬套）、炸药和导爆索组成。对一定类型和数量的炸药，射孔弹有一确定的能量用于做功，射孔弹设计要考虑的主要参数有导爆索、聚能罩、炸药柱和间隙穿透能力等。射孔弹的最大可能尺寸，主要受到枪身内部径向尺寸或弹壳尺寸以及枪身或套管允许变形尺寸的限制。

3）射孔液选择

（1）对射孔液的性能要求。

射孔施工过程中采用的工作液称为射孔液，它是完井液中的一种。由于射孔孔眼穿入油层一定深度，有时它的不利影响甚至比钻井液的影响更为严重。因此，要保证最佳的射孔效果，就必须研究筛选出适合于油气层及流体特性的优质射孔液。

射孔液总的要求是保证与油层岩石和流体配伍，防止射孔过程中和射孔后对油层的进一步损害，同时又能满足下列性能要求。

①密度可调节为在套管枪射孔时有效的控制井喷，射孔液的密度必须适合油气层压力，既不能过大也不能过小。过大易压死油层，过小易发生井喷。

②腐蚀性小要求射孔液减少对套管和油管的腐蚀，同时也要减少产生不溶物，防止不

溶物进入射孔孔道，对产层造成损害。

③高温下性能稳定采用聚合物配制的射孔液，要求在高温下聚合物不降解保持性能稳定；对盐水配制的射孔液，要防止随温度的变化而产生结晶。

④无固相防止堵塞孔道。

⑤低滤失使进入储层的液体减少，降低对油层损害。

⑥成本低、配制方便。

（2）射孔液对油层可能造成的损害。

射孔液对油气层的损害机理与完井液对油气层的损害机理相同，但由于在油气层射孔后，射孔液直接与油气层接触，射孔液选择不当就会对油层造成损伤。

①射孔液固相颗粒损害。采用固相射孔液时，固相颗粒在正压差的作用下，将进入射孔孔道或微裂缝，而将孔眼堵塞甚至填满，较小的固相颗粒还会穿过孔壁而进入油层引起深部损害。

②射孔液滤失造成损害。在正压差的作用下，射孔液将不同程度地滤失进入油气层，产生多种形式的损害，如引起黏土矿物膨胀、分散、剥落和运移；与油气层矿物或流体不配伍，产生化学沉淀或结垢；由于含水饱和度上升，产生水锁反应，导致原油或天然气的相对渗透率下降；射孔液与油层中的原油生成黏性乳状液，或者油层的润湿性发生反转，增大油流阻力；聚合物射孔液中的长链高分子聚合物进入油层，在孔道表面吸附而降低孔喉有效半径。

③射孔液速敏造成损害。在正压差较大且油层渗透率较高时会导致射孔液的滤失速度增大。由于油层中固相颗粒或射孔液带入的外来固相颗粒，在高滤失速度下可能产生颗粒间的强烈干扰并形成桥拱而堵塞孔喉。在速敏严重时，必须控制压差或提高射孔液黏度。

（3）射孔液体系。

①无固体清洁盐水射孔液。该体系是由各种盐类及清洁淡水加入适当的添加剂配制而成。此种射孔液保护油层的机理是利用体系中各种无机盐及其矿化度与地层水中的各种无机盐及其矿化度匹配，液体中的无机盐将改变体系中的离子环境，可降低离子活性和减少黏土的吸附能力。在滤液侵入油层后，将尽量避免油层中敏感性黏土矿物产生变化，使黏土颗粒仍然保持稳定，不易发生膨胀运移。同时，由于射孔液中无固相颗粒，不会发生外来固相侵入油层孔道。此种射孔液具有成本低、配制方便、使用安全的特点，但对于裂缝性地层、渗透率较高且速敏效应严重的油层不宜使用。

②聚合物射孔液。主要用于可能产生严重漏失（裂缝）或滤失（如高渗透）以及射孔压差较大、速敏较严重的油层。聚合物射孔液是在无固相盐水射孔液的基础上，根据需要添加不同性能的高分子聚合物配制而成。加聚合物的主要目的是调整流变特性和控制滤失量，有时为了获得更好的滤失效果，还可加入不同类型的固体作为桥接剂。聚合物的类型和浓度主要根据滤失量和滤液损害率来确定。总的要求是滤失量小、对油层损害小。

③油基射孔液。可以是油包水型乳状液或者直接采用原油或者柴油加入一定量添加剂作为射孔液。该射孔液由于滤液为油相，避免了油层的水敏作用。但应注意由于某些添加

剂（如表面活性剂）的作用可能导致油层润湿反转，或者射孔液的原油中的沥青或石蜡等乳化剂进入油层形成乳状液，而降低油层渗透率。因此，使用前应进行防乳、破乳实验，根据情况加入适当的破乳剂。

④酸基射孔液。该体系是由醋酸或稀盐酸加入适合不同要求的添加剂配制而成。由于酸本身具有一定的溶解岩石矿物或杂质的能力，可使射孔后孔眼中以及孔壁附近压实带物质得到一定的溶解，从而减少射孔后压实带渗透率降低和预防残留颗粒堵塞孔道。

同时，必须加入黏土稳定剂、破乳剂、防腐剂以及铁离子稳定剂和抗酸渣添加剂等。

第三节　油气层保护

油气层保护的目的是为了保证在油气井作业中储层中流体渗流阻力不增加，渗透率不变。否则，油气层则受到损害，其后果会影响新探区和新油气层的发现，以及油气井的产量，从而给石油勘探和开发带来巨大经济损失。因此，保护油气层不受损害是十分重要的。

一、油气层损害

在钻开油气层、注水泥、射孔、试油、酸化、压裂、采油、注水、修井等施工过程中都会不同程度地破坏油气层原有的物理—化学平衡状态，这种入井流体与储层及其流体不配伍时造成近井地带油层渗透率下降的现象称为油气层损害。油田的勘探和开发是一个系统工程，如果其中的某个环节造成了严重的油气层损害，都可能使其他工作无效，影响油田开发效果。因此，了解生产过程中可能造成的油气层损害的机理，不但有助于采取保护油气层的措施，而且也是判断油气层损害程度的基础。

表1-3简要列出了油气井作业中可能造成的油气层损害的原因。生产过程中可能造成油气层损害的原因虽然很多，但主要的损害机理可归纳为4个方面：①外来流体与储层岩石矿物不配伍造成的损害；②外来流体与储层流体不配伍造成的损害；③毛细现象造成的损害；④固相颗粒堵塞引起的损害。

表1-3　油气井作业过程中可能导致油气层损害的原因

序号	作业过程	导致油气层损害的原因	
1	钻开油气层	①钻井液与储层不配伍 ②压差控制不当 ③浸泡时间太长 ④钻井液流速梯度过大 ⑤快速起下钻 ⑥钻具刮削井壁	滤液可引起黏土膨胀、水锁、乳化；固相引起堵塞等，促使钻井滤液及固相易进入地层增加滤液侵入量，冲蚀井壁破坏滤饼，不仅促使滤液进入产层而且易造成井眼扩大，影响固井质量快速起钻的抽汲作用破坏滤饼，快速下钻的冲击作用增大压差而使井液侵入储层量增加破坏滤饼使井液易进入储层；泥抹作用使固相嵌入渗流通道

续表

序号	作业过程		导致油气层损害的原因
2	注水泥	①水泥浆滤液进入储层 ②固井质量不好	造成黏土膨胀分散；水泥的水化作用使氢氧化物过饱和重结晶沉淀在孔隙中，后继工作会沿水泥环渗漏于地层
3	射孔、试油	①压实带的形成 ②射孔液与储层不配伍 ③固相堵塞 ④射孔压差过大 ⑤高压差高排量试油	射孔工艺固相特征，压实带内岩石力学性质及渗流特征受到破坏引起黏土膨胀及水锁等射孔液中固相颗粒高，如钻井液絮块、射孔碎片射孔正压差比负压差易产生损害引起储层内微粒运移；在井眼周围地带形成压力亏空带再次引起大量渗漏；压力下降快，原油脱气
4	酸化	①酸反应物再次产生沉淀 ②酸液有杂物 ③酸化措施不当 ④酸与地层流体不配伍	酸敏矿物存在时可产生絮状或胶状沉淀物，作业管线不干净，铁锈、污物等进入地层造成外来固相堵塞；岩石骨架及胶结物被酸溶解后，产生不溶于酸的固体颗粒，使地层微粒运移加重原油中的沥青质与酸接触形成胶状沉淀
5	压裂	①压裂液与储层不配伍	滤液与黏土作用使黏土水化膨胀、乳化等；压裂液残渣或固相堵塞
6	采油	①采油速度过大 ②油层压力温度改变 ③清蜡方法不当 ④化学处理剂不当	使油气层微粒发生运移可能改变地层水离子平衡而结垢；沥青质或蜡质原油生成有机垢刮下的石蜡或沥青会进入油层处理剂与产层接触，降低了渗透率
7	注水	①水质不合格 ②注水强度不当	可引起黏土膨胀、分散运移、化学沉淀、细菌堵塞等；水中机械杂质可引起堵塞；井壁附近地带流速过大引起地层微粒运移
8	修井	①修井液与储层不配伍	引起黏土膨胀、分散、结垢、岩石润湿性反转、原油乳化等；井内残留物堵塞渗流通道

二、储层敏感性

储层敏感性是指储层对可能造成损害的各种因素的敏感程度。在油气勘探开发过程的每个施工环节，如钻井、固井、完井、射孔、增产措施、修井、注水中，储层都会与外来流体以及其所携带的固体颗粒接触。由于这些流体与储层流体和储层矿物不匹配而导致储层渗流能力的下降，从而在不同程度上损害了储层的生产能力，甚至不能发现油层或产出油气。为了保护油气储层，充分发挥其潜力，有必要对储层的各种敏感性进行系统评价。

储层敏感性评价主要是通过岩心流动实验，考察油气层岩心与各种外来流体接触后所发生的各种物理化学作用对岩石性质，主要是对渗透率的影响及其程度。此外，对于油气层敏感性密切相关的岩石的某些物理化学性质，还必须通过化学方法进行测定，以便在全面、充分认识油气层性质的基础上，优选出与油气层配伍的工作液，为完井工程设计和实施提供必要的参数和依据。

绝大多数油气层，总是或多或少地含有敏感性矿物，这些敏感性矿物一般粒径小，分布在孔隙表面和喉道处，处于与外来流体优先接触的位置。由于敏感性矿物的物理和化学性质稳定区间狭小，在完井作业中，当各种外来流体侵入油气层后，就容易与敏感性矿物及其所含流体发生各种物理和化学作用，结果是降低油气天然生产能力或注入能力，即发生所谓的油气层损害。损害的程度可用油气层渗透率的下降幅度来表示，这也是室内敏感性评价的依据。油气层敏感性评价实验有速敏、水敏、盐敏、碱敏、酸敏评价实验，以及钻井完井液损害评价实验等。

（1）速敏油气层的速敏性是指在钻井、采油、增产作业和注水等作业或生产过程中，设流体与地层无任何物理和化学作用的条件下，当流体在油气层中流动时，引起油气层中微粒运移并堵塞喉道造成油气层渗透率下降的现象。对于特定的油气层，由油气层中微粒运移造成的损害，主要与油气层中流体的流动速度有关，因此速敏评价实验目的在于：①找出由于流速作用导致微粒运移从而发生损害的临界流速，以及找出由于速敏引起的油气层损害程度；②为表1-4中的水敏、盐敏、碱敏和酸敏等实验确定合理的实验流速提供依据，一般来说，其他各类评价实验的实验流速为速敏实验求出的临界流速的0.8倍，因此速敏评价实验先于其他实验；③为确定合理的注采速度提供科学依据。气层损害程度的各类实验及其应用如表1-4所示。

表1-4 气层损害程度的实验结果及其应用

实验类型 （损害程度：0.3～0.7）	实验结果及其应用
速敏实验 （包括油速敏和水速敏）	①确定其他几种敏感性实验（水敏、盐敏、酸敏、碱敏）的实验流速；②确定油井不发生速敏损害的临界产量；③确定注水井不发生速敏损害的临界注入速率，若该值太小，不能满足配注要求，应考虑增注措施；④确定各类工作液允许的最大密度
水敏实验	①如无水敏，则进入地层的工作液之矿化度只要小于地层水矿化度即可，不作严格要求；②如果有水敏，则必须控制工作液的矿化度大于C_{c1}；③如果水敏性较强，在工作液中要考虑使用黏土稳定剂
盐敏实验 （升高矿化度和降低矿化度实验）	①对于进入地层的各类工作液都必须控制其矿化度在两个临界矿化度之间，即C_{c1}<工作液矿化度<C_{c2}；②如果是注水开发的油田，当注入水的矿化度小于C_{c1}时，为了避免发生水敏损害，一定要在注入水中加入合适的黏土稳定剂，或对注水井进行周期性的黏土稳定剂处理
碱敏实验	①对于进入地层的各类工作液都必须控制其pH值在临界pH值以下；②如果是强碱敏地层，由于无法控制水泥浆的pH值在临界pH值之下，为了防止油气层损害，建议采用屏蔽式暂堵技术；③对于存在碱敏性的地层，要避免使用强碱性工作液
酸敏实验	①为基质酸化的酸液配方设计提供科学的依据；②为提供合理的解堵方法和增产措施提供依据

以不同的注入速度向岩心中注入实验流体（煤油或地层水），并测定各个注入速度下岩心的渗透率，从注入速度与渗透率的变化关系上，判断油气层岩心对流速的敏感性。当

流速达到某一数值时，岩心渗透率明显下降（下降值一般为5%左右），此时的流速即为临界速度。如果流量 Q_{i-1} 对应的渗透率 K_{i-1} 与流量 Q_i 对应的渗透率 K_i 满足式（1-10）：

$$\frac{K_{i-1}-K_i}{K_{i-1}}\times 100\% \geqslant 5\% \tag{1-10}$$

说明已发生速度敏感，流量 Q_{i-1} 即为临界流量。速敏程度评价标准见表1-5。

表1-5　速度敏感程度评价指标

损害程度	≤0.3	0.3~0.7	≥0.7
敏感程度	弱	中等	强

表中损害程度的计算式为：

$$损害程度=\frac{K_{max}-K_{min}}{K_{max}}\times 100\% \tag{1-11}$$

式中　K_{max}——所有流速下各渗透率点中的最大值，$10^{-5}\ \mu m$；

K_{min}——所有流速下各渗透率点中的最小值，$10^{-5}\ \mu m$。

以渗透率 K_L（$10^{-5}\ \mu m$）为纵坐标，以流量 q（mL/min）或流速 v（cm/s）为横坐标作岩心敏感性评价图（图1-28）。

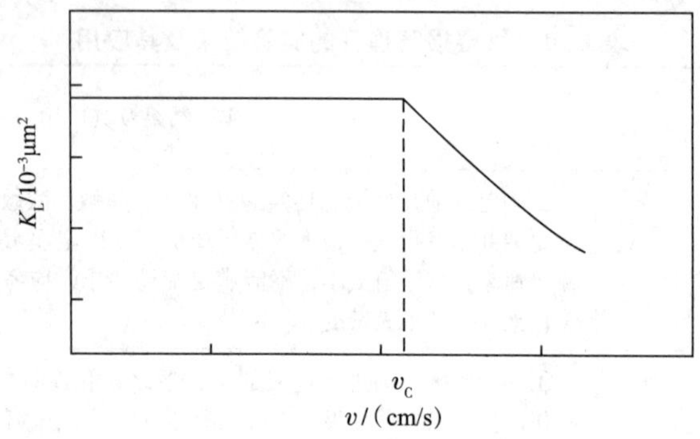

图1-28　岩心速度敏感性评价图

储层的临界流速 v_C 不是一个常数，它随流体性质的不同而改变。这里的流体性质主要是指流体的盐度、pH值等。盐度降低将使储层的黏土矿物水化、膨胀，并可能进一步分散解体，释放出更多的微粒。同时，黏土膨胀也将使储层的喉道尺寸缩小。pH值升高会使结合力较弱的高岭石类黏土矿物脱离岩石骨架。因此，临界流速往往随着流体盐度的下降，pH值的升高而下降。

（2）水敏油气层中的黏土矿物在原始油藏条件下处于一定矿化度的环境中，当淡水进入储层时，某些黏土矿物就会发生膨胀、分散、运移，从而减少或堵塞地层孔隙和喉道，造成地层渗透率的降低，油气层的这种遇淡水后渗透率降低的现象称为水敏。水敏实验的目的是了解黏土矿物遇淡水后的膨胀、分散、运移过程，找出发生水敏的条件及水敏引起的油气层损害程度，为各类工作液的设计提供依据。

水敏性评价实验主要测定3种不同盐度（初始盐度——地层水，盐度减半——次地层水，盐度为0——去离子水）液体下岩心的渗透率。首先用地层水测定岩心的渗透率，然后再用次地层水测定岩心的渗透率，最后用淡水（一般为去离子水）测定岩心的渗透率，从而确定淡水引起岩心中黏土矿物的水化膨胀及造成的损害程度。实验曲线见图1-29。

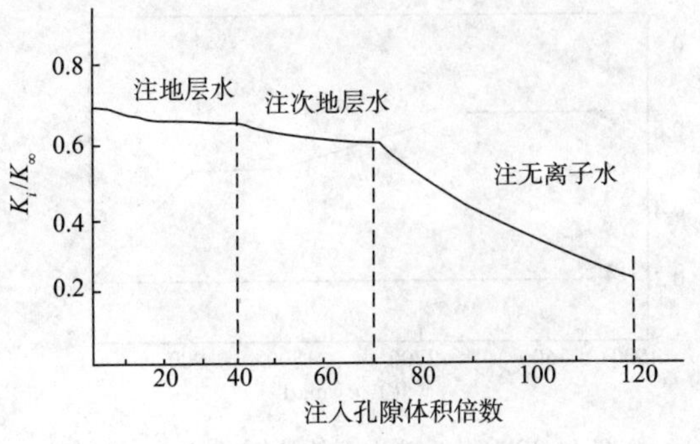

图1-29　岩心水敏实验曲线

图中 K_i 为实测渗透率，K_∞ 为等价液体渗透率。水敏性评价实验主要是研究水敏性矿物的水敏性，故驱替速度必须低于临界流速，以保证没有“桥堵”发生。此时产生的渗透率变化，才可以认为是仅由于黏土矿物水化膨胀引起的。在驱替过程中所采用的速度要随着流体盐度的减小而降低。

（3）盐敏在钻井、完井及其他作业中，各种工作液具有不同的矿化度，有的低于地层水矿化度，有的高于地层水矿化度。当高于地层水矿化度的工作液滤液进入油气层后，可能引起黏土的收缩、失稳、脱落；当低于地层水矿化度的工作液滤液进入油气层后，则可能引起黏土的膨胀和分散，这些都将导致油气层孔隙空间和喉道的缩小及堵塞，引起渗透率的下降，从而损害油气层。因此，盐敏评价实验的目的是找出渗透率明显下降的临界矿化度，以及由盐敏引起的油气层损害程度。

通过向岩心注入不同矿化度等级的盐水（按地层水的化学组成配制）并测定各矿化度下岩心对盐水的渗透率，根据渗透率随矿化度的变化来评价盐敏损害程度，找出盐敏损害发生的条件。根据实际情况，一般要做升高矿化度和降低矿化度两种盐敏评价实验。对于升高矿化度的盐敏评价实验，第一级盐水为地层水，将盐水按一定的浓度差逐级升高矿化度，直至找出临界矿化度 Cc_2 或达到工作液的最高矿化度为止。对于降低矿化度的盐敏评价实验，第一级盐水仍为地层水，将盐水按一定的浓度差逐级降低矿化度，直至注入液的矿化度接近零为止，求出的临界矿化度为 Cc_1。

如果矿化度 C_{i-1} 对应的渗透率 K_{i-1} 与流量 C_i 对应的渗透率 K_i 满足式（1-12）：

$$\frac{K_{i-1}-K_i}{K_{i-1}}\times 100\% \geqslant 5\% \tag{1-12}$$

说明已发生盐敏，则矿化度 C_{i-1} 即为临界矿化度 C_C。按此标准，在升高矿化度实验时可以确定临界最高矿化度 Cc_2，而在降低矿化度实验时可以确定临界最低矿化度 Cc_1，从而确定出避免发生盐敏损害的完井液有效矿化度区间。图1-30和图1-31分别为岩心降低矿化度和升高矿化度的盐敏评价实验曲线。

由图1-30可以看出，当盐水矿化度逐级递减时，岩心渗透率逐渐降低，这是由于岩心中的黏土矿物与淡水膨胀而缩小孔喉尺寸以及黏土矿物膨胀后分散脱落并堵塞小喉道所致，当矿化度降至蒸馏水后，再测恢复至地层水矿化度的岩心渗透率，其值远小于初始地层水的岩心渗透率。表明降低矿化度的盐敏损害是不可逆的。

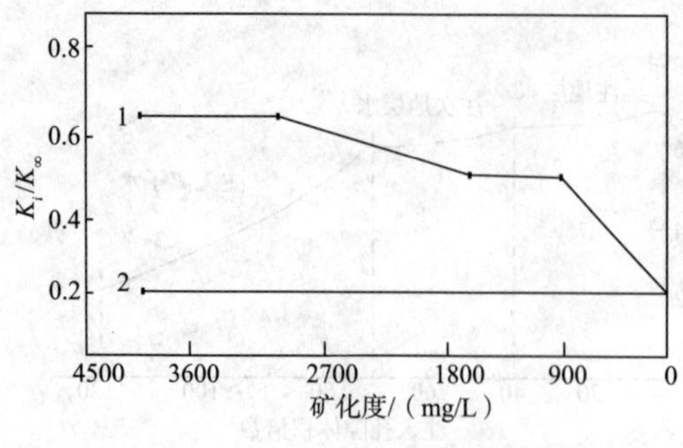

图 1-30　降低矿化度的盐敏曲线

1—矿化度降低试验；2—矿化度恢复试验

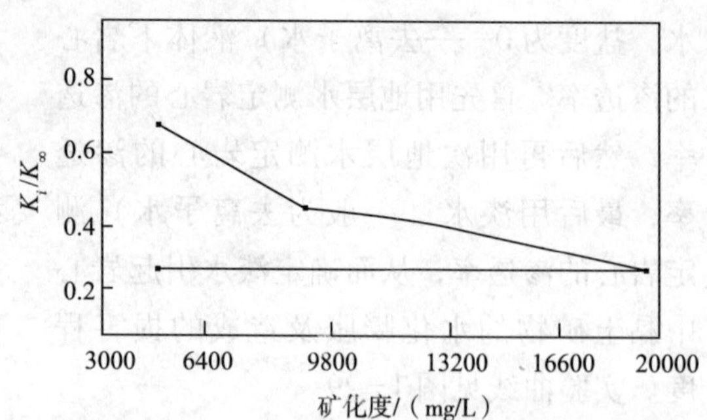

图 1-31　升高矿化度的盐敏曲线

1—矿化度升高试验；2—矿化度恢复试验

由图 1-31 可以看出，当矿化度逐级递增时，岩心渗透率也逐渐降低，这是由于黏土矿物发生收缩并分散而堵塞喉道所致。当矿化度升至最高值后，再测恢复至地层水矿化度的岩心渗透率，其值不断降低。表明破坏黏土结构稳定性的盐敏损害是不可逆的。

（4）碱敏地层水 pH 值一般呈中性或弱碱性，而大多数钻井液和水泥浆的 pH 值在 8 ~ 12 之间，当高 pH 值流体进入油气层后，促使黏土水化、膨胀、运移或生成沉淀物而造成的地层损害称为碱敏。碱敏评价实验的目的是找出碱敏发生的条件，主要是临界 pH 值，以及由碱敏引起的油气层损害程度，为各类工作液的设计提供依据。

通过注入不同 pH 值的地层水并测定其渗透率，根据渗透率的变化来评价碱敏损害程度，找出碱敏损害发生的条件。如果 pH_{i-1} 对应的渗透率 K_{i-1} 与 pH_i 对应的渗透率 K_i 满足式（1-12）的条件，说明已发生碱敏。图 1-32 为岩心的碱敏实验曲线。

（5）酸敏油气层的酸敏性是指油气层与酸作用后引起的渗透率降低的现象。酸化是油气田广泛采用的解堵和增产措施。酸液进入油气层后，一方面改善油气层的渗透率；另一方面又与油气层中的矿物及地层流体反应产生沉淀并堵塞油气层的孔喉。因此，酸敏评价实验目的是研究各种酸液的酸敏程度，其本质是研究酸液与油气层的配伍性，为油气层基质酸化时确定合理的酸液配方提供依据。

酸敏实验包括原酸（一定浓度的盐酸、氢氟酸、土酸）和残酸（可用原酸与另一块岩心反应后制备）的敏感实验，有现行的部颁标准。图 1-33 为岩心酸敏实验曲线。

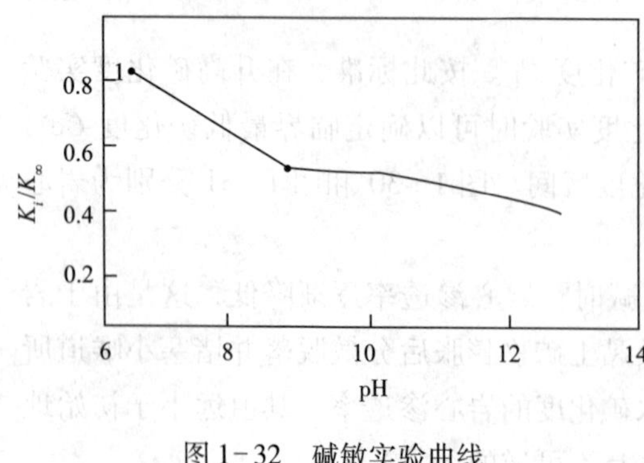

图 1-32　碱敏实验曲线

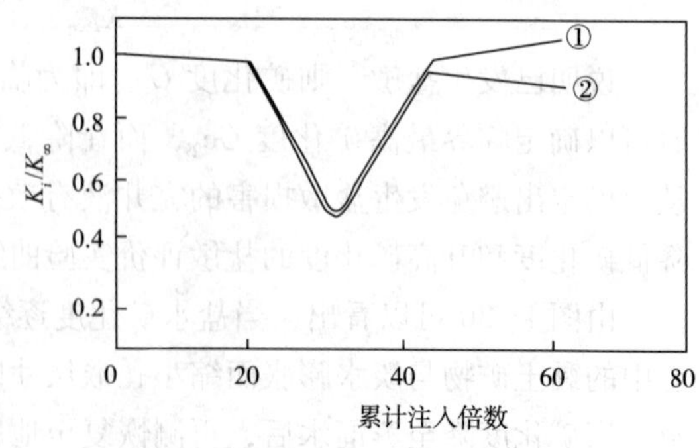

图 1-33　酸敏实验曲线

在正压差条件下的钻井过程中，钻井液不可避免地要进入地层，如果钻井液与地层不配伍，其固相和液相的侵入必然要产生地层损害。因此，完井工程设计中，除考察上述5种储层敏感性外，还应了解钻井液对地层的损害情况，这对于用钻井液钻开油层的完井作业显得尤为重要。因此，完井液评价实验的目的就是要了解现场用完井液与岩心接触后对储层的损害程度，从而评价完井液及优选配方。必要时还应专门考察完井液中的处理剂及钻井液滤液对储层的损害。

综上所述，五敏实验是评价和诊断油气层损害的最重要的手段之一。一般说来，对每一个区块，都应做五敏实验，可参照表1-5进行完井过程中保护油气层技术方案的制定，并指导生产。

表1-5　五敏实验结果的应用

项　目	实验结果及其应用
速敏实验 （包括油速敏和水速敏）	①确定其他几种敏感性实验（水敏、盐敏、酸敏、碱敏）的实验流速 ②确定油井不发生速敏损害的临界产量 ③确定注水井不发生速敏损害的临界注入速率，若该值太小，不能满足配注要求，应考虑增注措施 ④确定各类工作液允许
水敏实验	①如无水敏，则进入地层的工作液之矿化度只要小于地层水矿化度即可，不作严格要求 ②如果有水敏，则必须控制工作液的矿化度大于Cc_1 ③如果水敏性较强，在工作液中要考虑使用黏土稳定剂
盐敏实验 （升高矿化度和降低矿化度实验）	①对于进入地层的各类工作液都必须控制其矿化度在2个临界矿化度之间，即Cc_1＜工作液矿化度＜Cc_2 ②如果是注水开发的油田，当注入水的矿化度小于Cc_1时，为了避免发生水敏损害，一定要在注入水中加入合适的黏土稳定剂，或对注水井进行周期性的黏土稳定剂处理
碱敏实验	①对于进入地层的各类工作液都必须控制其pH值在临界pH值以下 ②如果是强碱敏地层，由于无法控制水泥浆的pH值在临界pH值之下，为了防止油气层损害，建议采用屏蔽式暂堵技术 ③对于存在碱敏性的地层，要避免使用强碱性工作液
酸敏实验	①为基质酸化的酸液配方设计提供科学的依据 ②为提供合理的解堵方法和增产措施提供依据

第四节　试　油

在石油勘探过程中，根据地质录井资料和测井资料的解释结果，以及钻井过程中油、气显示等各项资料，利用一套专用的设备和方法，对可能出油的层位，通过对油气水产量、温度、压力及油气水性质进行直接测量来鉴别和认识油气水层的工作，称为试油。试油的目的是为勘探开发提供依据。

一、试油的任务及工作内容

试油工作的主要任务是：

（1）了解储层及其流体的性质，为附近同一地层的其他探井提供重要的地质资料，许多探井资料可以初步确定该油田的工业价值。

（2）查明油、气田的含油面积及油水或气水边界以及驱动类型，为初步计算地下油气的工业储量提供必要的资料。

（3）了解储层产油、气能力和验证测井资料解释的可靠程度。

（4）试油资料整理和分析的结果是确定一口井合理工作制度的基础，在制定油田开发方案时可作为确定单井生产能力的依据。

为了完成上述任务，对一口井进行试油的主要工作是诱导诱流和测试。因此，试油是油气勘探取得成果的关键，是寻找油气田并初步了解某些地下情况的最直接的手段，也是为开发提供可靠依据的重要环节。

二、诱导油流方法

诱导油流是试油工作的第一道工序。在完井之后，通常井内充满泥浆（或其他液体），并且泥浆柱所造成的压力一般都超过事先所估算的油藏压力。因此，在油井完成后进入试油阶段的第一步就是要设法降低井底压力，使井底压力低于油藏压力，让油气流入井内，这一工作称为诱导油流。诱导油流的工作也是为了清除井底砂粒和泥浆等污物，降低井底及其周围地层对油流的阻力。

忽略流体流动时的摩擦阻力，井底压力可简单地应用下式表示：

$$P_{井底} = Hrg \times 10^{6} + P_0 \tag{1-13}$$

式中 $P_{井底}$——井底压力，MPa；

H——井内液柱高度，m；

r——井内液体密度，kg/m³；

g——重力加速度，9.81m/s²；

P_0——井内液柱液面上所承受压力，MPa，如果井口敞开时则 $P_0 = 0$。

要降低井底压力，可通过降低井内液柱高度或井内液体相对密度两种方法来实现。诱喷的方法很多，选择时应视油层性质、完井方法及油层压力等情况而定。但无论选择哪一种方法，都应遵循下述基本原则：①把井底和井底周围地层的脏物排出，使油层孔隙畅道，以利于油气流入井筒；②能建立起足够大的井底压差；③应缓慢而均匀地降低井底压力，不致导致破坏油层结构。诱流之后若油井能够自喷可自喷求产，不能自喷的井则应诱流与求产结合进行。

1）替喷法

替喷法是用密度较轻的液体将井内密度较大的液体替出，从而降低井中液柱压力，达到使井内液柱压力小于油藏压力的目的。具体实施过程中须先用低密度液体替出井中的压井液。替喷法有3种：

一般替喷法。就是把油管下至油层中、上部，用泵把替喷用的液体连续替入井内，直至把井中的全部压井液替出为止。该方法简便，但油管斜至井底的这段压井液替不出来。

一次替喷法。就是把油管下到人工井底，用替喷液把压井液替出，然后上提油管到油层中部或上部完井。它只限于用在自喷能力不强、替完替喷液到油井喷油之间有一段间歇，来得及上提油管的油井（图1-34）。

二次替喷法。就是把油管下到人工井底，替入一段替喷液，再用压井液把替喷液替到油层部位以下，之后上提油管至油层中部，最后用替喷液替出油层顶部以上的全部压井液，这样既替出井内的全部压井液又把油管提到了预定的位置（图1-35）。

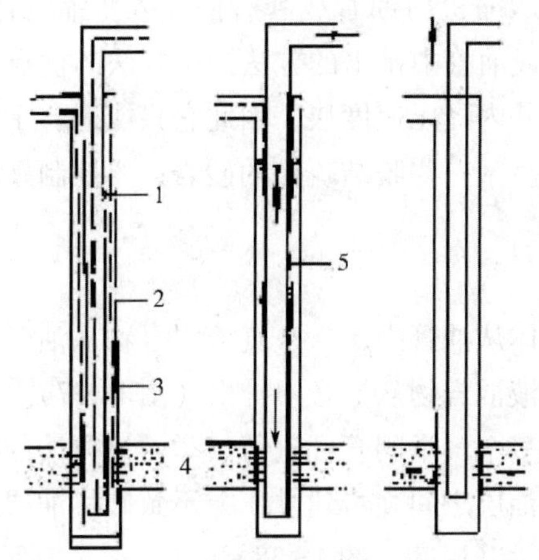

图1-34　一次替喷示意图

1—油管；2—套管；3—压井液；4—油层；5—替喷液

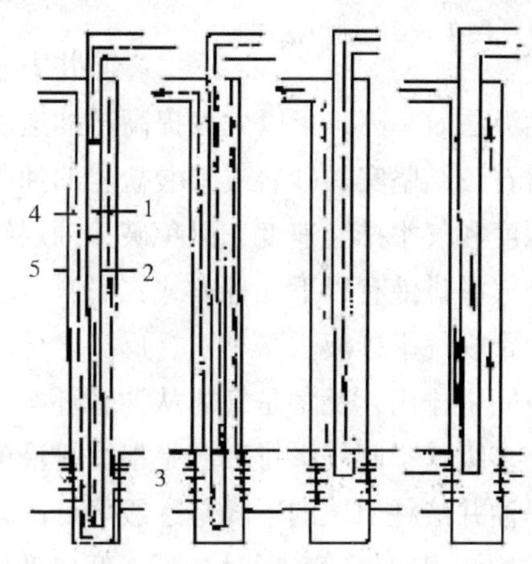

图1-35　二次替喷示意图

1—替喷液；2—油管；3—油层；4—压井液；5—套管

替喷法排液诱导油流时生产压差的形成均匀缓慢，不致引起由于井壁的坍塌而使油层出砂。

2）抽汲法

经过替喷诱导仍不能自喷时，这可能是由于：①油层压力低，替喷后井内液柱压力仍大于油层压力；②钻井、固井或射孔过程中的泥浆污染造成油层孔隙堵塞。在这种情况下可采用抽汲方法使其达到自喷的目的。

抽汲就是利用一种专用工具把井内液体抽到地面，以达到降低液面即减少液柱对油层所造成的回压的一种排液措施。

抽汲的主要工具是油管抽子。常用的抽子分有阀抽子（图1-36）和无阀抽子，又称两瓣抽子。它们结构虽不同，但总的要求是抽子在油管中既要下放自由，上提时又密封良好。抽子接在钢丝绳上用修井机、钻机或电动绞车作动力，通过地滑车、井架天车再下入井中在油管中上下活动。上提时把抽子以上的液体提出井口，在抽子下面产生低压，油层中的液体就不断地抽出地面。

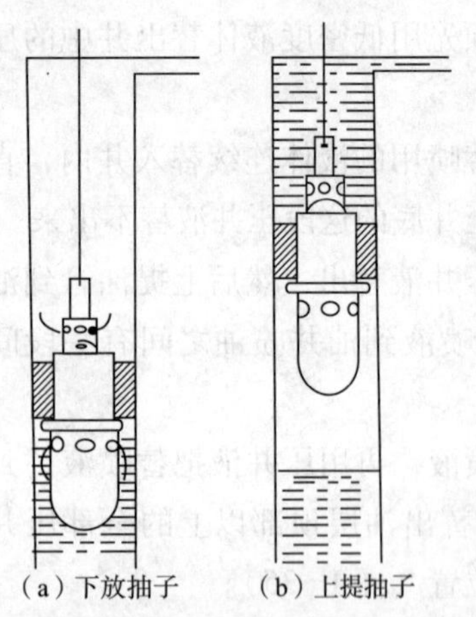

图 1-36　抽汲法原理

抽汲不但有降压诱喷的作用，还有解除油层某种堵塞的作用，因此适用于喷势不大的井或有自喷力但在钻井过程中，由于泥浆漏失，钻井液滤液使油层受到损害的油井。对于疏松、易出砂的油层，应避免猛烈抽汲，以避免油层造成大量出砂。对低渗、低产的浅井也常用提捞法排液诱流。此排液方法的主要工具是提捞筒，用绳索把它下入井中液面以下，一筒一筒地将井内液体捞出地面，以降低液柱对油层的回压。该排液法的缺点是费时费工，效率低。

3）气举法

气举法是利用压缩机向油管或套管内注入压缩气体，使井中液体从套管或油管中排出的方法。该方法的优点是比抽汲法效率高，可以大大提高试油速度。但由于井内降压速度快，因此它只能适合于油层岩石胶结坚实的砂岩或碳酸盐岩的油井的排液，对于一些胶结疏松的砂岩，要控制好气举深度和气举排液速度，以免破坏油层结构而出砂。

气举排液有以下几种方式：

常规气举排液。又有正、反举之分。正举是气体从油管中压入，气液混合物从油套环形空间中排出；反举是气体从油套环空间压入，气液混合物从油管中排出（图 1-37）。

多级气举阀气举排液。是根据排液的需要设计多个气举阀管柱进行气举。该方法的特点是油井液柱回压的下降是逐级降低的，在油井与油层之间逐步建立压差不致破坏油层岩石结构而引起出砂。同时，可降低启动压力，增加举升深度（图 1-38）。

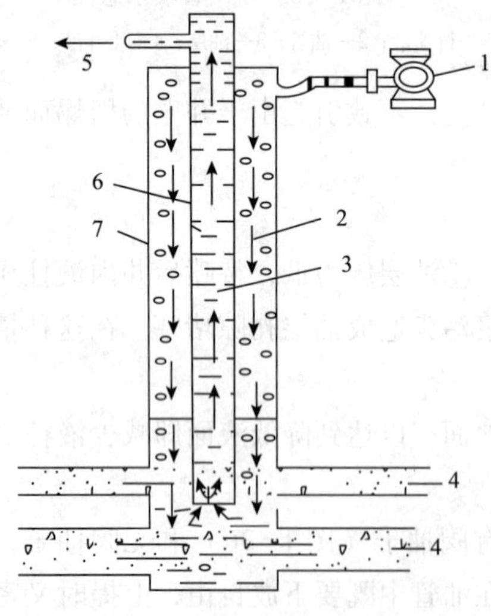

图 1-37　气举法诱流示意图

1—高压注气泵；2—注入气体；3—混气液柱；4—油层；5—原油出口；6—油管；7—套管

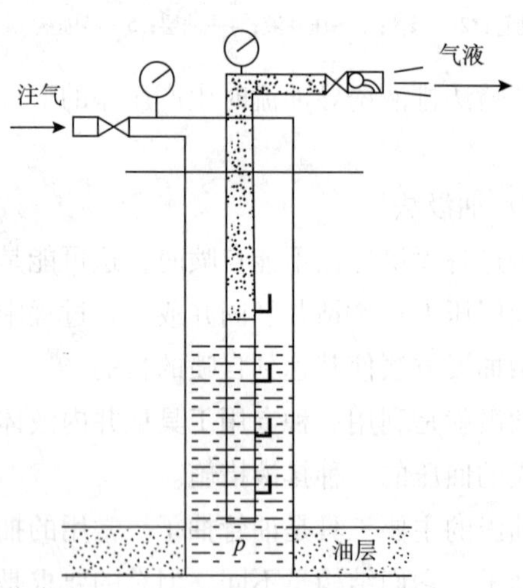

图 1-38　气举阀诱喷示意图

混气水气举排液。它是用气水混合物替出井中的压井液，由于混合物密度小于压井液的密度，可使井里液柱对油层的回压降低。由于混合物密度可以由控制气体的压力和流量来调节，所以它可以控制井底回压的下降程度。该方法适用于那些既不能用替喷排液，也不宜于用气举排液的油井（图1-39）。

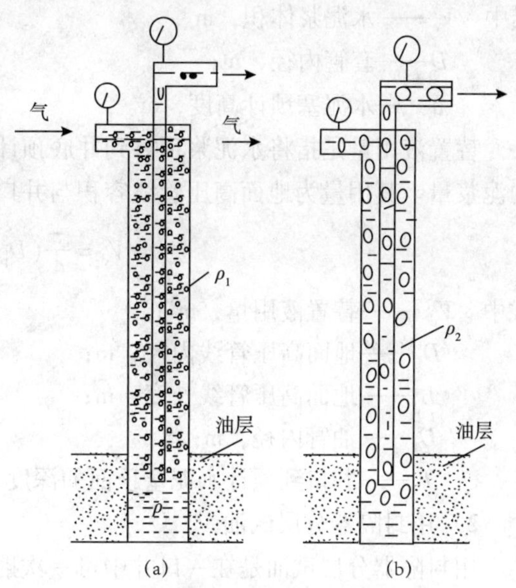

图1-39　混气水排液示意图

（a）环形空间注入密度ρ_1的混气水；

（b）继续注入密度为ρ_2的混气水，$\rho_2<\rho_1$

连续油管气举排液。是用连续油管车把连续油管下入生产管柱中，然后把连续油管与液氮泵车或制氮车连通，液氮车把低压液氮升至高压，再使其蒸发，从连续油管注入生产管柱中，井中压井液从连续油管和生产管柱的环空间到达地面。该排液方法的特点是掏空深度大、排液速度快，并且连续油管是从井口逐步向下排液，逐步降低井底回压，减少了对油层的损害。

泡沫排液法。泡沫流体指由不溶性或微溶性气体分散于液体中所形成的分散体系，其主要成分是气体、液体和起泡剂。由于其独特的结构，使它具有静液柱压力低、滤失量小、携砂性能好、摩阻损失小、助排能力强、对油层损害小等特点。

4）井口驱动单螺杆泵排液法

对稠油、高凝油油井的排液，采用常规的排液方法难以完成，可采用螺杆泵排液法。螺杆泵工作时不发生气锁、砂卡，无阀件，运动件只是螺杆，而且排量连续平衡，用在稠油层排液时，不易造成大量出砂。由于它是用抽油杆传递动力，因而只适用于浅井和中深井使用，也可用钻杆驱动的螺杆泵直接排液求产。

三、试油工艺

1）注水泥塞试油

注水泥塞试油一般是从下往上试，最下一层试油后，就得从地面将一定数量的水泥浆顶替到已试油层与待试油层之间的套管中，待水泥浆凝固后形成一个水泥塞，封住下面的油层，然后再射开上面试油层段，进行诱喷求产等工作。这种通过注水泥塞自下而上地逐层试油的方法称为注水泥塞试油。试油后需钻掉水泥塞投产。注水泥塞试油可以得到分层试油资料，但从工艺上来说速度较慢。为了提高试油速度，在配制水泥浆时，可加入催凝剂（氯化钙），以缩短水泥的初凝时间。在注水泥塞的设计中，需要准确计算的是水泥浆用量和替置液用量。

水泥浆用量用下式计算：

$$V_c = \pi D^2 h/4 \tag{1-14}$$

式中 V_c——水泥浆体积，m^2；

D——套管内径，m；

h——水泥塞预计高度，m。

替置液用量是指将水泥浆顶替到井底预计深度，并使油管内外水泥浆成一水平面所需的泥浆量。其用量为地面高压管线容积与井口到水泥浆顶面的油管容积之和，即：

$$V_d = \frac{\pi}{4}(D_p^2 L_p + D_t^2 L_t) \tag{1-15}$$

式中 V_d ——替置液用量，m^3；

D_p——地面高压管线内径，m；

L_p——地面高压管线长度，m；

D_t——油管内径，m；

L_t——井口到预计水泥塞顶面的深度，m。

2）用封隔器分层试油

用封隔器分层试油是在一口井中可一次射开多层，然后根据需要下入多级封隔器将测试层段分成二层、三层或四层，同时进行多层试油，也可以取得几层合试的资料。在测试过程中若遇到出水层段或油水同层，可以分别测试，也可以不起出油管柱，投入堵塞器堵水后继续对其他层段进行试油。在测试方法上除地面计量外，可在井下管柱内装上分层压力计、流量计和取样器，以便测取分层的地层压力、流动压力、分层产液量和分层取样来测定含水量及流体物性。或者在求某层产量的同时，测取其他层的压力资料或进行取样。总之，这种试油工艺既速度快，又表现出很大的灵活性。

3）中途测试工具试油

中途测试是指在钻井过程中遇到油气显示马上进行测试的工艺。这是降低钻探成本、提高试油速度、及时发现油气层的有效技术。

中途测试工具有两种形式，即常规支撑式及膨胀跨隔式。

常规支撑式中途测试是利用钻杆对封隔器施加的压重使封隔器座封，因此封隔器下部需要支撑尾管，并且在整个测试过程中，必须保持钻杆对封隔器的压重。它的关井和流动测试是由旋转开关来控制的，当流动测试完毕后，在井口旋转钻杆，旋转开关关闭，测试层的压力上升，由井底压力计记录压力恢复资料，同时连接其下面的取样器也关闭，以捕集流体样品。

膨胀跨隔式中途测试是在井下装有一个膨胀泵，由井口旋转钻杆来驱动泵的 4 个活塞，将环形空间的泥浆泵入封隔器的胶皮筒内，使封隔器座封，不需要钻具加压及使用尾管。测试完后，能平衡、收缩和释放封隔器。该方法可使用两个封隔器，将测试层位与上、下层位隔开，因此可用于大段裸眼井的选层测试中。

四、试油资料

要确定好一个试油层位，应根据各种资料综合分析。这些资料包括：砂样录井资料、岩心录井资料、钻速录井资料、泥浆录井资料、气测资料、地球物理测井资料以及含油、气层的对比、钻井过程中的油气显示及中途测试的资料等。综合在一起，加以分析，就可确定油层层位。

试油资料可以判断油、气田有无工业开采价值，同时它也能对各个油气层的产能及原油特性进行评价，估算储量，是编制油田开发方案、制定油田开发措施的重要依据。试油资料包括以下几方面：

（1）产量数据包括井下或地面的油、气、水产量。

（2）压力数据包括静压、流动压力、压力恢复数据以及油压、套压。

（3）原油及水的特性资料包括井下及地面原油取样分析的资料及原油含砂量。

（4）温度数据包括井下温度及地温梯度。试油工作开始时，无论是自喷井还是低压井，应使井中的泥浆、水及其他脏物首先排出直到喷出的液体完全是地层中的液体为止。

探井完成试油工作之后，可选用适当的采油方式投入生产，进行试采。其目的是进一步了解油井生产特征和进行需要采取的技术措施的生产试验，并分析产能及油藏能量的变化，为编制油田开发总体建设方案提供可靠的依据。

第二章　油气井流动规律

第一节　流入动态

油井产量与井底流动压力的关系曲线称为流入动态曲线（Inflow Performance Relationship Curve），简称为 IPR 曲线。它反映了油藏向该井供油的能力，亦称为指示曲线（Index Curve），即油井产量与生产压差的关系曲线，因一定时间内油层压力可看作稳定不变，生产压差的变化即井底流压的变化。对单井来说，IPR 曲线表示了油层的工作特性，因此，它既是确定油井合理工作制度的依据，也是分析油井动态的基础。典型的油井流入动态曲线如图 2-1 所示。由图可知，IPR 曲线的基本形状与油藏的驱动类型有关，在同一驱动方式下 $p_{wf}-q$ 关系的具体数值将取决于油层压力、渗透率及流体物性。有关不同驱动方式下 $p_{wf}-q$ 关系与油藏物理参数及完井状况之间的定量关系已在渗流力学中作了详细的讨论。本章中仅从研究油井生产动态的角度来讨论不同条件下的流入动态曲线及其绘制方法。

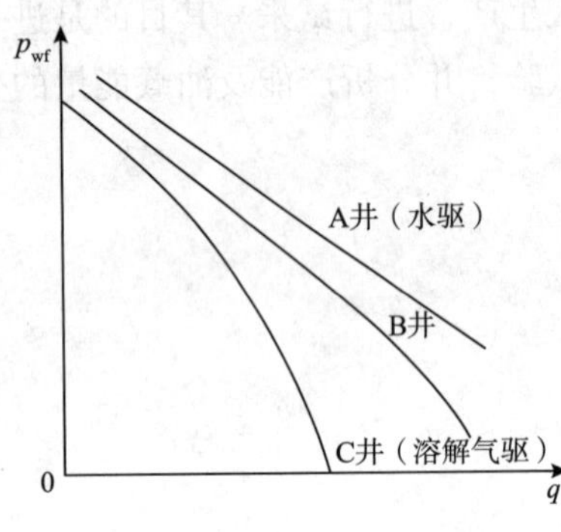

图 2-1　流入动态曲线

一、单相流体的流入动态

井底流压高于原油在地层条件下的饱和压力时，油藏中流体的流动为单相流动。根据达西定律，等厚均质圆形地层中心一口井的产量公式为：

$$q_o=\frac{0.543k_oh\ (\bar{p}_r-p_{wf})}{\mu_oB_o\ (\ln X-b+s)} \tag{2-1a}$$

式中　q_o——油井产量（地面），m^3/d；

k_o——油层中油的有效渗透率，$10^{-3}\mu m^2$；

h——油层有效厚度，m；

$\bar{p}_r$——油井平均地层压力，MPa；

p_{wf}——油井井底流压，MPa；

μ_o——地层油的黏度，mPa·s；

B_o——原油体积系数，无因次；

X——与泄油面积形状和井的位置有关的系数，圆形油藏 $X=r_e/r_w$，其余见表2-1；

r_e——油井供油边缘半径，m；

r_w——油井半径，m；

b——常数，圆形封闭边界，$b=3/4$；圆形定压边界，$b=0.5$；

s——表皮系数，无因次，与油井完成完善程度，井底污染或增产措施等有关。

表2-1　单井泄流面积与井点位置系数

形状与位置	X	形状与位置	X
	$\frac{r_e}{r_w}$	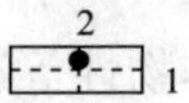 2　1	$\frac{0.966A^{1/2}}{r_w}$
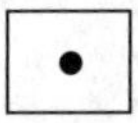	$\frac{0.571A^{1/2}}{r_w}$	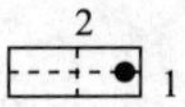 2　1	$\frac{1.44A^{1/2}}{r_w}$
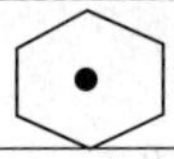	$\frac{0.565A^{1/2}}{r_w}$	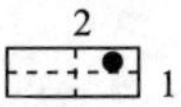 2　1	$\frac{2.206A^{1/2}}{r_w}$
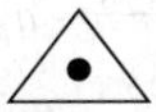	$\frac{0.604A^{1/2}}{r_w}$	 4　1	$\frac{1.925A^{1/2}}{r_w}$
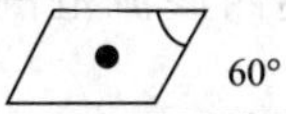 60°	$\frac{0.61A^{1/2}}{r_w}$	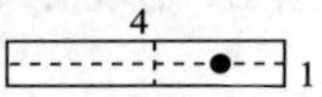 4　1	$\frac{6.59A^{1/2}}{r_w}$
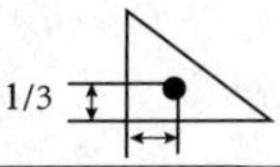 1/3	$\frac{0.678A^{1/2}}{r_w}$	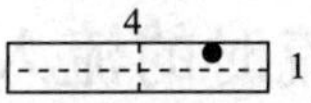 4　1	$\frac{9.36A^{1/2}}{r_w}$
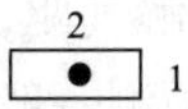 2　1	$\frac{0.668A^{1/2}}{r_w}$	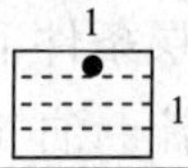 1　1	$\frac{1.724A^{1/2}}{r_w}$
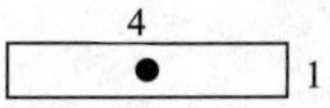 4　1	$\frac{1.368A^{1/2}}{r_w}$	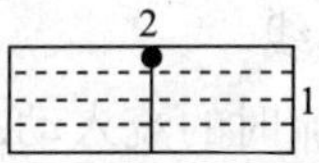 2　1	$\frac{1.794A^{1/2}}{r_w}$
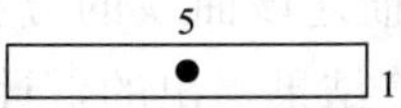 5　1	$\frac{2.066A^{1/2}}{r_w}$	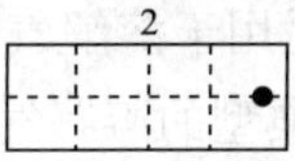 2　1	$\frac{4.072A^{1/2}}{r_w}$
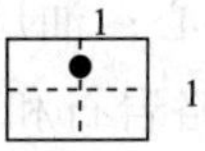 1　1	$\frac{0.884A^{1/2}}{r_w}$	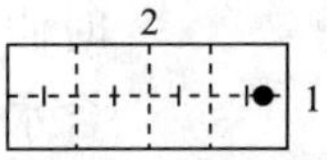 2　1	$\frac{9.523A^{1/2}}{r_w}$
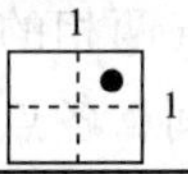 1　1	$\frac{1.485A^{1/2}}{r_w}$	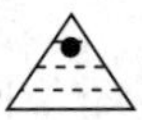	$\frac{10.135A^{1/2}}{r_w}$

在单相流动条件下，油层物性及流体性质基本不随压力变化，因此，上述产量公式可写成：

$$q_o=J_o(\bar{p}_r-p_{wf}) \tag{2-1b}$$

其中

$$J_o=\frac{q_o}{(\bar{p}_r-p_{wf})}=\frac{0.543k_oh}{\mu_oB_o(\ln X-b+s)} \tag{2-2}$$

J_o为采油指数，即每增加单位生产压力差时，油井的产量。它是一个反映油层性质、流体参数、完井条件及泄油面积等与产量之间关系的综合指标。因而可用J_o的数值来评价和分析油井的生产能力。一般都是用系统试井资料来求得采油指数 J_o。只要测得 3～5 个稳定工作制度下的产量及其流压，便可绘制该井的 IPR 曲线。单相流动时的 IPR 曲线为直线，其斜率的负倒数便是采油指数；在纵坐标（压力坐标）上的截距即为油层压力，外推直线至 $q_o=0$ 处就可获得油藏的平均压力。有了采油指数就可以在油井进行系统分析时利用式（2-2）和式（2-3）来预测不同流压下的产量及油藏参数。

当油井产量很高时，在井底附近将出现非达西渗流，根据渗流力学中的达西渗流二项式，油井产量和生产压差之间的关系为

$$\bar{p}_r - p_{wf} = Cq_o + Dq_o^2 \tag{2-3}$$

式中　C、D——与油层及流体物性等有关的系数。

将式（2-3）改写为

$$\frac{\bar{p}_r - p_{wf}}{q_o} = C + Dq_o \tag{2-4}$$

由式（2-4）可看出，$\frac{\bar{p}_r - p_{wf}}{q_o} \sim q_o$ 呈线性关系。由试井资料绘制的 $\frac{\bar{p}_r - p_{wf}}{q_o} \sim q_o$ 直线的斜率为 D，其截距为 C。求出 C、D 后，便可以利用式（2-3）预测非达西渗流范围内的油井流入动态。

二、油气两相渗流时的流入动态

当地层压力低于原油在地层条件下的饱和压力时，油藏驱动类型为溶解气驱，此时，油藏中流体的流动为气液两相流。油气两相渗流时的油井流入动态分析和预测一般采用简便的近似方法来绘制 IPR 曲线。

1）垂直井油气两相渗流时的流入动态

1968 年，Vogel 发表了适用于溶解气驱油藏的无因次 IPR 曲线及描述该曲线的方程。他们是根据用计算机对若干典型的溶解气驱油藏的流入动态曲线的计算结果提出的。计算时假设：圆形封闭油藏，油井位于中心；油层均质，含水饱和度恒定；忽略重力影响；忽略岩石和水的压缩性；油、气组成及平衡不变；油、气两相的压力相同；拟稳态下流动，在给定的某一瞬间，各点的脱气原油流量相同。

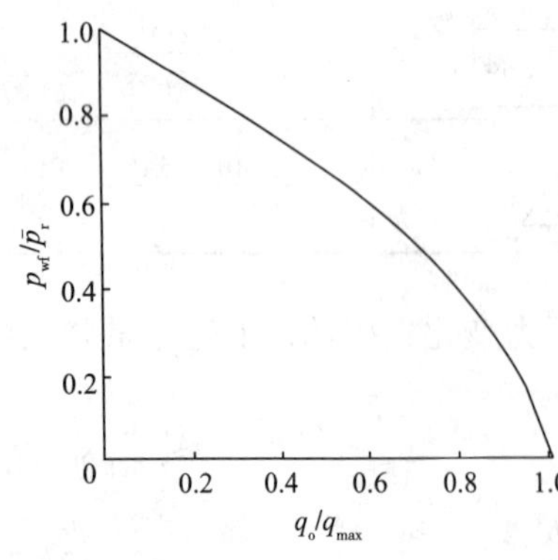

图 2-2　溶解气驱油藏无因次 IPR 曲线（Vogel 曲线）

Vogel 对不同流体性质、油气比、相对渗透率、井距及压裂过的井和井底有污染的井等各种情况下的 21 个溶解气驱油藏进行计算，结果发现 IPR 曲线除高黏度油藏及油井污染严重时差别较大外，都有类似形状，Vogel 在排除这些特殊情况后绘制了一条图 2-2 所示的参考曲线，称为 Vogel 曲线，该曲线的横坐标为油井产量与最大产能的比值（q_o/q_{max}），纵坐标为

井底压力与目前地层平均压力的比值（$p_{wf}/\bar{p}_r$）。这条曲线可看作是溶解气驱油藏渗流方程通解的近似解。

图中曲线可用 Vogel 方程表示：

$$\frac{q_o}{q_{o_{max}}}=1-0.2\frac{p_{wf}}{\bar{p}_r}-0.8\left(\frac{p_{wf}}{\bar{p}_r}\right)^2 \tag{2-6}$$

式中　$q_{o_{max}}$——井底流压降至大气压时的油井最大日产油量，m^3/d。

Vogel 方程可以不涉及油藏参数及流体性质资料，只需已知油井产量及相应的井底流压就可以简便地求出油井的 IPR 曲线。

[例 1] 已知某井油层平均压力 $\bar{p}_r=13.0$MPa，$p_{wf}=11.0$MPa 时的日产油量 $q_o=30m^3/d$，试用 Vogel 方程绘制该井的 IPR 曲线。

解：（1）计算 $q_{o_{max}}$：

$$q_{o_{max}}=\frac{q_o}{1-0.2\frac{p_{wf}}{\bar{p}_r}-0.8\left(\frac{p_{wf}}{\bar{p}_r}\right)^2}=116.3m^3/d$$

（2）预测不同流压下的产油量：

利用

$$q_o=q_{o_{max}}\left[1-0.2\frac{p_{wf}}{\bar{p}_r}-0.8\left(\frac{p_{wf}}{\bar{p}_r}\right)^2\right]$$

计算不同流压下的产油量并将结果列入表 2-2。

表 2-2　不同流压下的产油量

p_{wf}/MPa	12.0	11.0	10.0	9.0	7.0	5.0
q_o/（m^3/d）	15.6	30	43.3	55.6	76.8	93.6

（3）根据表 2-2 中的数据绘制 IPR 曲线（图 2-3）。

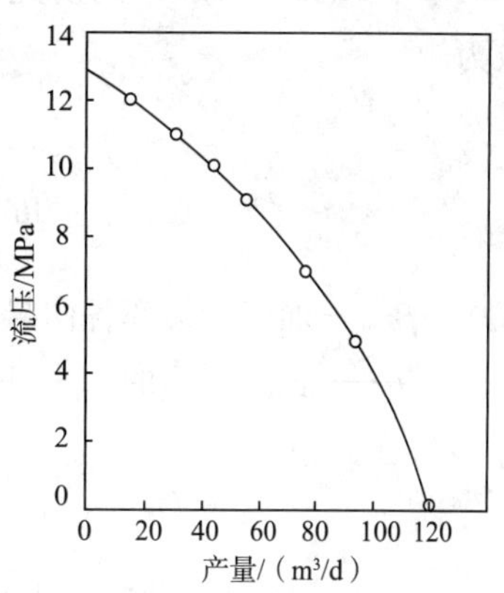

图 2-3　某井的 IPR 曲线

根据绘制的 IPR 曲线及 Vogel 方程，即可预测不同流压下所对应的日产油量，并以 q_o 作为设计的依据或油井管理分析的基础。现场实践证明，用上述方法预测溶解气驱油藏的油井产量获得了较满意的结果。值得注意的是 Vogel 在建立无因次流入动态曲线和方程时，认为油井是理想的完善井。实际油井并非理想的完善井，由于井的不完善性会增加或降低井底附近的压力降，因此，在绘制非完善井的 IPR 曲线时应用理想完善井的井底流压代替实际井的井底流压代入 Vogel 方程。则非完善井的流入动态为：

$$\frac{q_o}{q_{o_{max}}}=1-0.2\frac{p'_{wf}}{\bar{p}_r}-0.8\left(\frac{p'_{wf}}{\bar{p}_r}\right)^2 \tag{2-7}$$

$$p'_{wf}=p_{wf}+\Delta p_{sk}$$

$$\Delta p_{sk} = \frac{q_o \mu_o B_o}{2\pi k_o h} s$$

式中　p'_{wf}——理想完善井的流压，MPa；

p_{wf}——同一产量下实际非完善井的流压，MPa；

Δp_{sk}——非完善井表皮附加压力降，MPa。

2）斜井和水平井的 IPR 曲线

20 世纪 80 年代以来，国际上水平井的井数和产量一直迅速增加。对于较薄的油层或垂向渗透率较大的油藏，尤其是裂缝性油藏，钻水平井是非常好的选择。如图 2-4 所示，长度为 L 的水平井穿过水平渗透率和垂向渗透率分别为 K_h 和 K_v 的油藏。水平井形成椭球形的泄流区域，其泄流区域的长半轴 a 与水平井长度有关，大大增加了井眼与油藏的接触面积。

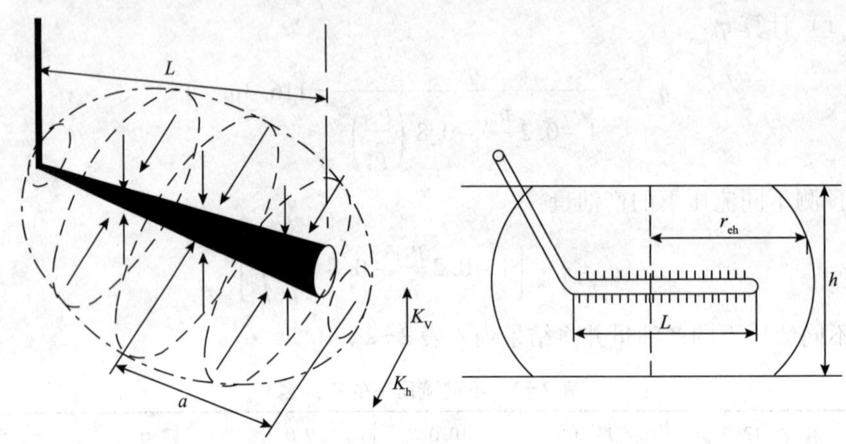

图 2-4　水平井示意图

基于 Joshi（1988）的研究成果，位于油层中部水平井在稳态流动及条件下的采油指数为

$$J_h = \frac{0.543K_h h/\ (\mu_0 B_0)}{\ln \frac{a + \sqrt{a^2 + (L/2)^2}}{L/2} + \frac{\beta h}{L}\left(\ln \frac{\beta h}{2\pi r_w} + S\right)} \tag{2-8}$$

式中　β——油层渗透率各向异性系数，$\beta = \sqrt{K_h / K_v}$；

a——长度为 L 的水平井所形成的椭球形泄流区域的长半轴，m；

$$a = \frac{L}{2}\sqrt{0.5 + \sqrt{0.5 + \left(\frac{r_{eh}}{L/2}\right)^4}} \tag{2-9}$$

式中　r_{eh}——水平井的泄流半径，$r_{eh} = \sqrt{A/\pi}$，m；

K_h、K_v——油层水平、垂向方向的渗透率，$10^{-3}\mu m^2$；

L——水平井水平段长度（简称井长），$\beta h < L < 1.8 r_{eh}$，m；

S——水平井表皮系数；

A——水平井控制泄油面积，m^2。

Bendakhlia 等用 2 种三维三相黑油模拟器研究了多种情况下溶解气驱油藏中水平井的流入动态关系。得到了不同条件下 IPR 曲线。曲线表明：早期的 IPR 曲线近乎于直线，随着采收率增加，曲度增加，接近衰竭时曲度稍有减小。

Bendakhlia 建议用：

$$\frac{q_o}{q_{o_{max}}}=\left[1-\nu\frac{p_{wf}}{\bar{p}_r}-(1-\nu)\left(\frac{p_{wf}}{\bar{p}_r}\right)^2\right]^n \tag{2-10}$$

来拟合 IPR 曲线图版，发现吻合很好。v 和 n 两参数随采收率变化的关系曲线如图 2-5 所示。

三、$\bar{p}_r > p_b > p_{wf}$时的流入动态（组合型的 IPR 曲线）

当油藏压力高于饱和压力，而井底流压低于饱和压力时，油藏中将同时存在单相和气液两相流动。在 $\bar{p}_r > p_b > p_{wf}$ 时典型的 IPR 曲线如图 2-6 所示。在 $p_{wf} > p_b$时，由于油藏中全部为单相液体流动，采油指数 J_o 为常数，IPR 曲线为直线。此时的流入动态可用式[2-1（b）]表示，采油指数可由测试结果求得。

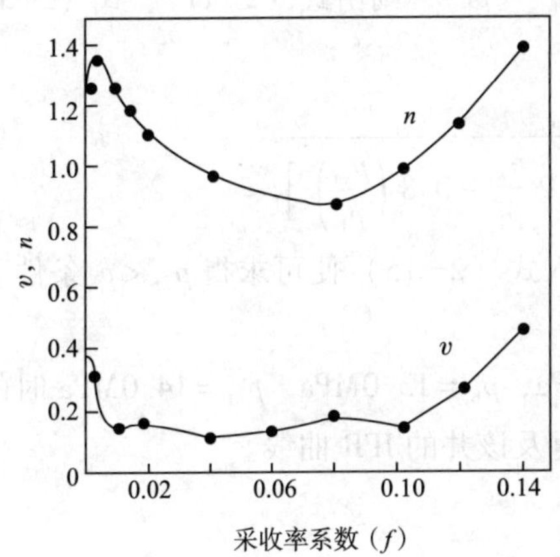

图 2-5 参数 v、n 和采收率之间的关系

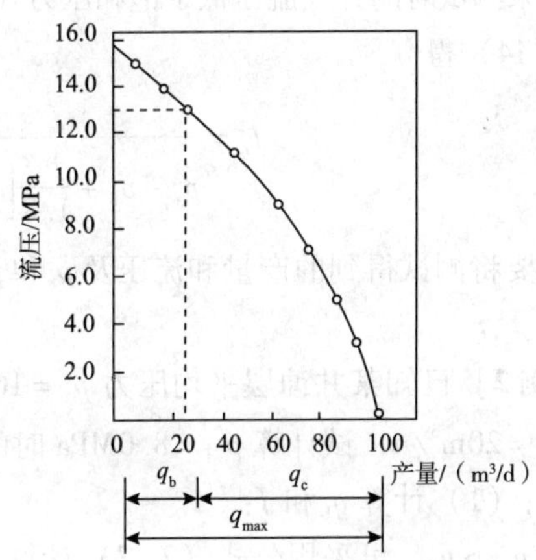

图 2-6 组合型 IPR 曲线

$$J_o=\frac{q_{o_{test}}}{(\bar{p}_r-p_{wf_{test}})} \tag{2-11}$$

流压等于饱和压力时的产量 q_b为

$$q_b=J_o(\bar{p}_r-p_b) \tag{2-12}$$

当 $p_{wf} < p_b$后，油藏中出现两相渗流，IPR 曲线将由直线变成曲线。如果用 p_b及 q_c代替 Vogel 方程中的 $\bar{p}_r$ 及 $q_{o_{max}}$，则可用 Vogel 方程来描述 $p_{wf} < p_b$时的流入动态。由此可得

$$q_o=q_b+q_c\left[1-0.2\frac{p_{wf}}{p_b}-0.8\left(\frac{p_{wf}}{p_b}\right)^2\right] \tag{2-13}$$

分别对式（2-11）和式（2-13）求导，可得

$$\frac{dq_o}{dp_{wf}}=-J_o$$

$$\frac{\mathrm{d}q_o}{\mathrm{d}p_{wf}} = -0.2\frac{q_c}{p_b} - 1.6q_c\frac{p_{wf}}{p_b^2}$$

在 $p_{wf}=p_b$点，上述 2 个导数相等，即

$$-J_o = -0.2\frac{q_c}{p_b} - 1.6q_c\frac{1}{p_b} = -1.8q_c\frac{1}{p_b}$$

则

$$q_c = \frac{J_o p_b}{1.8} \tag{2-14}$$

将式（2-12）代入式（2-14），得

$$q_c = \frac{q_b}{1.8\left(\frac{\bar{p}_r}{p_b} - 1\right)}$$

如果测试时的井底流压高于饱和压力（即 $p_{wf_{test}} > p_b$），则可直接用式（2-11）、式（2-12）和式（2-14）求得 J_o、q_b和 q_c后，用式（2-13）计算不同流压下的产量，从而绘出相应的 *IPR* 曲线。

如果测试时的井底流压低于饱和压力（即 $p_{wf_{test}} < p_b$），则由式（2-11）、式（2-13）和式（2-14）得

$$J_o = \frac{q_o}{\bar{p}_r - p_b + \frac{p_b}{1.8}\left[1 - 0.2\frac{p_{wf}}{p_b} - 0.8\left(\frac{p_{wf}}{p_b}\right)^2\right]} \tag{2-15}$$

只要将测试得到的产量和流压及 p_r和 p_b代入式（2-15）便可求得 $p_{wf} < p_b$条件下的采油指数。

［**例 2**］已知某井油层平均压力 $\bar{p}_r = 16.0\text{MPa}$，$p_b = 13.0\text{MPa}$，$p_{wf} = 14.0\text{MPa}$ 时的日产油量 $q_o = 20\text{m}^3/\text{d}$，试计算 $p_{wf} = 8.0\text{MPa}$ 时的产量及该井的 IPR 曲线。

解：（1）计算 q_b和 J：

因 $p_{wf} > p_b$，可采用公式（2-7）计算 J_o及 q_b

$$J_o = \frac{q_{o_{test}}}{(\bar{p}_r - p_{wf_{test}})} = \frac{20}{(16.0-14.0)} = 10.0\ [\text{m}^3/(\text{d/MPa})]$$

$$q_b = J_o(\bar{p}_r - p_b) = 10\times(16.0-13.0)\times10^2 = 30\ (\text{m}^3/\text{d})$$

（2）计算 q_c及 $q_{o_{max}}$：

$$q_c = \frac{J_o \text{p}_b}{1.8} = \frac{10\times13.0}{1.8} = 72.22\ (\text{m}^3/\text{d})$$

$$q_{omax} = q_b + q_c = 30 + 72.22 = 102.22\ (\text{m}^3/\text{d})$$

（3）$p_{wf} = 8.0\text{MPa}$ 时的产量：

$$q_o = q_b + q_c\left[1 - 0.2\frac{p_{wf}}{p_b} - 0.8\left(\frac{p_{wf}}{p_b}\right)^2\right] = 30 + 72.22\times\left[1 - 0.2\times\frac{8.0}{13.0} - 0.8\times\left(\frac{8.0}{13.0}\right)^2\right]$$

$$= 71.45\ (\text{m}^3/\text{d})$$

（4）不同流压下的产量如表 2-3 所示。

表 2-3 不同流压下的产量

P_{wf}/MPa	15.0	14.0	13.0	11.0	9.0	7.0	5.0	3.0	0
q_o/（m^3/d）	10	20	30	48.6	64.3	77.7	88.1	95.8	102.2

（5）根据表 2-3 中的数据绘制 IPR 曲线（图 2-7）。

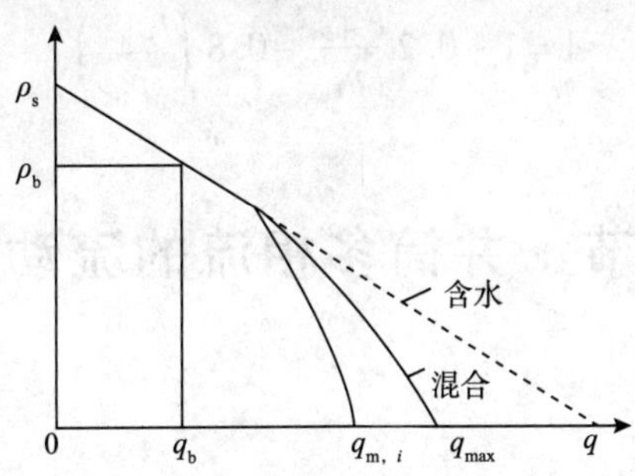

图 2-7 三相流时油井流入动态

四、油气水三相渗流时的流入动态

当考虑油气水三相渗流时，IPR 曲线（图 2-7）计算公式如下：

$$q_b = J(\bar{p}_r - p_b)$$

$$q_{o_{max}} = q_b + \frac{Jp_b}{1.8}$$

$$q_{L_{max}} = q_{o_{max}} + \frac{f_w(\bar{p}_r - q_{o_{max}}/J)}{9-8f_w} \tag{2-16}$$

$$p_{wf} = \begin{cases} \bar{p}_r - q/J, \ 0 < q \leqslant q_b \\ f_w(\bar{p}_r - q/J) + 0.125(1-f_w)p_b\left[\left(81 - 80\dfrac{q-q_b}{q_{o_{max}} - q_b}\right)^{1/2} - 1\right], \ q_b < q \leqslant q_{0max} \\ f_w(\bar{p}_r - q_{o_{max}}/J) + (q - q_{o_{max}})(9-8f_w)/J, \ q_{o_{max}} < q \leqslant q_{max} \end{cases} \tag{2-17}$$

式中 $q_{L_{max}}$——井底压力降至大气压时的最大产液量，m^3/d；

f_w——含水率；

J——产液指数，m^3/（d · MPa）。

其余符号及意义同前。

建立含水的 IPR 曲线所必须的变量是油藏平均压力 $\bar{p}_r$、饱和压力 p_b、总产量 q 与相应的井底流压 p_{wf} 和含水率 f_w，下面分两种情况给出采油指数 J（在这里应该说是采液指数）的计算表达式：

测试时，若 $p_{wf_{test}} > p_b$，则

$$J = q_{test} / (\bar{p}_r - p_{wf_{test}}) \tag{2-18}$$

测试时，若 $p_{wf_{test}} < p_b$，则

$$J = \frac{q_{test}}{(1 - f_w)\left[\bar{p}_r - p_b + \frac{p_b A}{1.8} + f_w(\bar{p}_r - p_{wftest})\right]} \tag{2-19}$$

$$A = 1 - 0.2\frac{p_{wf_{test}}}{p_b} - 0.8\left(\frac{p_{wf_{test}}}{p_b}\right)^2$$

第二节　井筒多相流的流动特性

一、油井流入特征

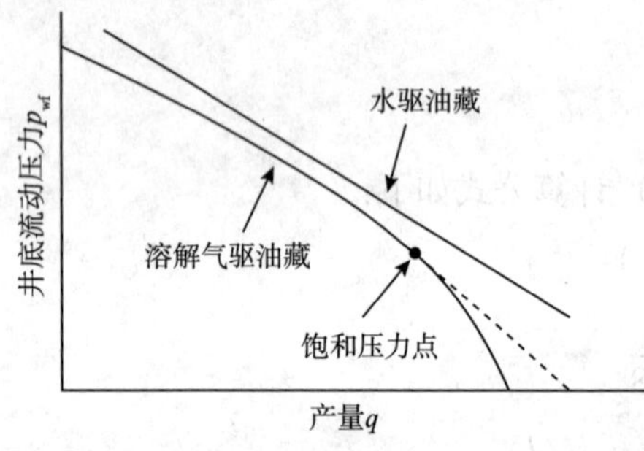

图 2-8　典型的油井 IPR 曲线

曲线，又称流入动态曲线，表示油井产量与井底流动压力的基本关系即油井流入特性，它反映了原油从油藏流向井底的能力。因而，它既是确定油井合理工作方式的依据，也是分析油井生产动态的基础。IPR 曲线可通过系统试井数据或从流入特性公式计算获得，它与油藏类型有关。即使对同一类型油藏如水驱油藏，其曲线会随含水上升而不断变化；而溶解气驱油藏的曲线也会随地层能量的不断消耗而有所变化。典型的油井 IPR 曲线如图 2-8 所示。

1. 单相流体的流入动态

1）单相流的产量公式

根据达西渗流定律，在无限大地层中心一口井的产量为：

$$q_o = \frac{K_o h (p_r - p_{wf})}{141.2 u_o B_o \left(\ln\frac{r_e}{r_w} - \frac{3}{4} + S\right)} \tag{2-20}$$

式中　q_o——油井产量，bbl/d（1bbl = 0.14t）；

K_o——油层的有效渗透率，$10^{-3}\mu m^2$；

h——油层有效厚度，ft（1ft = 0.3048m）；

p_r——平均地层压力，psi（1psi = 6.896kPa）；

p_{wf}——井底流动压力，psi；

u_o——地层油的黏度，cP（1cP = 1mPa · s）；

B_o——地层油体积系数；

r_e——油井泄油半径，ft；

r_w——井眼半径，ft；

S——表皮系数。

2）主要参数的确定

式（2-20）中各项参数的获得：

（1）油层的有效渗透率（K_o）通常可通过试井资料获得。

（2）油层有效厚度（h）代表某一含油层段中，经论证有出油能力部分的垂直厚度，一般可从测井和录井数据中得到。

（3）平均地层压力（p_r），最好是通过地层压力恢复测试资料分析得到，也可从静液面和邻井资料获得。

（4）地层油的黏度（u_o），可从高压物性资料得到。

（5）地层油体积系数（B_o），可从高压物性资料得到。

（6）油井泄油半径（r_ε），一般比较难准确确定，可以根据井的位置和油田的形状而获得，也可从试井解释资料中得到，不过 r_ε 值对（$\ln\frac{r_\varepsilon}{r_w}$）影响不大。

（7）井眼半径（r_w），可用钻头的尺寸作为井眼半径。

（8）表皮系数（S），可从地层压力恢复试井资料中得到，若没有压力恢复资料，可以进行油井实际生产动态资料拟合来求得。它与油井完井方式、井底污染或增产措施等有关。

3）单相流的 IPR 曲线及采油指数

在单相流动条件下，通常假设油井产量（q_o）与生产压差（$\Delta p = p_r - p_{wf}$）呈线性关系，这是因为油层物性及流体性质基本不随压力变化。

令
$$J = \frac{K_o h}{141.2\mu_o B_o\left(\ln\frac{r_e}{r_w} - \frac{3}{4} + S\right)} \tag{2-21}$$

则式（2-20）变为

$$q_o = J\left(p_r - p_{wf}\right) = J\Delta p$$

$$J = \frac{q_o}{\Delta p} \tag{2-22}$$

式中，J 称为采油指数（PI），其物理意义为单位时间及生产压差的驱动下进入井底的流量，工程上常以 $m^3/(d\cdot MP_a)$［或 $bbl/(d\cdot psi)$］为单位。采油指数是衡量油井生产能力的重要指标，亦可用以判断油井的工况。一般都是用系统试井资料来求得采油指数。表皮系数 S 对采油指数的影响较大。只要测得 3 ~ 5 个稳定工作制度下的产量及其流压，便可绘制该井的 IPR 曲线。单相流的 IPR 曲线是直线，其斜率的负倒数便是采油指数。有了采油指数就可以对油井进行系统分析，预测不同流压下的产量，以及研究油层参数。

［例 1］ 如某油田 X 井，已知 $K_o = 400\times10^{-3}\mu m^2$，$h = 50ft$，$u_o = 1.5cP$，$B_o = 1.3$，$p_r =$

2900psi，$r_e=1320$ft，$r_w=0.4$ft。试用达西渗流定律 $S=0$（优化完井）、$S=5$（井筒污染）和 $S=-5$（酸化、压裂）时的采油指数，并绘制 $S=0$ 时的 IPR 曲线。

解

$$J=\frac{400\times 50}{141.2\times 1.5\times 1.3\times\left(\ln\frac{1320}{0.4}-\frac{3}{4}+S\right)}$$

$$J=\frac{72.64}{7.35+S}$$

所以

$$S=0,\ J=9.88\ [\text{bbl/(d}\cdot\text{psi)}]$$

$$S=5,\ J=5.88\ [\text{bbl/(d}\cdot\text{psi)}]$$

$$S=-5,\ J=30.91\ [\text{bbl/(d}\cdot\text{psi)}]$$

$S=0$ 时，该油井的 IPR 曲线如图 2-9 所示。

［**例 2**］我国南海某油田 Y 井测试资料如表 2-4 所示，试绘制其 IPR 曲线及求采油指数 J。

表 2-4　Y 井测试资料表

井底流压/psi	3432	3418	3394	3371
原油产量/（bbl/d）	3106	3588	4015	4475

解：

制 IPR 曲线（图 2-10）。

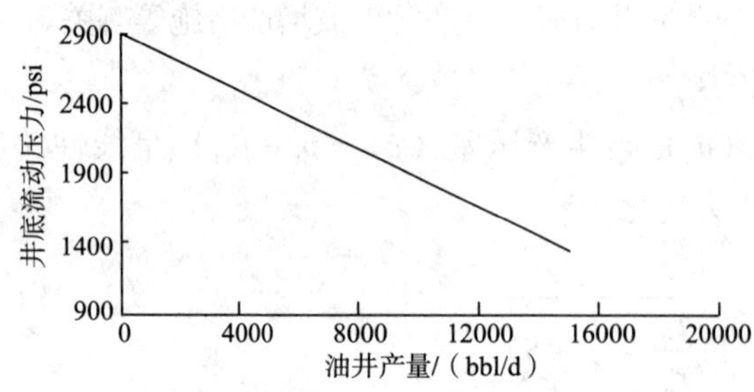

图 2-9　X 井 IPR 曲线

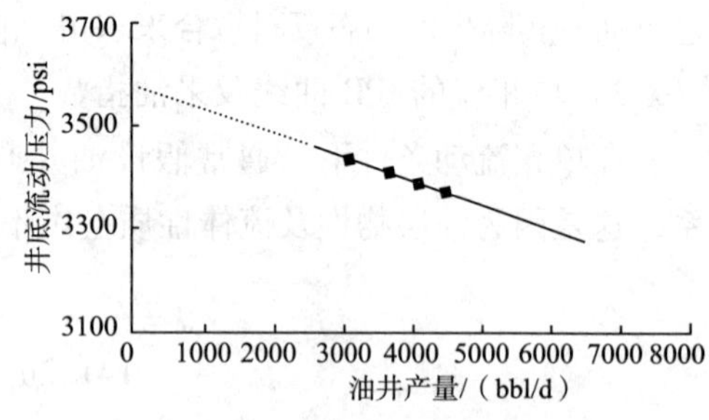

图 2-10　南海某油田 Y 井 IPR 曲线

计算采油指数（由趋势线得）

$$p_{wf}=3576.6-0.0455q_o$$

$$J=-1/(-0.0455)=22\ [\text{bbl/(d}\cdot\text{psi)}]$$

当油井产量很高时，在井底附近将出现非达西渗流，油井产量和生产压差之间的关系是非线性的，但同样可以用公式计算出来，在这里不作叙述。在水驱油藏中，随着原油的开采，油藏出现油、水两相流动。其流入特性可近似为单相油流和单相水流之和，采油指数一般会随含水的上升而降低。

2. 油气两相流的流入动态

1）油气两相流的一般公式

在溶解气驱油藏中，当油藏压力低于饱和压力时，油气两相渗流就会发生。由于油层物性（主要是饱和度）及流体性质随压力变化较大，因而溶解气驱油藏油井产量与流压的关系是非线性的。对于溶解气驱油藏，油井产量与流压的关系可用相对渗透率数据或伏格尔（Vogel）法求得。根据达西渗流定律，对无限大地层，在 $p_r < p_b$（泡点压力）的情况下，油井产量公式（$S=0$）为：

$$q_o = \frac{Kh}{141.2\left(\ln\frac{r_e}{r_w} - \frac{3}{4}\right)} \int_{p_{wf}}^{p_r} \frac{K_{ro}}{u_o B_o} dp \tag{2-23}$$

式中　K_{ro}——原油的相对渗透率，$K_{ro} = K_o/K$；

K——原油的绝对渗透率。

K_{ro}、B_o 及 u_o 都是压力的函数，只要找到它们与压力的关系，就可得到产量与流压的关系。B_o 及 u_o 可由高压物性资料得到，K_{ro}是含油饱和度的函数，可从相对渗透率与含油饱和度关系曲线上寻找。用这种方法绘制 IPR 曲线是十分复杂的，因此，在油井动态分析和预测中都采用简单的近似方法如伏格尔法来绘制 IPR 曲线。

2）油气两相流的伏格尔（Vogel）公式

伏格尔提供了一个简单公式来解决溶解气驱油藏 IPR 曲线的绘制问题，其关系式为：

$$q_o/q_{max} = 1 - 0.2\,(p_{wf}/p_r) - 0.8\,(p_{wf}/p_r)^2 \tag{2-24}$$

式中，q_{max}为当 $p_{wf}=0$ 时油井的最大理论产量。

伏格尔把制作 IPR 曲线图的坐标分别用 $q_o/q_{max} - p_{wf}/p_r$ 的无因次量绘制成，发现不同的溶解气驱油藏或同一油藏不同采出程度下的 IPR 曲线都有类似的形状（图 2-11）。它是被广泛地用来预测溶解气驱油藏的 IPR 曲线，只是高黏度油藏及油井污染严重或实施增产措施时差别较大。

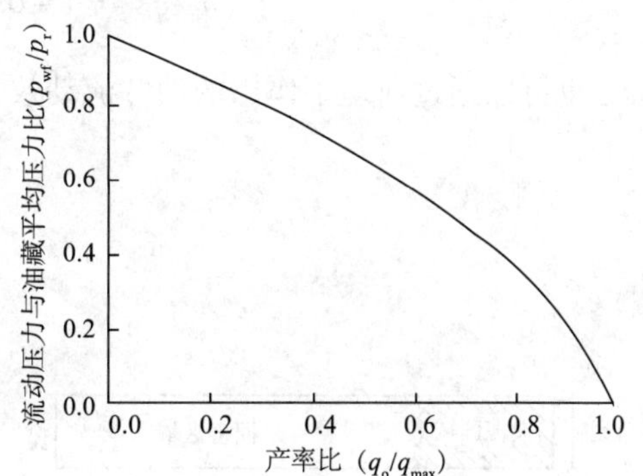

图 2-11　溶解气驱 *IPR* 曲线

［**例 3**］我国南海某油田的油藏平均压力 $p_r=3600$psia，流压 $p_{wf}=3400$psia 时的产量 $q_o=3600$bbl/d。试利用 Vogel 方程绘制该井的 IPR 曲线。

解：

（1）计算 q_{max}：

$$q_{max} = \frac{q_o}{1 - 0.2\frac{p_{wf}}{p_r} - 0.8\left(\frac{p_{wf}}{p_r}\right)^2} = \frac{3600}{1 - 0.2 \times \frac{3400}{3600} - 0.8 \times \left(\frac{3400}{3600}\right)^2} = 36660\ (\text{bbl/d})$$

（2）计算不同流压下的产量：

$$q_o = \left[1 - 0.2\frac{p_{wf}}{p_r} - 0.8\left(\frac{p_{wf}}{p_r}\right)^2\right] q_{max}$$

计算结果如表 2-5 所示：

表 2-5 不同流量下产量计算结果

流压 p_{wf}/psi	3400	3000	2500	2000	1500	1000
产量 q_o/（bbl/d）	3600	10253	17544	23695	28708	32581

（3）根据上表绘制 IPR 曲线（图 2-12）。斯坦丁（Standing）进一步发展了伏格尔方法，将其公式用于井底附近受污染或进行过增产措施后井底有所改善即流动效率不等于 1 的油井。

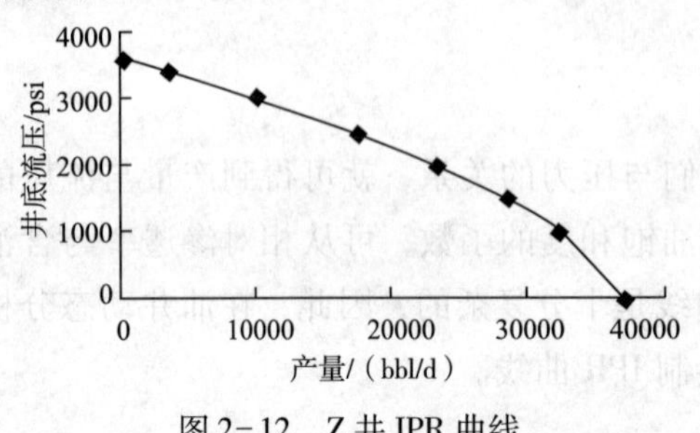

图 2-12 Z 井 IPR 曲线

流动效率 η = 理想压差/实际压差：

$$\eta=(p_r-p'_{wf})/(p_r-p_{wf}) \tag{2-25}$$

$$p'_{wf}=p_r-(p_r-p_{wf})\eta \tag{2-26}$$

$$p'_{wf}=p_{wf}+\Delta p_{skin}$$

式中，Δp_{skin} 为受表皮效应而附加的压力降，p_{skin} 可由试井求得。p'_{wf} 可定义为理想径向流动（即不存在表皮效应）的井底流动压力。井底附近地层受到伤害的压力分布如图 2-13 所示。计算时直接将 p'_{wf} 代入伏格尔公式，即

$$q_o/q_{max}=1-0.2\left(\frac{p'_{wf}}{p_r}\right)-0.8\left(\frac{p'_{wf}}{p_r}\right)^2 \tag{2-27}$$

也可以通过斯坦丁作出的油井流动效率曲线（图 2-14）直接计算出来。

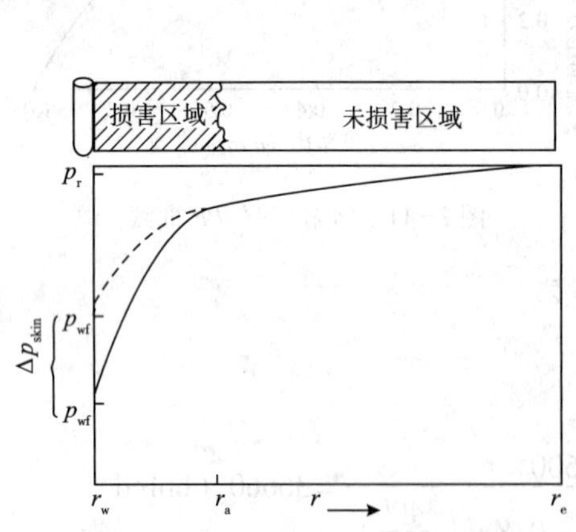

图 2-13 井底附近地层有损害的油井压力分布图

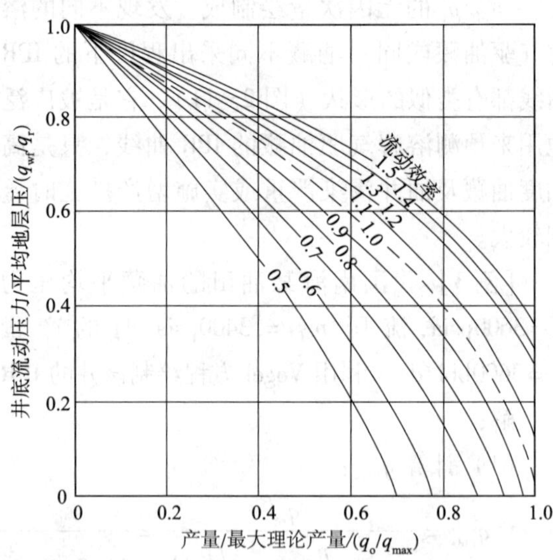

图 2-14 油井流动效率曲线

［**例 4**］已知某油田 $p_r=2600\text{psi}<p_b$，井底流压 $p_{wf}=1800\text{psi}$ 时的产量 $q_o=500\text{bbl/d}$，流动效率 $\eta=0.6$，试求 $\eta=1.0$ 和 $\eta=0.6$ 时的 q_{max} 以及井底流压 $p_{wf}=1300\text{psia}$，$\eta=0.6$、1.0 和 1.3 时的产量 q_o。

解：

（1）求 $\eta=1.0$ 时的 q_{max}：

解法 1：

$$\frac{p_{wf}}{p_r}=\frac{1800}{2600}=0.692$$

先算出

$$\frac{q_o}{q_{max}}=0.3$$

查图 2-12 得出

$$q_{max}=\frac{500}{0.3}=1667\ (bbl/d)$$

解法 2：

$$p_{wf}=p_r-(p_r-p_{wf})\eta=2600-(2600-1800)\times0.6=2120\ (psi)$$

$$q_{max}=\frac{q_o}{1-0.2\frac{p'_{wf}}{p_r}-0.8\left(\frac{p'_{wf}}{p_r}\right)^2}$$

$$=\frac{500}{1-0.2\times\frac{2120}{2600}-0.8\left(\frac{2120}{2600}\right)^2}$$

$$=1639\ (bbl/d)$$

（2）求 $\eta=0.6$ 时的 q_{max}：

解法 1：查图 2-14 得出 $\frac{q_o}{q_{max}}=0.765$（$\frac{p_{wf}}{p_r}=0$ 时）

$$q_o=0.765\times1667=1275\ (bbl/d)（即 \eta=0.6 时的 q_{max}）$$

解法 2：

$$p'_{wf}=p_r-(p_r-p_{wf})\eta=2600-(2600-0)\times0.6=1040\ (psi)$$

$$q_o=q_{max}\times\left[1-0.2\left(\frac{p'_{wf}}{p_r}\right)-0.8\left(\frac{p'_{wf}}{p_r}\right)^2\right]$$

$$=1639\times\left[1-0.2\left(\frac{1040}{2600}\right)-0.8\left(\frac{1040}{2600}\right)^2\right]$$

$$=1298\ (bbl/d)（即 \eta=0.6 时的 q_{max}）$$

（3）求 $p_{wf}=1300$psi，$\eta=0.6$、1.0、1.3 时的 q_o。

解法 1：先算出 $\frac{p_{wf}}{p_r}=\frac{1300}{2600}=0.5$，然后查图 2-14 并算出 q_o 值，结果如表 2-6 所示：

表 2-6 q_o 值计算结果

η 值	q_o/q_{max}	q_{max}/（bbl/d）（$\eta=1.0$）	q_o/（bbl/d）
0.6	0.462	1667	770
1.0	0.70	1667	1167
1.3	0.83	1667	1384

解法 2：利用式（2-26）先算出 p'_{wf} 值，然后代入式（2-27）计算 q_o 值，结果如下：

$\eta = 0.6$ 时，$q_o = 767$（bbl/d）

$\eta = 1.0$ 时，$q_o = 1147$（bbl/d）

$\eta = 1.3$ 时，$q_o = 1364$（bbl/d）

3）单相流和两相流同时存在

当油藏压力 p_r 高于饱和压力 p_b，而井底流压 p_{wf} 低于饱和压力 p_b 时，油藏将同时存在单相和两相流动，称为拟稳定流动。拟稳定状态下产量的一般表达式如式（2-23）。但使用该公式计算产量比较复杂，在油井设计和分析中，通常用一些近似的简便方法，以下简述之。

（1）当 $p_b < p_{wf} < p_r$ 时，油藏中只有单相流，采油指数 J 为常数，IPR 曲线为直线：

$$J = \frac{q_0}{(p_r - p_{wf})} \tag{2-28}$$

（2）当 $p_{wf} = p_b$ 的情况下，

$$J = \frac{q_b}{(p_r - p_{wf})} \tag{2-29}$$

$$q_{max} = \frac{Jp_b}{1.8} \tag{2-30}$$

（3）当 $p_{wf} < p_b$ 时的采油指数公式为：

$$J = \frac{p_0}{p_r - p_b + \frac{p_b}{1.8}\left[1 - 0.2\left(\frac{p_{wf}}{p_b}\right) - 0.8\left(\frac{p_{wf}}{p_r}\right)^2\right]} \tag{2-31}$$

$$q_{max} = q_b + \frac{JP_b}{1.8} \tag{2-32}$$

$$q_0 = q_b + (q_{max} - q_b)\left[1 - 0.2\left(\frac{p_{wf}}{p_b}\right) - 0.8\left(\frac{p_{wf}}{p_b}\right)^2\right] \tag{2-33}$$

由此可作出单相流和两相流同时存在的 IPR 曲线（图 2-15）。

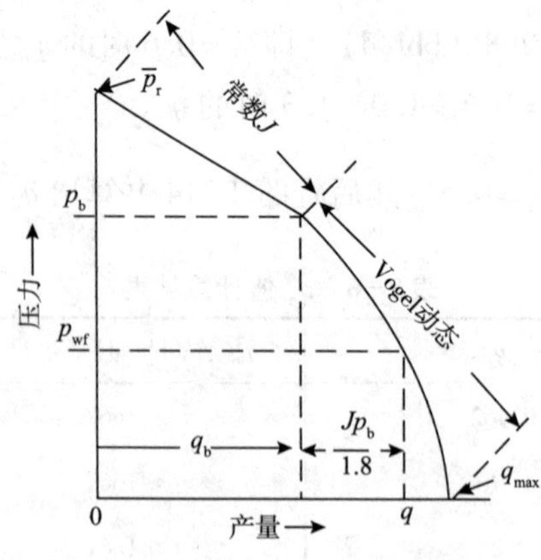

图 2-15　采油指数 J 与 Vogel 动态结合

［**例5**］如某油田油藏平均压力 $p_r=1000psi$，饱和压力 $p_b=1000psi$，流压 $p_{wf}=2000psi$ 时的产量 $q_o=600bbl/d$。试求 J、q_b、q_{max} 和 $p_{wf}=3500psi$ 时的产量 q_o 及 $p_{wf}=1000psi$ 时的产量 q_o。

解：

（1）计算 J，将 p_r，p_b，p_{wf}，q_o 代入公式（2-31）得：

$$J=\frac{600}{4000-3000+\frac{3000}{1.8}\times\left[1-0.2\left(\frac{2000}{3000}\right)-0.8\left(\frac{2000}{3000}\right)^2\right]}$$

$$=0.324\ [bbl/(d\cdot psi)]$$

（2）$q_b=0.324\ (4000-3000)\ =324\ (bbl/d)$

（3）$q_{max}=\frac{q_b+Jp_b}{1.8}=324+0.324\times\frac{3000}{1.8}=864\ (bbl/d)$

（4）$p_{wf}=3500psi$ 时，

$$q_b=J\ (p_r-p_{wf})\ =0.324\times\ (4000-3500)\ =162\ (bbl/d)$$

（5）$p_{wf}=1000psi$ 时，

$$q_0=q_b+\ (q_{max}-q_b)\ \left[1-0.2\left(\frac{p_{wf}}{p_b}\right)-0.8\left(\frac{p_{wf}}{p_b}\right)^2\right]$$

$$=324+\ (864-324)\ \left[1-0.2\times\frac{1000}{3000}-0.8\left(\frac{1000}{3000}\right)^2\right]$$

$$=780\ (bbl/d)$$

3. *多层油藏开采的流入特性*

海上采油成本较高，要尽量在较短时间内采较多油，多层合采是常见的。一般来说，在同一套层系内或相邻的油层中，如果油层物性相差不大，压力系统相同（指折算到同一基准面时，原始地层压力基本一样），且各层产能相差不大，通常采用多层油藏同时开采。多层同时开采油井总的IPR曲线是分层IPR曲线的叠加（图2-16）。分层的流入动态可通过分层测试获得。多层油藏的开采特点是：随着流压的降低，生产压差增大，投入的产层增多，致使产量增加，采油指数也随之增大。

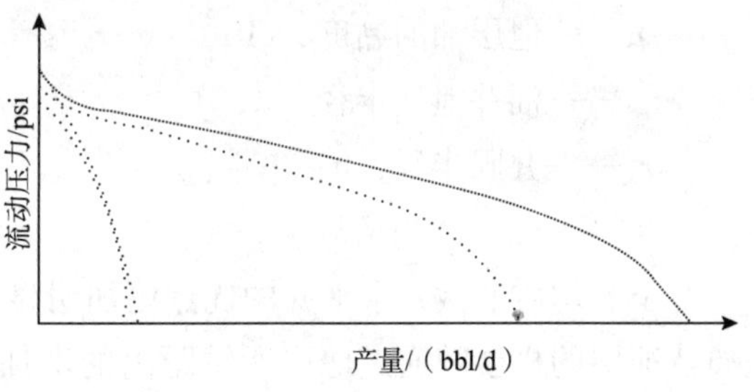

图2-16　多层同时开采油井总的IPR曲线

对于同时射开多层油藏的油井，是实行多层合采还是单层开采，与各层油藏的生产动态有关，不同时期的开采方式可能不同。通常情况下，在生产初期满足合采的条件的情况下，可采用多层合采。随着油井的生产，各油藏的特性［如压力，采油（水）指数，含水饱和度等，这些参数可通过生产测试获得］将发生不同程度的变化，这样可能会影响合采效率。如果多层合采时出现高渗透层单独水淹，其产水量影响中、低渗透层产油，可采取封堵高含水层的措施，放大生产压差，增加产量。但封堵高含水层的时机要考虑是否会导致降低该层的最终采收率和是否满足产量需求这两方面因素。在有条件的井中，经过经济评价，可对多层合采井采用滑套完井，以便灵活机动的进行层间合采、轮采或封堵。

如我国南海某油田X井投产时实行A，B二层同时开采（A层在下，B层在上），初期测试结果显示A层产液4000bbl/d、含水0，B层产液1500bbl/d、含水0。3年后测试结果显示A层产液4600bbl/d、含水90%，B层产液1000bbl/d、含水50%。在修井作业中采用A层堵水，单采B层，生产结果是产液5000bbl/d、含水50%。油井日产油量大大地提高。

4. 水平井的产能

常规井的产能与流动系数［渗透率厚度/原油黏度（Kh/μ）］成正比。产能低是由于渗透率值或地层厚度值低造成的。这个问题在水平井中可以得到补偿，因为水平井的井段和长度不受自然界影响，而是由工程师自己选择确定。水平井中KL乘积起着与常规井中Kh乘积近乎相似的作用。水平井的采油指数J_h（均质油藏）由下式给出：

$$J_{\mathrm{h}}=0.00708\frac{KL}{\mu_0 B_0}\frac{1}{\dfrac{L}{h}\ln\dfrac{1+\sqrt{1-\left(\dfrac{L}{2r_{\mathrm{eR}}}\right)^2}}{\dfrac{L}{2r_{\mathrm{eR}}}}+\ln\left(\dfrac{h}{2\pi r_{\mathrm{w}}}\right)} \tag{2-34}$$

水平井的产量则为

$$q_{\mathrm{h}}=J_{\mathrm{h}}\cdot\Delta p \tag{2-35}$$

式中 Δp——泄油边界至井筒的生产压差，psi；

K——水平井渗透率，$10^{-3}\mu m^2$；

L——水平井水平段长度，ft；

h——油层有效厚度，ft；

μ——地层油的黏度，cP；

r_{eR}——油井泄油半径，ft；

r_w——井眼半径，ft；

B_0——油层体积系数。

对于非均质油藏，水平井的优点更加明显，因为在非均质油藏中，水平井穿过有利的地质特征层的机会随通过地层所钻距离的增加而增加。最有利的情况是钻遇高渗透层段，因而通过对水平井适当定位，可比直井更容易钻遇这些层段。油藏非均质性的主要现象之一是沉积过程随后产生的断裂，这一非均质性通常由3个渗透率值表示：K_x、K_y和K_z。

Muskat通过将空间坐标，x、y、z以K/K_i比例形式进行扩展，将非均质油藏中的单相流问题简化为“等效均质”油藏的流动，这里K为等效的均质渗透率，$K_i(i=x、y、z)$为上面定义的方向渗透率。

［**例6**］如我国南海某油井，已知$L=500m(1640ft)$；$H=40m(130ft)$；$r_{\varepsilon R}=1000m(3280ft)$；$r_w=0.12m(0.36ft)$；$K_H=25\times10^{-3}\mu m^2$；$\mu_0=3cP$；$B_0=1.3$。

求该水平井的采油指数。

解：若用符号加上标“′”表示该油藏的均质等效值，则渗透率为：

$$K' = (K_H K_V)^{\frac{1}{2}} = 100 \times 10^{-3}\ \mu m^2$$

垂直坐标和横坐标需增加的系数分别为：

$$\left(\frac{K'}{K_V}\right)^{\frac{1}{2}} = \left(\frac{100}{25}\right)^{\frac{1}{2}} = 2$$

$$\left(\frac{K'}{K_H}\right)^{\frac{1}{2}} = \left(\frac{100}{400}\right)^{\frac{1}{2}} = 0.5$$

于是该井的均质等效值为：$L' = 250m(820ft)$；$h' = 80m(260ft)$；$r'_{\varepsilon} = 500m(1640ft)$；$r'_w = 0.12m(0.36ft)$；$K' = 100 \times 10^{-3}\ \mu m^2$；$\mu_0 = 3cP$；$B_0 = 1.3$。

严格说来，空间坐标的转换会导致椭圆形井眼，但将这种理论上的椭圆形井眼换成圆形井眼对井的产能所造成的影响可以忽略。

由公式（2-34）可算出采油指数：

$$J_h = 0.00708 \times \frac{100 \times 820}{3 \times 1.30} \times \frac{1}{\frac{820}{260}\ln\frac{1+\sqrt{1-\left(\frac{820}{2\times1640}\right)^2}}{\frac{820}{2\times1640}} + \ln\left(\frac{260}{2\pi \times 0.36}\right)}$$

$$J_h = 350\ [m^3/(d \cdot MPa)]\ [13.23bbl/(d \cdot psi)]$$

如果垂直渗透率与水平渗透率相等（$400 \times 10^{-3}\ \mu m^2$），则采油指数为 $1200m^3/(d \cdot MPa)$［$52.92bbl/(d \cdot psi)$］。

从本例看出：垂向非均质（$K_V/K_H < 1$）时，水平井效果不显著。但是，当 $K_V/K_H > 1$ 时（这种现象发生在有垂直裂缝的油藏中），水平井的产能将得到提高。

5. 井筒多相流的流动特性

大多数自喷井的井筒流动是两相流（油气、油水）或三相流（油气水）。油井井筒内的总压差主要是用来克服流体的重力、摩擦损失以及相间的滑脱损失。影响油井生产情况的参数有：油管直径、流量、气液比、含水率、流体密度、流体黏度、压力、温度。有些影响是显著的（如含水上升，流体重力增大），而另外有些影响是不显著的（如提高气液比本可以增大生产压差，但引起的高流速会使摩擦损失增加，故最终影响可能不大）。

1）气液混合物在垂直管中的流动特性

（1）单相液流的流动特性。

当井内沿垂直管流动的是单相液流［井口流压大于泡点压力（$p_{wh} > p_b$）］，且流体均质时，其流动特性与普通水力学相同，此时油管中的压力平衡式为：

$$p_{wf} = p_h + p_f + p_{wh} \tag{2-36}$$

式中　p_{wf}——井底流动压力；

p_h——井内静液柱压力；

p_f——摩擦阻力压力损失；

p_{wh}——井口油管压力。

单相垂直管流的能量大部分消耗在克服液柱重力上。对于原油黏度比较高的井，其摩擦阻力对产量的影响较大。摩擦阻力是由油田实测资料相关得到的。对于结蜡点较高、黏度较大的油井，保持较高的产量，使液流温度较高，从而减小摩擦阻力，保证油井能顺利自喷。

（2）气液两相流的流动特性。

在自喷采油中，如果井底流压小于泡点压力（$p_{wh} < p_b$），则井筒中有气体析出，且愈近井口气液比愈大。根据气液比的不同，气液混合物在井筒中的流型主要可分为3种：

①泡流。气体以小气泡形式分布于原油中。此时气体是分散相，液体是连续相；气体主要影响混合物密度，对摩擦阻力的影响不大；滑脱现象（在混合物向上流动中，气体超越液体的现象）比较严重，举液的作用很小［图2-17（a）］。

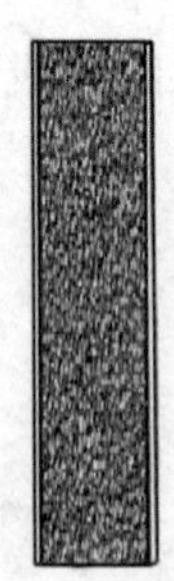

（a）泡流

（b）段塞流

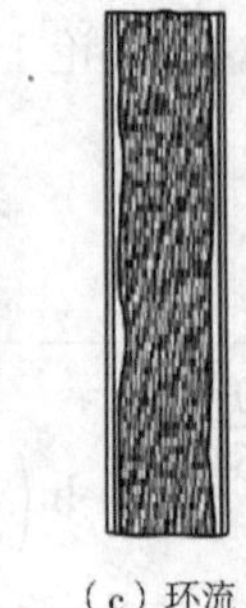

（c）环流

图2-17　井筒中油气混合物的流型

②段塞流。原油中析出大量气体，小气泡合并成大气泡，气团占据了油管的大部分通道面积，油气混合物呈气团和液柱在油管中交替流动。此时气体的膨胀对液体的举升发挥了很好的作用，滑脱较小；油井的生产不均衡，有压力脉动的现象［图2-17（b）］。

③环流。气量继续增多时，气泡上下扩展，突破了气团间的液柱，液体被挤向管壁，沿管壁向上运动，油管中心是连续的气流而管壁为油环。此时气、液两相都是连续的，气体举油主要是靠摩擦携带［图2-17（c）］。

一般油井可能出现的流态自下而上依次为：纯液流、泡流和段塞流。环流只是出现在混合物流速和气液比都很高的情况下。多相垂直管流中，对一般油气产量的油井，摩擦阻力远较重力消耗小，这时，主要是研究重力的消耗；对于高产油井，摩擦力大到可限制油的产量，这时，主要是解决阻力的问题。当井深一定时，重力消耗的大小取决于混合物的密度，而混合物的密度与滑脱现象有关。出现滑脱之后将增大混合物的密度，从而增大混合物的重力消耗。因滑脱而产生的附加压力损失称为滑脱损失。若以油柱表示能量损失，则油气混合物沿井筒流动时总的能量损失 h 为：

$$h = h_l + h_f + h_s \tag{2-37}$$

式中　h_l——举升油气混合物所消耗的能量，m；

h_f——摩擦损失，m；

h_s——滑脱损失，m。

在管长1m、管内径为73mm的竖管内，液体流量为2.4L/s，气体流量与能量损失的实测关系如图2-18所示。

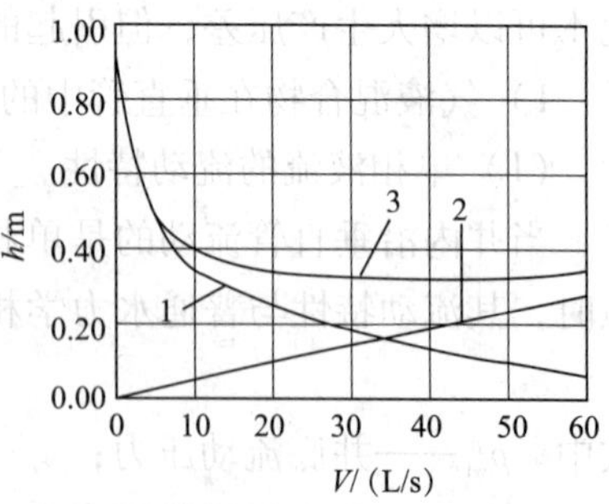

图2-18　气体流量与能量损失的关系
1—V-（$h_l + h_s$）；
2—V-h_f；3—V-h

由图看出：h_l/h_s 随气体流量的增加而降低。这是因为气体流量增加，滑脱损失和混合物的密度将减小。而摩擦损失 h_f 随气体流量的增加而增加。总能量损失 h 为上述2种能量损失的叠加，且在气体流量为33L/s处有最小值。在油井日常生产中，应控制油井产物的气油比，做到少消耗气体多产出原油。

图 2-19 表示油气流量恒定的条件下，油管直径与 h_l/h_s、h_f 和总能量损失 h 的实测关系。由图看出：随油管直径的增大，油气混合物的流速减小，摩擦损失减小，但滑脱损失增加，及一部分气体没有充分起到举升原油的作用而白白、逸出，其结果是使油气混合物密度增加，h_l/h_s 增大。

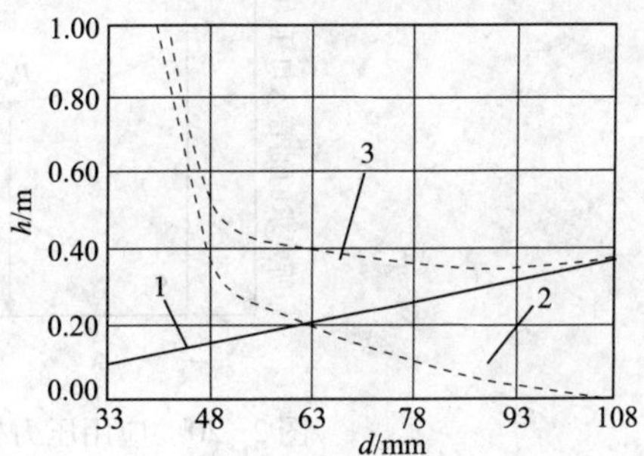

图 2-19　气体流量与能量损失的关系

$1—d-(h_l+h_f)$；$2—d-h_f$；$3—d-h$

对多相垂直管流的流动进行分析是比较困难的，大多采用现场试验和实验室模拟的方法，结合试验资料进行分析来找出各变量的近似关系，从而得出较为实用的计算公式，并广泛应用于自喷采油和气举采油。可供选择的多相垂直管流的经验相关式（详见附录）有哈格多恩及布朗（Hagedorn and Brown）相关式，顿斯及罗斯（Duns and Ros）方法，奥克适韦斯基（Orkiszewski）相关式，陈家琅的阻力系数法，贝格斯和布里尔（Beggs and Brill）相关式等。实际应用时，要根据油井具体生产特征，尤其是实际测试的流压梯度进行拟合，选用最合适的相关式来计算多相垂直管流的流动特性。

（3）油管流动动态关系。

在给定井口压力的条件下，利用油井压力梯度曲线来确定不同产量下的井筒流动压力（即油管入口压力），从而绘制出井筒流动压力与产量之间的关系曲线，称为油管流动动态关系曲线（Tubing Performance Relationship，TPR 曲线）。该曲线的建立过程如图 2-20 所示。图中 H 为油管长度，GLR 为气液比，p_{wh} 为井口压力，p_{wf} 为井底流压，q_o 为产量。

应用 TPR 曲线和 IPR 曲线可以确定油井自喷条件，这 2 条曲线的交点就是油井自喷产量点（图 2-21）。图中有 2 个交点，其中右边的交点为自喷的稳定点，左边的交点为自喷的非稳定点。

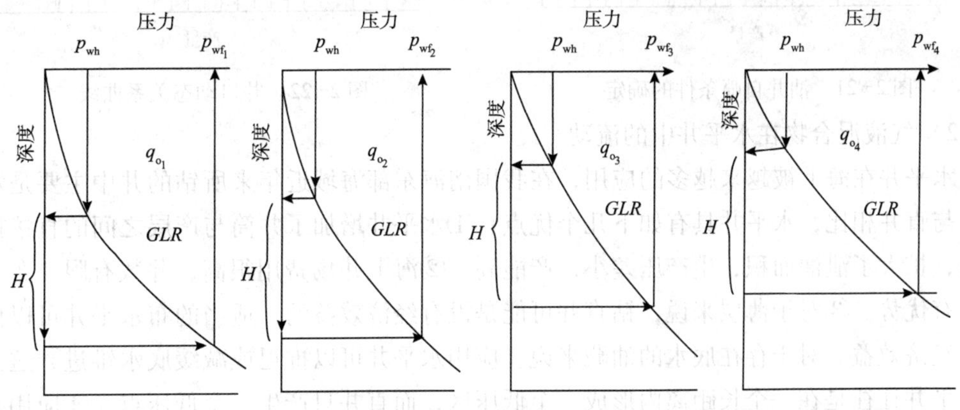

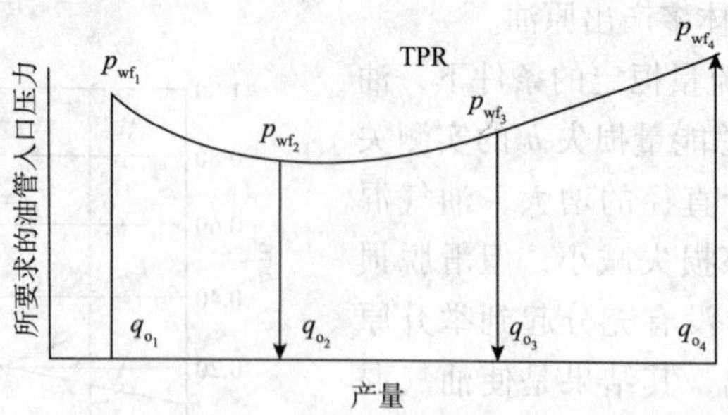

图2-20　应用压力梯度曲线建立油管动态关系曲线

若将TPR和IPR曲线之间的交点以产量与井口压力之间的关系给出，则得到的曲线称为井口动态关系曲线（Wellhead Performance Relationship，简称WPR曲线）（图2-22）。图中TPR曲线与WPR曲线之间的距离代表了油管中的压力损失。

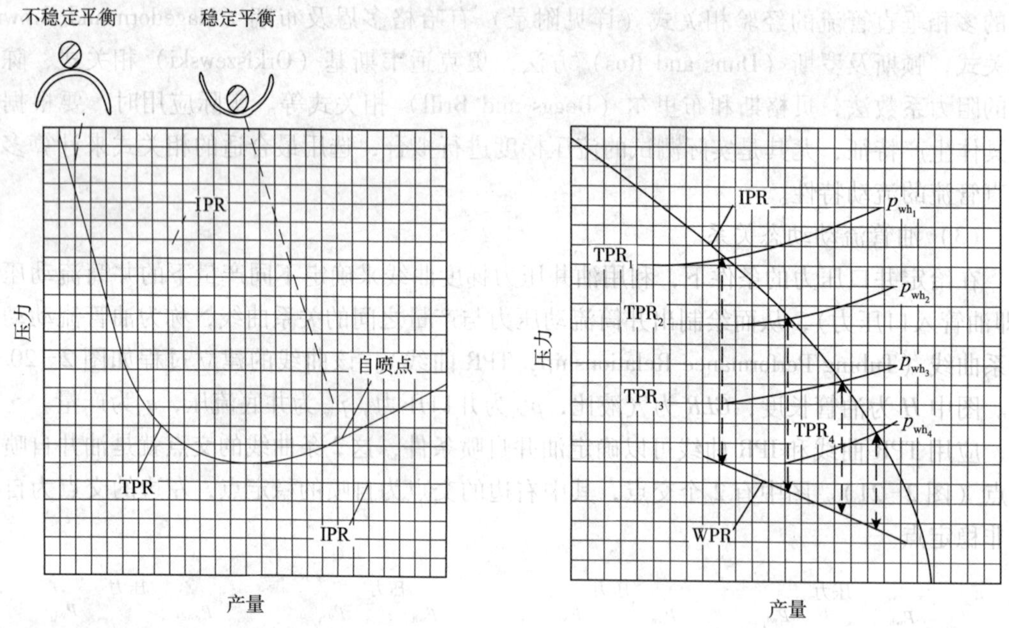

图2-21　油井自喷条件的确定

图2-22　井口动态关系曲线

2）气液混合物在水平井中的流动

水平井在海上被越来越多的应用，在我国南海东部海域近年来所钻的井中主要是水平井。与直井相比，水平井具有如下几个优点：①水平井增加了井筒与产层之间的直接接触范围，扩大了泄油面积，生产压差小，产能高。②海上井场费用很高，井数有限，布水平井具有优势。③对于薄层来说，钻直井可能是没有经济效益的，适当的布水平井可以使其获得经济效益。对于存在底水的油藏来说，应用水平井可以推迟或减缓底水锥进，这是因为水平井往往是在一个长距离内形成一个低压区，而直井只产生一个低压点。④应用水平井注入或采出的流体能够与直井注入或采出的流体形成正交流动，从而可以改进驱油效率。

目前对于水平井水平段压力损失的研究还不太成熟，特别是对于混合损失的研究比较少，还只是处于实验研究阶段。有些试验回归公式，但适用范围较小。

水平井水平段井筒中的流体压力损失与完井方式有关。对于裸眼完井，其压力损失包括摩擦损失和加速损失两种。而对于射孔完井，除了前两种损失外，还包括混合损失。因为对于射孔完井方式，地层中的流体通过孔眼垂直流入井筒，与井筒内的流体混合，使流体的流动产生附加阻力，称为混合损失。假设流体沿水平段均匀连续地流入井内，通过实验研究，水平井筒总压力损失中，摩擦损失约占 80%，混合损失（包括射孔粗糙度引起的摩擦）约占 15%，加速损失约占 5%。

当水平井产量较低、黏度较大时，水平段流体流动只有层流区；当产量较高、流体黏度较小时，水平段流体的流动出现紊流，水平井筒中既有层流区，也有紊流区。

有人认为均质油层水平井的产量贡献和压力损耗主要发生在水平段前 30% 的长度内，约占 50% ~70%。其压力损失分布形态被认为是双曲线（图 2-23）。考虑地层的非均质性，压力损失分布更复杂，只是近似双曲线形态。因此，所谓“水脊”也只是理论上的，可能是驼峰（多峰）形的，总的趋势还是双曲线（如图 2-24）。

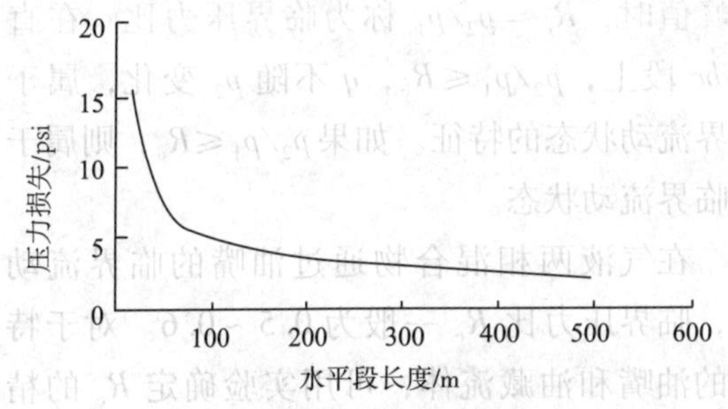

图 2-23 水平井压力损耗与水平段的关系（均质地层）

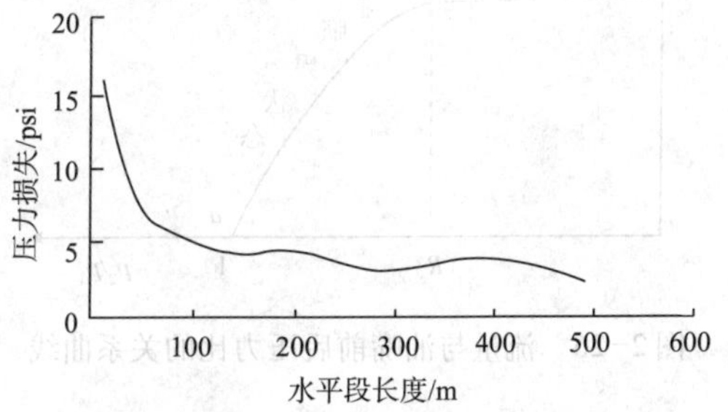

图 2-24 水平井压力损耗与水平段的关系（非均质地层）

6. 油气经油嘴的流动

油嘴的主要功能是在极短的距离内消耗大量的潜能（即压力损失）。可通过调节油嘴尺寸来控制产量。油嘴的设计利用了突然扰动圆导管中连续流动而导致的流动状态。当油气混合物接近油嘴时，它离开了管壁并收缩形成一个高速的射流，射流先会聚成截面最小的流动，然后在扩大到油嘴孔壁。在流体离开油嘴后，会膨胀和恢复接近于它进入油嘴前的流动几何状态（图 2-25）。流体通过油嘴总的压力损失包括以下几方面：①通过油嘴及其附近区域摩阻；②油嘴进口和出口附近的紊流；③收缩的射流与管壁之间的慢速涡流运动；④流体在油嘴出口处突然扩大。

关于通过油嘴可压缩流动的一般特性，其中一个重要的观察结果，是在给定的上游条件下存在一个最大流量。当油嘴前的压力 p_1（井口油压）一定时，油气混合物的流量与油嘴前后压力比（p_2/p_1）的关系如图 2-26 所示。

当油嘴后的控制阀未打开，$p_1=p_2$ 时，$q=0$。在曲线 ab 段上，随 p_2/p_1 的逐渐减小，q 逐渐增大，表示控制阀逐渐打开，即 p_1 保持一定时，q 随 p_2 的降低而提高。当 q 逐渐稳

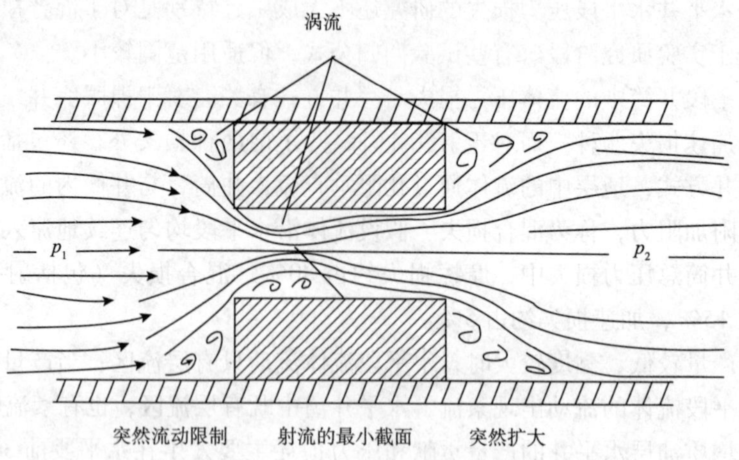

图 2-25　固定油嘴的流动状态

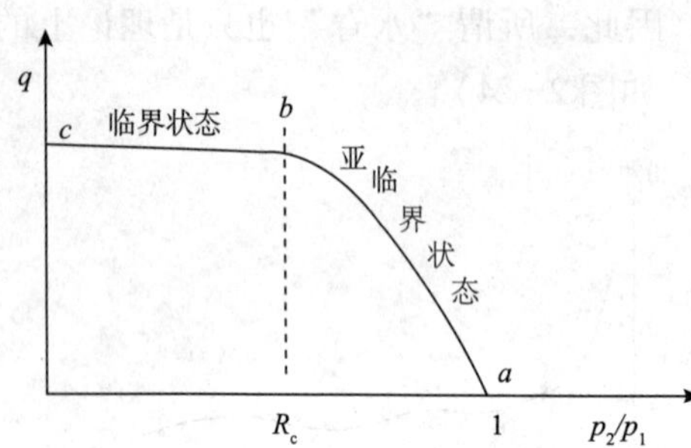

图 2-26　流量与油嘴前后压力比的关系曲线

定并最终达到一个峰值时，它代表了在给定上游压力 p_1 下可通过油嘴的最大流量。在开始达到峰值时，$R_c=p_2/p_1$ 称为临界压力比。在直线 bc 段上，$p_2/p_1 \leqslant R_c$，q 不随 p_2 变化，属于临界流动状态的特征。如果 $p_2/p_1 \leqslant R_c$，则属于亚临界流动状态。

在气液两相混合物通过油嘴的临界流动时，临界压力比 R_c 一般为 0.5～0.6。对于特定的油嘴和油藏流体，可用实验确定 R_c 的精确值。因为大多数现场条件导致临界两相流，所以，对于油嘴临界流动来说，要推导一个通用的流量与压力关系是十分困难的。一些研究者已经提出了形式相同的专门方程：

$$p_1 - D = \frac{A q_L {F_{gl}}^B}{{d_{64}}^C}$$

式中　p_1——上游压力，psi；

q_L——产液量，bbl/d；

F_{gl}——气液比，ft^3/bbl；

d_{64}——以 1/64in 表示的油嘴直径。

常数 A、B、C 和 D 是实验确定的参数。表 2-7 列出了 Gilbert（1954）和 Rose（1960）提出的 A、B、C 和 D 值。

表 2-7　临界两相流动关系式的经验系数

系　数	A	B	C	D
Gilbert	10.00	0.546	1.89	14.7
Rose	17.40	0.500	2.00	0

例如我国南海某油井，上游压力为 120psi，气液比为 $8ft^3/bbl$，应用 Gilbert 油嘴方程确定 20/64in 油嘴产量为：

$$q_L = (120 - 14.7) \times \frac{20^{1.89}}{10 \times 8^{0.546}}$$

对于给定的油嘴尺寸，产量与压力的关系曲线通常可当作一条直线，称为油嘴动态关系曲线（Choke Performance Relationship，简称 CPR 曲线）（图 2-27）。WPR 曲线和 CPR 曲线的交点，定义为给定油嘴尺寸下的自喷产量。例如从图 3-28 中可分别得出油嘴 20/64in 和 10/64in 的自喷产量为 345bbl/d 和 215bbl/d。

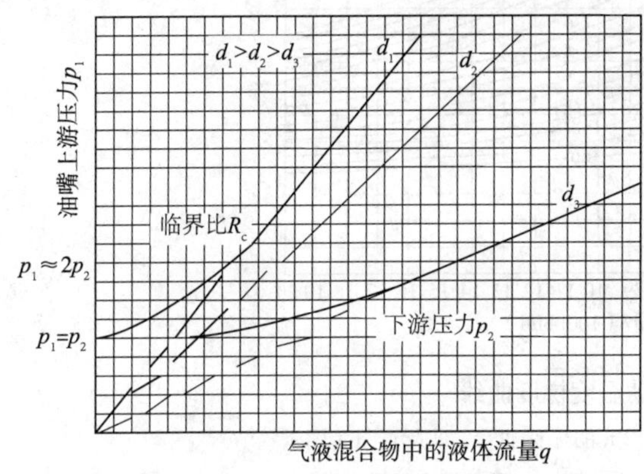

图 2-27　油嘴动态关系曲线

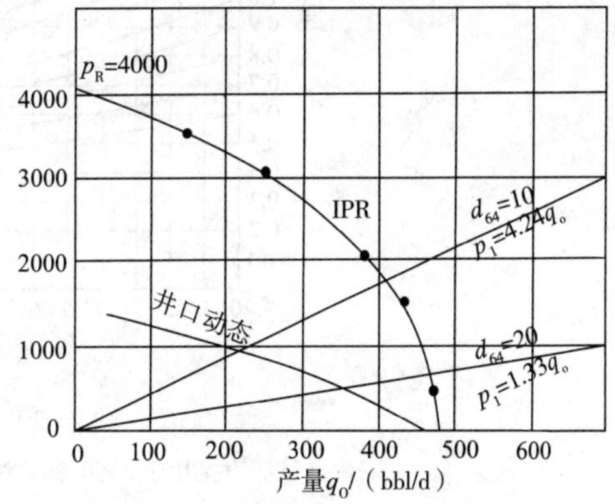

图 2-28　确定不同油嘴下产量的图解方法

线性油嘴动态关系曲线仅对气液混合物的临界流动有效，直到 p_2/p_1 低于 R_c 为止。为了避免下游压力 p_2 的变化对上游油井动态的影响，一般把井口压力至少保持在 p_2 的 2 倍（即 $R_c \leqslant 0.5$），这是很好的经验规则。不过，此时 CPR 曲线略有弯曲。

7. 井筒油管内的温降计算

一般来说，原油的黏度随温度的降低而增加，而流体从井底沿井筒流至地面由于沿程热损失会导致流体温度逐渐下降，故摩擦损失会逐渐增大。在关井情况下，井筒液体的温度曲线是直线；在流动情况下，流体的温度曲线是准直线。对同一口井，流体的温度曲线与流量和含水有关，流量越大，井口温度越高，温降越小；含水越高，温降越小。另外流体的温降也与套管和油管的规格及各自深度等有关。井筒油管内的温降计算可通过许多相关式计算，如 Krikpartrick 相关式，Shiu 和 Beggs 相关式等。

现把 Krikpartrick 绘制的一组流动温度梯度曲线如图 2-29 所示，假如已知地温梯度、油管直径、产液量和井底温度，则利用该图可求出井口流动温度。例如已知油管尺寸为 2in（标称），产液量为 700bbl/d，地温梯度为1.9℉/100ft，井底温度为175℉（在 5500ft 处），试求井口流动温度。

解：

当量产液量为 2 × 700bbl/d = 1400bbl/d，

从图 2-29 中得出流动温度梯度为1.0℉/100ft，

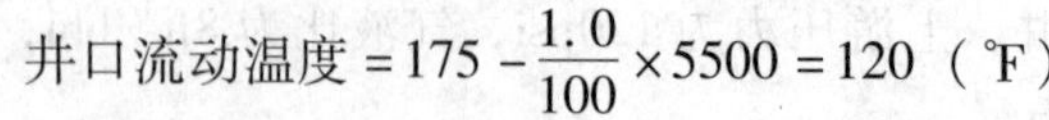

$$井口流动温度 = 175 - \frac{1.0}{100} \times 5500 = 120\ (\text{°F})$$

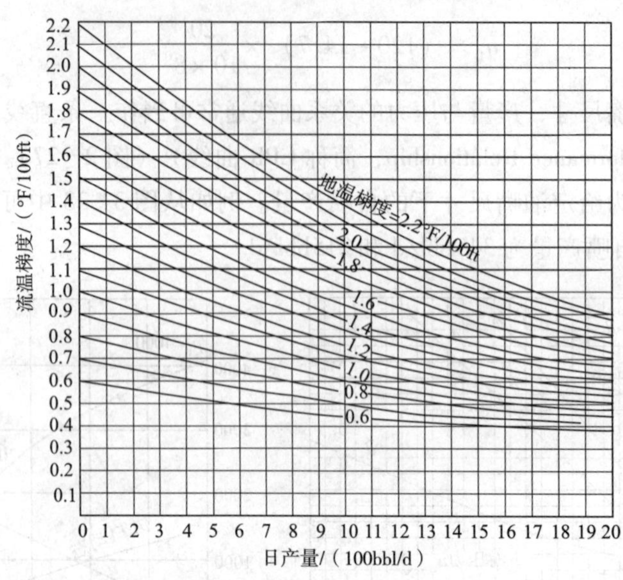

图 2-29 流动温度梯度曲线

（该图直接用于 $2\frac{1}{2}$in 标称油管；2in 的标称油管，实际产量为图示数据的 2 倍；实际产量 ×2；3in 的标称油管，实际产量为图示数据的 2/3）

对于结蜡点较高、原油较稠的油井，井口温度的控制十分重要。如果流量较小，流体沿程热损失较大，原油容易结蜡，致使流体的黏度变大，摩擦损失增加，可能会导致油井停喷。此时温度的控制主要是流量的控制，必须保证流量在临界流量之上，临界流量随开采时期而变化，主要与井底温度、含水及完井方式的有关。临界流量一般是可通过油井现场测试资料获得。如我国南海某油田，地层原始温度为244°F，油藏深度为 2500m，结蜡点为100°F，始凝点是138°F。对 3.5in 普通油管的油井，临界流量大约 1500bbl/d；对 4.5in 普通油管的油井，临界流量大约 1800bbl/d。如果由于地层的原因，流量不能增大，可通过用保温油管代替普通油管来减少热损失，保持流体温度在始凝点之上。

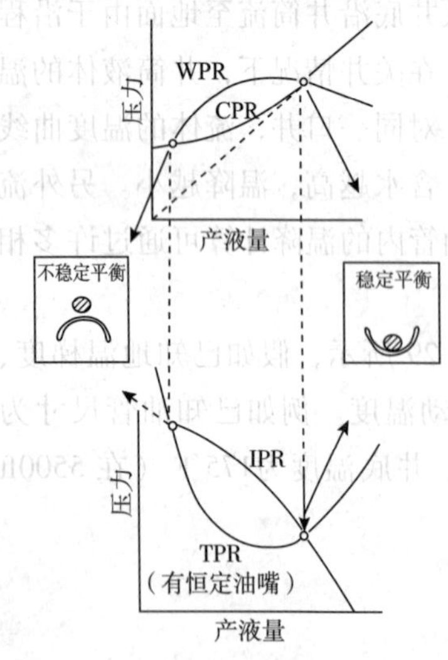

图 2-30 油井自喷条件

二、油井自喷条件分析

前面已经简要介绍过确定油井自喷产量点的图解方法，现归纳起来如图 2-30 所示。通过 IPR 和 TPR 之间的关系引出油井自喷的概念，而通过 WPR 和 CPR 之间的关系，可确定油井自喷的条件。根据流动平衡条件进行分析，右边平衡点是稳定的，代表稳定流动的自喷点，它会减弱任何干扰，使压力和流量趋于初始平衡状态。左边平衡点是不稳定的，代表非稳定流动的自喷点，即使一个很小的干扰也会被扩大，使压力和流量失去平衡状态而不稳定。

油井自喷产量和压力通常随着油藏衰竭而变化，它取决于因油藏压力和流动特征变化而导致 IPR 和 TPR 的变化。为了补偿产量的自然递减，可以改变设备或工作参数以便保持所期望的产量。变换油嘴以降低井口压力或降低分离器压力是最简单和最常用的调节方法。采用人工举升或油井增产处理来保持所希望的产量是较复杂和昂贵的。下文中简要介绍影响油井自喷条件的几点因素。

1. 井口压力的变化

从图 2-31 中可以看出井口压力变化对自喷产量的影响。通过开大油嘴降低井口压力，一般会使曲线向下移动到较低的油管入口压力，从而提高了自喷产量。如果井口压力降低到大气条件，则油井会以最大产量生产。通过关小油嘴提高井口压力，会使 TPR 曲线向上移动，从而使产量降低。如果井口压力升高并超过一个特定点，则油井会停产，因为所要求压力超过了现有压力。

2. 气液比的变化

气液比的变化对油管中压力损失（摩阻和流体静压力）的两个组成有不同的影响。提高气液比，会使气液混合物密度变轻，从而降低了因流体静压力带来的压力损失。但是，大量的气会增大摩阻压力损失。从图 2-32 中可以看出气体对油管中总压力损失的影响。气液比提高会使 TPR 曲线有向下和向右移动的趋势，其结果是提高自喷产量。但是一旦达到临界气液比，自喷产量反而会降低。

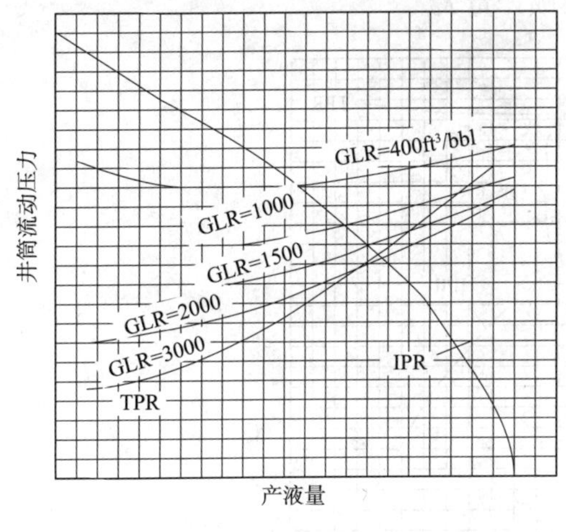

图 2-31　井口压力变化对自喷的影响

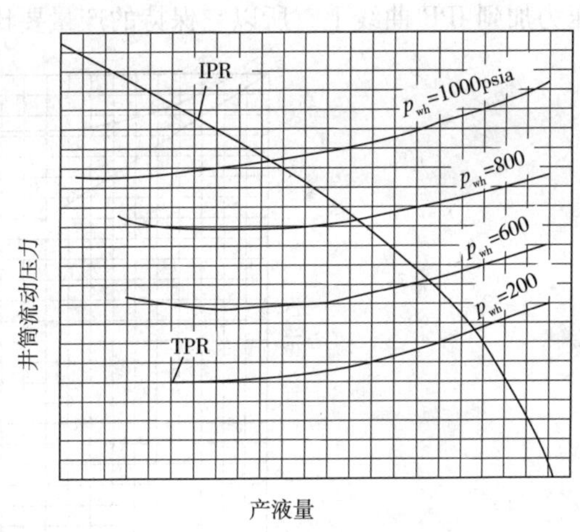

图 2-32　气液比变化对自喷的影响

3. 油管直径的变化

油管直径变化对自喷的影响类似气液比的影响，油管直径增大会提高自喷产量，直至达到临界直径。此后，直径增大，产量反而降低（图 2-33）。这可能是由于压力损失由摩阻为主转变为由重力为主，持液力随着油管直径变大而发生变化。自喷是油管尺寸的主要选择准则。

4. 井底流入动态的变化

井底流入动态变差是油藏衰竭的自然结果。在缺乏人为保持压力或强天然水驱时，平均油藏压力逐渐降低，会使IPR曲线向左移动，自喷产量降低（图2-34）。注气和注水可用来抑制油藏衰竭引起的IPR递降。

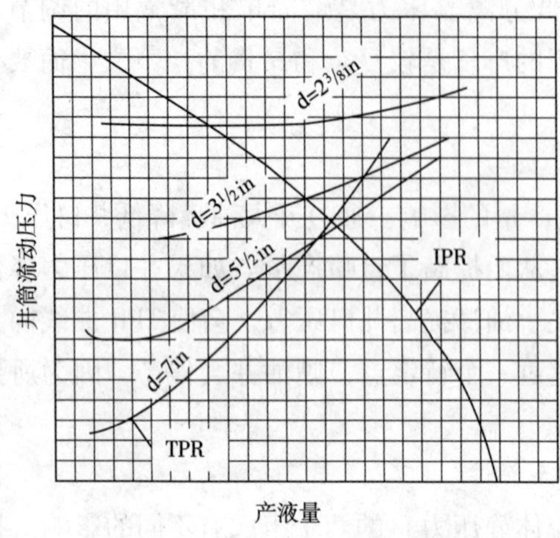

图2-33 油管直径变化对自喷的影响

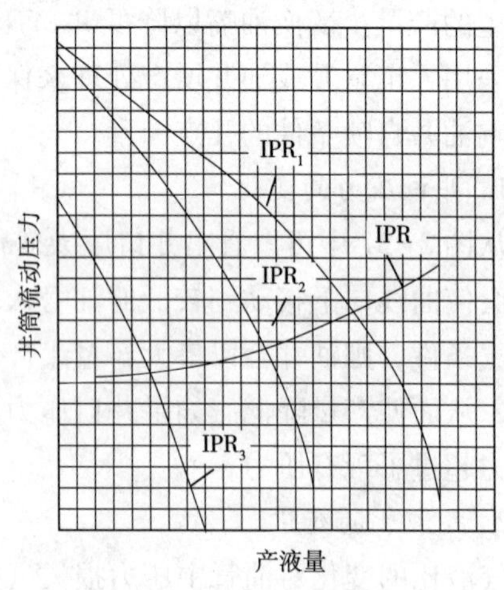

图2-34 井底流入动态的变化对自喷的影响

5. 机采井的影响

当油井丧失自喷能力，TPR曲线向上移动与IPR曲线没有交会点时，在油管底部安装一台泵，建立人工举升能力，提高顺着油管向上流的可用压力（图2-35）。泵把这一部分压力加到IPR曲线上，所以它保持的产量要比自喷产量大。

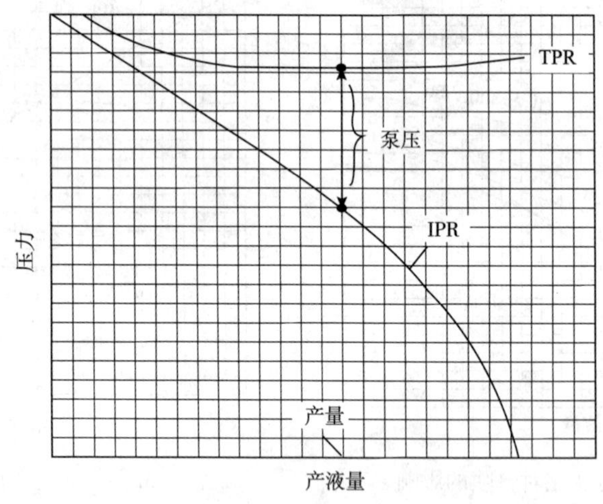

图2-35 泵对油井动态的影响

第三章　自喷和气举

第一节　油井生产节点系统分析

一、节点分析原理和基本概念

节点系统分析（Nodal systems analysis）是用来预测油井产量及优化生产系统（图3-1），保证油井在合理的工作制度下生产。节点分析将储层向井内生产流体的能力与油管引导流体到地面的能力联系在一起。节点系统反映的是分散的位置——节点，在这些位置，用独立的公式描述从储层到井底，再从井底到井口（油嘴或地面分离器，一般也可定为井口）的流动情况，具体是建立压力降和流量间的关系。用这种工程方法可计算一口井的产量，并有助于确定射孔、增产措施、井口或分离器压力及油管或油嘴尺寸的效率。还可以根据预期的储层和井眼参数分析未来的生产情况。

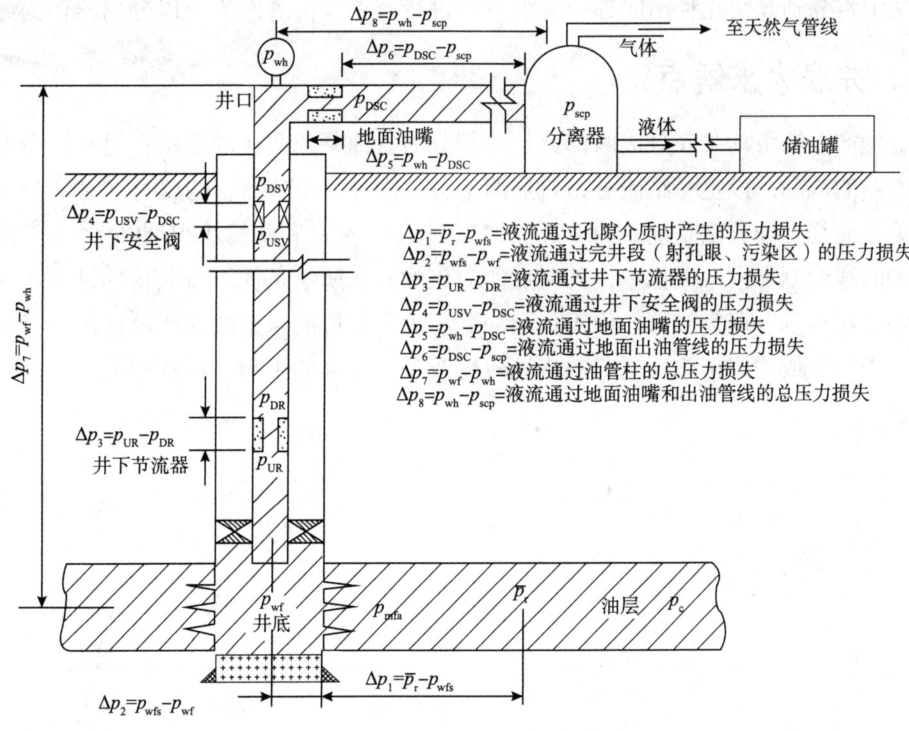

图3-1　自喷井采油生产系统的压力损失示意图

节点系统分析的对象是整个油井生产系统，一般是将整个生产系统分成流入与流出特性两部分，分段根据实际应用的需要，确定分析的节点（称为求解点），任何压力损失点都可作为求解点。一旦求解点选定以后，就可以分段利用相应的公式分别计算不同产量下从油藏起到求解点的压力损失，绘制出该求解点处的供液能力特性曲线（流入特性），即供液能力及对应产量的关系。然后分段计算对应不同产量下从求解点到分离器（井口也可以，视要分析的侧重点而定）的压力损失，绘制出该求解点处的流出特性曲线，即流出压力与对应产量的关系。最后，将这 2 条特性曲线交会，便可求出协调点（临界）的流动压力和产量。对自喷井，主要求解点有井口、井底、地面分离器、油藏静压及油嘴等，通常是选用井口或井底为求解点。目前，节点分析的软件很多，如石油大学节点分析软件，美国 SSI 公司的“WPM”节点分析软件，英国 EPS 公司的“FloSystem”节点分析软件等。

在应用节点分析软件对生产系统进行计算分析时，必须对油井生产动态进行拟合，选择相适应的相关式（如 IPR 模型、多相流计算公式等），以便调整有关参数，使之更符合实际生产状况。在拟合油井生产动态时，要对油井的生产流动模式进行分段拟合。拟合油井流入特性曲线，以验证 IPR 公式；拟合油管流动压力梯度曲线，以选择油管多相流计算公式；拟合油嘴前后油管压力差，以完善油嘴压降计算公式等。最后还要用现场一段时间的动态，主要是产量与压力的关系进行拟合。因此，以齐全准确的动态资料，选择相适应的公式描述动态特征，应用生产压力分析技术进行科学的分析，得出有实际应用价值的结果是十分重要的。

下文中将分别介绍几种不同部位为求解点进行节点分析的作法（以分离器作为终点）。

二、井底为求解点

整个生产系统将从井底分成两部分：一部分为从油藏到井底的流动；另一部分为从井底到分离器的流动。设定一组流量，对这两部分分别计算至节点上的压力（井底流压）与流量的关系曲线，即分别是油藏的 IPR 曲线（节点流入）和井筒 TPR 曲线（节点流出）。把这 2 条曲线绘制在同一坐标中，其交点便为该油井在所给条件下可获得的油井产量及相应的井底流压。选井底为节点，便于预测油藏压力降低后的未来油井产量（图 3-2）及研究油井由于污染或增产措施后引起的流动效率改变所带来的影响（图 3-3）。

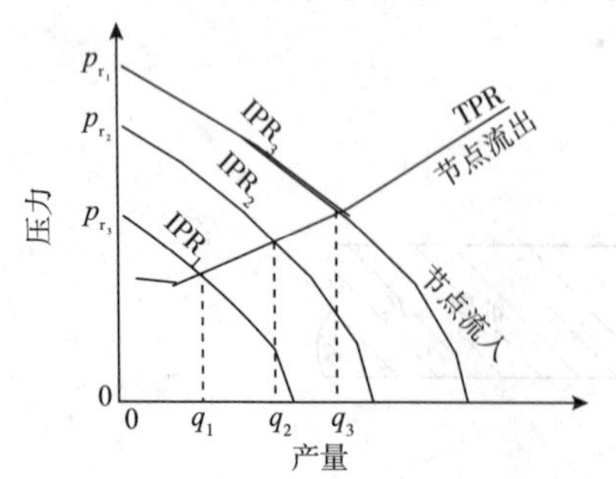

图 3-2　预测不同地层压力下的油井产能

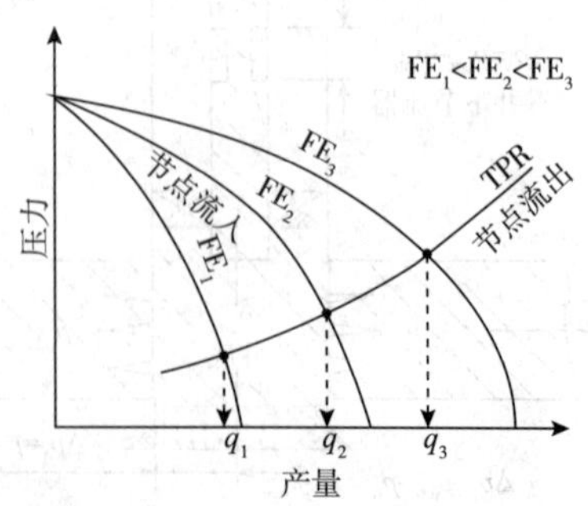

图 3-3　油井受污染或增产处理后对产量的影响

三、井口为求解点

将整个生产系统从油藏到井口作为一部分，井口到分离器作为另一部分。设定一组流量，把油藏的IPR曲线与井筒TPR曲线之叠加作为节点流入曲线，把地面嘴流曲线与地面管流曲线之叠加作为节点流出。通过井口处流出曲线与流入曲线的交点就可求出该井在所给定条件下的产量及井口压力。选井口为节点，可用来预测不同含水情况下的油井产量（图3-4）及改变地面出油管线尺寸对产量的影响（图3-5）。便于选择和评价不同尺寸的油管及地面出油管线对产量的影响（图3-6）。

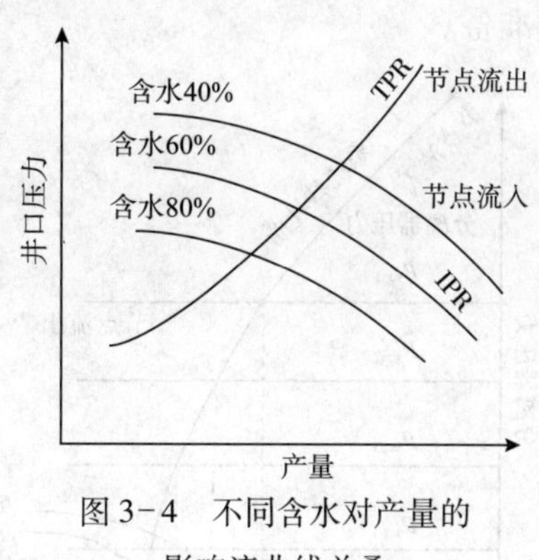

图3-4 不同含水对产量的影响流曲线总叠

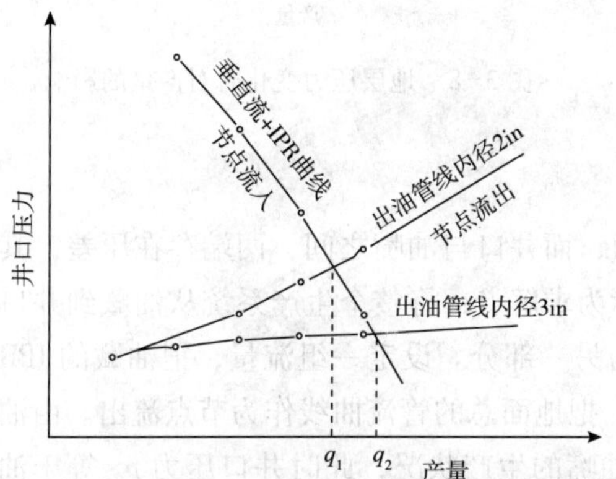

图3-5 改变出油管线尺寸对产量的影响

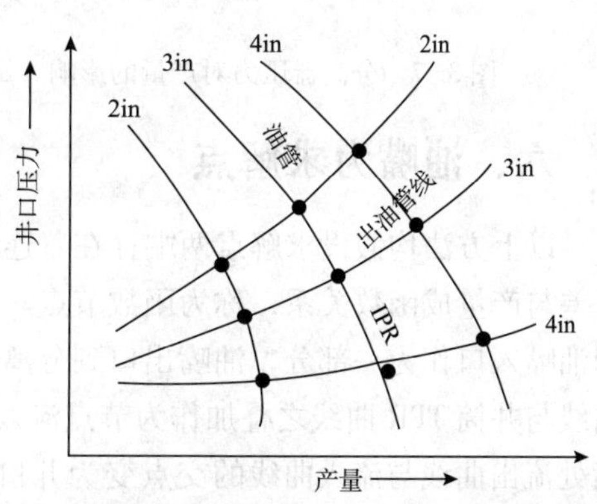

图3-6 不同尺寸的油管和出油管线对产量的影响

四、分离器为求解点

将整个生产系统从油藏到分离器作为一部分，分离器作为另一部分（压降为0）。设定一组流量，把油藏的IPR曲线、井筒TPR曲线、油嘴流曲线及地面管加作为节点流入曲线，把分离器压力水平线作为节点流出。

由该直线与流入曲线的交点就可求出该井在该分离器压力下的产量（图3-7）。从图中可看出，当分离器压力下降到一定值时产量无明显增加，表明出油管线的限流作用。在气体含量比较多或气举采油时，分离器的压力选择十分重要，因为分离器压力会对气处理系统产生影响。

五、油藏平均静压为求解点

将整个生产系统作为一部分，油藏平均静压作为另一部分。设定一组流量，把从整个生产系统的产量与压力的关系曲线作为节点流出曲线，把油藏平均静压直线作为节点流入。由该两条线的交点就可求出该井在该地层压力下的产量（图3-8）。选油藏平均压力为节点，可用来预测随着油田的开发，地层压力下降对产量的影响，以便为后期开采方式做准备。

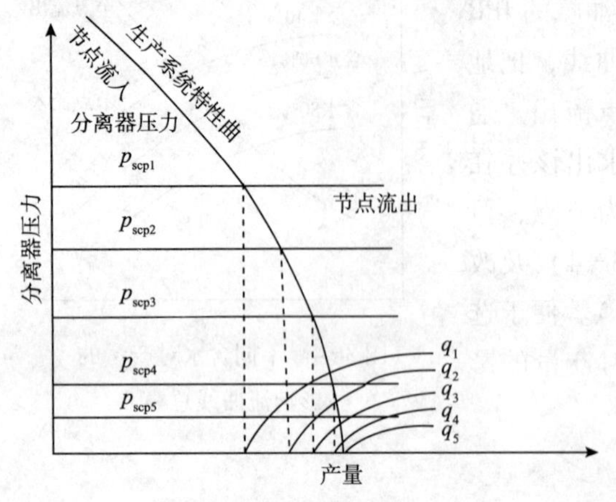

图3-7　分离器压力对产量的影响

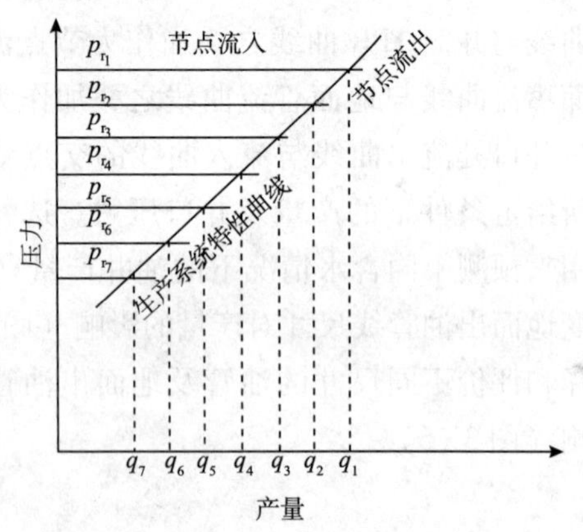

图3-8　地层压力变化时对产量的影响

六、油嘴为求解点

以上方法均假设求解点两端存在着连续压力，而井口与油嘴之间，两端存在压差，其压差与产量成函数关系，称为函数节点。以油嘴为求解点，将整个生产系统从油藏到井口即油嘴入口作为一部分，油嘴出口到分离器作为另一部分。设定一组流量，把油藏的IPR曲线与井筒TPR曲线之叠加作为节点流入曲线，把地面总的管流曲线作为节点流出。由油嘴处流出曲线与流入曲线的交点变为井口不装油嘴的生产状况，此时井口压力 p_{wh} 等于油嘴出口压力 p_d（图3-9）。将图中所示生产压差与其对应的产量绘制在坐标图上，可得出油井产量与油嘴压差的关系曲线（图3-10）。选油嘴为节点，可用来评价油嘴尺寸的选择。

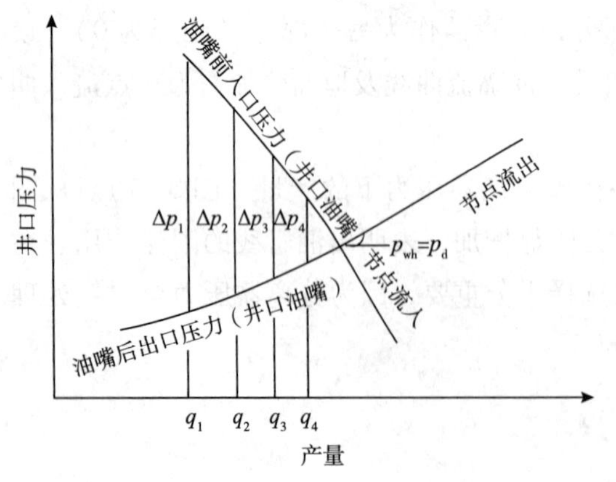

图3-9　油嘴对产量的影响

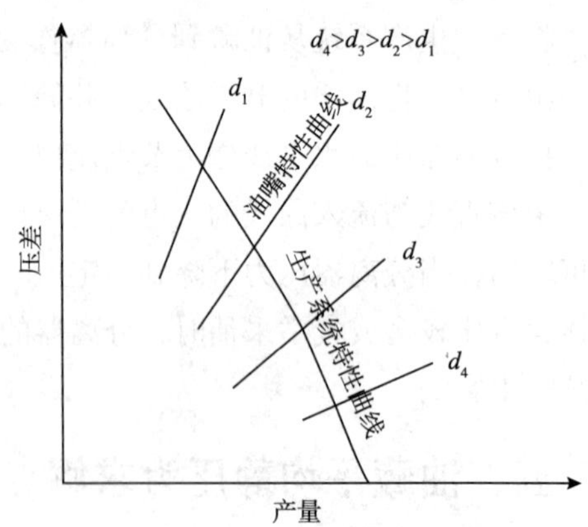

图3-10　不同井口油嘴规格时的生产系统特性曲线

七、射孔段为求解点

该分析方法与以油嘴为求节点相似，从砂面的井底流动压力到井底作为流入曲线，井底到分离器作为流出曲线。绘制流入曲线与流出曲线的压差 Δp 与产量的关系，该曲线反映了对应产量下在射孔段处允许的最大压降（图 3-11）。不同射孔方式和射孔参数的射孔段压降特性曲线与之相交，即为可能的产量。选射孔段为节点，可用来优选射孔方式及参数，采取优质完井。

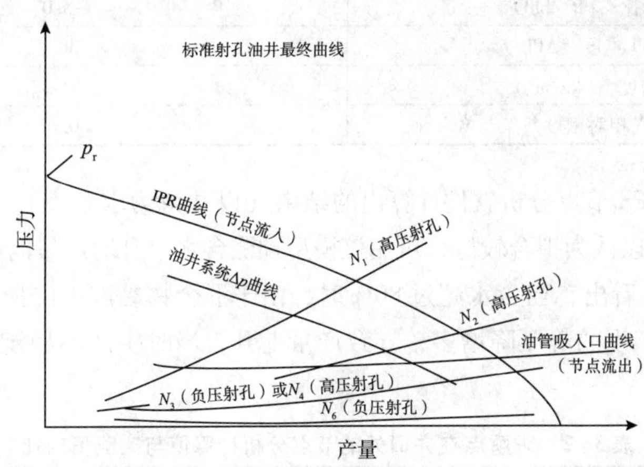

图 3-11　射孔方式对产量的影响

八、节点分析方法应用实例分析

下文中将列举一个我国海上某油田一口井应用节点分析（以井口为节点）预测含水上升后油井产量变化的例子。

（1）数据准备。输入所需数据如井筒轨迹、井身结构、地层及油藏数据等。

（2）收集油藏流体数据，选择合适的模型，对油田高压物性 PVT 数据进行拟合，取得比较准确的油、水、气各项数据。

（3）选择 IPR 模型，绘制油井流入曲线（IPR 曲线），以实测数据进行拟合。

（4）选择井口为求解点，生产层为开始节点，井口为终结点（因含气量可忽略，减小油嘴及地面管流的误差），对油井进行节点分析：

①选择节点及相关式。②选择敏感性类型，在这里可选含水及井口压力两种。③用软件进行计算，绘制在不同含水情况下井口压力与产量的关系曲线。

（5）比较实际数据与计算结果。如有差别，分析原因，可对相关数据进行修改，然后重新计算直到拟合得比较好为止。

（6）可得到不同含水时油井的最大产量，为以后的产量作出较可信的预测。

油井自喷生产部分参数如表 3-1 所示。

表 3-1　油井自喷生产部分参数

参数	数值
原始地层压力/psi	3570
地层温度/℉	244
油藏深度/m	2542（TVD）
3½in 油管下入深度/m	1644
9⅝in 套管深度/m	1990
7in 套管深度/m	2774
饱和压力/psi	65
原始气油比/（ft^3/bbl）	8.0
原油 API 重度/°API	30.7
地层水密度/（kg/m^3）	1.028
天然气相对密度	0.65

图 3-12 是用 EPS 节点分析软件计算出的结果（以井口为求解点）。将计算值与实测值对比（表 3-2），可以认为拟合较好，可用该模型预测含水上升对产量的影响（图 3-13）。

由图 3-13 可以看出，当含水超过 80%时，由于混合物黏度下降所造成的摩擦损失减少超过含水上升所产生的静压降增多，导致产量上升，当时生产不稳定，故此时要考虑人工举升方法来开采。

表 3-2　求解点在井口处的节点分析计算值与实测值对比

次数	含水/%	井口压力/psi	实测产量/（bbl/d）	计算产量/（bbl/d）	误差/%
1	64	130	3300	3484	5.5
2	68	70	3800	3717	-2.2
3	72	70	3200	3335	4.2

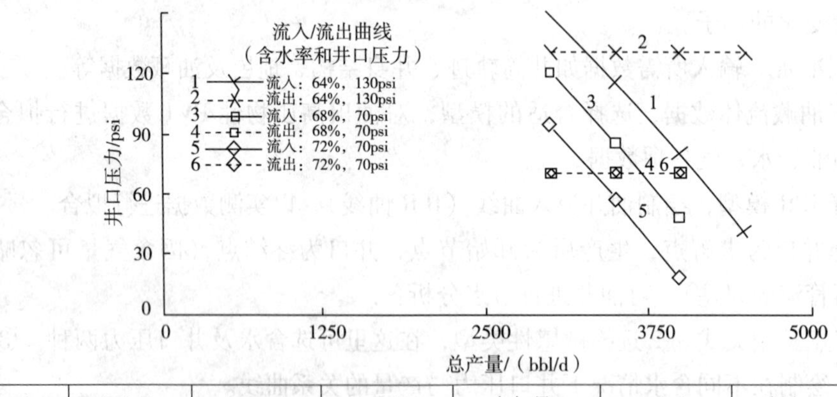

工作压力/psi	产液量/（bbl/d）	产油量/（bbl/d）	产水量/（bbl/d）	产气量/（10^6ft^3/d）	含水率/%	汽油比/（ft^3/bbl）	备注
130.000	3283.558	1182.081	2101.477	0.009	64.000	8.000	稳定
70.000	3716.909	1189.411	2527.499	0.010	68.000	8.000	稳定
70.000	3335.483	933.935	2401.548	0.007	72.000	8.000	稳定

图 3-12　EPS 节点分析软件计算实例示图

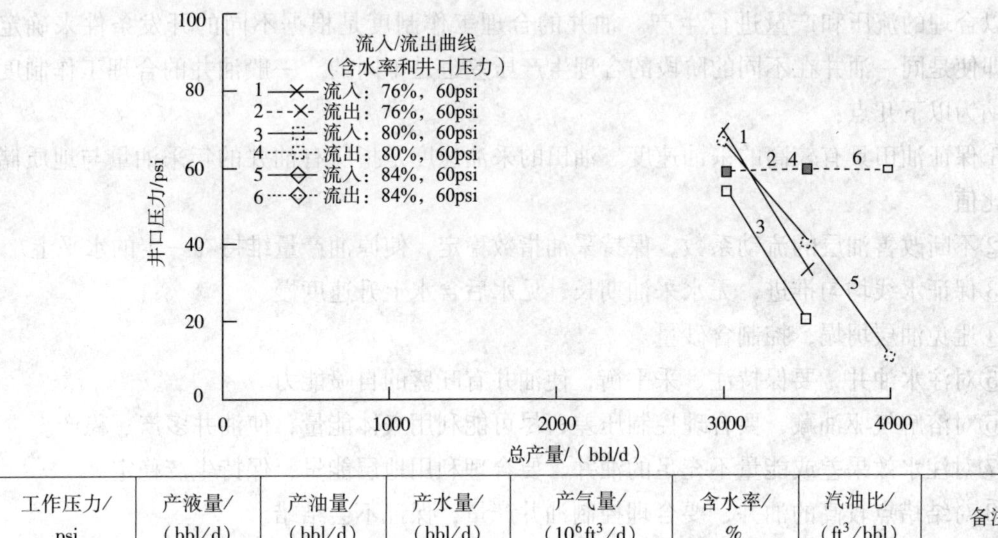

工作压力/psi	产液量/（bbl/d）	产油量/（bbl/d）	产水量/（bbl/d）	产气量/（10^6ft^3/d）	含水率/%	汽油比/（ft^3/bbl）	备注
60.000	3142.466	754.192	2388.274	0.006	76.000	8.000	稳定
60.000	2927.268	585.454	2341.814	0.005	80.000	8.000	稳定
60.000	3140.899	502.544	2638.355	0.004	84.000	8.000	不稳定

图 3-12 EPS 节点分析软件计算实例示图（续）

综上所述，通过对自喷井进行系统分析，可以协调地层—油管—油嘴的流动；预测不同油嘴下的产量；选择合适的油管直径；预测地层压力变化对产量的影响及停喷压力。根据这些分析和预测，可以判断和调整目前的工作制度，使之合理化；可以为以后的增产措施提供依据，如是否采取注水来保持地层压力或采用机械采油等。

第二节 自喷井协调和管理

为了管理好自喷井，充分发挥油层的潜力，使油井获得长期稳产、高产，首先必须要取全取准油井生产资料，依据这些资料对油井进行分析，再确定合理的生产压差来控制地层中油、水的流动和地层压力平衡或压力下降速度，保证油井在合理的工作制度下正常生产。

由于海上采油成本较高，在一切合理的情况下，保持油井高产量自喷生产是十分重要的。自喷产量和压力通常随着油藏衰减而变化，这取决于油藏压力和流动特性变化而导致 IPR 和 TPR 的变化。一般情况下，如果井的所有参数不变，自喷的变化趋向于一个较低的产量。为补偿产量的自然递减，可以改变设备或工作参数以保持所期望的产量。变换油嘴以降低井口压力或降低分离器压力是最简单和最常用的调节方法。油嘴直径变化对自喷的影响类似于气液比的影响，油管直径增大会提高自喷产量，直到达到临界直径。此后，直径增大，产量降低。这是由于压力损失由摩阻为主转变为由重力为主，持液力随着油管直径变大而发生变化。因此，选择合适的油管直径直接影响油井自喷产量和能力。

油井的合理生产压差就是油井的合理工作制度。合理工作制度是指在目前的静压下，油井以合理的流压和产量进行生产。油井的合理工作制度是根据不同的开发条件来确定的，即使是同一油井在不同的阶段的合理生产压差也是不同的。一般油井的合理工作制度可归纳为以下几点：

①保证油田具有较高的采油速度。油田的采油速度是指所有油井的年采油量与地质储量的比值。

②不断改善油层的流动系数，保持采油指数稳定，使原油产量维持在一定的水平上。

③保证水线均匀推进，无水采油期长，见水后含水上升速度慢。

④避免油层坍塌，控制含砂量。

⑤对注水油井，要保持注、采平衡，使油井有旺盛的自喷能力。

⑥对溶解气驱油藏，要合理控制压差，尽可能利用气体能量，使油井多产、稳产。

⑦对注水效果差或能量不充足的油井，要合理利用地层能量，保持生产稳定。

⑧对结蜡点较高的油井，要合理控制油井产量，保证不会结蜡。

油井合理的工作制度可以通过稳定试井来确定。稳定试井一般是连续换3～4个相邻油嘴，每换一个油嘴，等油井生产稳定后取各项资料（如流压、产量、气油比、含砂等），然后绘制油嘴与所取数据的关系曲线。通过比较，可以选择产量较高，气油比较低，油井流压较为合适，含水、含砂较小，能稳定喷油，且生产情况没有太大波动的油嘴作为生产油嘴。

根据上述原则确定的合理工作制度，在井底的生产情况发生变化时要进行调整，如改变采油速度保持地层压力平衡；改变采油方法控制含水、含砂上升过快；进行堵水、酸化、压裂提高产能等。

在我国南海某油田，由于地层能量充足，在开采初期主要是自喷生产。随着生产的进行，由于井底的生产情况发生了改变，并通过生产测试、井下取样及生产分析等得以证实，有如下情况：①井下出砂，射孔段部分被砂埋。②产能突然增加。③结蜡点高，产量控制过低（控制含水上升），导致油井停喷。④含水突然猛升。⑤井下出砂，射孔段完全被砂埋，油井不能生产。

海上油井自喷的生产管理是复杂的，不但要考虑技术，还要考虑经济效益。如控制产量能控制含水上升过快、出砂等，但同时会减少产量，使桶油成本较高。因此要根据本油田的实际情况，进行全面的分析和评价，来确定合理工作制度。

第三节　气举采油概述

一、基本概念

气举采油是利用人工举升方法，把压缩气体注入油管底部，与地层产液混合，气体在液体中膨胀，降低液体的密度和油管中液柱重量，使油管内的流动压力梯度下降，从而降低井底流动压力，建立起将液体举升到地面的生产压差（图3-13）。气举采油是最接近自喷采油的一种人工举升方法。

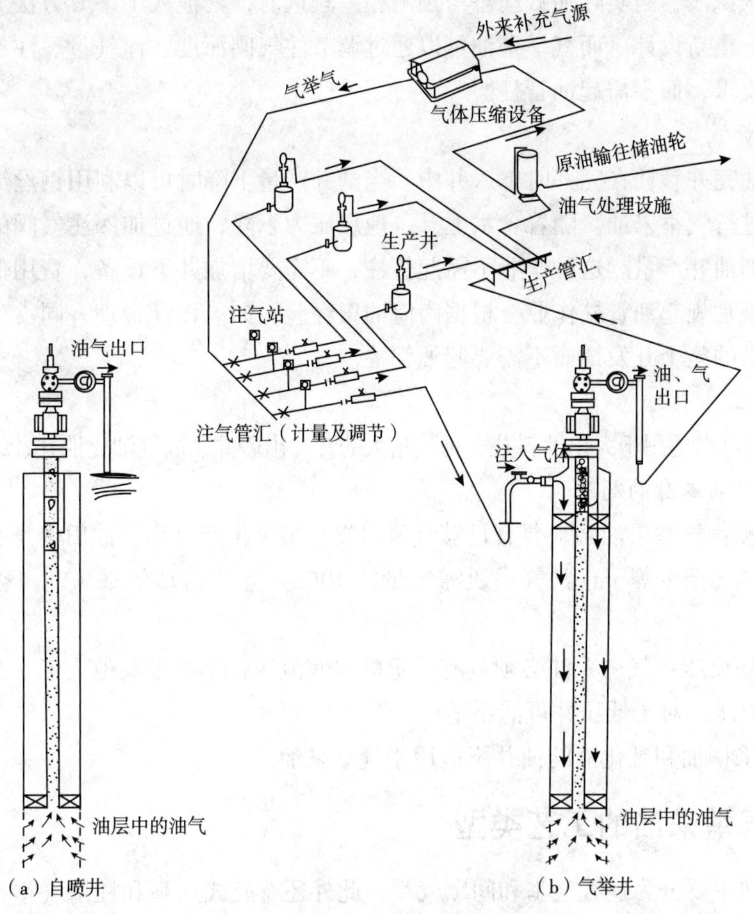

图 3-13　气举采油系统

自喷采油时，油流在上升的过程中，液柱压力越来越低，油流中的溶解气不断膨胀，降低液体密度，从而降低井底流动压力，增大油层和井底的生产压差，使油井自喷［图 3-13（a）］。气举采油的实质与自喷生产相同，只不过是通过人工方法，把压缩气体注入油管中，从而降低井底流动压力，使油井获得足够的生产压差而继续生产。气举所用的气体可以是氮气或天然气。一般来说氮气成本高，所以气举采油中常用天然气作为气源。

常规气举采油系统都是设计成气体可重复循环使用的气举流程，将从生产分离器出来的低压气（加上补充的外来气源）进行压缩，并重新注入油井以举升井中的液体，这就是闭式循环气举采油系统，其简要流程如图 3-13（b）所示。

气举采油是一种最能充分利用油藏中天然能量的人工举升方法。它所具有的特点如下文所述。

1. 灵活性

气举采油可以适应的产量变化范围非常宽广。根据南海油田连续气举采油的经验利用，同一生产管柱可以适应 95～1590m^3/d(600～10000bbl/d)这样大的产量变化范围，这是其他人工举升方法无法达到的。这一点特别适用于海上油田生产，因为海上油田的探井少，对油藏认识浅，当实际油藏动态与预测相差较远时，其他人工举升方法无法进行，需要起油管柱，重新设计。而气举采油可以通过调节注气阀深度、注气量、注气压力来适应不同产量的要求，而不需起油管柱。

2. 作业费低

气举采油完井管柱在完井时下入井中。当油井产量下降时可以利用钢丝绳作业更换气举阀，继续进行气举采油。随着含水上升，地层压力下降，通过加深注气阀的深度和提高注气量来增加油井产量。这种作业不需起管柱，不需要增加井下设备，费用低，整体作业费用大大低于常规起油管柱作业。根据南海油田经验，如果设计合理，同一生产管柱，可以适应于油田的整个开发期而不需要起油管柱。

3. 适应性

气举采油可以适用于大角度斜井、狗腿角大的井、出砂井、高气油比油井、结蜡结垢井。

4. 气举采油本身的局限性

（1）气源：气举采油必须要有足够气量以支撑整个生产过程。油田本身必须具备最低限量的溶解气（至少等于正常气举所需气量的10%）才能启动气举采油。否则不可以采用气举采油。

（2）井底流压：气举采油必须具有一定的井底流压，不能像其他人工举升方法一样达到最低井底流压。对于低压井可能不适应。

（3）开采稠油和乳化液的油井不适用于气举采油。

二、气举采油的工艺类型

气举采油主要分为连续气举和间歇气举，此外还有腔式气举和柱塞气举，其实后2种气举方式是间歇气举的特殊形式或者延伸。

1. 连续气举

连续气举顾名思义是连续不断往井下注气，使油井持续稳定生产。连续气举是通过注入气体与井中的液体混合，气体不断膨胀，降低液体密度，从而使油井连续稳定生产。连续气举可以是环空注气，油管出油；也可以反过来，油管注气，环空出油。后面这种方法只适用于产量很高，利用油管生产无法满足产量要求的情况。连续气举生产管柱可以是开式（没有封隔器）、半开式和闭式（底部带固定单流阀）（图3-14）。开式由于液压不稳定，容易出砂，气举效率低，较少采用。

连续气举适应产能较高的油井，产量可以适用范围为16～11924m^3/d（100～75000bbl/d）。连续气举由于气体与液体充分混合，气体膨胀，充分利用自身的能量，气举效率高。连续气举由于连续稳定注气，井底流压稳定，油井不容易出砂，不易结蜡，而且对地面设备损害小，地面处理设施液面波动小，容易控制。连续气举的缺点是井底流压高，而且不适应于低产量井。

连续气举有多级气举阀，上面的阀门称为排液阀，它的作用是把环空和油管的完井液排出，然后阀门处于关闭状态。只有底部一级阀门是注气工作阀，它在连续气举中，处于打开状态，注入气从这级阀门进入油流中。

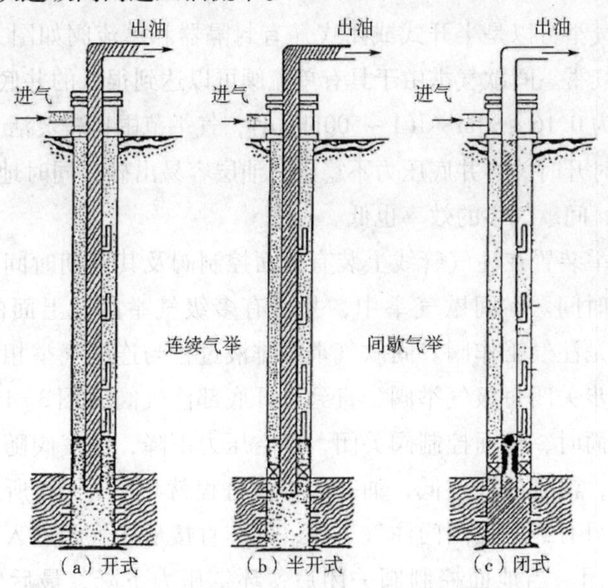

图 3-14　气举采油类型

当气体从环空注入时，所有气举阀打开，环空液体从每一级气举阀进入油管。当第一级气举阀露出液面时，气体进入第一级气举阀，产能增大。当液面往下推时，第二级气举阀露出液面，气体同时进入第一第二级气举阀，环空压力下降，这时第一级气举阀关闭。随着液面往下移直到气体从注气工作阀进入油管。只有底部工作阀打开注气，其他阀门都处于关闭状态，才算完成连续气举从排液到稳定生产的全过程（图 3-15）。

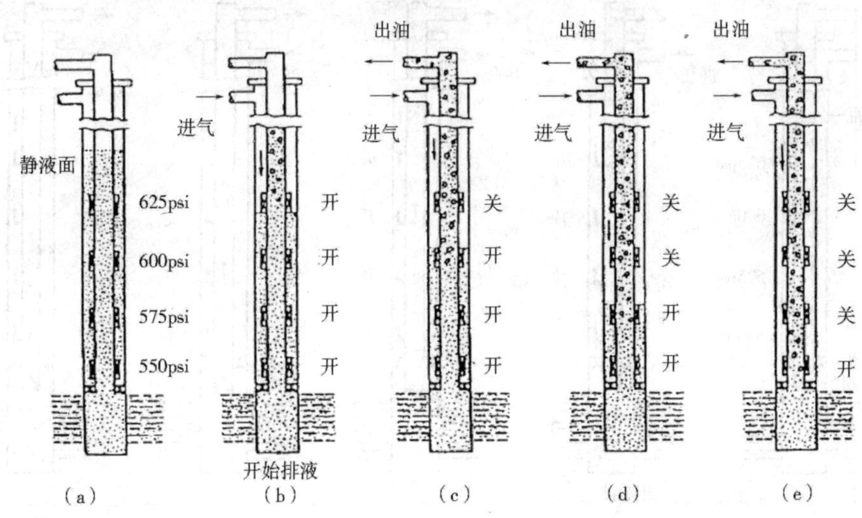

图 3-15　连续气举的排液过程

（a）静止状态；（b）第一级阀露出液面；（c）第二级阀漏出液面

（d）第三级阀漏出液面；（e）稳定生产

2. 间歇气举

间歇气举是间断地把气体注入油井中，通过气举阀进入油管，把气举阀上面的液柱段举升到地面。间歇气举可以是半开式或闭式（有封隔器和单流阀如图3-14所示），一般采用闭式作为间歇气举。间歇气举由于具有单流阀可以达到很低的井底流压，一般适应于低压低产井，产量为0.16～80m^3/d(1～500bbl/d)，气举范围比较灵活。

间歇气举由于时开时关，井底压力不稳定，油层容易出砂，同时地面处理设施液面波动大，操作控制难，间歇气举的效率也低。

大部分间歇气举装置在注气管线上装有地面控制阀及其周期时间控制器，用于控制注气的时间和关闭时间。在间歇气举中，井下有多级气举阀，上面的气举阀称为排液阀，只有底部一级是注气工作阀。间歇气举的排液过程与连续气举相似，开始时所有气举阀打开，然后逐步关闭每级气举阀，直到打开底部注气阀（图3-16）。当底部气举阀上面液柱段升到地面时，地面控制阀关闭，环空压力下降，注气阀随之关闭。如果控制阀每次关闭时间短，油管的液柱低，油井的排液过程就与图3-16所示有所不同：上面所有气举阀关闭，只有最下面阀门注气工作，气体直接从注气阀进入油管把液柱举到地面，地面控制阀关闭。当地面控制阀关闭后，环空压力下降，最后气举工作阀也关闭（图3-17）。当正常间歇气举时，只有最下面工作阀打开和关闭，其他阀门都处于关闭状态。

间歇气举的产量和举升次数有关，一般来说305m（1000ft）举升高度需要3min，所以开井时间为井深（ft）1000ft×3min。间歇气举阀要求能瞬间把阀门开到最大，以便快速注气，通常采用继动阀。

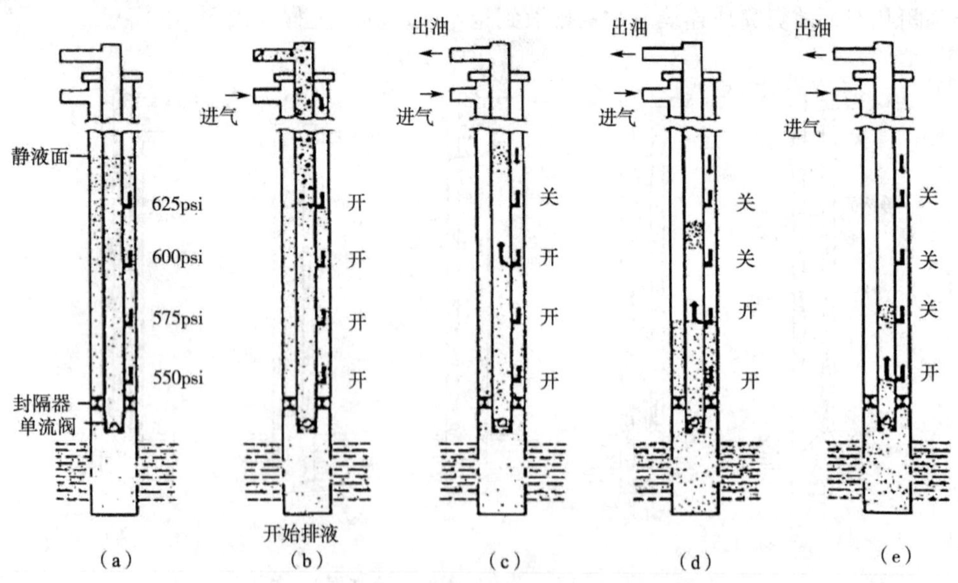

图3-16　间歇气举的排液过程

(a) 静止状态；(b) 第一级阀露出液面；(c) 第二级阀露出液面；
(d) 第三级阀露出液面；(e) 稳定间歇气举

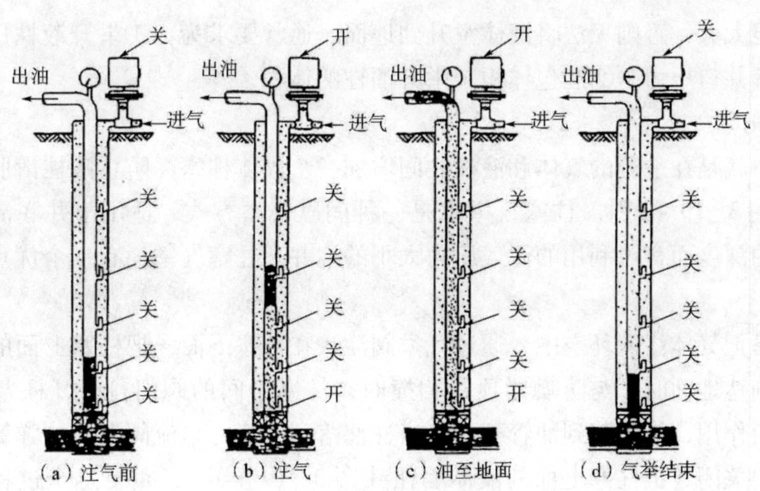

图 3-17 间歇气举的过程

3. 腔式气举

腔式气举是一种特殊的间歇气举，主要应用于低产能井，它有两种安装方法（图 3-18）都是在下面形成一个集液腔包，以便有足够的液柱。它的排液和举升与间歇气举相似。不同的是当气举工作阀打开时，气体把环空（腔包）的液体往下推，由于下面有单流阀，迫使液体进入油管，气体把这段液柱举升到地面。这时地面控制阀关闭，工作阀也关闭。环空（腔包）通过泄压孔与油管压力平衡，防止气锁，这样腔包压力下降，单流阀打开，地层液体进入腔包。该过程不断循环进行腔式间歇气举。

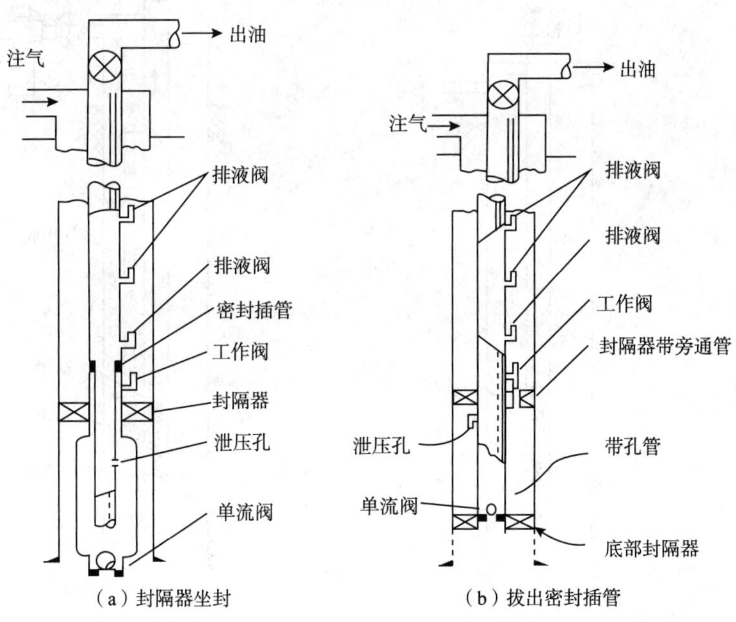

图 3-18 腔式气举的安装方法

在腔式气举管柱中，必须有腔包和泄压孔。泄压孔可以是单流阀，也可以是直径 3.2mm（1/8in）的小孔，单流阀在套压大于油压 0.34 ~ 0.69MPa（50 ~ 100psi）时打开。

腔包体积不能太大，否则无法将液体举升到地面。通常要求为：①举升液柱压头 <60% 气举压力 - 油管井口压力。②腔包体积 < 举升油柱的体积。

4. 柱塞气举

柱塞气举就是在举升的气体和液柱之间增加一个固体柱塞，防止液柱滑脱，以提高举升的效率［图 3-19（a）］。柱塞气举也是一种间歇气举方式，适用于井底流压低，相对于需要气举的深度而言可利用的注气压力太小的油井。柱塞气举还有一个优点，即可以起到清蜡作用。

柱塞气举把气体注入环空中，通过气举阀注入在柱塞下面，把柱塞上面的液柱举到地面。当柱塞到达地面时，与防喷器顶针相撞时，柱塞中间的阀门打开，柱塞上下压力平衡，由于重力作用，柱塞落到油管下面。当柱塞落到下面与单流阀上面的弹簧相撞时，柱塞中间的阀门关闭，把柱塞上面的液体隔住［图 3-19（b）］，重复这个过程，不断把液柱举到地面。在柱塞举升中，不能采用偏心工作筒以防止液柱在工作筒滑落。柱塞气举不适用于井斜过大和出砂较多的油井。

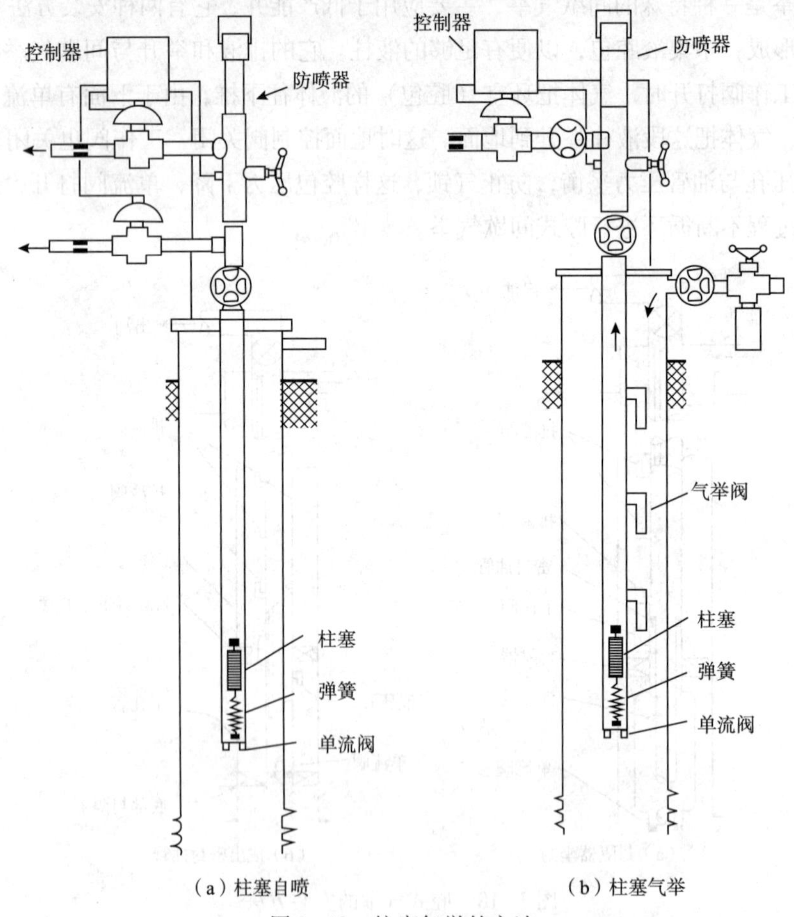

图 3-19　柱塞气举的方法

第四章　电潜泵采油

电潜泵采油是为适应经济有效地开采地下石油而逐渐发展起来日趋成熟的一种人工采油方式。其具有排量扬程范围大、功率大、生产压差大、适应性强、地面工艺流程简单、机组工作寿命长、管理方便、经济效益显著等特点。自 1928 年第一台电潜泵投入使用以来，经过 20 世纪 70 年的发展，电潜泵采油在井下机组设计、制造及油井选择、机组选型成套、工况监测诊断及保护、分层开采和测试等配套工艺方面日臻完善，在制造适应高温、高黏度、高含砂、高含气、含 H_2S 和 CO_2 等恶劣环境的电潜泵机组方面也取得了很大进展。不仅可用于油井采油，还可用于气井排液采气和水井采水注水。

本章着重介绍电潜泵的工作原理、系统组成、地面控制及管柱结构、油井选井、机组配套、工况监测、工况分析、故障诊断、油井分层开采和测试等配套工艺技术。

第一节　电潜泵工作原理及系统组成

一、电潜泵工作原理

电潜泵是由多级叶导轮串接起来的一种电动离心泵，除了其直径小长度长外，工作原理与普通离心泵没有太大差别（图 4-1）。其工作原理是：当潜油电机带动泵轴上的叶导轮高速旋转时，处于叶轮内的液体在离心力的作用下，从叶轮中心沿叶片间的流道甩向叶轮的四周，由于液体受到叶片的作用，其压力和速度同时增加，在导轮的进一步作用下速度能又转变为压能，同时流向下一级叶轮入口。如此逐次地通过多级叶导轮的作用，流体压能逐次增高而在获得足以克服泵出口以后管路阻力的能量时而流至地面，达到石油开采的目的。

表述电潜泵性能的主要参数有：额定排量、额定扬程（压头）H、额定轴功率 P、额定效率、额定转速 n 等参数。电潜泵的额定排量和效率取决于泵型，额定扬程决定于泵型和级数，额定轴功率由额定排量和扬程确定，额定转速取决于电机结构。

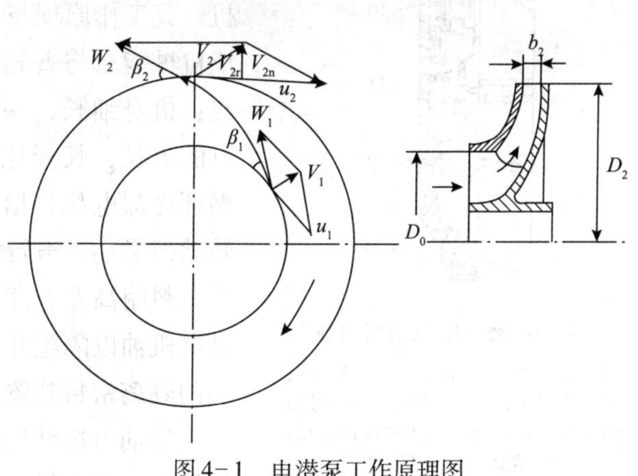

图 4-1　电潜泵工作原理图

二、电潜泵的系统组成及作用

电潜泵采油系统由井下和地面2部分组成（图4-2）。

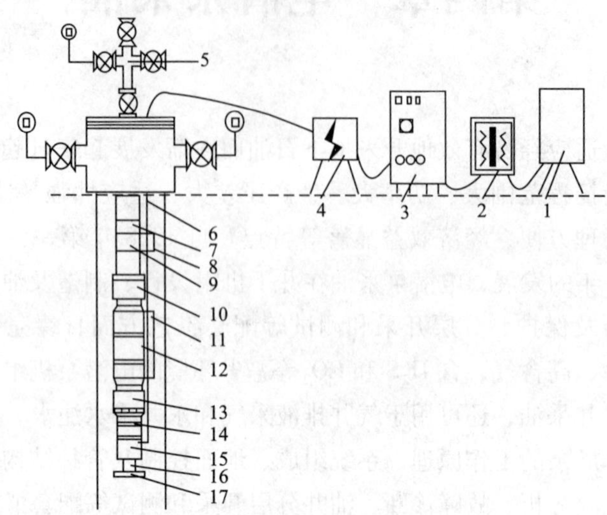

图4-2　电潜泵采油系统组成示意图

1—配电盘；2—变压器；3—控制柜；4—接线盒；5—采油树；6—潜油电缆；7—测压阀/泄油阀；8—大扁护罩；9—单流阀；10—泵出口；11—小扁护罩；12—潜油泵；13—气体分离器；14—保护器；15—潜油电机；16—PHD/PSI；17—扶正器

1. 井下系统组成及作用

电潜泵井下系统主要由电机、潜油泵、保护器、分离器、测压装置（PSI/PHD）、动力电缆、单流阀、测压阀/泄油阀、扶正器等组成。

1）电潜泵电机

电潜泵电机又叫潜油电机，它是电潜泵机组的原动机，一般位于最下端。电潜泵电机是三相鼠笼异步电机，其工作原理与普通三相异步电机一样，把电能转变成机械能。与普通电机相比，电潜泵电机具有以下特点：机身细长，一般直径160mm以下，长度5～10m，有的更长，长径比达28.3～125.2；转轴为空心，便于循环冷却电机；启动转矩大，0.3s即可达到额定转速；转动惯量小，滑行时间一般不超过3s；绝缘等级高，绝缘材料耐高温、高压和油气水的综合作用；电机内腔充满电机油以隔绝井液和便于散热；有专门的井液与电机油的隔离密封装置——保护器。

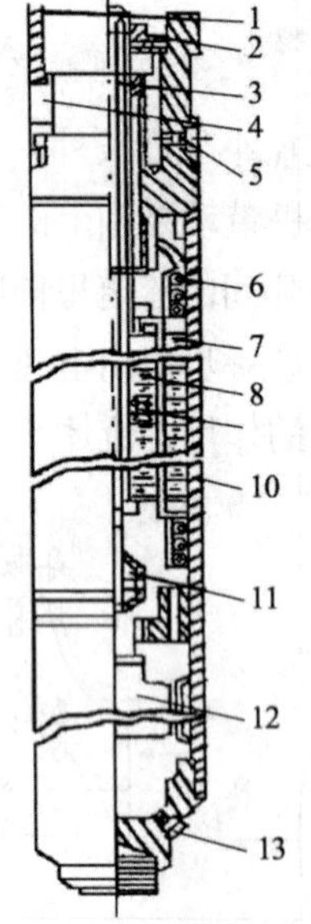

图4-3　潜油电机结构示意图

1—扁电缆；2—止推轴承；3—轴；4—电缆头；5—注油阀；6—引线；7—定子；8—转子；9—扶正轴承；10—壳体；11—润滑叶轮；12—滤网；13—放油阀

潜油电机结构如图4-3所示，它由定子、转子、止推轴承和机油循环冷却系统等部分组成。

（1）定子。定子的功能是产生旋转磁场，将电能转变成磁能，主要包括定子铁芯、黄铜夹段和定子绕组等。定子铁芯是由许多彼此绝缘的圆形硅钢片重叠而成的，铁芯内圆周上有用来嵌入绕组导线的玉米形切槽，以及外圆周电机油循环的油槽。定子铁芯横截面目前有2种形式：①开式结构；②闭式结构（图4-4）。

黄铜夹段是为了防止转子扶正轴承被磁化而加入的一段磁阻较大的黄铜。

定子绕组较粗，外面包裹有耐油、气、水，耐高温高压和高绝缘强度材料的均匀铜导线，输送励磁电流。绕组制作有两种方式：①工程塑料挤制；②薄膜绕包烧结。定子绕组都是星形联接，星点结构一般如图4-5所示。

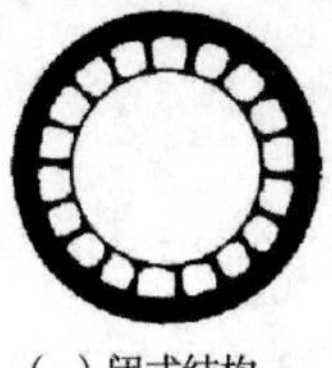
（a）闭式结构

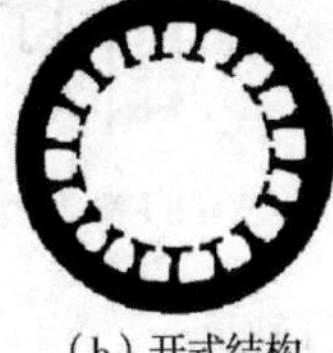
（b）开式结构

图4-4 定子截面示意图

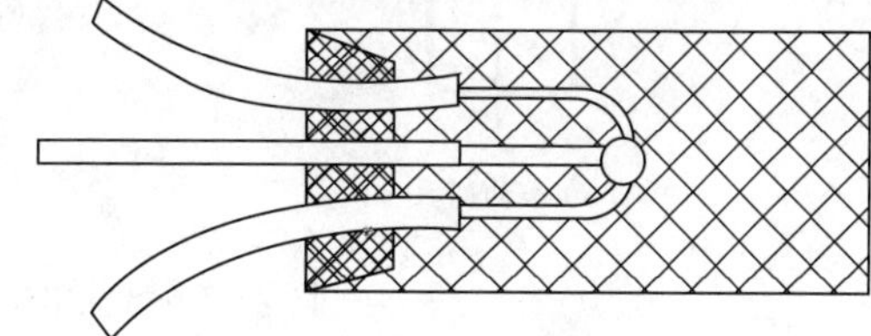

图4-5 星点结构示意图

（2）转子。转子是产生感应电流而受力转动并将电磁能转变为机械能的部分，由转子铁芯、转子绕组、短路环、轴和键组成（图4-6）。同定子一样，转子也由许多段组成，每段通过键与轴相连，各段转子间有扶正轴承，扶正轴承与夹段相对应，转子的上下端用螺帽或卡簧固定。

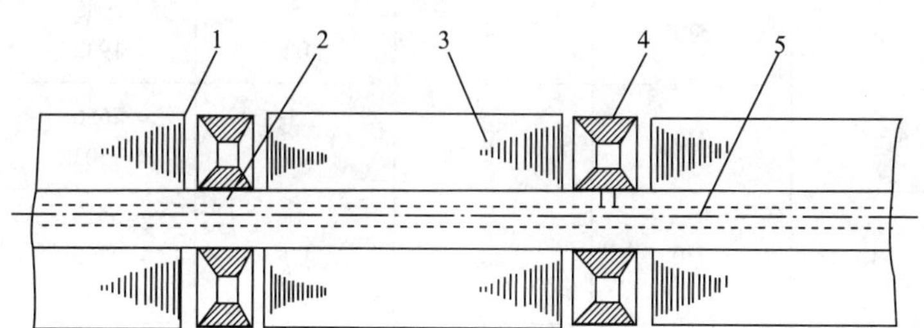

图4-6 潜油电机转子总成示意图

1—短路环；2—油道；3—硅钢片；4—扶正轴承；5—轴

（3）止推轴承。由于潜油电机是立式悬挂结构，其轴向载荷由止推轴承承担。止推轴承除承担轴向载荷，还承担因偏转运动而产生的径向载荷。潜油电的止推轴承有2种：①滚动轴承；②滑动轴承（图4-7）。

（4）循环冷却系统。潜油电机冷却系统由润滑叶轮、滤网、定子油道、油孔和空心电机轴及电机油等组成，（图4-3），带走电机定子和转子在交流和涡流作用下产生的热量，达到冷却电机和保护绝缘材料的作用，延长电机寿命。

潜油电机油的性能必须达到如下要求：闪点不低于150℃；凝固点不高于-40℃；介电损失剪切角为0.001°~0.002°（20℃）；介电强度不低于20kV/mA（20℃）；体积电阻为10^{14}~$10^{16}\Omega/cm^3$（20℃）；黏度约为8.7×10^{-4}Pa·s；密度约为0.87g/cm^3；酸值为0.021mg/g

KOH 当量；长期工作在 80～120℃、8～12MPa 及 2800～2900r/min 条件下性能稳定。

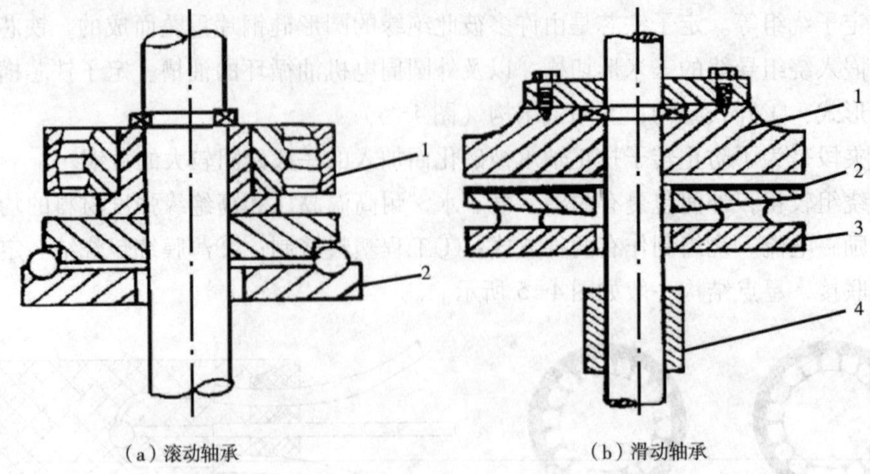

（a）滚动轴承　　（b）滑动轴承

图 4-7　潜油电机用止推轴承

（a）：1—双列向心球面滚子轴承；2—单向推理向心球面轴承

（b）：1—动块；2—摩擦垫；3—静块；4—扶正轴承

表 4-1～表 4-10 是国内外常用的潜油电机性能参数。

表 4-1　胜利油田无杆采油泵公司生产潜油电机性能参数

系列	功率/kW	电压/V	电流/A	类型	长度/mm	质量/kg
95	4.5	340	14	S UT	2085 1932	101 94
	6.5	330	20	S UT	2656 2503	129 122
	9.3	330	28	S UT CT	3513 3360 3374	171 165 166
	11.2	240	51	S UT CT	4085 3932 3964	214 208 209
	11.2	320	39	S UT CT	4085 3932 3946	214 208 209
	14	280	51	S UT CT	4942 4789 4803	241 235 237
	15.8	310	51	S UT CT	5513 5361 5375	307 301 280
	15.8	420	37	S UT CT	5513 5361 5375	307 301 302

续表

系列	功率/kW	电压/V	电流/A	类型	长度/mm	质量/kg
95	15. 8	530	30	S	5513	307
				UT	5361	301
				CT	5375	302
	15. 8	630	25	S	5513	307
				UT	5361	301
				CT	5375	302
98	4. 5	340	14	S	2085	108
				UT	1932	101
	6. 5	330	20	S	2656	138
				UT	2503	131
	9. 3	330	28	S	3513	184
				UT	3360	177
				CT	3374	178
	11. 2	240	51	S	4085	229
				UT	3932	222
				CT	3946	223
	11. 2	320	39	S	4085	229
				UT	3932	222
				CT	3946	223
	14	280	51	S	4942	259
				UT	4789	252
				CT	48. 3	254
	15. 8	310	51	S	5513	327
				UT	5361	320
				CT	5375	299
	15. 8	420	37	S	5513	327
				UT	5361	320
				CT	5375	321
	15. 8	530	30	S	5513	327
				UT	5361	320
				CT	5375	321
107	5	140	36	S	1430	91
		160	31	UT	1448	90
		190	27			
		240	21			
	7. 5	200	36	S	1784	112
		230	31	UT	1802	111
		270	27			
		340	21			

续表

系列	功率/kW	电压/V	电流/A	类型	长度/mm	质量/kg
107	10	270 320 370 470	36 31 27 21	S UT	2138 2158	133 132
	12.5	330 380 450 570	36 31 27 21	S UT	2492 2510	154 153
	15	390 450 530 670	36 31 27 21	S UT	2846 2864	175 174
	17.5	460 540 630 790	36 31 27 21	S UT	3200 3218	196 195
	20	520 610 710 900	36 31 27 21	S UT	3554 3572	217 216
	22.5	590 690 800 1020	36 31 27 21	S UT	3908 3926	238 237
	25	650 760 880 1020	36 31 27 21	S UT CT LT	4262 4280 4189 4221	259 258 255 256
	27.5	720 840 980 1240	36 31 27 21	S UT CT LT	4616 4634 4543 4575	280 279 276 277

续表

系列	功率/kW	电压/V	电流/A	类型	长度/mm	质量/kg
107	30	780	36	S	4970	301
		910	31	UT	4988	300
		1060	27	CT	4897	297
		1340	21	LT	4929	298
	32.5	850	36	S	5324	322
		990	31	UT	5342	321
		1160	27	CT	5251	318
		1460	21	LT	5283	319
	35	910	36	S	5678	343
		1060	31	UT	5696	342
		1240	27	CT	5605	339
		1570	21	LT	5637	340
	37.5	980	36	S	6032	364
		1140	31	UT	6050	363
		1330	27	CT	5959	360
		1490	21	LT	5991	361
	40	1040	36	S	6386	385
		1210	31	UT	6404	384
		1410	27	CT	6313	381
		1790	21	LT	6345	382
	42.5	1110	36	S	6740	406
		1290	31	UT	6758	405
		1510	27	CT	6667	402
		1910	21	LT	6699	403
	45	1170	36	S	7094	427
		1360	31	UT	7112	426
		1590	27	CT	7021	423
		2020	21	LT	7053	424

续表

系列	功率/kW	电压/V	电流/A	类型	长度/mm	质量/kg
114	12	260 330 420 530 700	43 34 27 21 16	S UT	2119 2141	129 129
	15	330 420 530 680 880	43 34 27 21 16	S UT	2473 2495	154 154
	18	380 490 620 790 1055	43 34 27 21 16	S UT	2827 2849	178 178
	21	440 570 720 910 1200	43 34 27 21 16	S UT	3181 3203	204 204
	24	510 650 820 1050 1370	43 34 27 21 16	S UT	3535 3557	230 230
	27	570 735 925 1180 1550	43 34 27 21 16	S UT	3889 3911	256 256
	30	505 630 815 1025 1310 1715	55 43 34 27 21 16	S UT CT LT	4243 4265 4243 4221	280 280 278 278

续表

系列	功率/kW	电压/V	电流/A	类型	长度/mm	质量/kg
114	33	550	55	S	4597	306
		700	43	UT	4619	306
		900	34	CT	4597	304
		1130	27	LT	4575	304
		1440	21			
	36	605	55	S	4951	332
		760	43	UT	4973	332
		975	34	CT	4951	330
		1230	27	LT	4909	330
		1570	21			
	39	650	55	S	5305	358
		825	43	UT	5327	358
		1060	34	CT	5305	356
		1335	27	LT	5283	356
		1700	21			
	42	705	55	S	5659	384
		890	43	UT	5681	384
		1140	34	CT	5659	382
		1440	27	LT	5638	382
		1830	21			
	45	755	55	S	6013	410
		950	43	UT	6035	410
		1225	34	CT	6013	408
		1540	27	LT	5991	408
		1940	21			
	48	805	55	S	6721	436
		1015	43	UT	6389	436
		1300	34	CT	6367	434
		1645	27	LT	6345	434
		2080	21			
	51	855	55	S	6751	462
		1080	43	UT	6742	462
		1385	34	CT	6721	460
		1745	27	LT	6699	460
		2215	21			
	54	905	55	S	7075	488
		1140	43	UT	7097	488
		1470	34	CT	7095	486
		1850	27	LT	7053	486
		2350	21			

续表

系列	功率/kW	电压/V	电流/A	类型	长度/mm	质量/kg
114	57	955 1210 1550 1950 2490	55 43 34 27 21	S UT CT LT	7429 7451 7429 7407	514 514 512 512
	60	1015 1260 1630 2055 2615	55 43 34 27 21	S UT CT LT	7783 7805 7783 7761	640 640 638 638
116	6. 2	360	15	S UT	1555 1341	109 91
	9. 3	360 550	23 16	S UT	1920 1707	131 112
	12. 4	380 630	28 17	S UT	2286 2073	156 138
	15. 5	340 580	39 22	S UT	2652 2438	182 164
	18. 6	360 630 1050	44 25 21	S UT	3018 2804	210 191
	21. 7	320 560 650	57 33 28	S UT	3383 3170	236 218
	24. 8	360 640 730 1120	59 33 29 19	S UT	3749 3536	262 244
	31	560 680 800 1160	47 39 33 23	S UT	4481 4267	315 297
	37. 3	620 680 810 1110	52 47 39 29	S UT	5212 4999	318 299
	43. 5	450 630 790 950	83 60 47 39	S UT CT LT	5913 5700 5761 5976	401 383 383 383
	49. 7	530 720 900	80 60 60	S UT CT	6645 6431 6492	451 431 431

续表

系列	功率/kW	电压/V	电流/A	类型	长度/mm	质量/kg
116	49.7	1090	39	LT	6706	431
	56	590 800 950 1020 1220 1640	81 59 50 46 39 29	S UT CT LT	7376 7163 7224 7437	506 488 488 488
	62	660 770 905 1130 1840	80 70 59 46 29	S UT CT LT	8108 7894 7955 8169	560 542 542 542
	68.3	990 1980	60 30	S UT CT LT	8839 8626 8687 8870	624 606 606 606
	74.6	790 940 1080 1870	81 70 59 35	S UT CT LT	9571 9357 9418 9601	680 662 662 662
138	18	258 360 410 540	58 43 36 28	S	1986	169
	24	344 480 545 720	58 43 36 28	S	2407	210
	30	430 600 680 900	58 43 36 28	S	2828	251
	36	516 694 820 1080	58 43 36 28	S	3324	292
	42	602 810 950	58 43 36	S	3670	333
	48	688 925 1090	58 43 36	S UT	4091	375

续表

系列	功率/kW	电压/V	电流/A	类型	长度/mm	质量/kg
138	54	774	58	S	4512	417
		1080	43	UT	4537	419
		1230	36	LT	4484	412
	60	860	58	S	4933	459
		1160	43	UT	4958	461
		1360	36	LT	4905	454
	66	950	58	S	5354	501
		1044	43	UT	5379	503
		1500	36	LT	5326	496
	72	1030	58	S	5775	543
		1440	43	UT	5800	545
		1640	36	LT	5747	538
	84	1200	58	S	6617	627
		1620	43	UT	6642	629
		1900	36	LT	6589	622
	90	1286	58	S	7038	669
		1740	43	UT	7063	671
		2040	36	LT	7010	664
	96	1370	58	S	7459	711
		1856	43	UT	7484	713
		2180	36	LT	7431	706
	102	1462	58	S	7880	753
		1970	43	UT	7905	755
		2316	36	LT	7852	748
	108	1543	58	S	8301	795
		2088	43	UT	8326	797
		2452	36	LT	8273	790
	114	1634	58	S	8722	837
		2210	43	UT	8747	839
		2590	36	LT	8694	832
	120	1720	58	S	9143	879
		2320	43	UT	9168	881
		2720	36	LT	9115	874
	126	1806	58	S	9564	921
		2440	43	UT	9589	923
		2861	36	LT	9536	916

注：S—单节；UT—上节；CT—中间节；LT—下节。

表 4-2　天津斯波泰克潜油电泵有限公司单节电机参数表

系列	功率/kW	电压/V	电流/A	电阻/Ω
107	12.5	335 265 325	36.5 45.5 37.6	0.355 0.230 0.345
	15	400 320 390	36.5 45.5 37.6	0.418 0.272 0.407
	17.5	465 375 455	36.5 45.5 37.6	0.482 0.313 0.496
	20	536 430 520 500	36.5 45.5 37.6 39	0.546 0.355 0.531 0.453
	22.5	600 480 580	36.5 45.5 37.6	0.610 0.396 0.593
	25	665 535 645 620	36.5 45.5 37.6 39	0.674 0.437 0.655 0.538
	27.5	735 590 710	36.5 45.5 37.6	0.747 0.479 0.716
	30	800 640 775 750	36.5 45.5 37.6 39	0.801 0.520 0.779 0.669
	32.5	865 695 840	36.5 45.5 37.6	0.865 0.562 0.842
	40	1065 855 1035 1000	36.5 45.5 37.6 39	1.056 0.686 1.026 0.881
	42.5	1135 910 1100	36.5 45.5 37.6	1.120 0.727 1.088
107	45	1200 960 1165	36.5 45.5 37.6	1.184 1.769 1.151
	47.5	1265 1015 1230	36.5 45.5 37.6	0.247 0.810 1.212
	50	1335 1070 1295	36.5 45.5 37.6	1.311 0.851 1.274
114	15	420 525	35 27	0.678 0.349
	18	504 630	35 27	0.978 1.106
	22	588 735 460	35 27 43.5	0.303 0.569
	25	670 840 525	35 27 43.5	0.648 0.344
	30	840 1050 630	35 27 43.5	0.844 0.422
	35	1010 1260 765	35 27 43.5	1.055 0.503
	40	1130 840	35 43.5	1.133 0.541
	45	1260 945	35 43.5	1.133 0.541
	50	1410 1050	35 43.5	1.392 0.663
	55	1550 1150	35 43.5	1.543 0.735

表 4-3　天津斯波泰克潜油电泵有限公司仿 REDA 系列单节电机参数表

系列	功率/hp	电压/V	电流/A	电阻/Ω
456	8.5	363	15	1.332
	12.5	363	23	0.682
		546	16	1.762
	16.5	375	28.5	0.562
		625	17	1.99
	21	342	39	0.42
		575	22	1.102
	25	355	44.5	0.332
		625	25.5	1.092
		1050	15	3.368
	29.5	321	57	0.428
		563	33	0.672
		654	28	1.042
	33.5	359	59	0.258
		642	33	0.744
		733	29	1.16
		1117	19	2.736
	41.5	562	47	0.508
		679	39	0.778
		796	33	0.902
		1158	23	2.286
	50	533	59	0.38
		621	52	0.566
		675	47	0.606
		808	39	0.912
		1108	29	1.726
	58.5	450	82.5	0.272
		625	60	0.432
		788	47	0.69
		945	39	1.042
456	66.5	529	80	0.296
		717	60	0.488
		904	46	0.754
		1091	39	1.118
	75	591	81	0.336
		800	59	0.55
		945	50	0.836
		1017	46	0.886
		1216	39	1.378
		1635	29	2.548
	83.5	658	80	0.346
		767	70	0.506
		895	59	0.307
		1129	46	0.968
		1837	28.5	2.776
	91.5	991	60	0.672
		1983	30	2.718
	100	787	81	0.346
		937	70	0.668
		1079	49	0.736
		1870	35	2.605
540	16.5	367	29	0.562
		629	17	1.508
	25	362	45	0.318
		591	28	0.842
		1013	16	2.992
	33.5	362	60	0.236
		550	40	0.588
		608	36	0.65
		733	30	0.968
		1104	20	2.59
	41.5	375	72	0.199
		604	45	0.50
		754	34	0.79
		1146	22	1.864
	50	354	91	0.148
		537	60	0.342

续表

系列	功率/hp	电压/V	电流/A	电阻/Ω	系列	功率/hp	电压/V	电流/A	电阻/Ω
540	50	725 808 1100	45 40 30	0.582 0.828 1.398	540	125	895 1755	87 44	0.334 1.372
	58.5	629 845	60 45	0.398 0.676		133	687 929 1820	122 89 59	0.213 0.358 1.452
	66.5	720 966	60 45	0.45 0.762					
	83.5	591 695 891 1808	89 76 60 29	0.235 0.328 0.544 2.212		150	787 1062 1620	120 89 59	0.237 0.389 0.952
	100	712 858 1079 1803	88 73 59 33	0.272 0.652 1.742 1.116		167	916 1783	115 54	0.26 1.052
	108	770 937	88 67	0.294 0.588		187	946 1862	127 64	0.26 1.052

注：1hp = 746W。

表 4-4　天津斯波泰克潜油电泵有限公司仿 REDA 系列单节电机参数表

型　号	单节功率范围/kW	串　接		最大节数
		功率范围/kW	最大功率/kW	
YQY107	12.5 ~ 50	55 ~ 100	100	2
$YQY107T_3$	20 ~ 40	55 ~ 80	80	2
YQY114 - 5	15 ~ 55	60 ~ 110	110	2
$YQY114T_5$	22 ~ 55	60 ~ 110	110	2
$YQY114T_6$	22 ~ 55	60 ~ 110	110	2
TM456	8.5 ~ 100	117 ~ 250	250	3
TM540	16.5 ~ 187	100 ~ 416	416	3

表 4-5　沈阳电机厂电潜泵电机系列参数表

<table>
<tr><th>系　列</th><th>类　型</th><th>功率/kW</th><th>电压/V</th><th>电流/A</th></tr>
<tr><td rowspan="10">114</td><td rowspan="5">全封闭型</td><td>25</td><td>540</td><td>38.5</td></tr>
<tr><td>35</td><td>730</td><td>39.9</td></tr>
<tr><td>45</td><td>953</td><td>41.5</td></tr>
<tr><td>55</td><td>1100</td><td>41.5</td></tr>
<tr><td>75</td><td>1525</td><td>41.5</td></tr>
<tr><td rowspan="5">普通型</td><td>85</td><td>1600</td><td>44.2</td></tr>
<tr><td>25</td><td>525</td><td>39.3</td></tr>
<tr><td>35</td><td>735</td><td>39.3</td></tr>
<tr><td>45</td><td>945</td><td>39.3</td></tr>
<tr><td>55</td><td>1125</td><td>41</td></tr>
<tr><td rowspan="10">138</td><td rowspan="5">全封闭型</td><td>25</td><td>540</td><td>38.5</td></tr>
<tr><td>35</td><td>730</td><td>39.9</td></tr>
<tr><td>45</td><td>953</td><td>41.5</td></tr>
<tr><td>55</td><td>1100</td><td>41.5</td></tr>
<tr><td>75</td><td>1525</td><td>41.5</td></tr>
<tr><td rowspan="5">普通型</td><td>85</td><td>1600</td><td>44.2</td></tr>
<tr><td>25</td><td>525</td><td>39.3</td></tr>
<tr><td>35</td><td>735</td><td>39.3</td></tr>
<tr><td>45</td><td>945</td><td>39.3</td></tr>
<tr><td>55</td><td>1125</td><td>41</td></tr>
</table>

表 4-6　虎溪电机厂生产潜油电机性能参数

系　列	功率/kW	电压/V	电流/A	长度/mm	质量/kg
107	20	510	38	3947	200
	27.5	710	38	4547	260
	30	775	38	4897	280
	37.5	970	38	5947	340
	40	1030	38	6297	360
	45	1160	38	6997	400
	50	1290	38	8480	480
	55	1420	38	9420	520
	60	1550	38	9880	560
	65	1680	38	10530	600
	70	1810	38	11280	640

续表

系　列	功率/kW	电压/V	电流/A	长度/mm	质量/kg
107	75	1935	38	11980	680
	80	2065	38	12680	720
	85	2195	38	13380	760
	90	2320	38	14080	800
114	20	441	43	3132	220
	30	630	43	4194	229
	35	756	43	4548	260
	40	815	43	5254	320
	45	945	43	5964	431
	50	1071	43	6672	483
	55	1134	43	7026	510
	60	1260	43	6997	579
	65	1386	43	8480	632
	70	1512	43	9420	684
	75	1572	43	9880	711
	80	1710	43	10530	763
	85	1764	43	11280	790
	90	1890	43	11980	843
	95	2016	43	12680	895
	100	2142	43	13380	947
	105	2205	43	14080	974
	110	2331	43	14780	1003
	115	2394	43	15480	1030
	120	2520	43	16180	1060
116	24. 5	540	43	3715	239
	43. 5	945	43	5905	389
	50	1080	43	6036	445
	56	1215	43	7366	490
	68	1485	43	9543	620
	80	1755	43	11002	721
	87	1890	43	11733	770
	100	2160	43	13194	883
	112	2430	43	14654	972

续表

系 列	功率/kW	电压/V	电流/A	长度/mm	质量/kg
138	14	205	43	1671	102
	20	390	43	2091	150
	25	530	43	2463	198
	30	662	43	2883	247
	40	795	43	3303	297
	45	972	43	3723	346
	55	1000	43	4143	396
	60	1192	43	4563	446
	65	1325	43	4983	495
	70	1457	43	5403	544
	80	1589	43	5823	594
	85	1722	43	6243	643
	95	1854	43	6663	693
	100	1987	43	7083	742
	110	2119	43	7503	792
	115	1547	43	8574	810. 9
	120	1638	43	8994	867
	125	1729	43	9414	916
	130	1820	43	9834	965
	135	1911	43	10254	1013
	145	2002	43	10674	1061
	150	2093	43	11094	1109
	160	2184	43	11514	1157
	165	2275	43	11931	1205
	170	2336	43	12354	1253

表 4-7 大庆油田电潜泵公司生产潜油电机性能参数

系 列	型 号	外径/mm	功率/kW	电压/V	电流/A	长度/mm
114	YQY	114	12	302	34	2490
			16	403	34	2540
			20	505 430 280	34 40 60	2970
			24	605	34	3400

续表

系　列	型　号	外径/mm	功率/kW	电压/V	电流/A	长度/mm
114	YQY	114	28	705	34	3830
			32	805	34	4260
			36	907	34	4690
			40	1008	34	5120
			44	1110 788 625	34 48 60	5550
			48	1210	34	5980
			52	932 738	48 60	6410
			56	1205	40	6840
			60	1290 1165 852	40 48 60	7270
			64	1612 1147 910	34 48 60	7770
			68	1218	48	8130
			72	1290 1022	48 60	8560
			76	1362	46	9000
			80	1720 1434 1135	40 48 60	9420
114J	YQY	114	7	180	37	1546.7
			11	270	37	1930.9
			15	360	37	2315.0
			19	450	37	2699.3
			22	540	37	3083.5
			26	630 357	37 64	3467.7
			30	720	37	3851.8
			34	810	37	4263
			37	900 510	37 64	4620.2
			41	990	37	5004.4

续表

系　列	型　号	外径/mm	功率/kW	电压/V	电流/A	长度/mm
114J	YQY	114	45	1080 750	37 52	5388.5
			48	1007 812	43 52	5772.7
			52	1085 875	43 52	6156.9
			56	1162 938	43 52	6541.1
			60	1240 1000	43 52	6925.2
			63	1062	52	7309.4
			67	1125	52	7693.6
			71	1188	52	8077.8
			75	1020	64	8461.9
			78	1070	64	8846.1
			82	1122	64	9230.3
			86	1173	64	9614.5
			90	1224	64	9998.6
			6	343	15	1546.7
			9	515	15	1930.9
			12	500	21	2315.0
			15	441	31	2699.3
			18	529	31	3083.5
			21	617 442	31 43	3467.7
			25	705 511	31 43	3851.8
114P	YQY	114	28	793	31	4236
			31	881 634	31 43	4620.2
			34	970	31	5004.4
			37	759	43	5388.5
			40	822	43	5772.7
			43	885	43	6156.9
			46	941	43	6541.1

续表

系　列	型　号	外径/mm	功率/kW	电压/V	电流/A	长度/mm
114P	YQY	114	50	1011	43	6925.2
			53	1075	43	7309.4
			56	1600 863	31 56	7693.6
			59	910	56	8077.8
			62	1733 958	31 56	8461.9
			65	1006	56	8846.1
			68	1054	56	9230.3
			71	1102	56	9614.5
			74	1733 1150	37 56	9998.6
138	YQY	138	8	203 168	32 40	789
			16	407 335	32 40	1204
			24	610 503	32 40	1619
			32	813 670	32 40	2034
			40	838 667	40 50	2449
			48	1005 800	40 50	2864
			56	1173 933	40 50	3279
			64	1340 1067	40 50	3694
			72	1508 1200	40 50	4109
			80	1675 1333	40 50	4524
			88	1842 1466	40 50	4939

续表

系列	型号	外径/mm	功率/kW	电压/V	电流/A	长度/mm
138	YQY	138	96	2010 1598	40 50	5354 5354
			104	2178 1731	40 50	5769
			112	2345 1864	40 50	6184
			120	2513 2000	40 50	6599
			128	2132	50	7014
			136	2266	50	7429
			144	2399	50	7844
			152	2532	50	8259
			160	2666	50	8674
143	YQY	143	20	530	29	1931
			30	790	29	2365
			40	1055	58	2799
			50	1320	58	3233
			60	1580	58	3667
			70	1845	58	4101
			80	2110	58	4535
			90	1190	58	4969
			100	1320	58	5403
			110	1450	58	5837
			120	1580	58	6271
			130	1715	58	6705
			140	1845	58	7139
			150	1980	58	7573
			160	2110	58	8007
			170	2240	58	8441
			180	2370	58	8875
			190	2500	58	9309
			200	2630	58	9743

续表

系列	型号	外径/mm	功率/kW	电压/V	电流/A	长度/mm
450	FMB	114.3	12.4	500	20.4	2620
			15.5	441	31	2560
			21.7	617	36	3330
			31.3	750	43	4480
			46.5	941	43	6400
			52.8	1075	56	7170
			62.1	958	56	8320
			74.5	1150	56	9860
			21.7	317	56	3820
			31.3	450	56	4430
			62.1	908	56	8270
456 456	UT CT	115.9 115.9	43.5 43.5	945 945	39 39	5710 5750
	UT CT		55.8	94	50	7170 7210
	UT		62.1	1129	46	7910
	UT		68.3	991	60	8640

表 4-8 美国 REDA 公司生产潜油电机性能参数

系列	功率/hp	电压/V	电流/A
375	6.25	342	14
	8.8	325	20.5
	12.5	333	28
	16.3	238 323	25 38
	18.8	275	51.5
	21.8	308 417 525 760	51 37 30 25
	25（串接）	667	28
	32.5（串接）	478 645	51 38
	37.5（串接）	550	51.5

系列	功率/hp	电压/V	电流/A
375	42.5（串接）	616 833 1050 1250	51 37 30 25
	48.8（串接）	718 967	51 38
	56.3（串接）	825	51.5
	63.7（串接）	925 1250 1575	51 37 30
	75（串接）	1100	51.5
	85（串接）	1233	51
	93.7（串接）	1375	51.5
	106.3（串接）	1542	51

续表

系列	功率/hp	电压/V	电流/A
456	10. 4	354	22
	15. 4	350 539	30 20
	25	375 608	37. 5 22
	31	346 692	48 24
	31. 25	346 625	61 35
	41. 67	367 650 750 1129	72 41 35 23
	52	675 813 933 1100	48 39 34 31
	62. 5	692 1121 1692	57 35 23
	72. 9	638 971 1125	73 48 41
	83. 3	921 1133 1875	57 49 28
	104. 2	913 1150 1857	72 57 35
	125	904 1096 1954	88 72 41
	145. 8（串接）	1275 1942 2250	73 48 41
	166. 6（串接）	1842 2267	57 49
	187. 4（串接）	2070	57
	198（串接）	1733	72
	208. 3（串接）	1825 2300	72 57
	229（串接）	2008	72
	250（串接）	1808 2192	88 72
540	20. 8	379 604 892	34 22 15
	31. 2	375 617 1050	50 34 20
	187. 5	817 1104 1971	144 106 60
	208. 3	908 1867	144 70
	41. 5	375 629 758 1142	70 42 34 23
	52	633 788 1108	52 40 28
	62. 5	563 946 1108	70 41 35
	72. 9	650 896 1108	70 53 41
	83. 5	988 1900	52 28
	104. 2	1096 1896	60 34
	125	929 1892	84 41
	145. 8	858 1083 1785	106 84 52
	166. 7	983 1750	106 60
	250（串接）	1858	84
	271（串接）	2012	84

续表

系列	功率/hp	电压/V	电流/A	系列	功率/hp	电压/V	电流/A
540	291.7（串接）	1717 2167	106 84	540	396（串接）	1725	144
	312（串接）	1842	106		416.7（串接）	1817	144
	333.33（串接）	1967	106				
	375（串接）	1633 2208	144 106		437.5（串接）	2575	106

表4-9 美国ODI公司生产潜油电机性能参数

系列	功率/hp	电压/V	电流/A	长度/mm	质量/lb	系列	功率/hp	电压/V	电流/A	长度/mm	质量/lb
70	18	420 785	27 15	1219	225	540	150	1350 2250	66 38	5456	1370
	30	430 725 1200	42 15	1585	350		165	1250 2000	78 48	5974	1505
	40	445 720 935 1110	58 35 27 23	1768	415		180	1365 2180	78 48	6492	1640
	50	750 975 1200	39 30 25	2286	535		200	2100	56	7041	1780
	60	765 1110 1370	46 32 26	2469	590		225	2320	57	7559	1915
	75	730 1160	61 39	2804	685		245	2150	67	8077	2055
	90	1165 2070	46 26	3353	825		275	2475	68	9144	2325
	100	1200 2250	49 26	3871	960		360	2650	89	11247	2875
	125	1270 2180	59 34	4389	1095						

注：1lb = 0.45kg。

表 4-10　美国 CENTRILIFT 公司生产潜油电机性能参数

系列	功率/hp	电压/V	电流/A	长度/mm	质量/lb	系列	功率/hp	电压/V	电流/A	长度/mm	质量/lb
375	8.3	200	33	2380	94	450	112	1270	56		
	16.6	400	33	4030	182		125	1408	56		
	29.2	692	33	6340	395		146	1637	56		
	37.5	883	33	6340/2500	483		167	1866	56		
	45.8	1075	33	6340/4150	601		183	2058	56		
	58.4	1363	33	6340/6500	697		200	2233	56		
	66.7	—	—	—	785	544	17	634 367	17 28	1460	125
	75	—	—	—	902						
450	12.5	366	33	1800	122		25	634 367	23 43	1890	170
	17	350	81	2160	150						
	21	358 625	53 22	2560	179		33	617 367	35 40	2320	235
	25	358 616	46 27	2960	208		42	620 358	42 72	2740	283
	29	357 617 800	53 31 24	3320	237		50	375 654 842	83 48 34	3170	325
	33	350 604 804	62 36 27	3720	265		62.5	625 750 1083	61 52 35	4020	416
	42	654 750 1000	41 36 27	4450	323		71	687 792 1058	64 57 42	4020	416
	50	612 700 787 1058	51 44 40 30	5250	381		83	717 942 1083	71 55 46	4850	506
	62.5	537 770 941	77 52 43	6410	467		104	762 937 1891	82 68 56	5720	596
	71	1075 1733	43 27	7170	525		125	812 1083 1892	92 70 40	6990	731
	83	833 958 1733	64 56 31	8330	612		150	983 1699	92 53	8260	867
	100	1000 1733	64 37	9880	728		167	942 1283 1891	105 82 53	9090	941

续表

系列	功率/hp	电压/V	电流/A	长度/mm	质量/lb	系列	功率/hp	电压/V	电流/A	长度/mm	质量/lb
544	187	1008 1208 1750	110 92 63	9930	1016	725	333	1833	110	10250	2103
							375	2062	110		
725	83	1833	27	3200	631		417	2292	110		
	125	1833	40	4390	876		458	2520	110		
	167	1833	55	5550	1121		500	2750	110		
	208	1833	67	6740	1366		542	2927	110		
	250	1833	80	7900	1608		583	3208	110		
	292	1833	954	9050	1858		625	3437	110		

2）潜油泵

潜油泵为多级离心泵，包括固定和转动两部分。固定部分由导轮、泵壳和轴承外套组成；转动部分包括叶轮、轴、键、摩擦垫、轴承和卡簧。电潜泵分节，节中分级，每级为一个离心泵，结构组成如图4-8所示。潜油泵按叶轮是否固定分为浮动式、半浮动式和固定式三种。

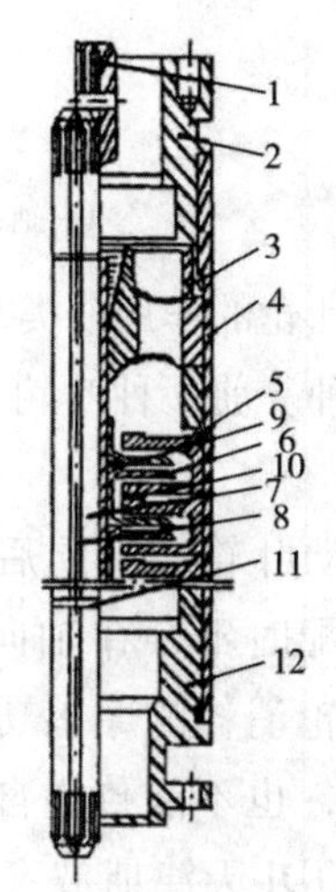

图4-8　电潜泵结构示意图

1—花键套；2—泵头；3—上部轴承总成；4—泵壳；5—导轮；6—叶轮；7—泵轴；8—键；9—上止推垫；10—下止推垫；11—卡簧；12—泵底座

与普通离心泵相比，电潜泵具有以下特点：直径小，排量范围大，外径一般为85.5～102mm，排量范围可达30～8000m^3/d；级数多，长度长，扬程范围宽，级数可达400级，长度可达20m，扬程一般在150～4500m；泵吸口有气体分离或压缩装置，防止气蚀和提高泵效；有径向扶正，轴向卸载和液压平衡机构。

电潜泵在工作时，由于进出口之间存在很大的压力差，产生很大的轴向力。为减小或消除轴向力，在叶轮上下部装有止推垫，通过导轮将轴向力传递给泵壳。径向扶正和轴向卸载机构如图4-9所示。

液压平衡机构有两种：①平式叶轮液压平衡机构（图4-10）；②混流型叶轮的平衡机构（图4-11）。平式叶轮的平衡原理为：经增压后的流体大部分流向导轮，一部分进入A、B区，因A、B区连通，压力相等，达到平衡目的，只要面积相等，则轴向力抵消。混流型叶轮的平衡原理为：在叶轮的中心部位打孔，使得B区内的压力接近泵吸入口压力，从而消除部分轴向力。

（1）叶轮。叶轮是电潜泵的核心部分，它是将机械能转变成生产流体压能的关键部件，液体通过叶轮时，液体的压能和动能都得到增加，叶轮结构如图4-12所示，采用铸造后机加工工艺生产。

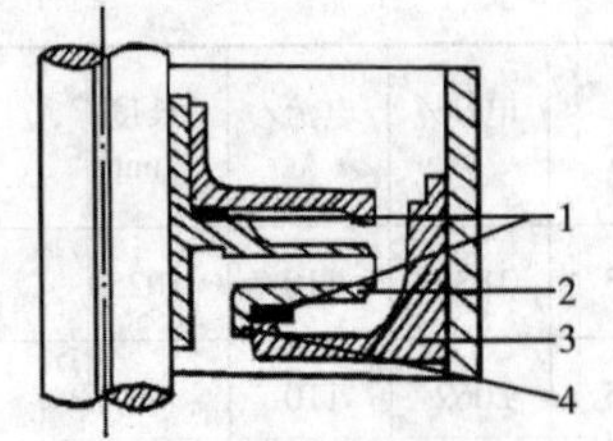

图4-9　径向扶正和轴向卸载机构

1—止推轴承；2—叶轮；
3—导轮；4—扶正位置

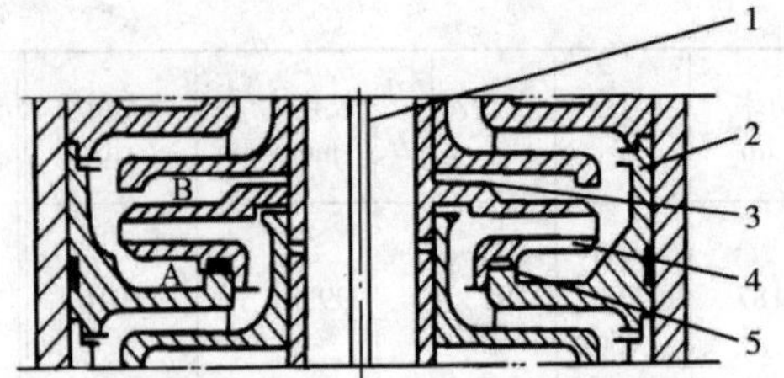

图4-10　平式叶轮液压平衡机构

1—轴；2—导轮；3—上摩擦垫；
4—叶轮；5—下摩擦垫

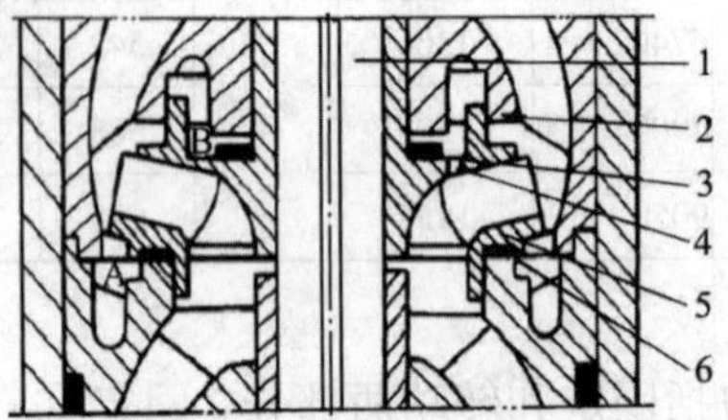

图4-11　混流型叶轮的平衡机构

1—轴；2—导轮；3—上摩擦垫；4—平衡孔；5—叶轮；6—下摩擦垫

按叶轮的作用分类，可将电潜泵中的叶轮分为浮动叶轮、顶部浮动、压紧叶轮、轴承叶轮4种。前3种叶轮在泵中的安装顺序从上到下依次为：压紧叶轮、顶部浮动、浮动叶轮。

浮动叶轮在装配后允许有一定的轴向窜动量，叶轮之间互不影响。其主要优势为：装配时不存在轴向的长度累积误差问题；在一定排量范围内，叶轮处于浮动状态，叶轮消耗的摩擦功率小，泵效比较高，接触部分的磨损小。浮动叶轮不能承受轴向载荷，也不能传递自身的轴向力，其轴向载荷是通过止推垫片传递给泵壳的。Centrilift、ODI天津斯波泰克公司生产的电潜泵的叶轮全是浮动式的，REDA公司的机组有60%叶轮为浮动式。

对于浮动叶轮，泵工作排量必须处于合理排量范围内工作叶轮才处于悬浮状态，否则，叶轮要么靠上贴紧导轮，要么靠下贴紧导轮，都增加摩擦和磨损（图4-13）。

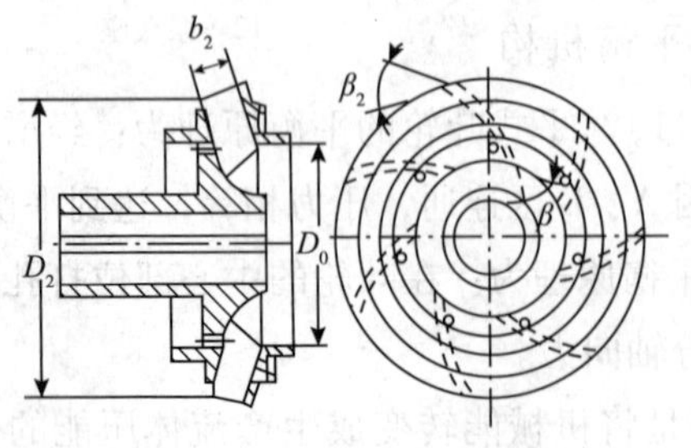

图4-12　叶轮结构示意图

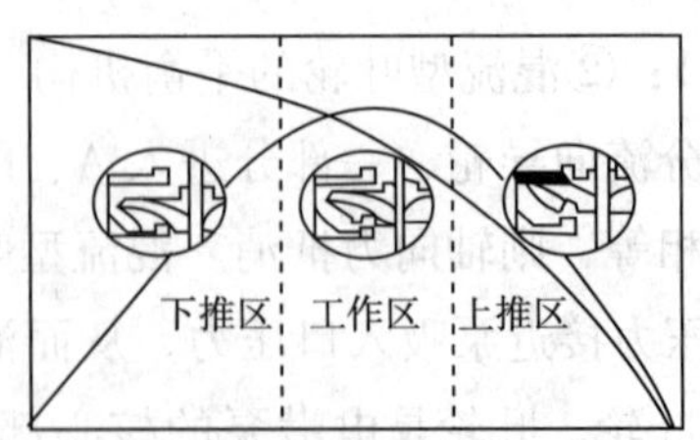

图4-13　浮动叶轮工作时受力示意图

轴承叶轮也叫短把叶轮，其轮毂比普通的短 13mm，装配时用塑料轴承代替被切去部分，运转时处于浮动状态，有助于减轻电潜泵的振动。一般是每 6～10 级装一个轴承叶叶轮和塑料轴承。顶部浮动叶轮在每一节泵中都有一个，其安装在半环键的下面，轮毂尾部短 6mm，相当于半环键的长度。

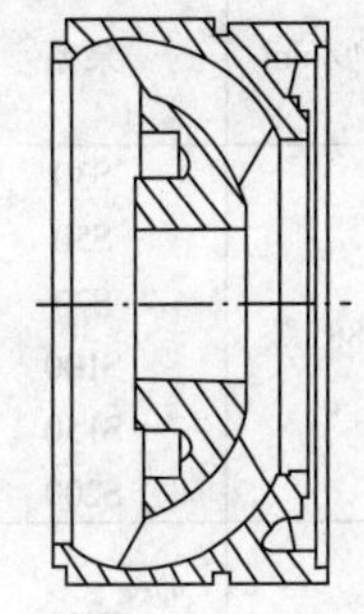

图 4-14　导轮结构示意图

压紧叶轮在泵轴上由两端的半环键固定起轴向定位作用，由压紧螺母将多级叶轮压紧，达到首尾相连的目的，叶轮与泵轴间无窜动，能够承受较大的轴向力。

（2）导轮。导轮是泵的固定部分，其与叶轮吸入口配合形成吸入室将液体引入下一级叶轮的进口处。导轮一方面将动能转变成压能和降低速度减小摩阻损失；另一方面改变流向，将流体导入下一级叶轮入口，导轮结构如图 4-14 所示。

（3）轴。泵轴将来自电机的扭矩传递给泵内的每一级叶轮，并通过花键连接传递给上一节泵。其特点为传递功率大，细长，两端为花键，轴向上有一通长的键槽（图 4-15）。其材料强度高，韧性和塑性好，耐腐蚀。美国使用的材料一般为蒙乃尔（MONEL）K-500 合金材料，抗拉强度达 960MPa，屈服强度为 680MPa，硬度为 HRC36，冲击韧性为 $100J/cm^2$，延伸率达 28%。国内尚未找到与 K-500 性能指标相近的材料，国内代用材料在强度上与 K-500 相近，但塑性和韧性尚有差距。直线度要求为万分之一，即 0.1/1000，直径公差控制在 0.05mm 以内。一般采用冷拔工艺制成。

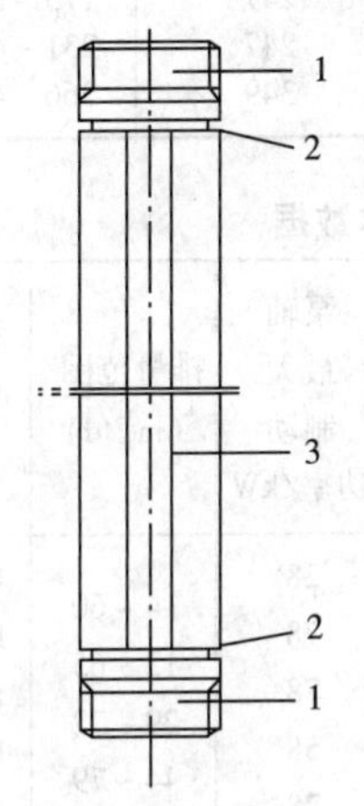

图 4-15　泵轴示意图
1—外花键；
2—挡圈沟槽；3—键槽

（4）平键。电潜泵的平键为细长形键，尺寸为 1.6mm × 1.6mm × 800mm，安装在泵轴与叶轮之间。其侧面为工作面，不能承受轴向力，保证叶轮可以轴窜动。美国材质一般为 K-500，国内材料为 1Cr18Ni9Ti，一般采用冷拔工艺制造。

（5）泵壳。泵壳是泵的外壳，是多级叶导轮的支架。要求直线度为 0.1/1000，材料的抗拉强度较高，弹性和刚性好。一般采用 25Mn 材料，美国采用钢板卷焊成型，国内采用无缝管热扎或冷拔制造。

表 4-11～表 4-18 是国外各生产厂家潜油泵基本数据。

表 4-11　沈阳电机厂生产的潜油泵基本数据

排量/（m^3/d）	50	100	150	180	200
泵效/%	44.9	59.5	59.1	58.5	60
单级扬程/m	4.83	5.95	4.7	4.8	4.8
额定转速/（r/min）	2850	2850	2850	2850	2850

表 4-12　胜利油田无杆采油泵公司生产的潜油泵基本数据

系列/mm	泵系	泵轴最大制动功率/kW	排量范围/(m^3/d)	系列/mm	泵型	泵轴最大制动功率/kW	排量范围/(m^3/d)
88	S30	58	20~48	98	W80B	77	54~126
	S50	58	35~72		W100A	157	68~141
	S70	58	46~97		W100B	77	71~148
	S100	58	71~154		W150A	157	97~202
	S150	58	91~189		W150B	77	91~189
	S200	58	123~257				
98	W30	77	20~45	130	Q150	157	385~715
	W50	77	31~73		Q200	157	492~915
	W200	157	132~275		Q250	157	517~874
	W250	157	169~351		Q350	157	672~1248
	W300	157	195~405		Q450	157	840~1560
	W400	157	265~550		Q550	247	109~202
	W80A	58	46~109		Q700	247	147~273
					Q800	247	175~325
					Q900	247	231~429
					Q1200	349	266~494

表 4-13　天津斯波泰克潜油电泵有限公司生产的潜油泵基本数据

系列/mm	外径/mm	泵型	泵轴最大制动功率/kW	排量范围/(m^3/d)	泵轴直径/mm	系列/mm	外径/mm	泵型	泵轴最大制动功率/kW	排量范围/(m^3/d)	泵轴直径/mm
QYB95	95	A10	85	74~134	18	TP387	98	TD280	28	14~60	12.7
		A15	85	130~245	18			TD330-1	78	12~65	17.4
		A20	85	160~275	18			TD330	78	29~72	17.4
		A42	117	230~492	20			TD450	58	44~79	15.9
								TD500	78	55~129	17.4
								TD610	78	64~188	17.4
								TD980	78	100~165	17.4
								TD1000	78	111~206	17.4
								TD1200	78	124~218	17.4
								TD1300	78	158~330	17.4
								TD1750	78	158~318	17.4
								TD1800	78	190~325	17.4
								TD2000	78	240~491	17.4
								TD3000	159	451~664	22.2
								TD4000	159		22.2
QYB98	98	E45-1	85	15~80	18	TP540	130	TG20000	159	198~311	22.2
		E60	85	44~85	18			TG2500	159	266~411	22.2
		E80	85	55~130	18			TG3100	159	300~488	22.2
		E125	85	64~188	18			TG4000	233	399~636	25.4
		E160	85	112~208	18			TG5200	233	557~875	25.4
		E220	85	160~320	18			TG5600	233	596~962	25.4
		E265	117	160~368	20			TG7000	233	729~1127	25.4
								TG10000	369	800~1589	30.1

表 4-14　大庆油田电潜泵公司生产的潜油泵基本数据

系列	型号	外径/mm	排量范围/(m^3/d)	额定排量/(m^3/d)	单级扬程/m	效率/%	转速/(r/min)
98	Q02	98	15～25	20	4.2	37	2850
	Q03	98	25～45	30	4.8	42	2850
	Q05	98	35～65	50	4.6	46	2850
	Q08	98	45～90	50	6.5	46	2850
	Q08	98	45～90	80	5.9	55	2850
	Q10	98	90～130	100	6.4	56	2850
98	Q10	98	90～130	120	5.9	58	2850
	Q15	98	130～180	150	5.8	60	2850
	Q20	98	170～230	200	5.0	60	2850
	Q25	98	230～280	250	5.2	60	2850
	Q30	98	270～450	300	5.2	61	2850
	Q30	98	270～450	400	4.0	61	2850
	Q55	98	450～640	500	4.5	68	2850
	Q55	98	450～640	550	4.2	70	2850
98R	QN280	98	30～60	46	3.3	45	2850
	QN450	98	42～74	60	3.9	48	2850
	QN610	98	72～110	94	5.6	52	2850
	QN750	98	70～115	90	4.7	51	2850
	QN1000	98	98～158	128	5.1	54	2850
	QN1300	98	120～190	162	4.7	56	2850
	QN1750	98	158～297	234	4.2	63	2850
	QN2000	98	190～300	258	4.3	53	2850
	QN2150	98	196～324	270	4.7	58	2850
	QN3000	98	280～458	372	3.9	60	2850
	QN4000	98	450～630	570	2.7	57	2850
101	Q02	101	15.3～25.4	20.4	4.35	37	2900
	Q03	101	25.4～45.8	30.5	4.97	42	2900
	Q05	101	35.6～66.1	50.9	4.76	46	2900
	Q08	101	45.8～91.6	50.9	6.73	46	2900
	Q08	101	45.8～91.6	81.4	6.11	55	2900
	Q10	101	91.6～132.3	101.8	6.63	56	2900
	Q10	101	91.6～132.3	122.1	6.11	58	2900

续表

系列	型号	外径/mm	排量范围/(m^3/d)	额定排量/(m^3/d)	单级扬程/m	效率/%	转速/(r/min)
101	Q15	101	132.3~183.2	152.6	6.01	60	2900
	Q20	101	173~234	203.5	5.18	60	2900
	Q25	101	234~285	254.4	5.38	60	2900
	Q30	101	274.7~457.9	305.3	5.38	61	2900
	Q30	101	274.7~457.9	407	4.14	61	2900
	Q55	101	457.9~651.2	508.8	4.66	68	2900
	Q55	101	457.9~651.2	559.6	4.35	70	2900
130	QS10	130	80~150	100	10	50	2850
	QS15	130	130~190	150	9.8	54	2850
	QS20	130	170~230	200	9.2	58	2850
	QS30	130	250~350	300	8.8	57	2850
	QS40	130	300~450	400	8.1	60	2850
	QS50	130	370~600	500	9.7	60	2850
130R	QN20	130	160~240	200	9.4	56	2850
	QN25	130	200~280	250	8.4	55	2850
	QN30	130	250~350	300	8.6	57	2850
130R	QN35	130	275~385	350	8.3	57	2850
	QN45	130	375~525	450	6.7	57	2850
	QN70	130	550~860	700	6.0	63	2850
	QN75	130	600~920	750	5.5.	58	2850
	QN85	130	700~980	850	6.1	57	2850
	QN120	130	960~1370	1200	5.8	55	2850

表4-15　重庆虎溪电机厂生产的潜油泵基本数据

系列	泵型	外径/mm	额定排量/(m^3/d)	效率/%	扬程/m	级数	长度/mm	质量/kg
115	QYB95-50	95	50	42	1300	209	4923	273
					1500	271	7843	434
					2000	417	10283	569
					2500	521	12523	694
					3000	625	15263	845

续表

系列	泵型	外径/mm	额定排量/(m^3/d)	效率/%	扬程/m	级数	长度/mm	质量/kg
115	QYB95－75	95	75	45	800 1000 1300 1500 2000 2500 3000	154 193 250 289 385 481 577	4096 5032 6400 7736 10040 12344 14048	227 279 354 428 556 784
	QYB95－100	95	100	50	800 1000 1300 1500 2000 2500 3000	134 167 217 250 334 417 500	4688 5744 7744 8800 11488 14544 17200	260 318 429 487 636 805 953
	QYB95－150	95	150	55	800 1000 1300 1500 2000 2500	167 209 271 313 417 521	6412 8324 10556 12068 16212 20356	355 461 585 668 898 1127
	QYB95－200	95	200	57.5	800 1000 1300 1500 2000	178 222 289 334 445	7200 8790 11204 12824 17220	399 497 620 710 954
120	QYB98－50	98	50	42	800 1000 1300 1500	170 223 277 311	4250 5193 7033 7978	246 304 411 467
	QYB98－50	98	50	42	2000 2500 3000	426 532 638	10385 13170 15555	608 770 910
	QYB98－75	98	75	45	800 1000 1300 1500 2000 2500 3000	154 192 250 289 385 481 577	4096 5008 6400 7736 10040 12344 15048	240 293 374 453 587 722 880
	QYB98－100	98	100	50	800 1000 1300 1500 2000 2500 3000	134 167 217 250 334 417 500	4688 5744 7744 8800 11488 14544 17000	274 336 453 535 672 851 995

续表

系列	泵型	外径/mm	额定排量/(m^3/d)	效率/%	扬程/m	级数	长度/mm	质量/kg
120	QYB98－150	98	150	55	800 1000 1300 1500 2000 2500 3000	146 204 266 306 408 510 612	6300 8411 10376 11816 15888 19960 23632	369 476 604 691 929 1168 1382
	QYB98－200	98	200	57.5	800 1000 1300 1500 2000 250	178 222 289 334 445 555	7208 8792 11204 13224 17220 21616	421 514 655 773 1006 1264
	QYB98－250	98	250	57.5	800 1000 1300 1500 2000	170 213 277 319 426	8960 11024 14496 16512 22048	524 644 848 965 1290
	QYB98－320	98	320	60	800 1000 1500	191 238 357	9968 12224 18336	583 715 1073
	QYB98－425	98	425	60	1000	334	20638	1207
	QYB98－450	98	450	60	800	267	10419	959
	QYB98－550	98	550	57.5	500 800	193 308	15597 24576	922 1438
122	QYB102－50	102	50	42	1500 2000	536 714	12860 17265	819 1100
	QYB102－50	102	50	42	2500 3000	893 1072	21692 26320	1387 1682
	QYB102－75	102	75	45	1500 2000 2500 3000	300 400 500 600	7150 9600 12050 14700	457 627 768 940
	QYB102－100	102	100	50	1300 1500 2000 2500 3000	255 294 392 490 588	7277 8267 10755 13645 16135	465 529 688 873 1073

续表

系列	泵型	外径/mm	额定排量/(m^3/d)	效率/%	扬程/m	级数	长度/mm	质量/kg
122	QYB102－150	102	150	55	800	205	5135	328
					1000	257	6336	405
					1300	334	8515	545
					1500	385	9693	620
					2000	513	12650	809
					2500	641	16007	1023
					3000	769	18964	1213
	QYB102－200	102	200	57.5	800	195	6055	387
					1000	244	7876	503
					1300	317	9993	639
					1500	366	11414	729
					2000	488	15352	982
	QYB102－250	102	250	57.5	800	191	6607	422
					1000	238	8535	546
					1300	310	10875	696
					1500	357	12402	793
					2000	476	1667	1066
	QYB102－320	102	320	60	800	253	15408	971
					1000	317	19330	1217
					1200	379	23119	1455
	QYB102－425	102	550	57.5	800	193	15598	998
					1000	308	24376	1559
150	QYB130－250	130	250	60	500	61	2596	269
					800	98	3830	397
					1000	122	4670	484
					1300	159	5965	618
					1500	183	7205	747
					2000	244	9340	969
					2500	305	11475	1190
	QYB130－320		320	65	500	57	2395	248
					800	91	3565	372
					1000	114	4390	455
					1300	148	5580	579
					1500	171	6385	662
					2000	227	8745	907
					2500	284	10740	1114
	QYB130－425		425	65	500	62	2570	267
					800	97	3759	394
					1000	121	4635	481
					1300	157	5895	612
					1500	181	7135	740
					2000	241	9235	958

续表

系列	泵型	外径/mm	额定排量/(m^3/d)	效率/%	扬程/m	级数	长度/mm	质量/kg
150	QYB130－550	130	550	65	500	70	4845	503
					800	111	4452	462
					1000	139	5474	568
					1300	181	7407	768
					1500	209	8429	874
	QYB130－880		800	65	500	81	8252	856
					800	129	12668	1314
					1000	162	16108	1671

表 4-16　美国 REDA 公司生产的潜油泵基本数据

系列	外径/in	泵型	泵轴最大制动功率/hp	额定排量/(bbl/d)	泵轴直径/in
338	3.38	A230	27	230	0.1658
		A400	78	400	0.3019
		AN550	78	550	0.3019
		AN900	78	900	0.3019
		A1200	78	1200	0.3019
		A1500	104	1500	0.3632
400	4.00	DN280	37	280	0.1963
		D400	78	400	0.3632
		DN450	78	450	0.3019
		DN610	78	610	0.3019
		DN800	78	800	0.3019
		DN950	104	950	0.3019
		DN1000	104	1000	0.3019
		DN1300	104	1300	0.3019
		DN1350	104	1350	0.3632
		DN1750	104	1750	0.3632
		DN2150	104	2150	0.3632
400	4.00	DN3000	213	3000	0.3632
		DN4000	213	4000	0.3632
540	5.40	GN1600	213	1600	0.4418
		G2000	213	2000	0.4418
		GN2500	213	2500	0.5945
		G2700	213	2700	0.5945
		G3100	213	3100	0.5945
		GN4000	213	4000	0.5945
		GN5200	213	5200	0.5945
		G5600	213	5600	0.7854
		GN7000	213	7000	0.7854
		GN10000	213	10000	1.1066
562	5.62	HN13000	313	13000	

系列	外径/in	泵型	泵轴最大制动功率/hp	泵轴直径/in
675	6.75	JN7500	531	7500
		JN10000		10000
		JN16000		16000
		JN21000		21000
862	8.62	M520A	531	15000
		M520B		15000
		M520C		15000
		M675A		22500
		M675B		22500
		M675C		22500
950	9.50	N1050A	830	35000
		N1050B		35000
		N1050C		35000
1000	10.00	N1050A	830	35000
		N1050B		35000
		N1050C		35000
1125	11.25	P2000A	830	65000
		P2000B		65000
		P2000C		65000

注：1in＝2.54cm。

表 4-17　美国 CENTRILIFT 公司生产的潜油泵基本数据

系列	外径/in	泵型	泵轴最大制动功率/hp	额定排量/(bbl/d)	排量范围/(bbl/d)	系列	外径/in	泵型	泵轴最大制动功率/hp	额定排量/(bbl/d)	排量范围/(bbl/d)
338	3.38	U-23	87.5	104	70~116	513	5.13	K-70	500 (562 电机)	371	219~484
		T-36		179	132~221			KA-100		444	265~609
400	4.00	B-11W	200	50	24~66			E-127		537	338~755
		W-18		80	54~106			S-175		782	484~1073
		H-27		120	86~146			D-225B		1139	636~1418
		M-34		157	112~199	562	5.62	K15000	333 544 电机 500 562 电	1987	1490~2484
		G-48		203	139~285	675	6.75	A-177		954	530~1179
		J-61		239	159~345			P-320A		1325	589~1537
		Z-69		285	165~371			R-330		1616	914~2027
		N-80		351	212~484			L-500		2755	1564~3392
		T-100		444	165~596	875	8.75	IA-600		2782	1365~3634
		F-6000		755	477~901			IB-700		3245	1684~4266
513	5.13	F-35	333 544 电机	159	106~220	1025	10.25	JA-1100	机 625 752 电机	4835	2544~6081
		I-42B		206	132~268			JB-1300		5696	2636~7803
		Y-62B		285	185~378						

表 4-18　美国 ODI 公司生产的潜油泵基本数据

系列	外径/in	泵型	泵轴最大制动功率/hp	排量范围/(m^3/d)	最高扬程/m	系列	外径/in	泵型	泵轴最大制动功率/hp	排量范围/(m^3/d)	最高扬程/m
55	55.5	R2	200	20~45	3962	70	7.0	K16	408	145~265	3962
		R3	200	25~50	3962			K20	408	225~360	3962
		RC5	200	40~80	3962			K28	408	290~450	3962
		R7	200	65~120	3962			K34	408	330~600	3962
		R9	200	90~145	3962			K47	408	465~730	3414
		RC12	200	120~200	3962			K62	408	665~930	2591
		R14	200	145~225	3962			K75	408	835~1130	2225
		RA16	200	160~265	3962	86	8.6	Z110	408	1060~1855	610
		RA22	200	200~330	3292						
		R32	200	265~475	2652						
		R38	200	400~600	1676						

3）保护器

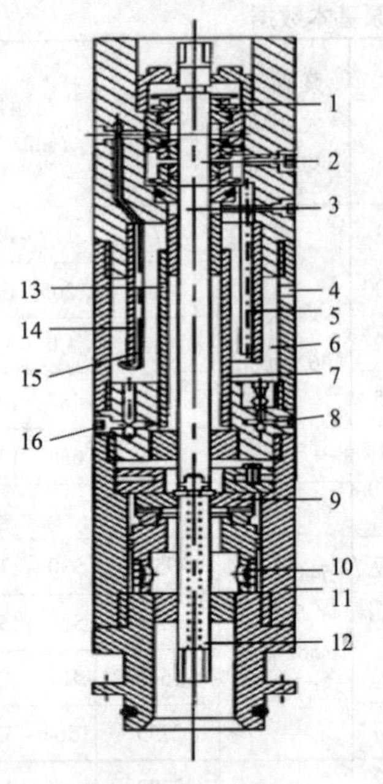

图 4-16　连通式保护器结构示意图
1—单端面；2—双端面；3—放气阀；4—连通孔；5—回油管；6—连通室；7—护轴管；8—注油阀；9—轴承；10—过滤器；11—壳体；12—轴；13—呼吸孔；14—隔离套；15—供油管；16—放油阀

保护器又叫潜油电机保护器，是电潜泵所特有的。其位于电机与气体分离器之间，上端与分离器相连，下端与电机相连，起保护电机作用。保护器的基本作用有以下 4 个方面：密封电机轴动力输出端，防止井液进入电机；保护器充油部分允许与井液相通起平衡作用，平衡电机内外腔压力，容纳电机升温时膨胀的电机油和补充电机冷却时电机油的收缩和损耗的电机油；通过其内的止推轴承承担泵轴、分离器轴和保护器轴的重量及泵所承受的任何不平衡轴向力；起连接作用，连接电机轴与泵/分离器轴，连接电机壳体与泵/分离器壳体。

保护器的种类很多，从原理上可以分为连通式保护器、沉淀式保护器和胶囊式保护器 3 种。对于一般井，只用一种保护器；对于特殊井，有用两级或多级串接的组合式保护器，一般组合方式为沉淀式保护器 + 胶囊式保护器。

图 4-16 是连通式保护器的结构示意图，根据虹吸原理制成。主要由机械密封、止推轴承、止推轴承座、壳体、接头总成和注油阀组成。保护器的护轴管、呼吸孔、隔离套、上壳体、连通孔组成“U”形管，使电机内腔压力与井液压力相差很小，基本处于平衡状态。其关键部件是 3 道机械密封。

图 4-17 为沉淀式保护器示意图，主要由机械密封、沉淀室、沉淀管、轴及止推轴承组成中间为止推轴承，上下两端为沉淀室。其主要是根据井液与电机油（相对密度为 1.8 ~ 2.2 的矿物油）的重力差将二者分开。

胶囊式保护器是比较先进的一种保护器，结构见图 4-18，分单胶囊和双胶囊两种。主要由胶囊、单流阀、机械密封和沉淀腔组成。上部胶囊外部与井液相通，内部与电机油相连通，达到隔离井液与电机油的目的。

目前国内外生产的保护器性能参数分别见表 4-19 ~ 表 4-23。

表 4-19　胜利油田无杆采油泵公司保护器参数表

系　列	型　号	类　型	长度/mm	质量/kg
88	QYH88JP	胶囊式	1769	46
98	QYH98C QYH98J QYH98B	沉降式 胶囊式 补偿式	1600 1575 2200	47 45 23
130	QYH130C	沉降式	1639	51

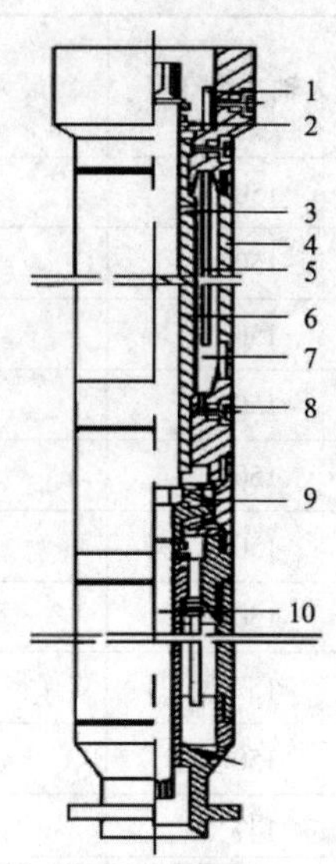

图4-17 沉淀式保护器

1—连通器；2—端面密封；
3—连通孔；4—壳体；
5—沉淀管；6—护轴管；
7—沉淀室；8—注油管；
9—推力轴承；10—轴

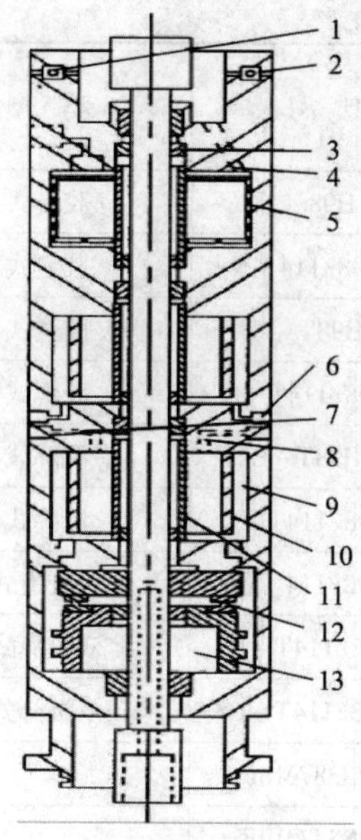

图4-18 胶囊式保护器结构示意图

1—平衡阀入口；2—平衡阀出口；
3—机械密封；4—连通管；
5—胶囊；6—注油孔；7—放气孔；
8—连通孔；9—沉淀室；
10—隔离筒；11—护轴管；
12—止推轴承；13—过滤器

表4-20 天津斯波泰克潜油泵公司保护器参数表

系列（外径/mm）	型 号	类 型	适用井温/℃	最大轴功率/kW	最大止推力/kN
95（95）	QYH95 - N	胶囊式	<90	150	4.5
	QYH95/107 - N	胶囊式	<90	150	45
	QYH95T - N	胶囊式	<120	150	45
	QYH95/107T - N	胶囊式	<120	150	4.5
	QYH95T - C	沉降式	<120	150	45
	QYH95/107T - C	沉降式	<120	150	45
	QYH95/107 - NS	双胶囊式	<90	150	4.5
	QYH95/107T - NS	双胶囊式	<120	150	45
	QYH95/107T - CS	双沉降式	<120	150	45
	QYH95/107 - NC	胶囊式+沉降式	<90	150	4.5
	QYH95/107T - NC	胶囊式+沉降式	<120	150	45

续表

系列（外径/mm）	型　号	类　型	适用井温/℃	最大轴功率/kW	最大止推力/kN
98（98）	QYH98 - N	胶囊式	<90	150	45
	QYH98/114 - N	胶囊式	<90	150	4.5
	QYH98T - N	胶囊式	<120	150	45
	QYH98/114T - N	胶囊式	<120	150	45
	QYH98T - C	沉降式	<120	150	4.5
	QYH98/114T - C	沉降式	<120	150	45
	QYH98/114 - NS	双胶囊式	<120	150	45
	QYH98/114T - NS	双胶囊式	<120	150	4.5
	QYH98/114T - CS	双沉降式	<120	150	45
387（98.3）	FTPR387MBL			147	4.5
	FTPR387MBB			147	45
	FTPR387MBBL			147	45
	FTPR387/456L			147	4.5
387（95.25）	FTPR375L			147	45
540（137.16）	FTPR540DB			147	45
	FTPR540SB			147	4.5
	FTPR540L			147	45

表 4-21　大庆油田电泵公司保护器参数表

系　列	型　号	类　型	长度/mm	外径/mm
98	QYHC - T	沉降式	2400 1600	98
130	QYHC	沉降式	2010	130
FREDA387	66	沉降式	1740	98.4
FREDA375	66	沉降式	1740	95.3
FCENTILIFT400	FSB	胶囊式	1820	101.6

表 4-22　REDA 公司保护器参数表

系　列	型　号	适用井温/℉	最大止推力/lb（1lb = 0.45kg）
325	325Std	250	700
375	375Std	250	783
400	400Std	250	992
	400HiLoad	300	1979

续表

系 列	型 号	适用井温/℉	最大止推力/lb（1lb = 0.45kg）
540	5400Std	250	2008
	540HiLoad	300	4021
738	7380Std	250	3221
	738HiLoad	300	6446
950	9500Std	250	6533
	950HiLoad	300	13067

表 4-23 CENTRILIFT 公司保护器基本数据表

系列	型号	类 型	长度/mm	外径/mm	质量/kg
338	DSP	沉降式	1430	85.9	33.6
400	FSB	胶囊式	1830	101.6	33.6
	FSD	沉降式	1520		55
	FSC	连通式 + 沉降式	1830		73
	FST	连通式 + 胶囊式	3660		146
513	GSB	胶囊式	2050	130.3	120
	GSC	连通式 + 沉降式	2050		120
	GST	连通式 + 胶囊式	3960		240
675	HSBP	胶囊式	2230	171.5	218
	GHSCP	连通式 + 沉降式	2230		218
	HST	连通式 + 胶囊式	4300		436
875	ISCP	连通式 + 沉降式		222.3	218

4）气体分离器

气体分离器，又叫油气分离器，简称分离器，位于潜油泵的下端，是泵的入口。其作用是将油井生产流体中的自由气分离出来，以减少气体对泵的排量、扬程和效率等特性参数的影响，避免气蚀发生。

按不同的工作原理，可将其分为沉降式（重力式）和旋转式（离心式）两种。但基本原理是相同的，都是利用气液的重度差制成的，且通过增加气泡的轴向速度，降低径向向心速度来实现分离。不过前者是自然分离，后者强制分离。在泵挂处流压高、自由气液比低的井，用一级分离器即可；对于压力低、自由气液比高于30%的井，用二级分离器串联即可进行充分的气液分离。

图 4-19 是 REDA 公司的沉降式分离器组成结构图，图 4-20 是其原理图。该类分离器主要用于低流速、低气液比和稀油油井中。在气液比小于10%的油井，分离效率可达37%；当气液比大于10%时，分离效果大大降低。

图4-21是旋转式分离器的结构组成图，主要由上接头、分流壳、分离腔、轴、导向轮、导轮、叶轮、诱导叶轮、下接头组成。用于气液比高于10%的井。

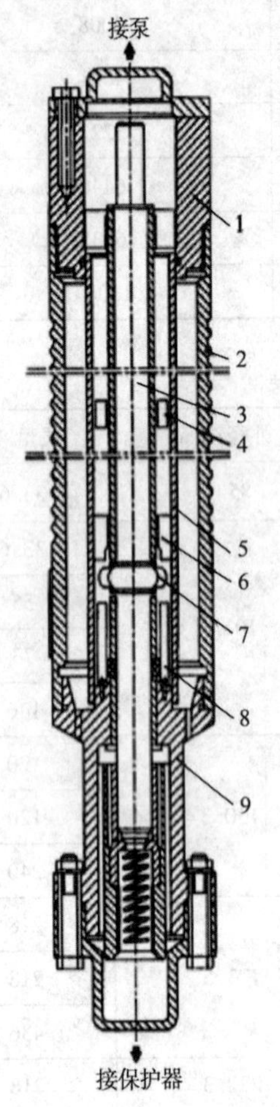

图4-19 REDA沉降式分离器结构图

1—上接头；2—外壳；3—转轴；4—扶正器；5—隔离筒；6—流体导向片；7—叶轮；8—内腔进液孔；9—下接头

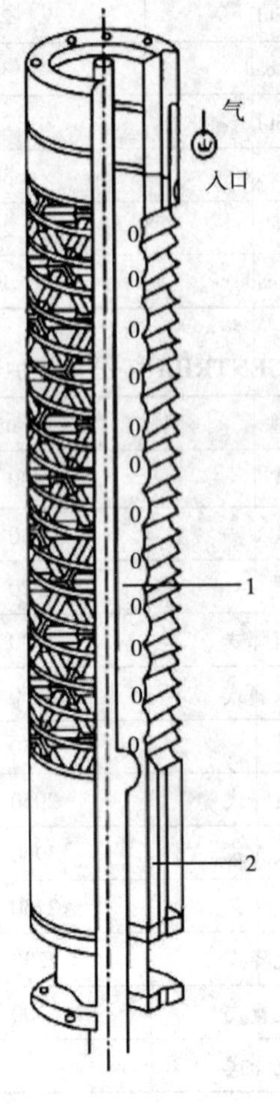

图4-20 沉降式分离器原理图

1—内腔；2—外腔

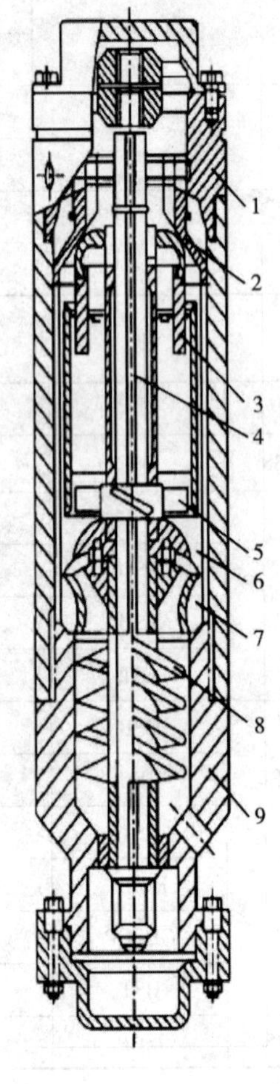

图4-21 旋转式分离器结构图

1—上接头；2—分流壳；3—分离腔；4—轴；5—导向轮；6—导轮；7—叶轮；8—诱导叶轮；9—下接头

图4-22～图4-25是常见的几种旋转式分离器。表4-24～表4-27是目前各生产厂家的分离器参数。

5）测压装置

电潜泵井测压系统有两类，一类是电子式的，另一类是机械式的。主要用于监测油井的供液和电机工作的温度情况。电子式的有PHD和PSI两种，可以进行连续监测；机械式的也有两种，一种是测压阀，另一种是毛细管。前者通过钢丝作业实施但不能连续监测，后者通过毛细钢管传递压力，可以连续工作和监测。

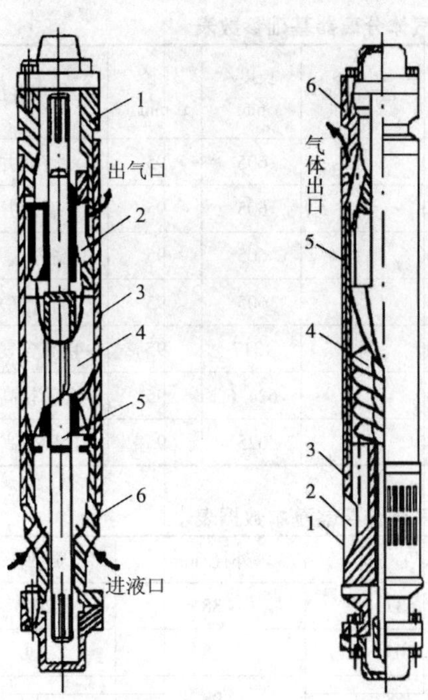

图 4-22 天津斯波泰克旋转分离器

1—上接头；2—油气分离头；3—壳体；4—分离轮；5—分离器轴；6—下接头

图 4-23 REDA 公司旋转分离器

1—滤网；2—吸入口；3—下接头；4—诱导轮；5—壳体；6—气液分离接头

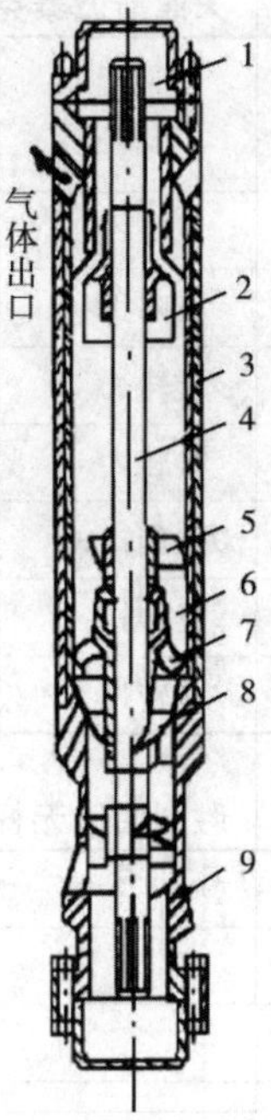

图 4-24 ODI 公司旋转分离器

1—上接头；2—交叉导轮；3—壳体；4—轴；5—轴向；6—导轮；7—叶轮；8—诱导轮；9—下接头

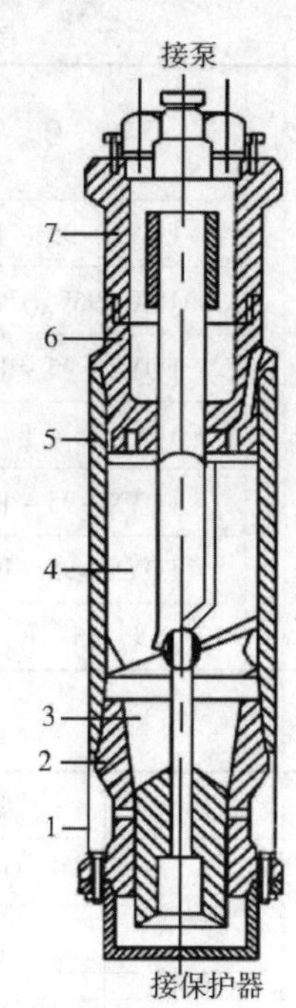

图 4-25 KOBE 公司旋转分离器

1—滤网；2—油气分离头；3—分离器轴；4—诱导轮；5—壳体；6—交叉导轮；7—上接头

（1）PHD 测试系统。PHD 测试系统是美国 CENTRILIFT 公司首先研制生产的，可以测试泵挂处的温度和压力。分井下和地面两部分，井下部分称作一次仪表，地面部分叫做二次仪表。图 4-26 是二次仪表的面板图，二次仪表一般放在变压器或控制柜、配电盘内，与主电力线相接。井下部分由电感线圈、滤波电感电容、变压器、温度继电器等构成，它安装在电机尾部。图 4-27 和图 4-28 是井下部分的外接线和接线方式示意图。

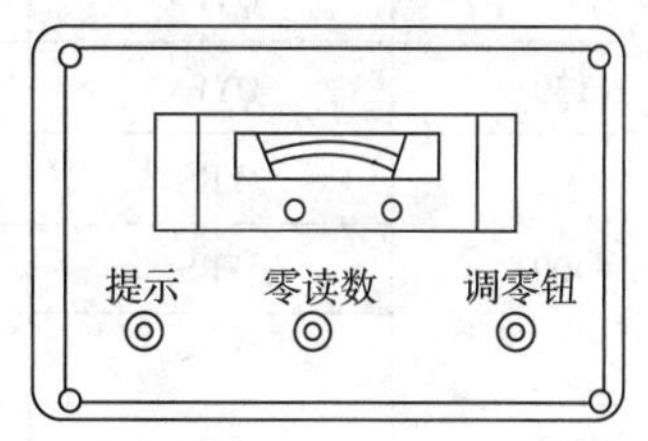

图 4-26 PHD 二次仪表面板

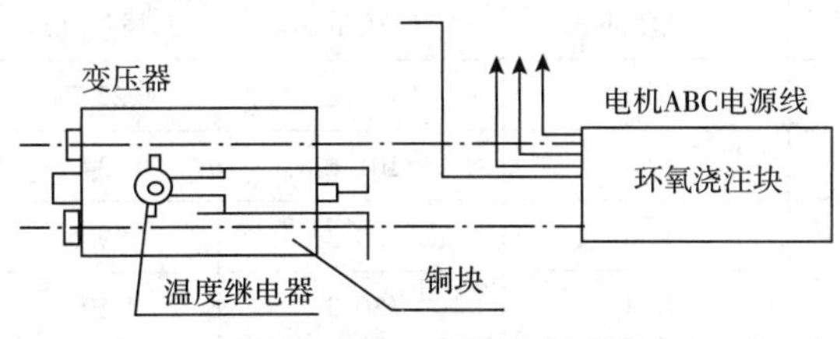

图 4-27 PHD 外线接线示意图

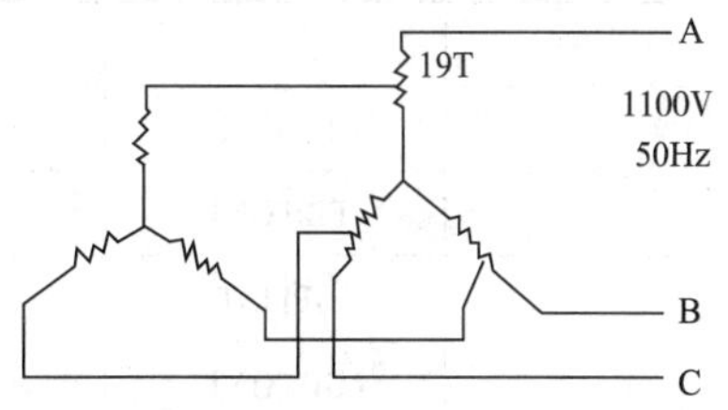

图 4-28 电感线圈与电机线圈接线示意图

表 4-24 天津斯波泰克潜油泵公司气体分离器基础参数表

系列	型 号	类 型	适用气液比/（m^3/m^3）	长度/mm	外径/mm	使用井况
95	FQYX－95－Ⅰ	沉降式	60	605	95	普通井
	FQYX－95－Ⅰ－A	沉降式	60	605	95	腐蚀井
	FQYX－95－Ⅱ	旋转式	100	605	95	高含气井
	FQYX－95－Ⅱ－A	旋转式	100	605	95	高含气井
	FQYX－95－Ⅲ	双级旋转式	200	1317	95	特高含气井
	FQYX－95－Ⅳ	旋转式	100	624.6	95	含砂较高井
	FQYX－95－Ⅳ－A	旋转式	100	625	95	含砂较高井

表 4-25 胜利油田无杆采油泵公司气体分离器基本数据表

系 列	型 号	类 型	长度/mm	外径/mm	质量/kg
88	QYF88X		637	88	20.5
	QYC88		305	88	5.0
98	QYF98X		768	98	24.0
	QYC98		305	98	5.5
	QYF98X/C		1512	98	45.0
130	QYF130X		757	130	26.0

表 4-26 大庆油田电泵公司气体分离器基本数据表

系 列	型 号	类 型	长度/mm	外径/mm	适用井况
98	QYFX	旋转式	670	98	90℃以上井
	QYFX	旋转式	1330	98	高含气井
130	QYFX	旋转式	840	130	90℃以上井
400	FRS	旋转式	760	101.6	
	FRS	旋转式	1350	101.6	90℃以上井
	FRS	旋转式	710	101.6	高含气井
387	KGS	旋转式	690	98.5	

表 4-27 大庆油田电泵公司气体分离器基本数据表

系 列	型 号	类 型	长度/mm	外径/mm	质量/kg
400	FPAINT	沉降式	790	101.6	22.7
	FRSXINT	旋转式	750	101.6	34
513	GPFINT	沉降式	600	130.3	29.5
	GPSXINT	旋转式	1060	130.3	59

井下部分的工作原理（图4-29）为：电源、仪表线圈和压力感应等元件、动力电缆和电机构成一个阻值为 R 的直流回路，由二次仪表内整流器将20V交流变成6.4V直流电源供给整个回路，直流电流遵循欧姆定律，即 $I=U/R$。当 U 不变时，I 随 R 变化。PHD的压力感应元件为波登管，波登管与滑动变阻器相连，其阻值 R 随压力而线性变化（图4-30），由此可以通过电流变化而监测井下压力变化。

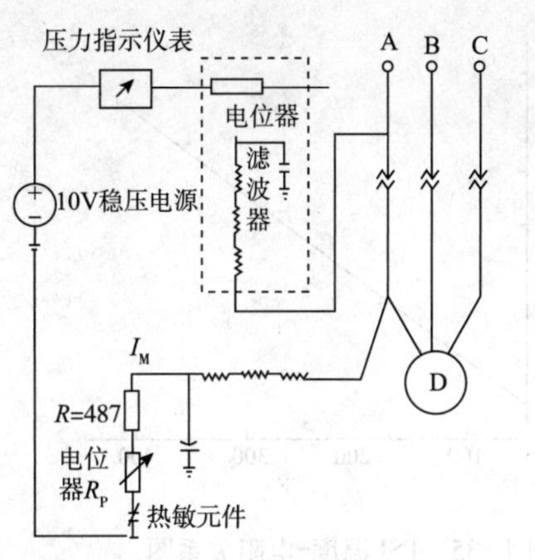

图4-29　井下部分工作原理图

图4-30　PHD/PSI压力-电阻关系图

（2）PSI测压系统。PSI的工作原理如图4-31所示，图4-32所示为其井下部分的结构图。与PHD比，它不仅可以测试压力，还可以测试温度，停机后还可以测试井下机组系统的绝缘性能。图4-33是PSI的压力测试原理图。图4-34为温度测试原理图，温度感应元件为高性温敏电阻，电阻与温度的线性关系很好（图4-35）。PSI的压力测量范围是

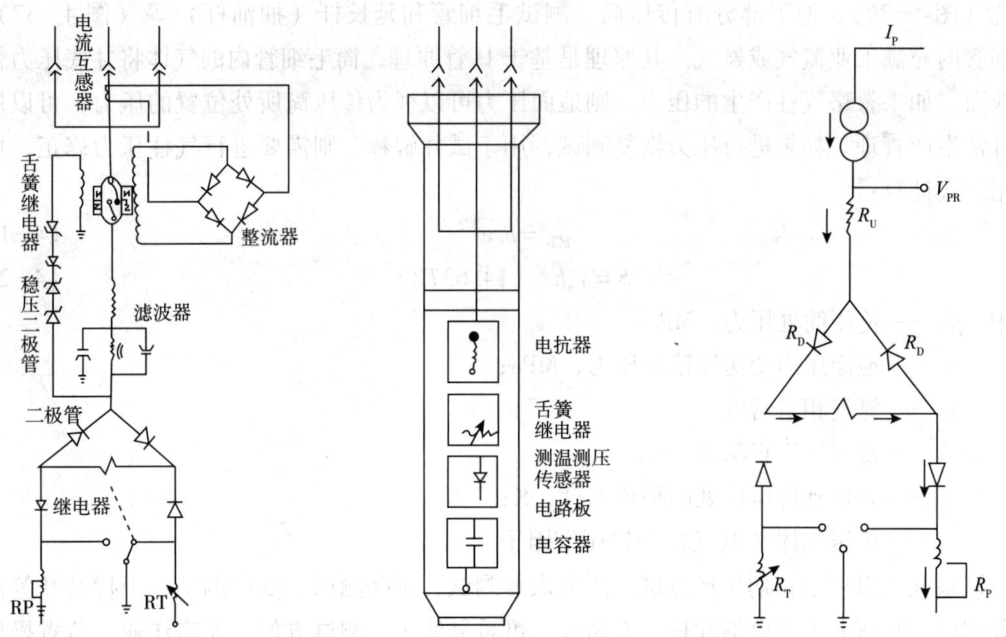

图4-31　PSI井下部分工作原理图　图4-32　PSI井下部分结构示意图　图4-33　PSI压力测试原理图

0~35.2MPa，精度为±（0.5%~1.5%），温度范围-17.7~232.2℃（0~450℉），精度小于1.6℃（3℉）。

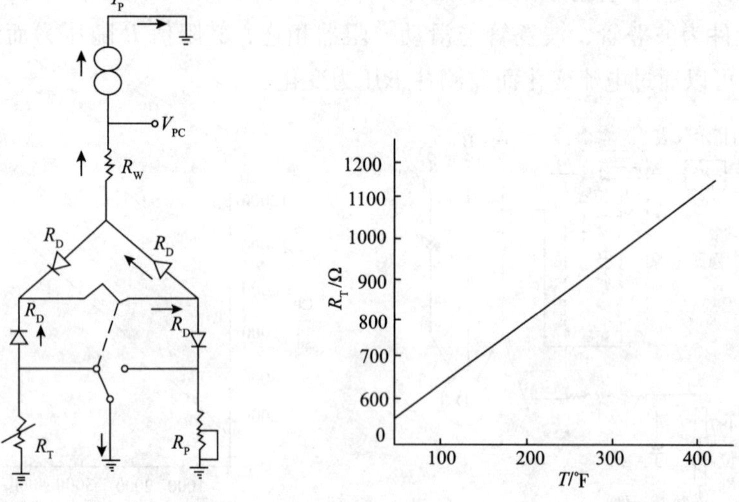

图4-34 PSI温度测试原理　　图4-35 PSI温度-电阻关系图

该地面仪表有3个测试挡位，处于压力挡时测试压力，处于温度挡时测试井下温度，位于绝缘挡时可以停机后测试机组绝缘。地面使用条件是：使用场所环境温度为-40~50℃，空气湿度<85%，防雨防沙，无爆炸气体，无腐、无导电尘埃以及剧烈振动或颠簸。

（3）毛细管测压系统。毛细管测压系统是美国普鲁特（PRUETT）公司首先研制并应用于实际生产测试的。其组成包括地面和地下两部分。地面部分有压力变送器和数据采集系统（图4-36），地下部分有传压筒、测试毛细管和延长杆（抽油杆）等（图4-37），毛细管内充满工业氮气或氦气。其原理是基于U管原理，筒毛细管内的气体将井底压力传至地面。如果忽略气柱产生的压力，则地面压力可以视为传压筒所处位置的压力，可以用于日常生产管理。如果进行压力恢复测试，用于试井解释，则需要进行气柱压力修正，可以用下式计算：

$$p_B = p_h e^{S/2} \tag{4-1}$$

$$S = y_n h/(14.63TZ) \tag{4-2}$$

式中 p_B——传压筒处压力，MPa；

p_h——地面压力变送器读取压力，MPa；

y_n——氮气相对密度；

h——传压筒垂直深度，m；

T——井口到传压筒处的平均温度，K；

Z——传压气体（氮气）平均压缩因子。

该系统可以用于长期生产测试、压力恢复测试、压降测试、变产测试、干扰试井等油水井测试。具有井下无电器元件、寿命长、可重复使用、测试方便、无需作业、节省操作费、测试精度高等优特点。

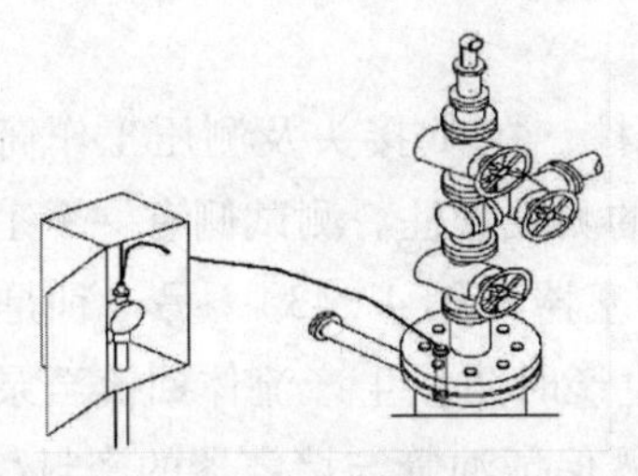

图 4-36 毛细管测压系统地面组成

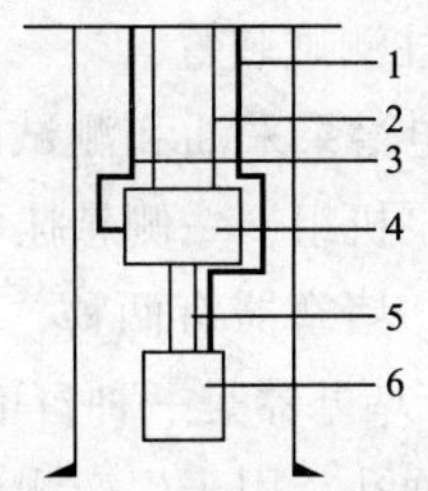

图 4-37 电潜泵毛细管测压筒和堵塞器

1—测试毛细管；2—生产油管；3—电泵电缆；4—电潜泵机组；5—抽油杆；6—传压筒

（4）测压阀测试装置

测压阀测试装置本身不能进行测压，必须通过下入压力计才能完成测压工作。测压阀由工作筒和堵塞器组成，工作筒与油管相连并与油套环空相通，堵塞器坐落在工作筒内，生产流体通过工作筒和堵塞器的环空生产。当堵塞器处于正常位置时，堵塞器密封工作筒，油套不连通；当压力计坐落在堵塞器上并振击时，油套连通，通过传压杆将压力传至压力计，生产流体通过工作筒和堵塞器进入油管内。目前有 3 种测压阀，图 4-38 是Ⅰ型测压阀的工作筒，图 4-39 是其堵塞器，图 4-40 和图 4-41 是Ⅱ型测压阀的工测压阀，一般位于单流阀上部 1 ~ 2 根油管处，可以测泵出口和入口的压力，同时可以替代泄油阀。一般用于稀油油井和高含水油井。

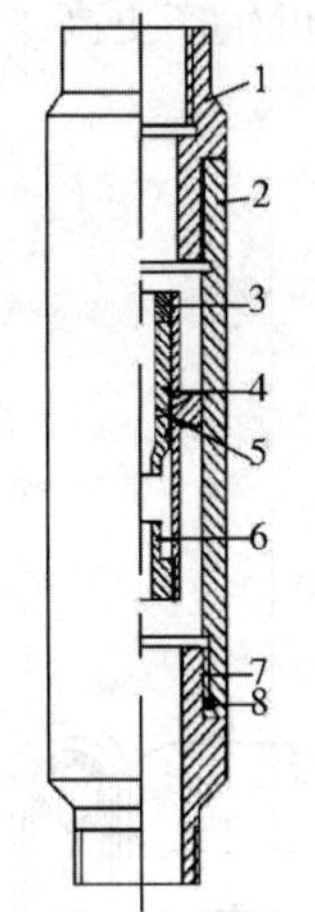

图 4-38 Ⅰ型测压阀工作筒结构图

1—上接头；2—工作筒总成；3—限位螺钉；4—密封圈；5—滑套；6—限位座；7—下接头；8—密封圈

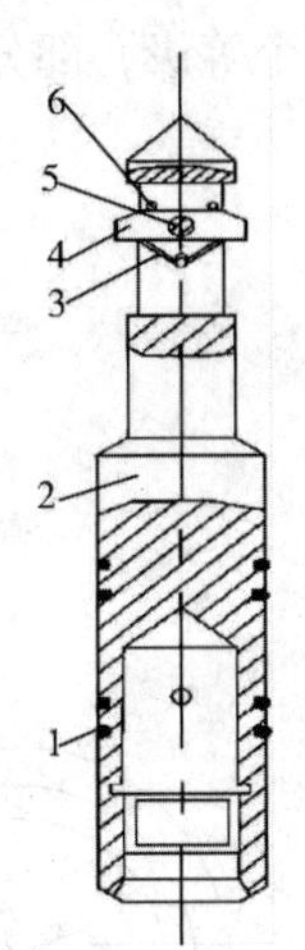

图 4-39 Ⅰ型测测压阀堵塞器

1—密封圈；2—密封体；3—扭簧；4—提爪；5—轴销；6—剪断销

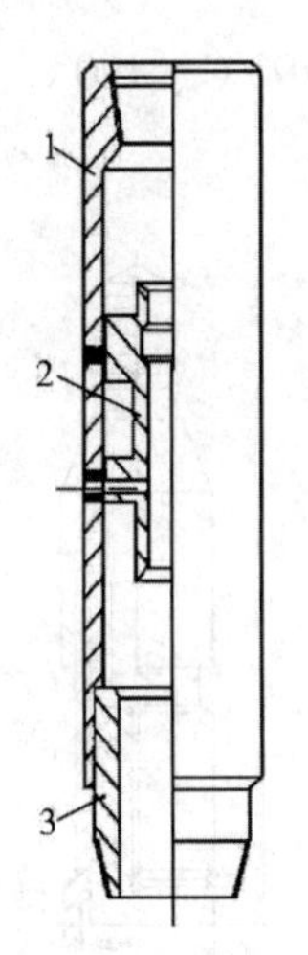

图 4-40 Ⅱ型测压阀工作筒

1—外套；2—内套；3—下接头

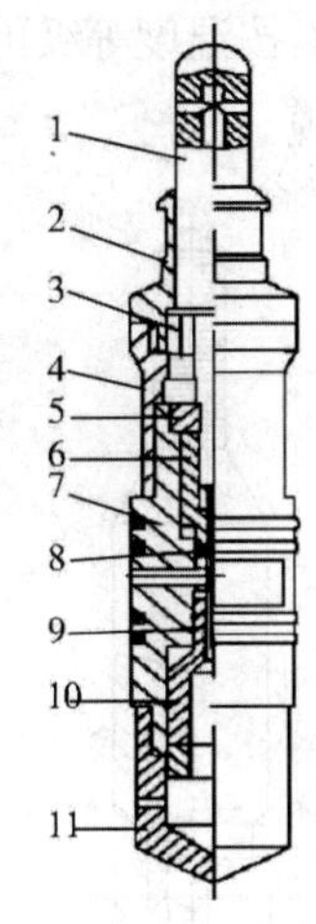

图 4-41 测压压阀堵塞器

1—测试杆；2—打捞头；3—弹簧；4—连接杆；5—调节螺母；6—压套；7—主体；8—压头；8—密封圈垫；9—内外盘根；10—压套；11—底堵

（5）Y 型管柱测试装置

Y 型管柱是电潜泵采油和测试的一种特殊管柱，在 Y 接头及测压工作筒（图4-42）的一侧悬挂电潜泵机组，一侧悬挂可以通至油层的测试管柱。测试侧有一个工作筒，筒内可以安放堵塞器。堵塞器有两种，一种是生产堵塞器（图 4-43），另一种是测试堵塞器（图 4-44）。生产堵塞器是一种盲堵塞器，正常生产时防止生产流体回流至泵以下；测试堵塞器上有一个通孔，用于生产测试通过钢丝，既保证油管与堵塞器的密封，又密封堵塞器和钢丝。其测试原理是，在捞出生产堵塞器后，将组合好的测试工具串和测试堵塞器（前者在下）一起下入井内，测试堵塞器在工作筒处被挡住，测试工具串继续下行到达预定的测试位置进行测试。该种方式可以测试任何位置的压力，可以进行分层压力测试和笼统测试，也可以测试出液剖面。

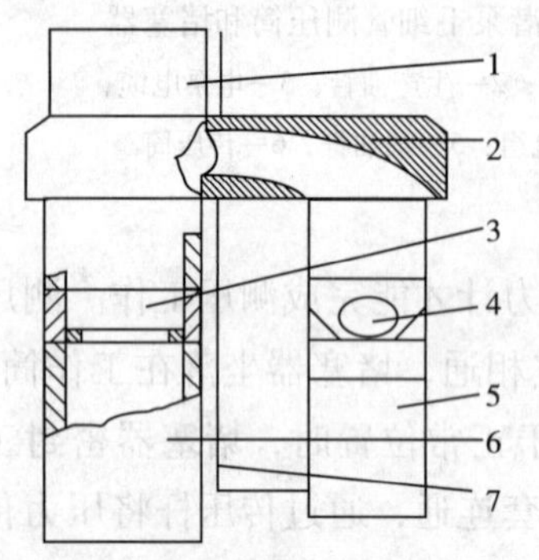

图 4-42 Y 型接头及测压工作筒

1—生产油管；2—Y 接头；3—堵塞器工作筒；4—单流阀；5—电潜泵机组；6—测试油管；7—电缆

6）动力电缆

动力电缆是电机与地面供电和控制系统相联系传送电力纽带和 PSI/PHD 信号的通道，是一种耐油、耐盐水、耐其他化学物质腐蚀的油井专用电缆，工作于油、套管之间。分为小扁电缆（又叫电机引线，俗称小扁）、大扁电缆（俗称大扁）和圆电缆，图 4-45 是其结构示意图。按温度等级可以分为 90℃、120℃、150℃3 个等级，部分厂家还可生产更高等级的潜油电缆。

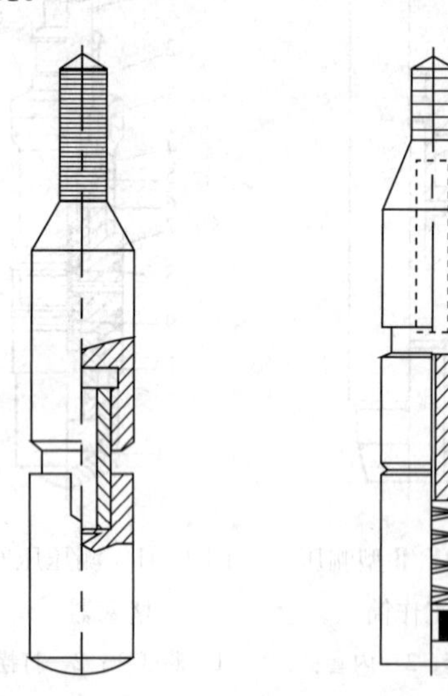

图 4-43 生产堵塞器　　图 4-44 测试堵塞器

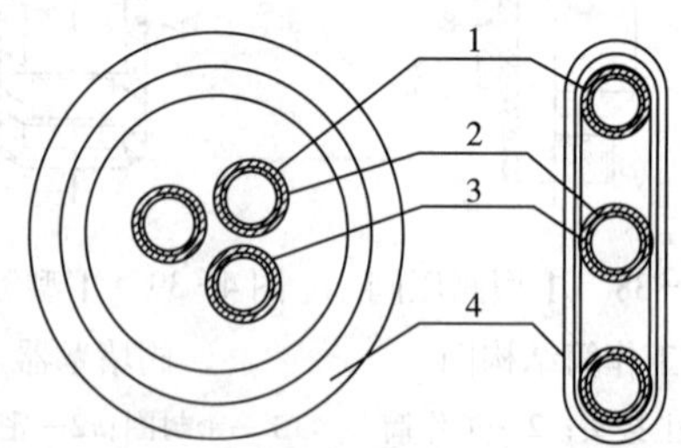

图 4-45 电缆结构示意图

1—导线；2—绝缘层；3—护套层；4—钢带铠装

电缆一般由导体、绝缘层、护套层和钢带铠装组成。导体芯线一般是三芯实心或三芯七股铜绞线，作用是传递电能。

绝缘层为芯线外挤包的塑料或橡胶，具有很高的介电性能和可靠的密封性，其作用是保持电缆的电气性能长期稳定。绝缘材料一般有乙丙橡胶和聚丙烯等。

护套层是在三根芯线成缆后的绝缘层外挤包的橡胶或铅护套，以防止绝缘受潮、机械损伤和原油、盐水、H_2S、CO_2等化学物质的浸胀、腐蚀，有一定的机械强度和良好的气密性。低于90℃的井，护套层材料一般为丁腈橡胶，高于120℃和高含气井一般采用铅护套。

钢带铠装处于电缆的最外面，为瓦楞结构，对护套层起束缚作用和防止下井过程的机械损伤。一般井采用镀锌钢带，腐蚀性大的井采用Monel合金材料。

衡量潜油电缆的性能指标有5个，即绝缘电阻、直流电阻、电容、电感和直流耐压，部分厂家也有交流耐压。绝缘电阻用于衡量绝缘性能，电阻越高越好，一般大于1000MΩ/km，采用摇表测量。直流电阻是衡量电缆压降损失的指标和电缆尺寸选择依据，可以用万用表直接测量，也可以计算，只有几个欧姆，一般大于4Ω。直流耐压是通过室内水池实验进行测定和出厂检验的。电容和电感随材料、结构和长度而变化，测试仪表精度较高，一般不作出厂检验。

小扁是专为方便电机更易在下井过程中通过设计的，尺寸较小，一般电潜泵生产厂家随机组配套。常用电缆参数如表4-28~表4-32。

表4-28　胜利油田无杆采油泵公司生产电缆参数

型　号	类　型	额定电压/kV	导体截面积/mm^2	外观尺寸/mm	铠装类型
QYPY10-1.8/33×16	圆形	1.8/3	12	32.7	镀锌铁皮或不锈钢
QYPY10-1.8/33×20		1.8/3	20	32.0	
QYPY10-1.8/33×33		1.8/3	33	38.4	
QYPY10-1.8/33×42		1.8/3	42	40.4	
QYPY10-1.8/63×16		3.6/6	12	32.0	
QYPY10-1.8/63×20	圆形	3.6/6	20	34.0	镀锌铁皮或不锈钢
QYPY10-1.8/63×33		3.6/6	33	40.4	
QYPY10-1.8/63×42		3.6/6	42	42.0	

表4-29　天津电缆厂电缆参数

型　号	类　型	导体截面积/mm^2	外观尺寸/mm	试验电压/时间/(kV/min)	铠装及护套类型	绝缘材料	绝缘保证值/(kΩ/km)	额定温度/℃
QYPDF10	大扁	16 20	40.63×16.27 42.61×16.93	DC15/5	丁腈塑料/瓦楞铠装	聚丙烯	2000	100
QYPDB10	大扁	16 20	40.63×16.27 42.61×16.93	DC17/5	丁腈塑料/瓦楞铠装	聚丙烯	2000	90
QYPDB12	大扁	16 20	46.63×22.93 48.61×22.93	DC15/5	丁腈塑料/瓦楞铠装	聚丙烯	2000	100

续表

型 号	类 型	导体截面积/mm²	外观尺寸/mm	试验电压/时间/(kV/min)	铠装及护套类型	绝缘材料	绝缘保证值/(kΩ/km)	额定温度/℃
QYEDF10	大扁	16 20	39.16×15.79 41.20×16.46	DC17/5	丁腈塑料/瓦楞铠装	聚乙丙烯	500	138
QYEQ10	大扁	16 20	37.99×15.39 40.00×16.06	AC6/5	铅/裸瓦楞铠装	聚乙丙烯	500	138
QYPDY10	圆	10 16	26.48 29.60	DC17/5	丁腈塑料/裸瓦楞铠装	聚丙烯	2000	100
QYEEY10	圆	10 26	27.88 31.00	DC17/5 AC6/5	聚乙丙烯/裸瓦楞铠装	聚乙丙烯	500	149
QYADF10	小扁	10	28.33×11.82	DC17/5 AC6/5	橡胶	聚亚酰胺	300	176
QYAQF10	小扁	10	28.33×11.82	DC17/5 AC6/5	铅	聚亚酰胺	300	176
QYADF12	小扁	10	31.33×14.82	DC17/5 AC6/5	橡胶	聚亚酰胺	300	176

表4-30 美国PHILIP电缆参数

代 号	类型	截面积		线芯数	线芯直径/mm	绝缘外径/mm	外观尺寸/mm	额定电压/kV	额定温度/℃
		线规(美国)	尺寸/mm²						
732-2071-01	圆	1	42.4	7	8.33	12.4	35.6	3	96
732-2071-02	圆	2	33.6	7	7.42	11.4	33.0	3	96
732-2071-03	圆	4	21.2	1	5.18	9.1	27.9	3	96
732-2071-04	圆	6	13.3	1	4.11	8.1	25.7	3	96
732-4701-01	扁	1	42.4	7	8.33	12.4	17.8×49.3	3	96
732-4701-02	扁	2	33.6	7	7.42	11.4	16.8×46.5	3	96
732-4071-03	扁	4	21.2	1	5.18	9.1	14.5×36.9	3	96
732-4071-04	扁	6	13.3	1	4.11	8.1	13.5×36.3	3	96
732-1070-01	圆	1	42.4	7	8.33	12.4	36.8	3	140
732-1070-02	圆	2	33.6	7	7.42	11.4	34.3	3	140
732-1070-03	圆	4	21.2	1	5.18	9.1	29.5	3	140
732-1070-04	圆	6	13.3	1	4.11	8.1	27.5	3	140
732-5070-01-99	扁	1	42.4	7	8.33	12.4	17.4×48.4	4	175
732-5070-02-99	扁	2	33.6	7	7.42	11.4	16.5×45.5	4	175
732-5070-04-99	扁	4	21.2	1	5.18	9.1	14.7×40.3	4	175

表 4-31 美国 REDA 电缆参数

代号	类型	截面积（美国电缆）	线芯直径/mm	绝缘外径/mm	外径尺寸/mm	外观尺寸/mm	额定电压/kV	额定温度/℃
（PPEPE）03R	圆	1	8.331	12.141	30.251	30.251	3	82
		1#	7.543	11.353	28.743	28.473		
		2	7.416	11.226	28.270	28.270		
		2#	6.807	10.617	26.898	26.898		
		5	5.181	9.017	23.495	23.495		
		6	4.114	7.294	21.158	21.158	4	
（KEOTB）G4	扁	4	5.18	7.87	9.55	13.39×32.72		
		6	4.11	6.81	8.48	12.19×29.51		
（KELB）G4		2	7.42	9.40	11.18	14.94×36.98		
		4	5.18	7.87	9.53	13.13×32.03		
（KELTB-4）G4		6	4.11	5.84	7.11	10.19×24.89		
（PPEO）G3K	圆	1	8.331	12.141	30.175	34.239	3	96
		2	7.416	11.226	28.194	21.258		
		4	5.181	9.017	23.444	27.508		
		6	4.114	7.924	21.082	25.146		
（PPEO）G5K		1#	7.543	12.369	30.657	34.721	5	
		2#	8.807	11.633	29.083	33.14		
		4	5.181	10.033	25.628	29.692		
		6	4.114	8.940	29.291	27.355		
（POTB）G3F	圆	1	8.331	12.141	14.935	19.304×48.867	3	96
		2	7.416	11.226	14.070	18.186×45.313		
		4	5.181	9.017	11.811	15.748×36.684		
		6	4.114	7.9244	10.718	14.655×36.471		
（POTB）G5F	扁	1#	7.543	12.369	15.417	19.710×49.936	5	
		2#	6.802	11.633	14.681	18.897×47.726		
		4	5.181	10.033	13.081	17.145×42.926		
（POTB）G5F	扁	6	4.114	8.940	11.988	15.951×39.649	5	96

续表

代　号	类　型	截面积（美国电缆）	线芯直径/mm	绝缘外径/mm	外径尺寸/mm	外观尺寸/mm	额定电压/kV	额定温度/℃
（EE）G5R	圆	1	7. 543	11. 607	28. 524	32. 588	5	204
		2	6. 807	10. 871	26. 924	30. 988		
		4	5. 181	9. 271	23. 495	27. 559		
		6	4. 114	8. 178	21. 132	25. 196		
（EE）GG5F	扁	1#	7. 543	12. 115	14. 655 × 40. 427	21. 158 × 45. 491		
		2#	6. 807	11. 379	13. 919 × 39. 217	20. 421 × 43. 281		
		4	5. 181	9. 753	12. 233 × 34. 340	18. 796 × 38. 404		
		6	4. 114	8. 686	11. 226 × 31. 14	17. 729 × 35. 204		
（ELB）G4F	圆	1	8. 331	11. 633	13. 655	17. 648 × 44. 450	4	232
		2	7. 416	10. 718	12. 750	16. 662 × 41. 706		
		4	5. 181	8. 001	10. 033	13. 665 × 33. 553		
		6	4. 114	6. 908	8. 940	12. 471 × 30. 276		
（ELB）G5F	扁	1#	7. 543	11. 353	13. 385	17. 373 × 43. 535	5	
		2#	6. 807	10. 617	12. 649	16. 560 × 41. 325		
		4	5. 181	8. 483	10. 515	14. 198 × 34. 925		
		6	4. 114	7. 416	9. 448	13. 030 × 31. 724		

表 4-32　美国 CENIRILIFT 电缆参数

类　型	截面积（美国线缆）	线芯直径/mm	绝缘外径/mm	外径直径/mm	外观尺寸/mm	额定电压/kV	额定温度/℃
圆	1	8. 331	12. 268	31. 115	34. 925	3	93
	2	7. 417	11. 354	29. 210	33. 020		
	4	5. 182	9. 144	24. 409	28. 194		
	6	4. 115	8. 052	22. 047	25. 857		
扁	1	8. 331	12. 268	15. 443	18. 754 × 48. 870		
	2	7. 417	11. 354	14. 529	17. 835 × 46. 126		
	4	9. 144	9. 144	12. 319	15. 621 × 39. 497		
	6	8. 052	8. 052	11. 227	14. 519 × 36. 220		

续表

类　型	截面积（美国线缆）	线芯直径/mm	绝缘外径/mm	外径直径/mm	外观尺寸/mm	额定电压/kV	额定温度/℃
圆	1	8.331	12.268	34.623	35.306	3	159
	2	7.417	11.354	29.667	33.401		
	4	5.182	9.144	24.892	28.702		
	6	4.115	8.052	22.479	26.289		
圆	1	8.331	13.030	34.417	38.481	5	204
圆	2	7.417	11.354	30.734	34.671	3	204
	4	5.182	9.144	25.908	29.972	3	
扁	1	8.331	13.030	16.205	17.558 ×51.156	5	
	2	7.417	11.354	14.529	17.831 ×46.126	5	
	4	5.182	9.144	12.319	15.621 ×39.497	3	

7）电缆头

电缆头是电机和电缆连接的特殊部件，其质量好坏直接关系到电机的运行寿命，要求较高的电气和机械性能。目前，各个电潜泵生产厂家都有自己独特的产品，种类较多。从性能和结构分类可分为两种：缠绕式（图4-46）和插入式（图4-47）。

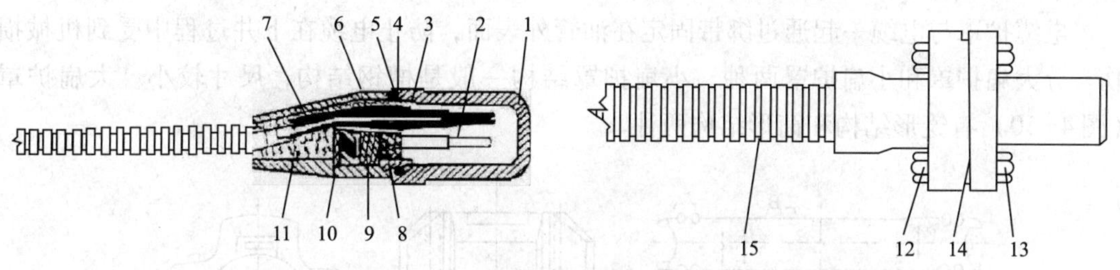

图4-46　缠绕式电缆头结构图

1—护盖；2—端子；3—压环；4—形圈；5—铅垫；6—电缆头体；7—绝缘带；8—下垫块；9—密封垫；10—上垫块；11—环氧塑料；12—螺栓；13—螺母；14—纸垫；15—电缆

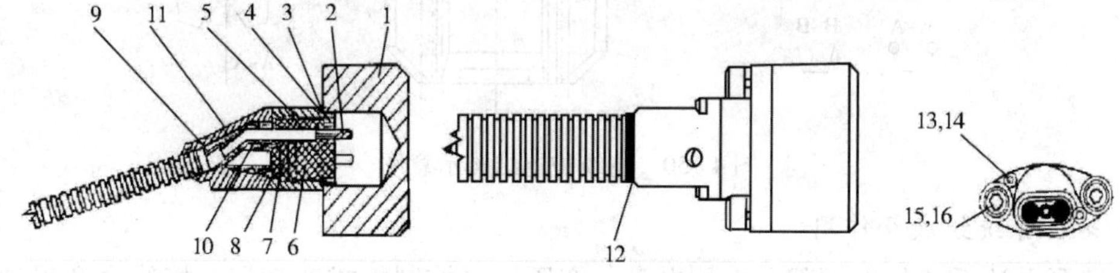

图4-47　插入式电缆头结构图

1—护盖；2—端子；3—形圈；4—铅垫；5—底座；6—下垫块；7—密封垫；8—上垫块；9—帽；10—环氧塑料；11—绝缘带，12—焊锡；13、15—螺钉；14、16—垫片

8）单流阀

图4-48是常用的一种单流阀，其作用主要为：保持足够高的回压，使泵在启动后能

很快在额定点工作；防止停泵后泵以上流体回落引起机组反转脱扣；便于生产管柱验封。一般安装在泵出口1～2根油管处，采用标准油管扣与上下油管连接。

9）泄油阀

泄油阀一般安装在单流阀以上1～2根油管处，它是检泵作业上提管柱时油管内流体的排口，从而减轻修井机负荷且防止井液污染平台甲板和环境。泄油阀目前有两种：投棒泄流和投球液力泄流。前者比较适用于稀油和高含水稠油井，用于稠油井泄油成功率低；后者可以重复使用，用于低含水稠油时成功率更高。图4-49是常用的一种泄油阀。

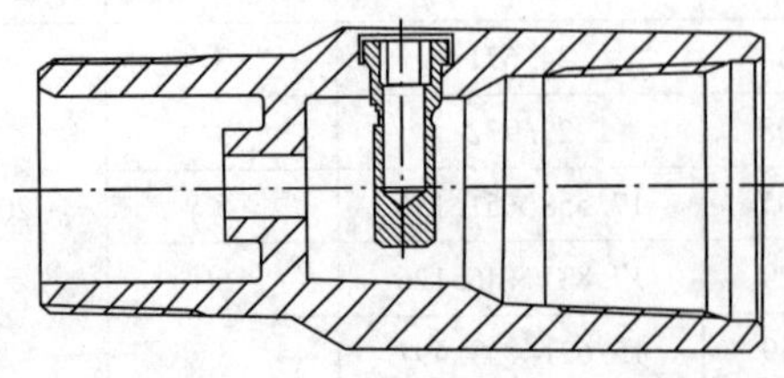

图4-48　一种常用单流阀结构示意图

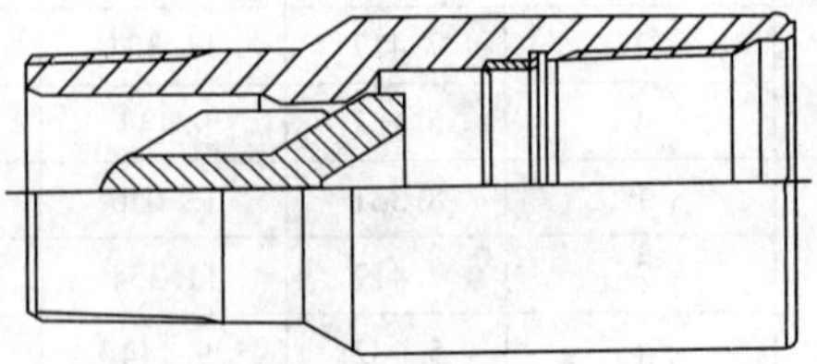

图4-49　泄油阀结构示意图

10）扶正器

扶正器主要用于斜井，位于电机尾部，使电机居中，电机外部过流均匀，散热环境好，防止电机局部因高温而损坏。Y型管柱井不采用扶正器。

11）电缆护罩

电缆护罩与电缆一起通过绑带固定在油管外表面，防止电缆在下井过程中受到机械损伤。分大扁护罩和小扁护罩两种。小扁护罩结构一般是槽钢结构，尺寸较小。大扁护罩（图4-50）有笼形结构和筒形结构两种。

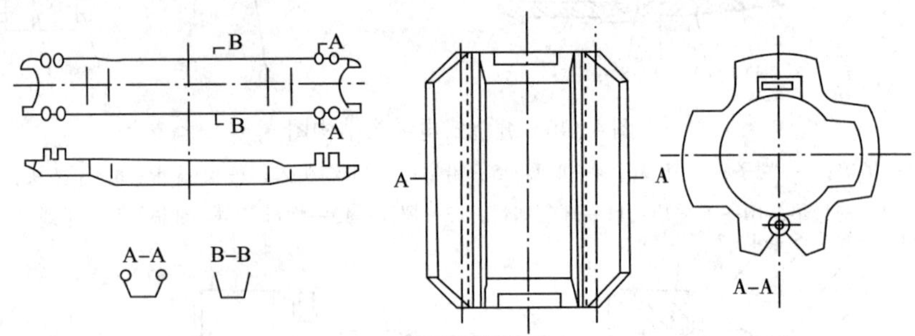

图4-50　电缆护罩结构示意图

2. 地面系统组成及作用

电潜泵采油系统的地面部分由配电盘、变压器、控制柜或变频器、接线盒和采油树井口组成，部分特殊油田还配有变频器集中切换控制柜。

1）变压器

电潜泵专用变压器的工作原理与普通变压器基本相同，本书不作介绍。电潜泵变压器的作用是为电潜泵提供高达几百乃至几千伏的工作电压。

目前，按其冷却方式可以分为油浸式和空冷式（干式）两种，按使用环境可分为船用和陆用（本书只介绍船用），按用途可以分为降压变压器和升压变压器。目前，有的厂家将变压器的铁芯分开，有的作为一体，因此又可以分为单相变压器和三相变压器。

船用油浸式变压器的主要结构部件包括铁芯、线圈、套管、分接开关、油池、外壳和散热片；干式变压器则主要由铁芯、线圈、分接开关、外壳构成。油浸式变压器体积相对较小，干式变压器体积较大但具有散热性能好、噪音小、防爆性能好、寿命长等特点，比较适用于海上油田开发。目前海上油田使用的是三相干式或油浸式船用变压器。

变压器的额定参数有以下几个：

额定容量 S_N，是变压器的视在功率，单位为 V · A、kV · A 或 MV · A。

原边额定电压 U_{1N}，表示变压器的额定输入电压，指线电压，单位为 V 或 kV。目前海上用变压器的输入电压一般为 3300V、460V 或 380V。

副边额定电压 U_{2N}，表示变压器的额定输出电压，指线电压，单位为 V 或 kV。海上油田要求输出电压范围较宽，可以达 500 ~ 2500V。

原边额定电流 I_{1N}，表示变压器的额定输入电流，指线电流，单位为 A。

副边额定电流 I_{2N}，表示变压器的额定输出电流，指线电流，单位为 A。

额定频率，国内使用的变压器为 50Hz。

还有其他参数，诸如分接开关挡数、电压级差、额定效率、允许温升、变压器相数、接线图、阻抗、避雷方式、使用环境要求等。

变压器出厂或使用前应作以下检测：电压比试验（采用双电压表法或交流电桥法）、绕组电阻试验（采用单臂或双臂电桥测量）、绝缘性能试验、变压器油试验、空载试验、短路试验等。

目前，有两种变压器系统，一种是一台变压器对一台电潜泵供电的单一变压器，另一种是一台变压器对多台电潜泵供电的公用变压器。海上油田常用的国产单一变压器参数见表 4-33 ~ 表 4-35。

表 4-33　胜利油田无杆采油泵公司三相变压器基本参数

额定容量/(kV · A)	原边电压/kV		质量/kg	外形尺寸/(mm × mm × mm)	冷却方式	备注
	高压	低压				
30	6.0	0.38	415	990 × 650 × 1140	油浸自冷	原副边电压可根据用户要求设计制作
50			522	1070 × 690 × 1190		
63			590	1090 × 711 × 1210		
80			643	1210 × 780 × 1374		
100			755	1230 × 870 × 1160		
125			885	1330 × 900 × 1240		
160			1025	1480 × 910 × 1280		
200			1166	1500 × 920 × 1300		
250			1245	1410 × 1000 × 1540		
315			1430	1460 × 1010 × 1980		

表 4-34　江苏泰州变压器基本参数

型　号	额定容量/kV·A	相数	原边电压/kV	连接组	阻抗/%	空载电流/A	防护等级	质量/kg	外形尺寸/（mm×mm×mm）	冷却方式	备注
GDGD	50	1	3300/410/400/390/380	1，i0	1.9	6	IP22	320	665×460×830	干式空冷	原副边电压可根据用户要求设计制作
	60				2.3	5		395	665×470×850		
	75				2.4	4		450	665×470×910		
GSGD	50	3		Y，y0 Y，d11		5		510	892×560×950		
	75					4		630	960×620×900		
	100					4		719	1100×690×1020		
PSG	125	3		Y，d11 D，y11		2		710	1100×690×1020		
	150					2		850	1220×800×1120		
	200					2		1000	1280×800×1120		
	250					1.5		1390	1350×850×1165		
CSD	50	3		Y，y0 Y，d11 D，d0		3		325	840×490×740		
	63					2		420	885×505×815		
	80							490	915×520×855		
	100							550	935×560×960		
	125							680	1100×610×1020		
	160							810	1220×660×1080		
	200							950	1280×720×1120		

表 4-35　天津第二变压器厂生产的潜油泵变压器基本参数

型　号	容量/（kV·A）	相数	高压/V	低压/V	连接方式	阻抗/Ω	质量/kg	外形尺寸/（mm×mm×mm）
SQ-100/1.1-CY	100	3	1035 1100 1145	380	Y，d11	4.5	1020	930×600×1400
SQ-125/1.1-CY	125	3	1365 1405 1445 1485 1525 1565 1605	380	Y，d11	5	1300	1015×1090×1700

2）控制柜

潜油泵控制柜是一种专门用于电潜泵启停、运行参数监测和电机保护的控制设备，分为分手动和自动2种方式。具有短路保护、三相过载保护、单相保护、欠载停机保护延时再启动、自动检测和记录运行电流及电压等参数的功能。目前，某些电泵控制设备生产厂家针对海上油田稠油井开发出了具有数据储存、数据远传、设备遥控、绝缘和电阻自动检测、反限时保护、三相电流电压不平衡保护等功能的电潜泵控制柜。

目前比较流行使用的电潜泵控制柜外观和组成如图4-51所示，其电气控制部分有可分为3部分，即主回路、控制回路和测量显示。主回路包括自动空气开关、真空接触器、电流互感器、控制变压器；控制回路有中心控制器（常称PCC）、选择开关、启动按钮、控制开关、桥式整流电路；测量显示部分主要有自动电流记录仪（又称圆度仪）、电压表、信号灯和井下压力温度显示仪。使用环境须达到以下条件：海拔不超过1000m，环境温度在-20~40℃，相对湿度不超过80%，无易燃气体，在爆炸环境中无腐蚀和破坏绝缘的气体及导电尘埃，无剧烈振动和强力颠簸，安装垂直倾斜度不超过5°。

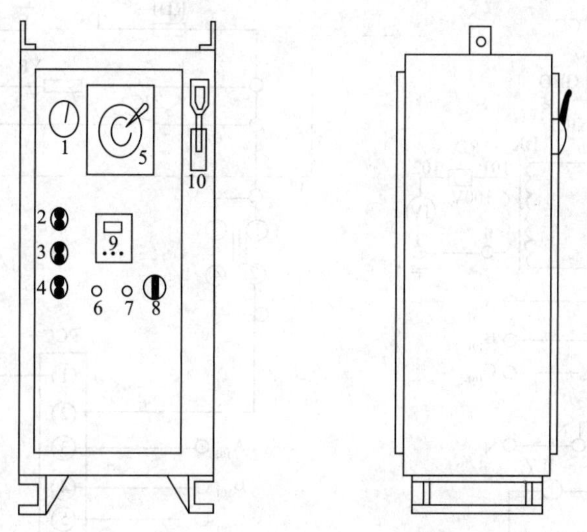

图4-51　控制柜外观示意图

1—主电机电压指示灯；2—正常运行指示灯；3—故障停机指示灯；4—欠载停机指示灯；5—电流记录仪；6—熔断器；7—主机启动按钮；8—选择开关；9—电机保护器；10—总闸刀开关

电潜泵控制柜的工作原理为：当主回路自动空气开关合上后，接上控制开关，控制回路经控制变压器获得一个110V的控制电压，把选择开关转到手动位置，在检查、调整和确认PCC的设定参数后，按下启动按钮，中间继电器吸合，常开触点闭合，真空接触器吸合，主回路接通，地面高压电源经接线盒和动力电缆送给井下电机，电机就开始运行，其面板上的运行指示灯亮。PCC随时监测电机的运行电压电流，当运行电流超过PCC的过载设定值（一般为电机额定电流的1.2~1.5倍）时，PCC发出信号中断中间继电器线圈电源而使常开触点断开，真空接触器线圈失电，触点断开，主回路失电，电机停止运行，运行灯熄灭，过载指示灯亮。当运行电流低于PCC的欠载设定值（一般为电机额定电流或运行的0.7~0.8倍）时，PCC发出停机信号（其过程与过载相同），电机停止运行，运行灯熄灭，欠载指示灯亮。

目前，随着电机保护要求的提高和保护数学模型的发展，提出了更多的电机保护工况，如单相保护、过电压保护、过电流保护、电压不平衡保护、电流不平衡保护、低流压保护、过温保护等。其停机保护原理和过程与过欠载相似。控制柜的额定参数有：额定电压、额定电流和容量等。图4-52~图4-57是常用的几种控制柜原理图。

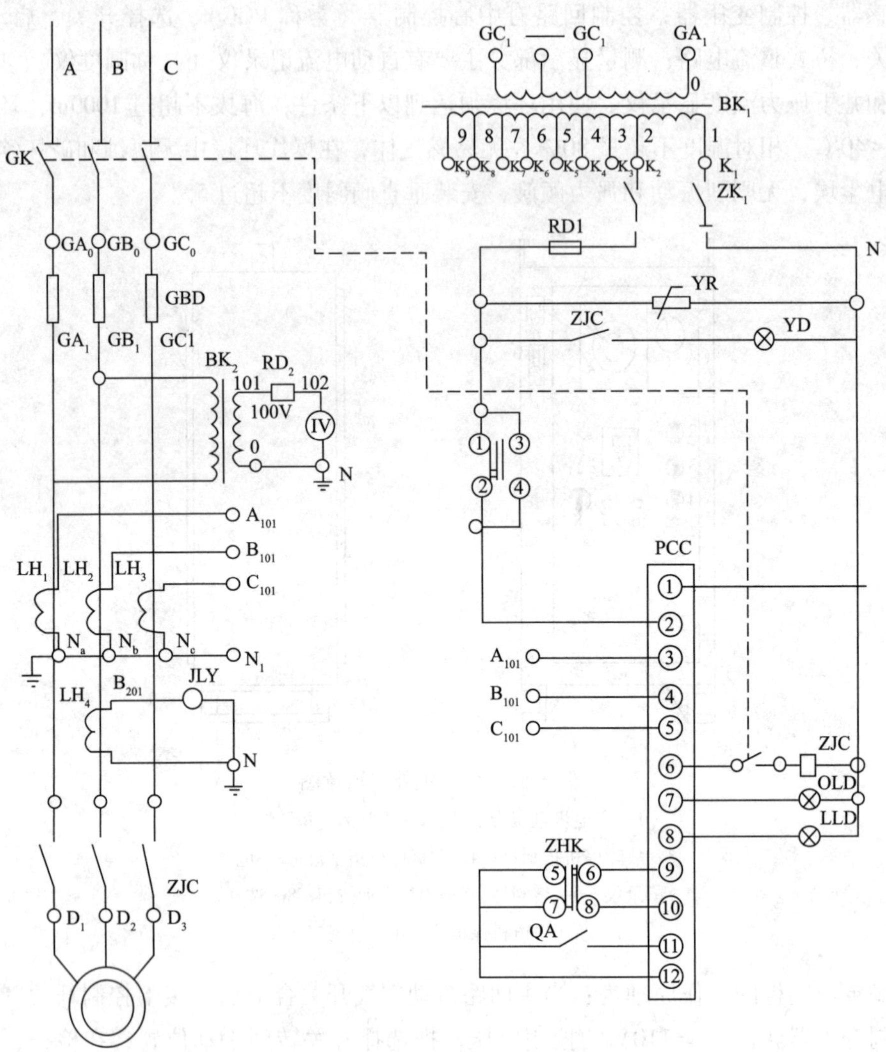

图4-52　QYK型控制柜原理图

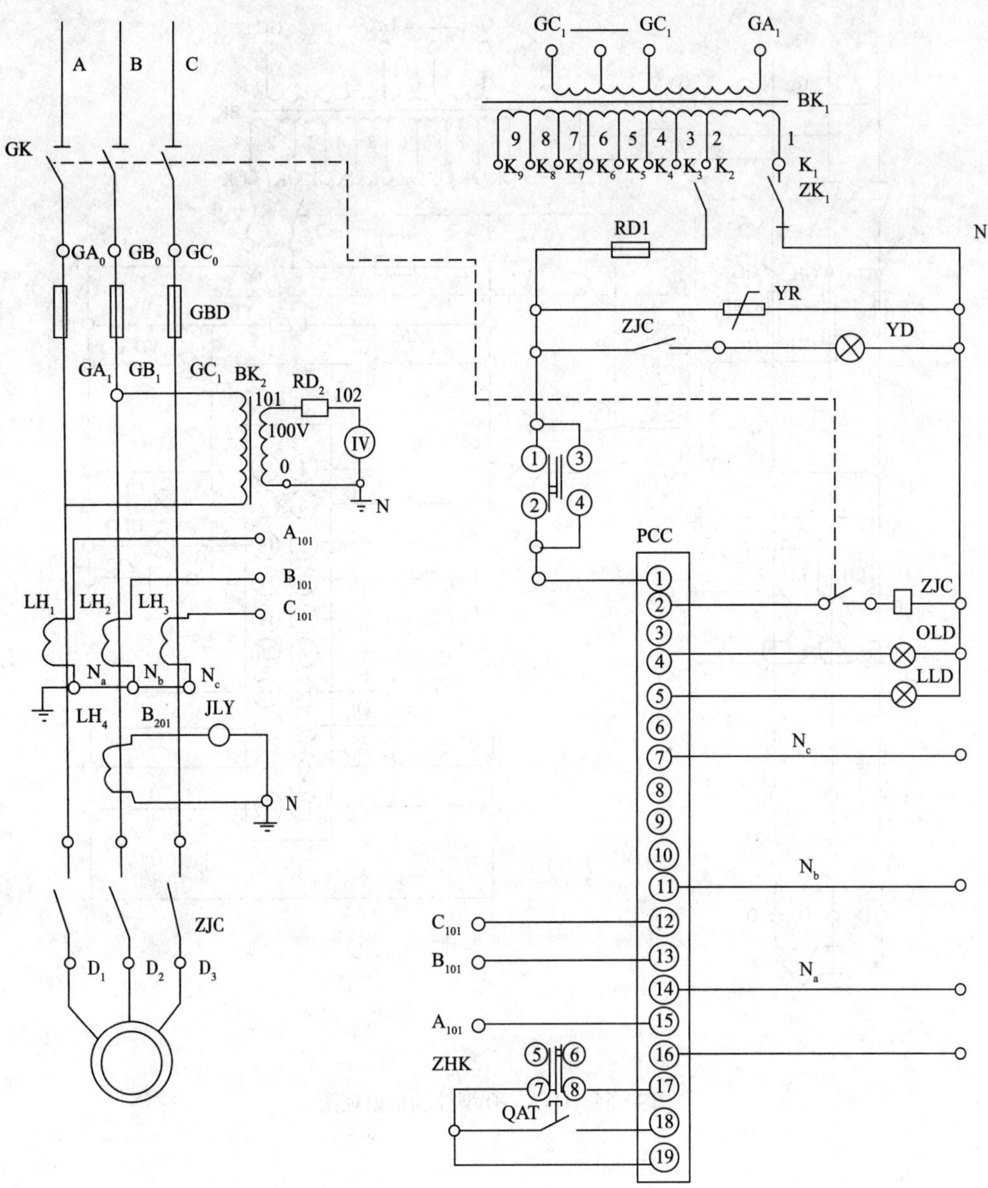

图 4-53 QYK-H 型控制柜原理图

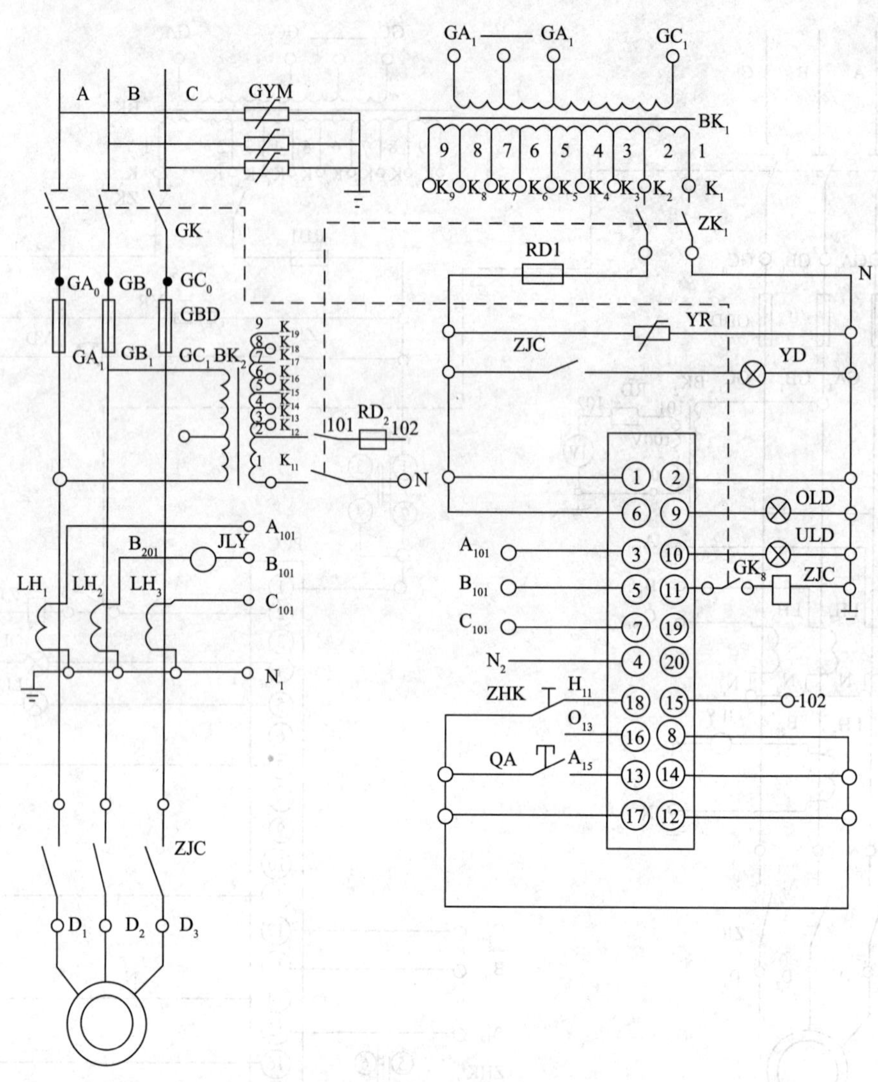

图 4-54　QYK-D 型控制柜原理图

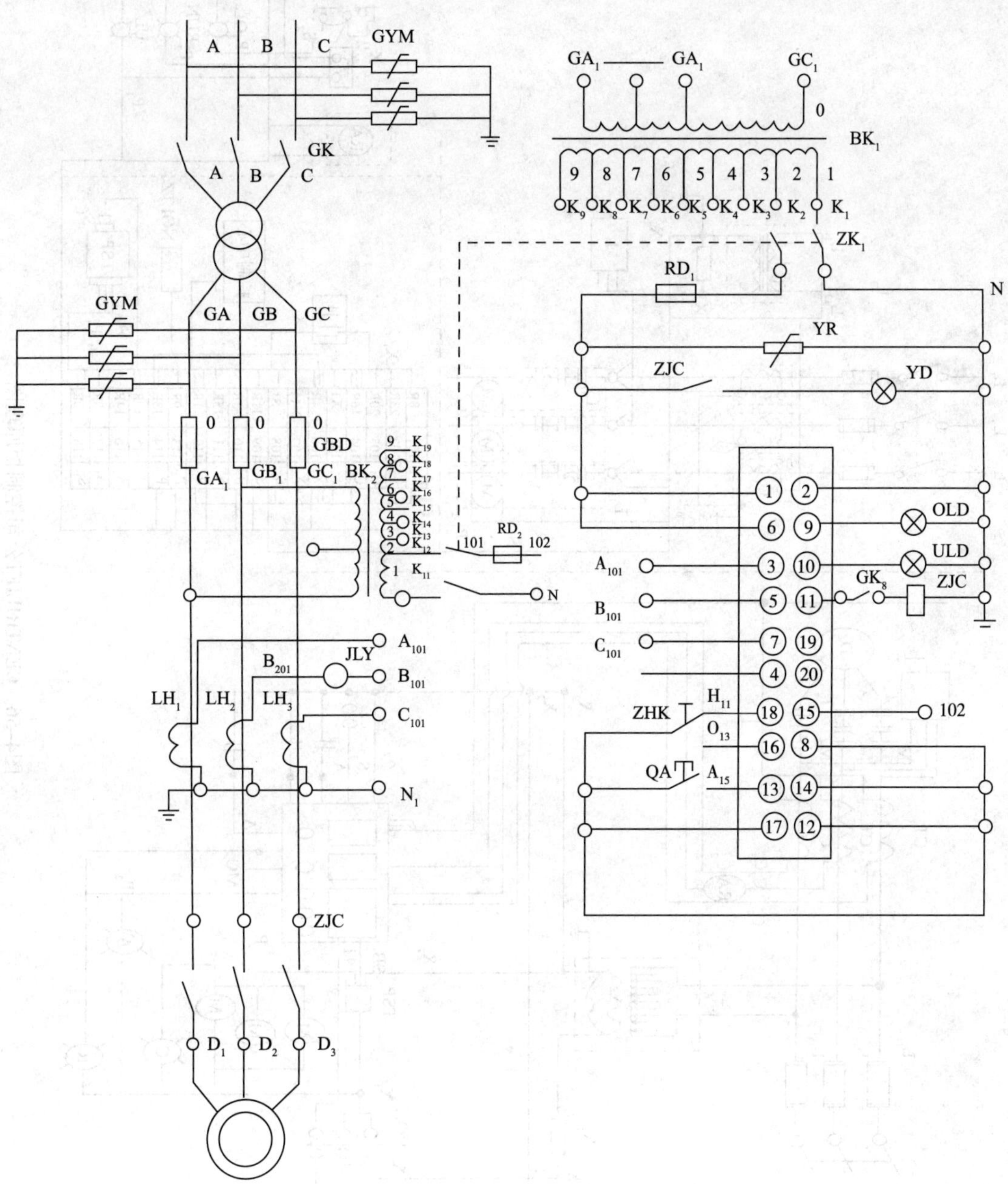

图 4-55 QYK2 - D/QYK - D2 型控制柜原理图

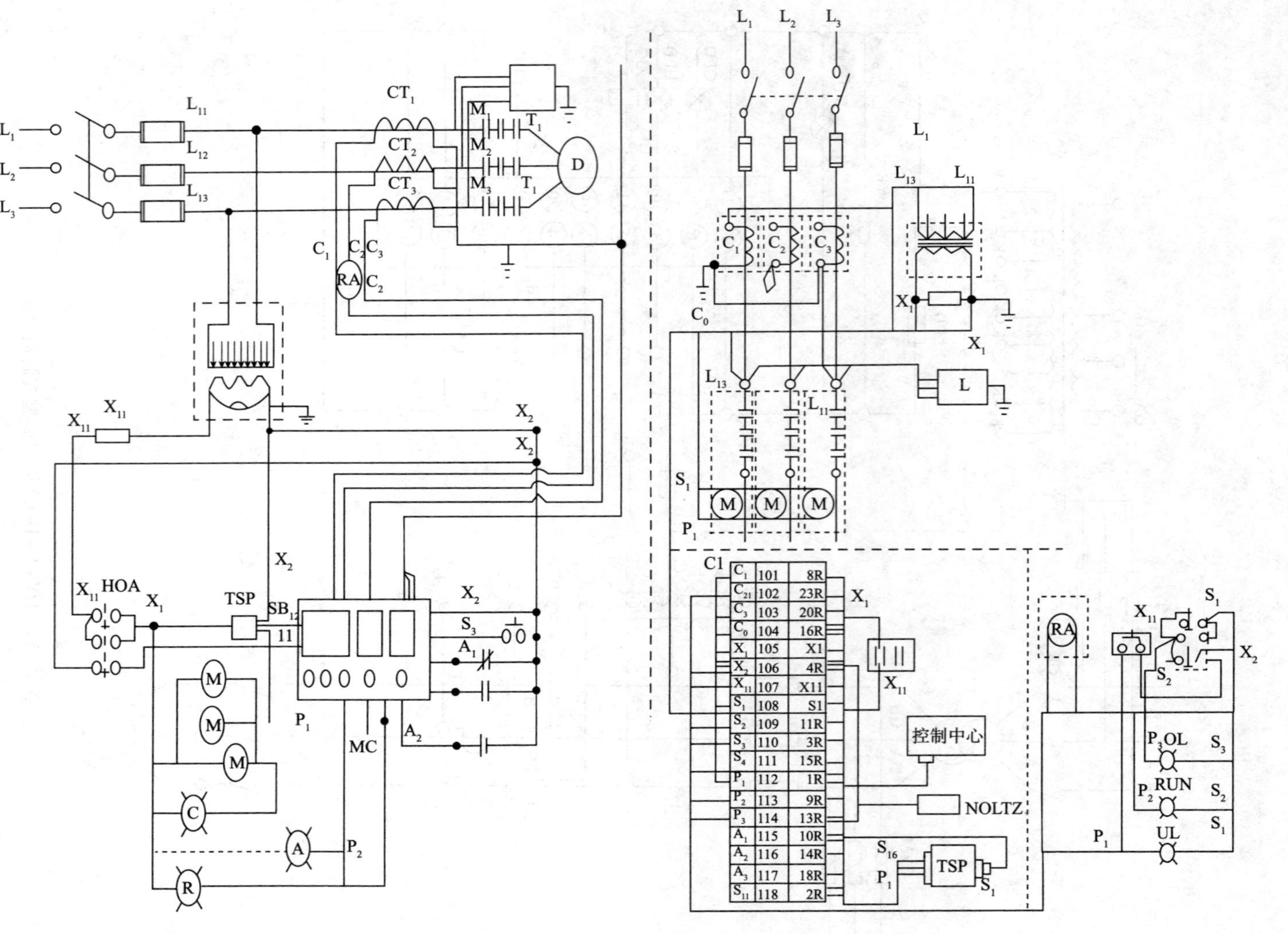

图4-56 CENTRILIFT公司控制柜原理图

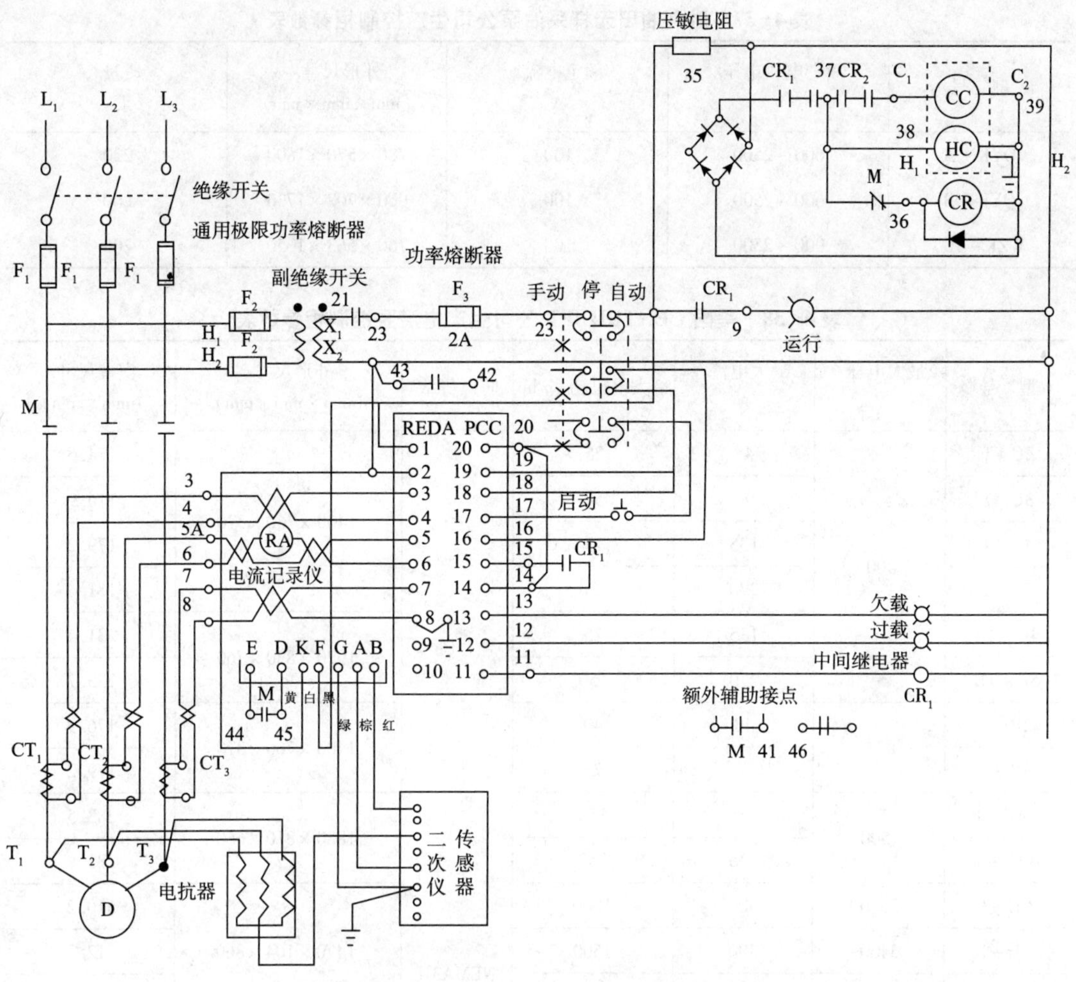

图4-57　REDA公司控制柜原理图

表4-36～表4-39列举了国内几个厂家生产的电潜泵控制柜参数。

表4-36　天津斯波泰克公司生产电潜泵控制柜参数表

型　式	型　号	额定电压/V	额定电流/A	外形尺寸/（mm×mm×mm）	安装尺寸/（mm×mm）
室内	QYK-80/1.14	1140	80	600×1550×625	560×520
	QYK-150/2.5	2500	150	650×1725×625	560×520
	QYK-150/3.0	3000	150	650×1825×625	560×520
	QYK-150/2.5-H	2500	150	550×1825×625	460×520
	QYK-150/2.5D1	2500	150	650×1825×625	560×520
户外	QYK-80/1.14W	1140	80	810×1565×695	750×344
	QYK-150/2.5W	2500	150	810×1565×695	750×344
	QYK-150/3.0W	3000	150	1000×1700×800	750×344
箱式	QYK-80/1.14X	1140	80	2110×2270×1770	—
	QYK-150/2.5X	2500	150	2110×2270×1770	—

表 4-37　胜利油田无杆采油泵公司生产控制柜参数表

型　号	额定电机电压/V	额定电流/A	外形尺寸/(mm × mm × mm)	质量/kg
QYK - A	600 ~ 2500	100	780 × 570 × 1800	220
QYK - B	600 ~ 2500	100	960 × 702 × 1730	260
WZK - 100	900 ~ 2500	100	760 × 563 × 1650	200

表 4-38　美国 CENTRILIFT 公司生产电潜泵控制柜参数表

型　号	最大电压/V	最大电流/A	最大电机功率/hp	防爆等级	外形尺寸/(mm × mm × mm)	安装尺寸/(mm × mm)
2C - 1	400	45	25	NEMA3R	1400 × 760 × 370	174.6
3C - 1		90	50			176.9
4C - 1		135	75			179.2
5C - 1		270	150			181.4
4C - TB		135	75		1920 × 830 × 760	231.4
5C - TB		270	150			233.7
2B - 1	833	40	40		1400 × 760 × 370	176.9
3B - 1		60	75			179.2
3AD - 1	1500	90	150		1880 × 810 × 660	283.5
4AD - 1		135	250			285.8
6H - 1	2500	300	1000		1470 × 104 × 860	510.2
7H - 1	3400	300	1500			512.3
8H - 1	5000	300	2000			514.4
2C - CG	400	45	25		1400 × 760 × 37	170.1
3C - CG		90	50			172.4
4C - CG		135	75			174.6
5C - CG		270	150			176.9
2B - CG	833	40	75		1400 × 760 × 370	172.4
3B - CG		60	150			174.6
3AD - CG	1500	90	150		1880 × 810 × 660	278.9
4AD - CG		135	250			281.2
6H - CG	2500	300	1000		1470 × 104 × 860	511.4
7H - CG	3400	300	1500			513.5
8H - CG	5000	300	2000			515.6

表 4-39 美国 REDA 公司控制柜参数表

型 号	规格代号	最大电压/V	最大电流/A
DFH2	2	600	45
	3	600	90
	4	600	135
	5	600	270
MFH	3	1000	90
MDFH		1500	160
RPR-2		3900	165
1512		3900	165

3）变频器

变频器是电潜泵采油系统的一种新型控制设备，具有以下几项特点：①输出频率可在30~90Hz 范围内连续变化，使得电机的转速范围为1700~5130r/min，泵排量变化范围是额定排量的0.6~1.8 倍，扬程范围为0.36~3.24 倍。②可以在8~10Hz 频率下启动电机，达到恒转矩软启动的目的，启动电流只有额定电流的1~1.5 倍，大大减少了电机启动时的电流和机械冲击，利于延长电机寿命。③可以通过编程控制实现工作频率随油井供液和负载情况变化，如供液不足时频率降低，泵沉没度大/泵吸口压力高时增大频率以增大排量和扬程，保证不停机改变泵工作参数而减少启动次数并以最小的能量举升液体，从而延长寿命且发挥最好效益。④可以改变井下电机的电感负荷，提高电机的功率因素，可以平稳保护电机转入欠压和超压状态下工作。

目前，用于电潜泵采油系统的变频器有两种，一种是恒压源变频器，另一种是恒流源变频器（常称 PWN）。恒流源变频器输出的电流特性比恒压源好（图4-54）。恒流源的电流是由脉宽调制的，波形非常光滑，几乎跟正弦波一模一样。而恒压源的输出电流是由脉冲调制的，波形由大大小小的矩形波组成，高次谐波成分非常多，极不光滑，对电机和电缆的绝缘性能和线路造成的损失很大。

同时恒流源变频器具有节省占地空间的特点。恒压源变频器地面设备配套是高-低-高或低-高造成的系统（图4-55）。恒流源则内部可以调制输出高压，不需要升压变压器（图4-56）。

恒压源变频器的工作原理图如图4-57 所示，具体阐述为：低压电源480/380V 分两路进入控制柜，一路经开关 CB_1 及保险送入控制器，另一路经开关 CB_2 进入配电盘并通过变压器变成110V 的控制电源供控制系统使用。启动控制柜后，PFC 继电器吸合，冷却风机和潜油电机开始运行，继电器吸合，运行指示灯亮，控制系统处于工作状态。送入控制器的交流电又分三路，第一路经变压器变成230V 后再经变压器 T_1 变成48V 交流电，再经桥式整流滤波后送给控制器计算机及各继电器和控制电路作工作电源；第二路经变压器 T_2 变压后再经桥式整流器，从而成为充电电路的工作电源；第三路送入主回路，经六个晶闸管组成的三相桥式可控整流电路变交流为直流，即正变电路，经整流后的直流再经 C_2A、

C_2B 电容滤波后送给逆变电路，根据计算机指令将直流变成预定频率的交流。

变频器一般包括以下几个回路：雷击保护装置回路、线路抑制板回路、正变电路、逆变电路、绝缘电路、用户接线板回路、计算机板回路、调节板回路、振荡板回路和逆变驱动板回路等。

4）变频器集中切换控制柜

变频器集中切换控制柜专门用于电潜泵井需要进行软启动而每口井都安装变频器时又受到平台空间限制的地方，对于海上稠油油田特别实用。通过变频器集中切换控制柜，一台变频器可以拖动多个电机。某个海上稠油油田在使用这套系统之前，由于油稠，电潜泵在启泵过程中多次出现过载停机，缩短了电机使用寿命，甚至发生电机烧毁事故。在使用该系统进行电潜泵启动排出死稠油后，油井可以不经过任何其他处理就能顺利启动电潜泵，且未再出现过在启动过程中电机烧毁的事故。该系统不仅可以用于软启动，还可以用于单井变频调产试井，以及该系统内任一口井的地面备用系统。

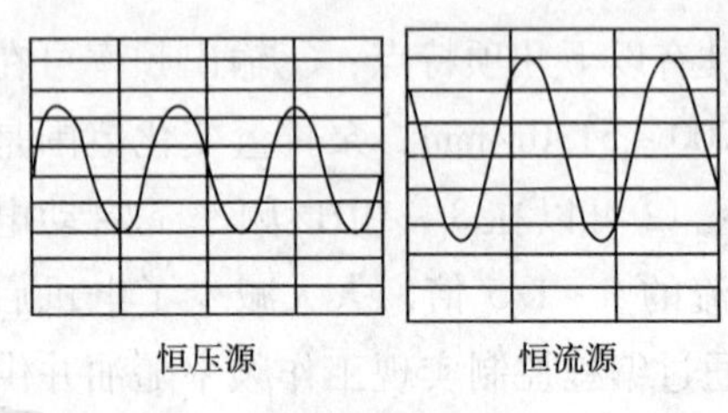

图 4-58　两类变频器的电流波形图

集中切换控制柜的工作原理如图 4-58 所示，它利用了变频器的降频降压恒转矩特性，通过降频来降低启动电压和启动电流，防止电机发热而烧毁，又能保证最大启动转矩 T_{max} 不变而顺利启动，从而快速达到额定转速。

$$T_{max}=0.038n_p\ (V/f)^2/\ (rl) \tag{4-3}$$

式中　T_{max}——最大转矩，N·m；

n_p——电机级数；

V——工作电压，V；

f——工作频率，Hz；

r，l——电机结构参数。

系统中的降压变压器 1（图 4-59）将供电系统的高电压变成变频器 2（图 4-60）能够使用的 380V 或 460V，如果供电系统能够提供变频器的工作电压，该变压器可以取消。升压变压器则是将变频器的输出非工频电流升至系统上任意电潜泵的地面工作电压，要求该变压器为变频变压器，能够适应 10～70Hz 的工作范围。如图 4-61 所示，变频器将 50Hz、460V 电流转换成 8～100Hz、460V 的非工频电流，并对变频器和电机的保护参数进行设置和保护，记录运行电流，它还可以通过一个小插件更换相序。总闸 5 是集中控制柜上的总电源闸刀开关，真空接触器 6 和 7 分别位于工频控制柜和集中控制柜内。

图 4-59　恒压源变频器地面设施配置示意图

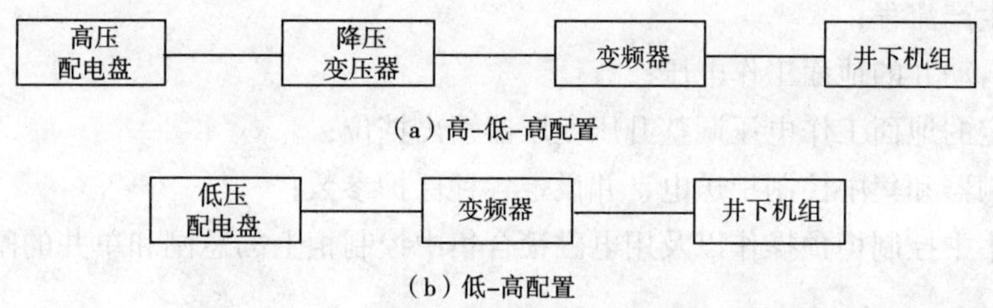

图 4-60 恒流源变频器地面设施配置示意图

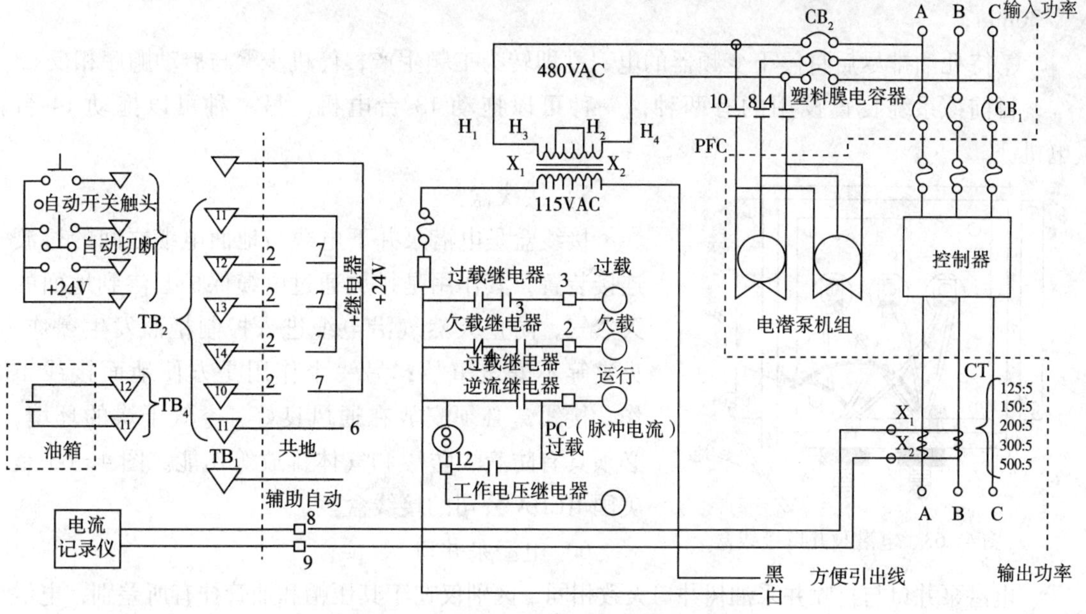

图 4-61 恒压源变频器工作原理图

变频器通过计算机预操作、触点连锁、电磁锁灯光连锁等三级连锁保护来保证工频电源和变频电源不出现因同时给同一台电机供电的冲突而发生的严重事故。使用变频器集中切换控制系统进行软启动的一般操作步骤如下(图 4-62):

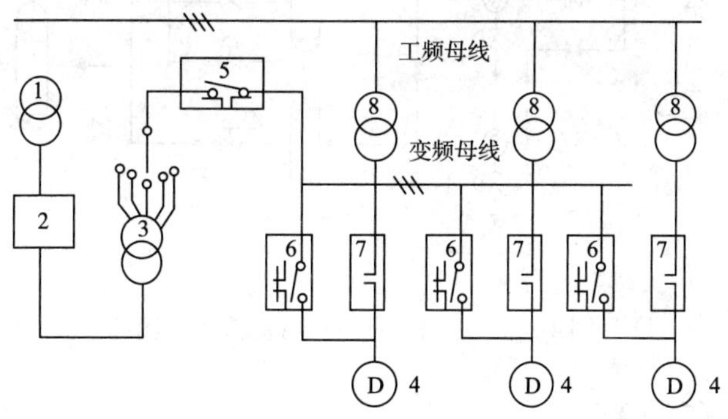

图 4-62 变频器集中切换控制柜工作原理图

1—降压变压器;2—变频器;3—升压变压器;4—电机;5—总闸;6—真空接触器;7—真空接触器;8—工频降压变压器

①导通生产流程；

②确定启动井的地面工作电压；

③按确定的地面工作电压调整升压变压器输出挡位；

④给变频器和集中控制柜送电，并设定各种保护参数；

⑤进行集中控制柜预操作以及用电磁锁合集中控制柜上的总闸和单井的闸，顺序是先单井后总闸；

⑥按变频器上的启动按钮启动电潜泵，并维持生产将井筒中的死油排完，一般需要30min；

⑦待死油排尽后将停下变频器的电，立即转为工频生产，停机步骤与启动顺序相反。

目前该系统装置投用的有两种，一种可以拖动13台电机，另一种可以拖动14台电机。

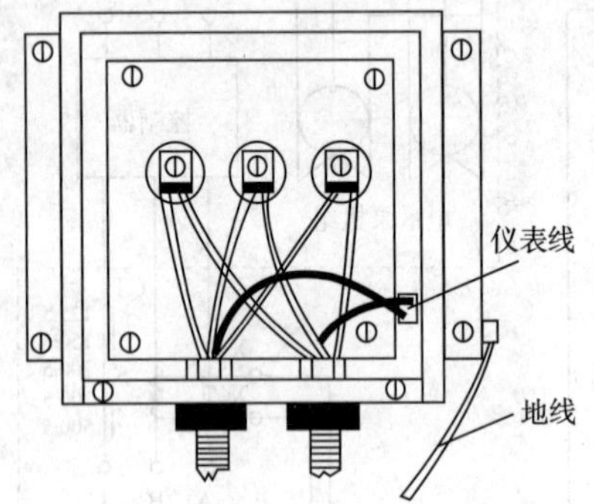

图4-63　电潜泵井口接线盒

5）接线盒

接线盒是电潜泵井下电缆与地面电缆之间的过渡连接装置，其作用是排放通过电缆保护套渗到地面的天然气，防止天然气沿电缆进入控制柜而发生爆炸、火灾等不安全事故；另一个作用是方便地面接线工作。接线盒必须安放在通风良好、空气干燥的环境，必须具有防滴、防渗和气体排放等功能。图4-63是美国REDA公司的接线盒。

6）电潜泵井口

电潜泵井口与自喷井采油树井口大致相同，区别仅在于其压帽和油管挂有所差别，电潜泵井生产管汇流程简图如图4-64所示，其参数和使用方法详见《海上油气田完井手册》。

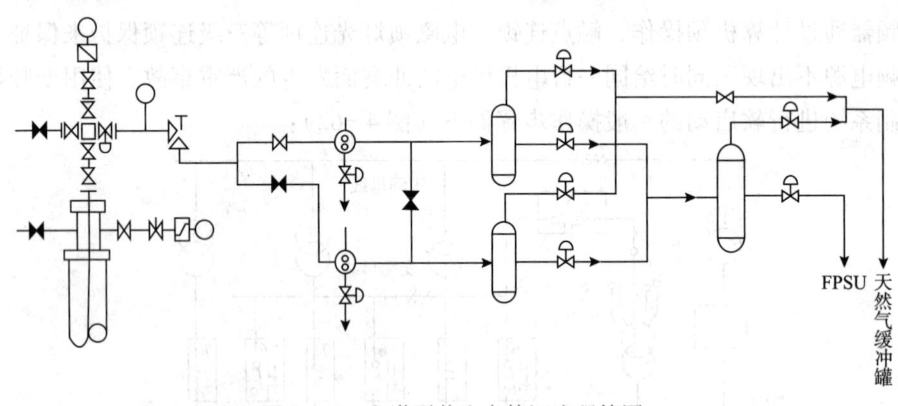

图4-64　电潜泵井生产管汇流程简图

三、地面配套流程

1. 生产管汇

电潜泵生产系统与其他类型井一样，每口井产出流体都需要通过管线、控制阀门和管汇与其他井液汇集在一起，经处理系统加工后才能成为商品油。图 4-64 是必配的流程管件示意图，必须满足井口压力、温度录取、化验取样、紧急关井、油气水计量等需要。

2. 洗井管汇及流程

对于电潜泵井来说，检泵作业是必然的，必须配备压井和洗井作业设备及流程，要求管线压力等级必须满足洗井压力等级的需要，视油井深度和油层压力而定。一般油田的洗井流程和管汇是固定的，为了节约投资，部分油田采用临时洗井管线。洗井流程管汇如图 4-65 所示。

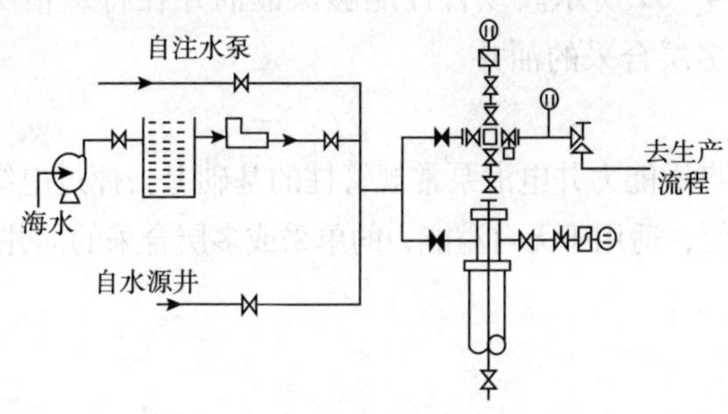

图 4-65　电潜泵井洗压井管汇流程简图

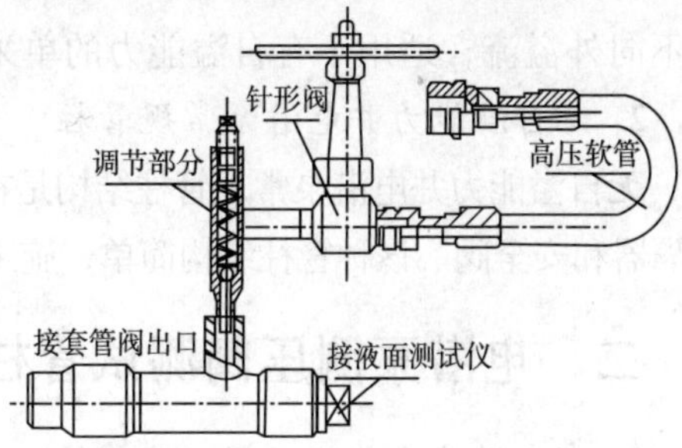

图 4-66　定压放气阀结构图

3. 套管气定压排放

随着电潜泵采油工艺的发展，为减少游离气体对电潜泵效率的影响和避免气蚀气锁的发生，人们往往在电潜泵入口处安装一个气体分离器，电潜泵工作时不断地向油套环形空间排入游离气体，随着生产的进行，环空中的气体越集越多，压力不断升高，迫使油气界面不断下降，当其降到泵吸口附近时，泵发生抽空现象，分离器失去作用，这就是为什么环空要保持一定沉没度（即液面高度）的原因。维持一定液面高度，可以通过人工放气来实现，但往往使得流程受到冲击，各容器的液位不稳，波动大，甚至引起流程关断。套管气定压排放阀可以实现电潜泵井环空气体的定压排放，图 4-66 是定压放气阀的结构图，安装流程如图 4-67 所示，放气阀安装在采油树套管闸门与生产管汇之间。

通过控制合理套压可以获得最佳产量（图 4-68），既防止了套管气进泵，又减少了气体在液体中的流动阻力。

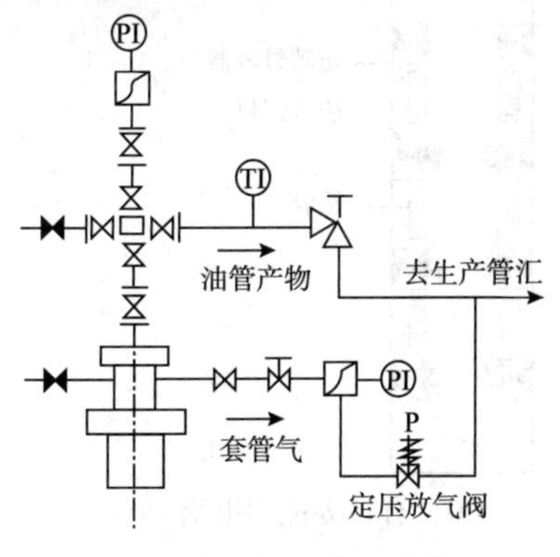

图 4-67　定压放气流程通

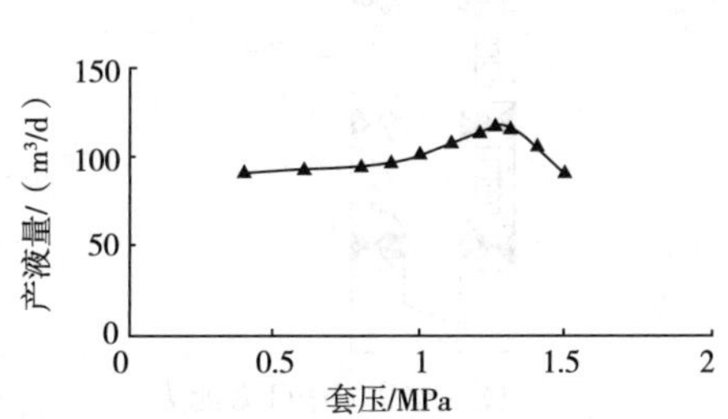

图 4-68　某油井实测的产量—套压曲线

第二节　电潜泵管柱及测试

一、电潜泵常规管柱

1. 有自溢能力井常规管柱

有自溢能力井常规管柱的管柱结构如图4-69所示。该管柱能够保证油井在特殊情况下不向外溢流，适用于有自溢能力的单采或多层合采的油井。

2. 无自溢能力井电潜泵常规管柱

无自溢能力井电潜泵常规管柱结构是在有自溢能力井电潜泵常规管柱的基础上去掉过电缆封隔器和安全阀。该种管柱结构简单，施工方便，适用于无自溢能力的单采或多层合采的油井。

二、电潜泵测压阀测试管柱

1. 有自溢能力井测压阀测试管柱

有自溢能力井测压阀测试管柱如图4-70所示。该管柱可精确测试泵吸入口和排出口附近的压力和温度，同时也为检泵作业提供压井液循环通道和起管柱时的泄流通道。适用于有自溢能力的单采或多层合采的油井。

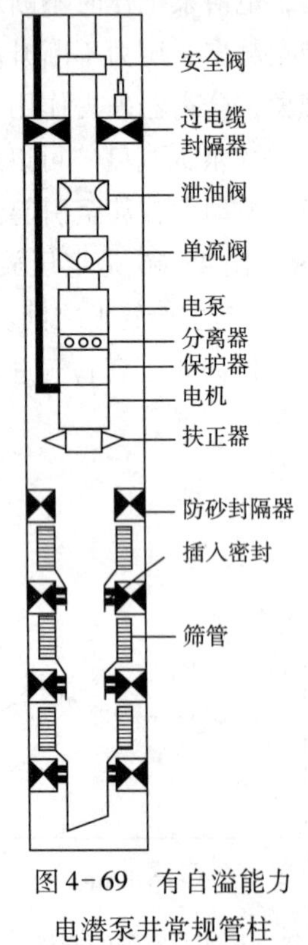

图4-69　有自溢能力电潜泵井常规管柱

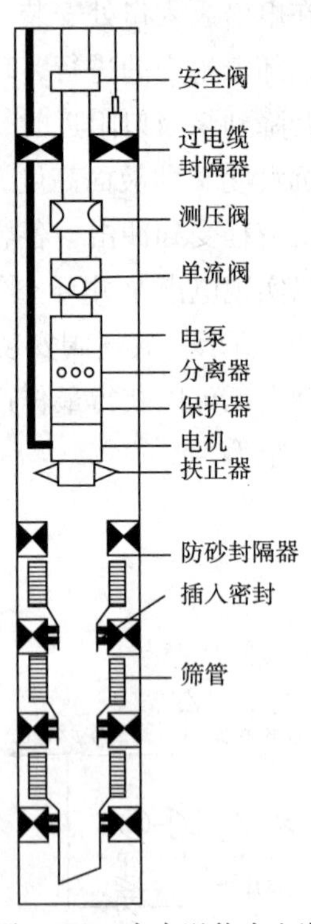

图4-70　有自溢能力电潜泵井测压阀测试管柱

2. 无自溢能力井测压阀测试管柱

无自溢能力井测压阀测试管柱与图 4-70 的管柱结构相比，缺少安全阀和过电缆封隔器。在油井无自溢能力的情况下具备有自溢能力井测压阀测试管柱的特点。

三、电潜泵 Y 型分采分测管柱

1. 有自溢能力井 Y 型分采分测管柱

管柱结构如图 4-71 所示。通过对滑套开关或在工作筒内投捞堵塞器，进行封上采下、封下采上或封上下、采中间的分采或合采，也可以进行分层生产测试和实施堵水等采油工艺措施，它能够保证油井在特殊情况下不向外溢油，适用于有自溢能力的单采或多层分采的油井。

2. 无自溢能力井 Y 型分采分测管柱

管柱结构为在图 4-71 的基础上去掉安全阀和过电缆封隔器。无自溢能力井 Y 型分采分测管柱与有自溢能力井 Y 型分采分测管柱的区别在于只适用于无自溢能力的单采或多层分采的油井。

四、电潜泵毛细管测试管柱

1. 有自溢能力井毛细管测试管柱

有自溢能力井毛细管测试管柱结构如图 4-72 所示。能精确测得泵挂附近（实际是电

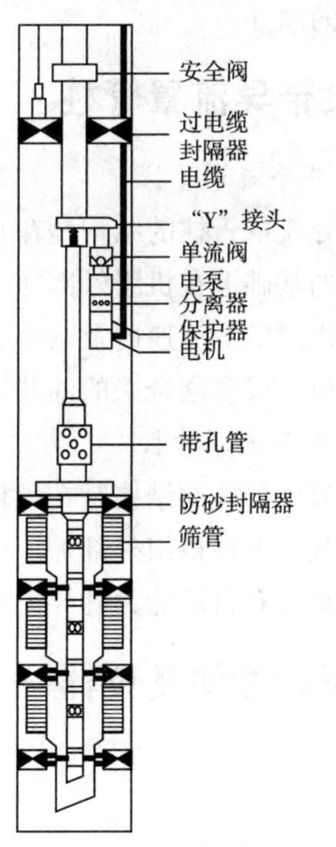

图 4-71　有自溢能力 Y 型结构分采管

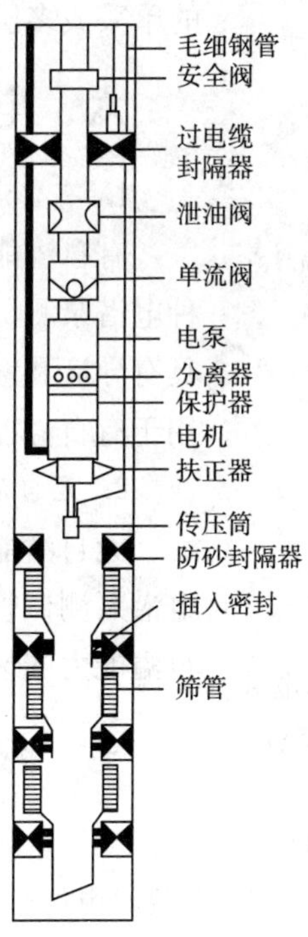

图 4-72　有自溢能力井毛细管测压管柱

机尾部）的环空压力，如将传压筒延伸到油层部位，也可测试油层部位的压力，具有重复使用的特点。为保证结果精确，要求系统气密性好并进行经常性的维护。此类测试管柱适用于有自溢能力的单采或多层合采的油井。

2. 无自溢能力井毛细管测试管柱

无自溢能力井毛细管测试管柱的结构与图4-72相比，缺少安全阀和过电缆封隔器。在油井无自溢能力的情况下具备有自溢能力井毛细管测试管柱的特点。

五、电潜泵PHD/PSI测试管柱

1. 有自溢能力井PHD/PSI测试管柱

有自溢能力井PHD/PSI测试管柱如图4-73所示。该管柱可精确测得泵挂附近（实际是电机尾部）的环空压力和温度，随时了解电机的环境温度，适用于有自溢能力的单采或多层合采的油井。

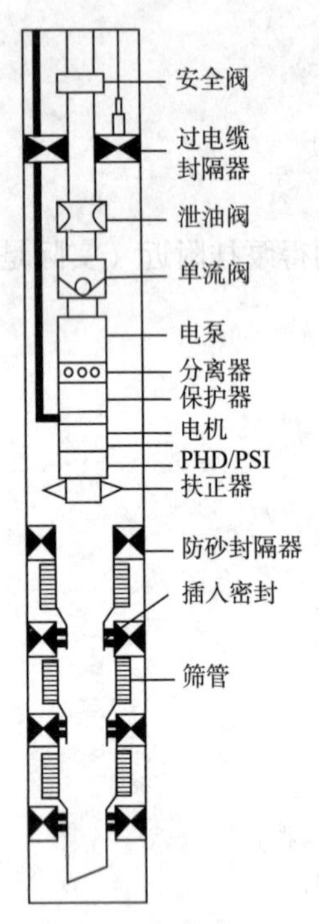

图4-73　有自溢能力电潜泵井PHD/PSI测试管柱

2. 无自溢能力井PHD/PSI测试管柱

无自溢能力井PHD/PSI测试管柱的结构与有自溢能力井PHD/PSI测试管柱结构的区别在于其不具备安全阀和过电缆封隔器。该管柱可精确测得泵挂附近（实际是电机尾部）的环空压力和温度，随时了解电机的环境温度，适用于无自溢能力的单采或多层合采的油井。

六、电潜泵带导流罩管柱

1. 有自溢能力井导流罩管柱

有自溢能力井导流罩管柱的结构是在有自溢能力的任何一种电潜泵测试管柱的基础上在机组外部加一个导流罩。该管柱具有导流和增加电机周围液流速度及减小电机温升的作用，适用于有自溢能力的单采或多层合采的油井。

2. 无自溢能力井导流罩管柱

无自溢能力导流罩管柱的结构是在无自溢能力的任何一种电潜泵测试管柱的基础上在机组外部加一个导流罩。在油井无自溢能力的情况下具有有自溢能力井导流罩管柱的特点。

七、液面测试方法及仪器

1. 回声法液面测试

1）气枪式双频道CJ-2型回声仪

（1）回声仪的组成。

全套仪器由气枪式井口连接器、微音器电缆、放大记录仪和充电器组成（图4-74、图4-75）。

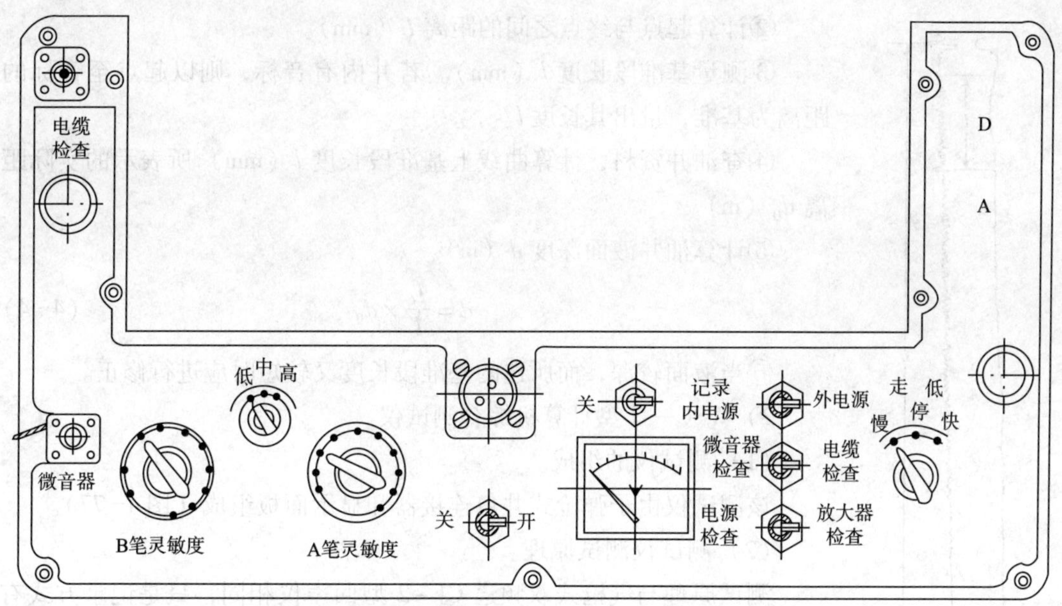

图4-74 面板示意图

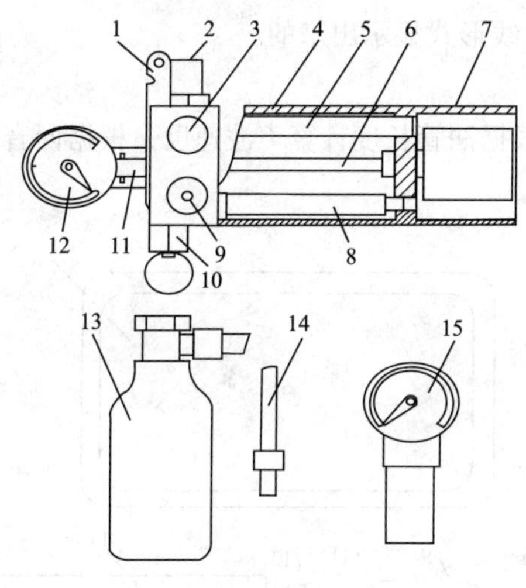

图4-75 气枪结构示意图

1—节气杠杆；2—快速测压阀；3—放套压阀；4—壳体；5—通气管；6—导线管；7—微音器；8—气阀；9—充放气阀；10—拉杆组件；11—插座；12—压力表；13—气瓶；14—充气连接件；15—快速连接器

（2）回声仪测试原理。

回声仪测试原理是由井口连接器里的发声装置发出一个声脉冲，声脉冲沿油井套管环形空间向下传播，当遇到油管接箍、回音标和液面等障碍物时产生回波、反射波并由微音器接收，经电路整形、滤波后，由笔录仪以恒定的速度记录下来。

（3）液面计算方法。

①从图4-76所示的测试曲线上确定完整的一次反射的起点和终点。

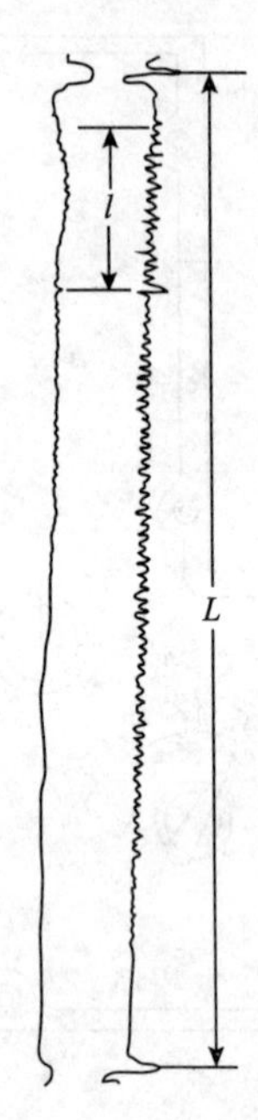

图 4-76　测试曲线

②计算起点与终点之间的距离 L（mm）。

③测量基准段长度 l（mm）。若井内有音标，则以起点至音标的距离为基准，量出其长度 l。

④查油井资料，计算曲线上基准段长度 l（mm）所表示的实际距离 d_0（m）

⑤计算油井液面深度 d（m）

$$d = \frac{L}{l} \times d_0 \tag{4-4}$$

⑥当液面较深，而所选的基准段长度又较短时应进行修正。

2）WSC—Ⅰ型计算机综合测试仪

（1）测试仪的组成。

该测试仪由子弹枪式井口连接器和显示面板组成（图 4-77）。

（2）测试仪测试原理。

测试原理与气枪式双频道 CJ-2 型回声仪相同，只是记录方式有所不同，WSC—Ⅰ型计算机综合测试仪是通过计算机将测试数据记录并以曲线形式显示出来的。

（3）液面计算方法。

本计算有三种方法：根据油管长度计算声波速度，根据回音标位置计算声波速度，根据若干接箍计算声波速度。

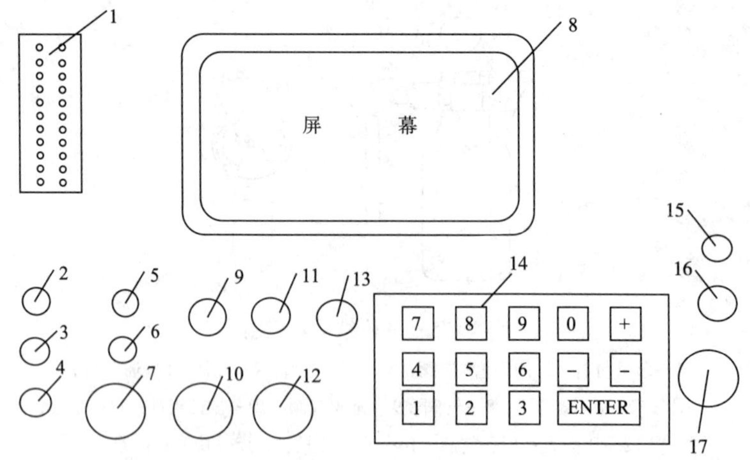

图 4-77　面板示意图

1—打印口；2—电源指示灯；3—电源开关；4—液面插孔；5—充电指示灯；6—充电插孔；7—功图插孔；8—屏幕；9—辉度旋钮；10—载荷插孔；11—高频旋钮；12—电流插孔；13—低频旋钮；14—小键盘；15—键盘开关；16—软区指示灯；17—大键盘插孔

2. 物质平衡法液面测试

当泵井油套环空中出现泡沫段时，将失去真实的气液界面。造成回声法测液面不准确，在这种情况下，应用物质平衡法测液面会比较优越。

物质平衡法液面测试计算方法分为下述2种情况。

1）对于套管产气井

正常生产时环空拟气柱的长度计算为：

$$H'_f = \frac{1}{k}\ln\left\{1 + \frac{kQ_{1\partial V}TZp_{st}}{m_1AT_{st}} + \frac{p_{c_1}\left[e^{kH_1} - \left(1 + \frac{kQ_{1\partial V}TZp_{st}}{m_1AT_{st}}\right)\right]}{p_{c_0}}\right\} \quad (4-5)$$

$$k = \frac{0.03416\gamma_{ng}}{TZ}$$

式中　γ_{ng}——标准条件下天然气的相对密度；

$Q_{1\partial V}$——整个排气周期中，流入气体系统的平均体积流量，m^3/s；

T——环空中拟气柱平均温度，K；

Z——环空中拟气柱平均压缩因子；

m_1——环空测试的 p_c-t 关系曲线的斜率，Pa/s；

A——环形空间截面积，m^2；

T_{st}——标准温度条件，取293.15K；

H_1——t_1时刻的拟气柱长度，m；

p_{c_0}——正常生产时的井口套压，Pa；

p_{c_1}——t_1时刻的井口套压，Pa；

p_{st}——标准大气压，取1.01×10^5Pa。

2）对于套管不产气井

正常生产时环空拟气柱的长度计算为：

$$H'_f = \frac{1}{k}\ln\left\{1 + \frac{k(Q_{1\partial V} - Q_{2\partial V})TZp_{st}}{m_1AT_{st}} + \frac{p_{c1}\left[e^{kH_1} - \left(1 + \frac{k(Q_{1\partial V} - Q_{2\partial V})TZp_{st}}{m_1AT_{st}}\right)\right]}{p_{c_0}}\right\} \quad (4-6)$$

式中　$Q_{2\partial V}$——整个排气周期中，流出气体系统的平均体积流量，m^3。

第三节　电潜泵机组选型设计

一、井下机组选型

1. 选型设计原则

为了合理地选择电潜泵，使其运行最可靠且最经济，在选型设计时，一般遵循以下原则：

①合理选择泵型，使泵在最高效率点附近工作；

②泵的额定排量和油井产能相匹配，额定扬程等于油井的总动压头；

③电机的输出功率能够满足举升液体所需功率要求，尽可能涵盖较宽的地层变化范围；

④其他方面，例如电缆的选择，在保证套管尺寸要求的情况下，电缆的耐压和型号选择要尽量大一些，以减少功率损失。

2. 选型必需的基础数据

1）油井历史数据

油井历史数据包括：油井套管规格及下入深度；油管规格及其连接螺纹规格；油层中部深度及射孔井段；原油、天然气和水的相对密度；井底温度；原油黏度；饱和压力及溶解气油比；含砂量、结蜡及腐蚀情况，一般要求含砂量不能超过万分之五。

2）油井目前生产数据

油井目前生产数据包括：井口压力及套管压力；油井产液量及含水率；地层压力及井底流压；生产气油比及总产气量。

3）其他资料

其他资料包括：套管损坏情况及部位；电源电压；电网频率。

3. 高含水井井下机组的选型

1）离心泵选型参数确定

（1）预测油井产能。在电潜泵的选择中，油井产能预测是一个很重要的步骤，油井生产能力预测的准确性，将直接关系到选泵的合理性。油井产能预测应由油藏部门提供，其根据实际油井情况选择一种计算方法，确定出油井合理的产能和井底流压。

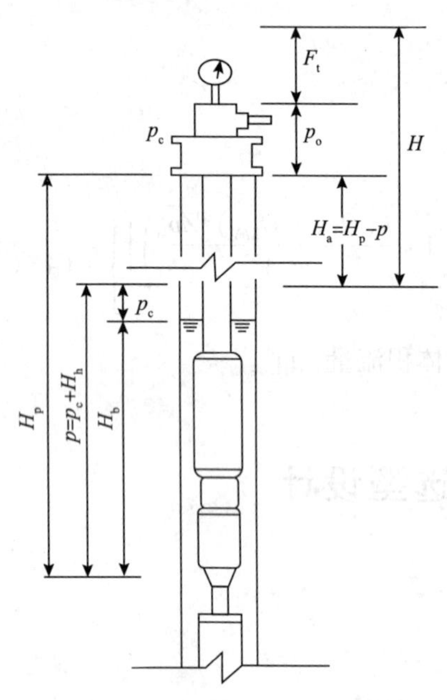

图4-78 油井总动压间计算示意图

（2）计算总动压头（即总扬程）。如图4-78所示，油井的总动压头可由下式计算：

$$H=H_a+p_o+F_t$$
$$=H_p+p_o+F_t-p \qquad (4-7)$$

式中 H——油井总动压头，m；

H_p——泵挂深度，m；

p_o——油压折算压头，m；

p——泵吸入口压力，m；

H_a——垂直举升高度，m。

其中油管摩阻损失 F_t，可用下式进行计算：

$$F_t=(1-\eta_o)\times L$$
$$=0.111\times10-10\times\lambda\times\frac{Q^2}{d^2} \qquad (4-8)$$

式中 η_o——油管效率，%；

λ——摩阻系数；

Q——液体流量，m³/d；

D——油管直径，m。

此外，也可以从图4-79所示油管压头损失曲线中查出油管摩阻损失 F_t。目前大多采用油管多相流软件计算总动压头。

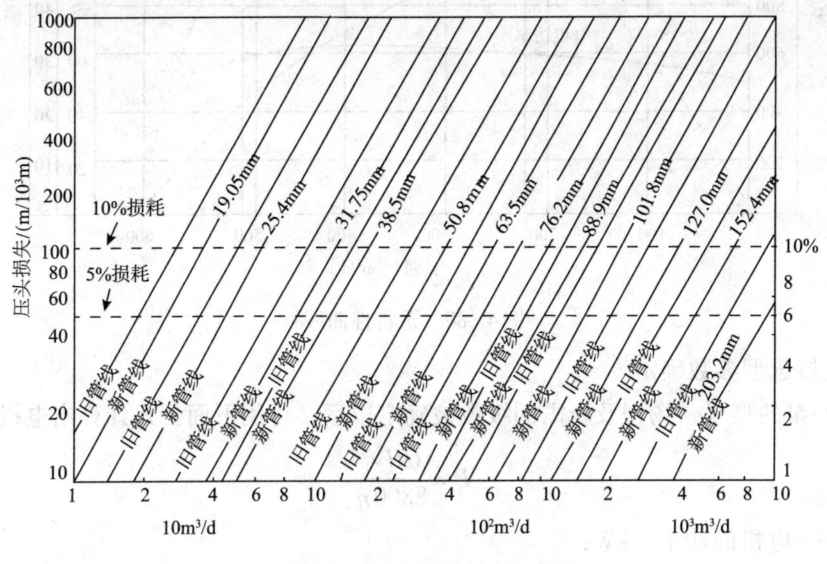

图4-79 油管压头损失曲线

（3）泵型的确定。根据以上预测的地层产液量（或校正产液量）和套管尺寸，选择设计产量在泵的最佳工作范围之内且最接近泵效峰值的泵型。若两种或两种以上泵型在设计产量点的效率相近，则按以下条件进行选择：

①泵的价格和相应电机规格的价格有所不同。一般大直径机组价格较便宜，高效率泵一般较贵，但其优点是需要的功率较小，可以降低电费；

②当油井产量为未知数或不能精确地预测时，应选择特性曲线"较陡"的泵，如果设计产量落在两种泵型效率近似的点，可选级数较多的泵型，这样即使油井实际举升量大于或小于设计产量，泵的排量仍将最接近设计产量。

（4）离心泵级数的确定。根据以上所选泵的排量在泵特性曲线（图4-80）横坐标上找到泵排量，从这一点向上引一条直线与泵的扬程—排量曲线相交，从交点向左看纵坐标，即可得单级扬程。然后用计算出的总动压头 H（m）（即扬程）除以单级扬程值，即可求出泵的总级数。

$$\text{泵的总级数} = \frac{H}{\text{泵的单级扬程}} \tag{4-9}$$

根据计算出的实际级数，在泵系列表上查出与计算出的实际级数相等或稍大的级数，即为所选泵的级数。

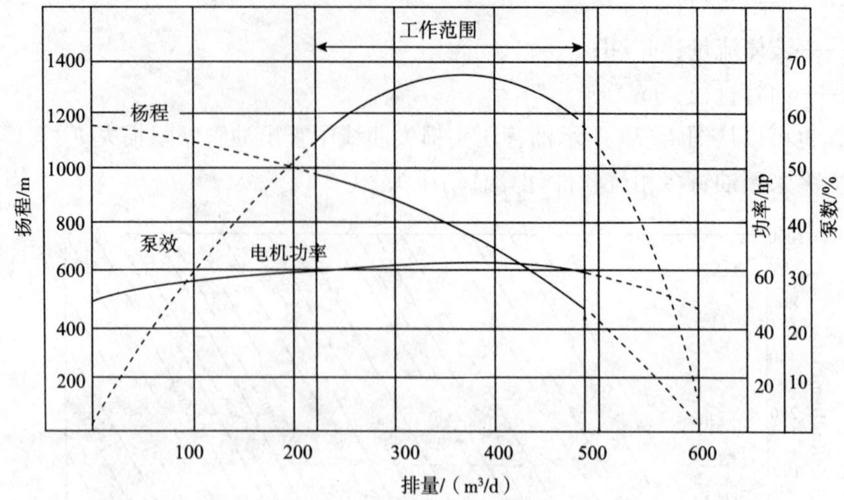

图 4-80　泵特性曲线

2）电机选型参数确定

当离心泵的型号、扬程及所需的级数被确定以后，可用下面公式计算出电机的功率：

$$P = \frac{QH\gamma_1}{8800\eta} \tag{4-10}$$

式中　P——电机的功率，kW；

Q——泵的额定排量，m^3/d；

H——泵的额定扬程，m；

γ_1——井液平均相对密度；

η——泵的效率，%。

电机功率也可以用以下方法求得：

$$P = 单级功率 \times 总级数 \times 井液平均相对密度$$

单级功率从泵的特性曲线上查得。

根据计算的功率和套管尺寸选择电机型号，进一步确定出电机的额定电压和电流。

3）保护器选型

根据电机系列选择与之相配套的保护器，对于海上斜井，使用双胶囊式保护器较为可靠。

4）电缆选型

电缆选型时所需考虑的因素包括：电缆规格、电缆类型、电缆长度。

（1）电缆规格。根据井底温度、电机功率、电压、电流以及油管接箍与套管之间的间隙等综合因素选择电压降小于 30V/305m（1000ft）的电缆规格。由于电缆的压降损失和功率损失与电缆的截面积及长度有关，所以在选择电缆时，尽可能选用截面积较大的电缆。

电缆压降损失和功率损失计算公式如下：

$$\Delta U = 3 \times I \times L\ (\gamma\cos\psi + x\sin\psi) \tag{4-11}$$

$$\Delta P = 3IR \times 10 - 2 \tag{4-12}$$

式中　ΔU——电缆压降损失，V；

I——电机工作电流，A；

L——电缆长度，m；

γ——导体有效阻抗，Ω/km；

$\cos\psi$——有功功率因数；

x——导体电抗，Ω/km；

$\sin\psi$——无功功率因数；

ΔP——功率损失，kW；

R——电缆的内阻，Ω。

另外，电缆的压降损失也可以从电缆压降损失曲线上查得（图4-81）。

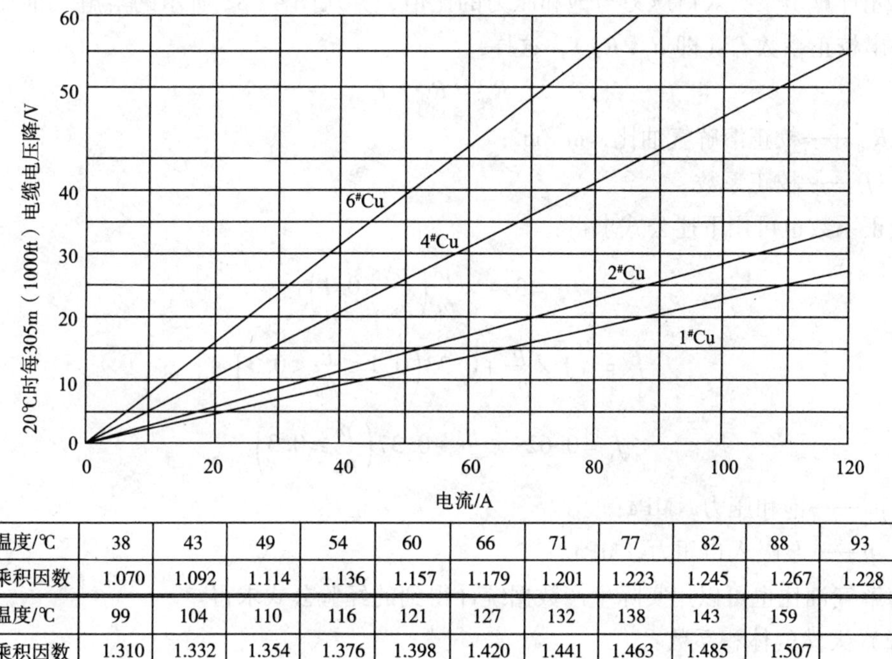

温度/℃	38	43	49	54	60	66	71	77	82	88	93
乘积因数	1.070	1.092	1.114	1.136	1.157	1.179	1.201	1.223	1.245	1.267	1.228
温度/℃	99	104	110	116	121	127	132	138	143	159	
乘积因数	1.310	1.332	1.354	1.376	1.398	1.420	1.441	1.463	1.485	1.507	

图4-81　电缆压降损失图

（2）电缆类型。主要是根据液体情况、井底温度和套管环形空间的间隙，确定选用圆电缆或扁电缆及其耐温等级。

（3）电缆长度。为了使地面接头距井口处于安全距离，电缆长度应根据实际情况留出适度的余量。

5）泵挂设计

泵挂深度最大为射孔井段以上50~100m处；最小深度应确保泵挂处泵吸入口的气液比不能超过25%。如果要下到射孔段以下，必须安装导流罩。为了保证在检泵周期内具有一定的沉没度，应尽量将泵下深一些。

泵吸入口处的气液比计算如下：

（1）溶解气油比：

$$R_{sb}=0.1342\gamma_g\left[10\times p_b\times\frac{10^{0.0125(141.5/\gamma_o-131.5)}}{10^{0.00091(1.8T+32)}}\right]^{1/0.83} \tag{4-13}$$

式中 R_{sb}——在饱和压力下的溶解气油比，m^3/m^3；

γ_g——天然气的相对密度；

γ_o——原油的相对密度；

p_b——饱和压力，MPa；

T——井底温度，℃。

由于在电潜泵抽油过程中，流压一般都低于饱和压力，所以计算出来的溶解气油比必须进行校正，以补偿流压低于饱和压力的情况。

首先计算出泵吸入口压力与饱和压力的比值，并从图 4-82 所示的溶解气油比校正曲线上查出校正系数 f_c（即 R_{sp}/R_{sb}），这样

$$R_{sp}=R_{sb}\times f_c \tag{4-14}$$

式中 R_{sp}——校正溶解气油比，m^3/m^3；

f_c——校正系数。

校正系数也可用下述公式求得：

$$f_c=3.4\times\frac{p}{p_b}\left(\frac{p}{p_b}<0.1\right) \tag{4-15}$$

$$f_c=1.1\times\frac{p}{p_b}+0.23\left(0.1\leqslant\frac{p}{p_b}<0.3\right) \tag{4-16}$$

$$f_c=0.629\times\frac{p}{p_b}+0.37\left(\frac{p}{p_b}\geqslant 0.3\right) \tag{4-17}$$

式中 p_b——饱和压力，MPa；

p——泵吸入口压力，MPa。

溶解气油比也可以用实际生产数据统计得到的经验公式求得。

（2）天然气体积系数：

$$B_g=0.000378\times\frac{Z(T+273)}{p} \tag{4-18}$$

式中 B_g——天然气体积系数，m^3/m^3；

Z——天然气压缩因子，一般在 0.81～0.91 之间；

T——井底温度，℃；

p——泵吸入口压力，MPa。

（3）地下原油体积系数：

$$B_o=0.972+0.000147\left[5.61R_{sp}\left(\frac{\gamma_g}{\gamma_o}\right)^{0.5}+1.25(1.8T+32)\right]^{1.175} \tag{4-19}$$

式中 B_o——地下原油体积系数，m^3/m^3。

地下原油体积系数也可用实际油田经验公式求得。

（4）泵吸入口气液比：

$$GLR=\frac{Q_{g}}{Q_{o}+Q_{g}+Q_{w}}\times 100\% \tag{4-20}$$

式中 GLR——泵吸入口气液比,%；

Q_{o}——泵吸入口原油体积流量，m^3/d；

Q_{w}——泵吸入口水的体积流量，m^3/d。

（5）泵挂处泵对狗腿度的要求。对于定向井必须考虑狗腿度的影响，表4-45列出了不同机组尺寸和不同套管尺寸组合下，在机组弯曲度不超过3°/30m时，所允许的井眼最大狗腿度。

表4-45 泵挂处不同机组尺寸和套管尺寸组合下机组长度和狗腿度的关系

机组尺寸/in		套管尺寸/in		机组长度		允许狗腿度/（°）	备注
电机外径	泵外径	外径	内径	ft	m		
5.40	5.13	10	9.85	127	50	3.6	
				102	40	4.0	
				76	30	4.7	
				51	20	7.0	
				25	10	19.0	
		9	8.68	127	50	3.4	
				102	40	3.7	
				76	30	4.3	
				51	20	6.0	
				25	10	15.0	
		7	6.37	127	50	3.1	
				102	40	3.2	
				76	30	3.4	
				51	20	3.9	
				25	10	6.8	
	4.75	10	9.85	127	50	3.6	
				102	40	4	
				76	30	4.8	
				51	20	7.1	
				25	10	19.7	

续表

机组尺寸/in		套管尺寸/in		机组长度		允许狗腿度/（°）	备注
电机外径	泵外径	外径	内径	ft	m		
5.40	4.75	9	8.68	127	50	3.5	
				102	40	3.7	
				76	30	4.3	
				51	20	6.1	
				25	10	15.5	
		7	6.37	127	50	3.1	
				102	40	3.2	
				76	30	3.4	
				51	20	4.1	
				25	10	7.4	
	4.00	10	9.85	127	50	3.7	
				102	40	4.1	
				76	30	5	
				51	20	7.5	
				25	10	21	
		9	8.68	127	50	3.5	
				102	40	3.8	
				76	30	4.5	
				51	20	6.4	
				25	10	16.9	
		7	6.37	127	50	3.2	
				102	40	3.3	
				76	30	3.6	
				51	20	4.4	
				25	10	8.8	
4.56	4.00	10	9.85	127	50	3.7	
				102	40	4.2	
				76	30	5.1	
				51	20	7.8	
				25	10	22.5	

续表

机组尺寸/in		套管尺寸/in		机组长度		允许狗腿度/(°)	备注
电机外径	泵外径	外径	内径	ft	m		
4.56	4.00	9	8.68	127	50	3.6	
				102	40	3.9	
				76	30	4.7	
				51	20	6.8	
				25	10	18.4	
		7	6.37	127	50	3.2	
				102	40	3.4	
				76	30	3.8	
				51	20	4.8	
				25	10	10.3	
		9	8.68	127	50	3.1	Y管柱
				102	40	3.2	
				76	30	3.5	
				51	20	4.1	
				25	10	7.6	
	3.38	9	8.68	127	50	3.6	
				102	40	4.0	
				76	30	4.8	
				51	20	7.1	
				25	10	19.5	
		7	6.37	127	50	3.3	
				102	40	3.5	
				76	30	3.9	
				51	20	5.1	
				25	10	11.4	
		9	8.68	127	50	3.2	Y管柱
				102	40	3.3	
				76	30	3.5	
				51	20	4.3	
				25	10	8.2	

续表

<table>
<tr><th colspan="2">机组尺寸/in</th><th colspan="2">套管尺寸/in</th><th colspan="2">机组长度</th><th rowspan="2">允许狗腿度/（°）</th><th rowspan="2">备注</th></tr>
<tr><th>电机外径</th><th>泵外径</th><th>外径</th><th>内径</th><th>ft</th><th>m</th></tr>
<tr><td rowspan="15">3.75</td><td rowspan="15">3.38</td><td rowspan="5">7</td><td rowspan="5">6.37</td><td>127</td><td>50</td><td>3.3</td><td rowspan="5"></td></tr>
<tr><td>102</td><td>40</td><td>3.6</td></tr>
<tr><td>76</td><td>30</td><td>4.0</td></tr>
<tr><td>51</td><td>20</td><td>5.4</td></tr>
<tr><td>25</td><td>10</td><td>12.8</td></tr>
<tr><td rowspan="5">5</td><td rowspan="5">4.408</td><td>127</td><td>50</td><td>3.1</td><td rowspan="5"></td></tr>
<tr><td>102</td><td>40</td><td>3.1</td></tr>
<tr><td>76</td><td>30</td><td>3.3</td></tr>
<tr><td>51</td><td>20</td><td>3.7</td></tr>
<tr><td>25</td><td>10</td><td>5.9</td></tr>
<tr><td rowspan="5">9</td><td rowspan="5">8.68</td><td>127</td><td>50</td><td>3.2</td><td rowspan="5">Y 管柱</td></tr>
<tr><td>102</td><td>40</td><td>3.3</td></tr>
<tr><td>76</td><td>30</td><td>3.6</td></tr>
<tr><td>51</td><td>20</td><td>4.4</td></tr>
<tr><td>25</td><td>10</td><td>8.9</td></tr>
</table>

6）其他附件

（1）分离器。根据在泵挂设计计算中计算出的泵吸入口气液比来确定是否需要分离器，分离器的型号要与泵相匹配，分离器有沉降式和旋转式，目前常用的是旋转式分离器。

（2）小扁电缆。根据电机的电流、井底温度来选择小扁电缆的型号，小扁电缆的长度至少应超出泵出口 1.5m（5ft）。

（3）电缆卡子。根据所选电机和油管外径及井液是否有强腐蚀性等条件来选择电缆卡子的型号和长度。

（4）单流阀与泄油阀。单流阀与泄油阀应与油管尺寸和油管扣型相同。

（5）油管头。选择的油管头应符合油管、套管、电缆、井口压力和垂向负荷的需要。

（6）泵头。泵头的扣型与油管相同，如果不同，需加变扣接头。

4. 稠油井井下机组选型

对于稀油井或高含水井，电潜泵的设计都是假定井液的黏度和水相同，用标准的特性曲线进行选择。当井液黏度比较大时，就必须对泵进行校正，以保证电潜泵在最佳工作特性下运行。校正步骤如下：

①计算出泵送清水时的总扬程；

②根据原油在 1 大气压和 15.6℃（60℉）情况下的原油相对密度，从图 4-82 中查出在泵挂处的温度下不含气原油的黏度；

③从图 4-83 中把不含气原油黏度修正成饱和原油黏度；

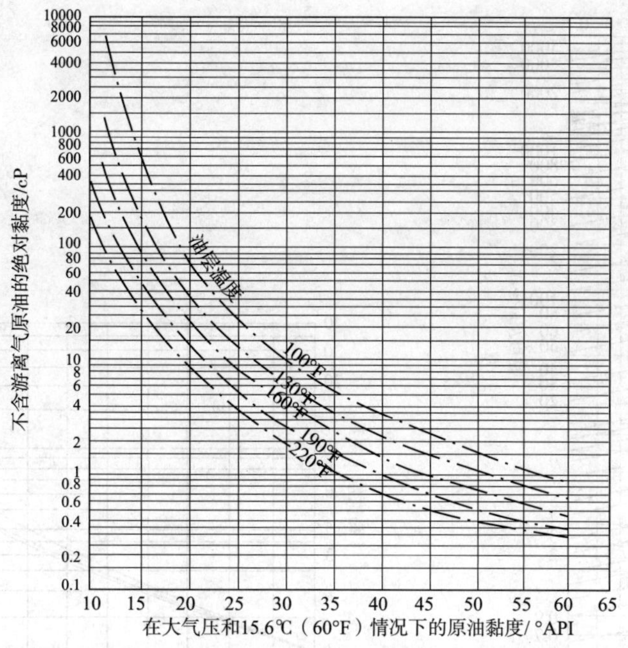

图 4-82　不含气原油在不同地层温度下的黏度

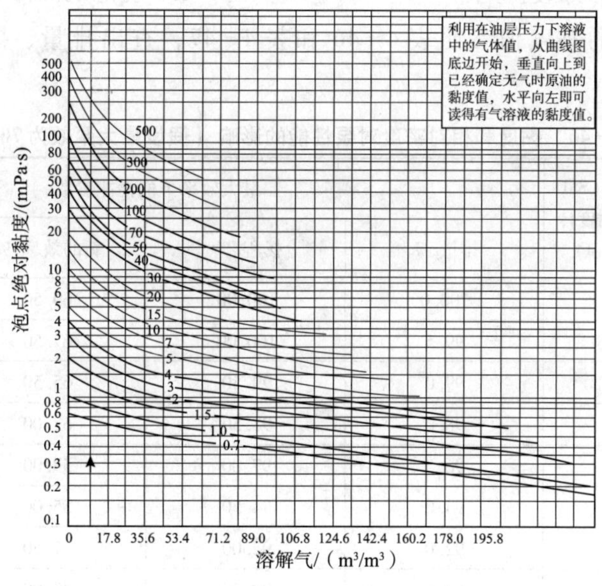

图 4-83　饱和原油在地层温度和压力下的黏度

④根据图 4-84 把黏度单位换算成 SSU 单位；

⑤根据含水从图 4-85 中查出黏度修正系数，用黏度修正系数修正黏度值；

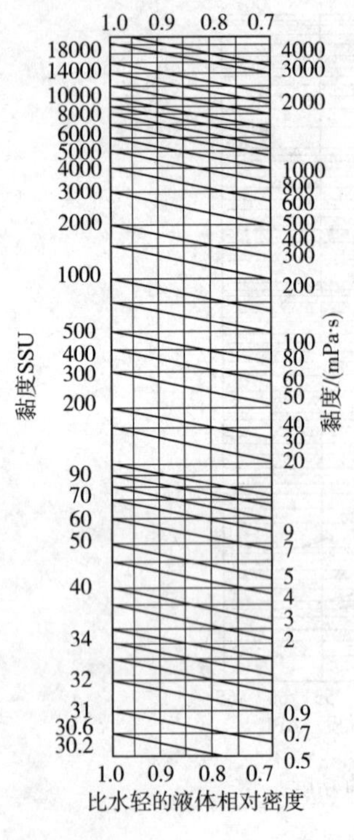

图 4-84　比水轻液体的黏度换算图

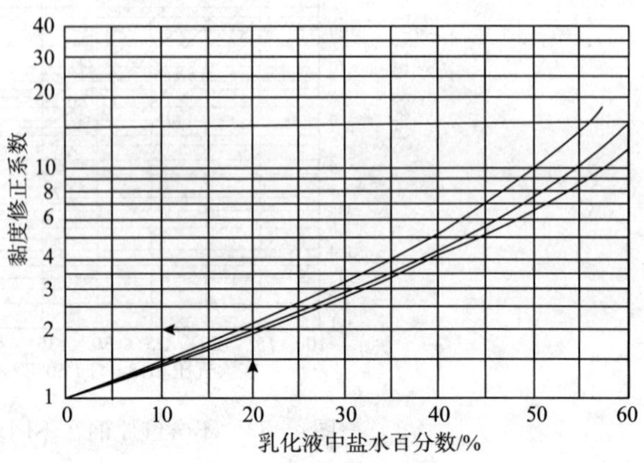

图 4-85　乳化对原油黏度的影响

⑥根据修正后的黏度值参照表 4-46 和表 4-47，查出排量、扬程和功率的修正系数；

表 4-46　黏度和相对密度对泵性能的影响（假设最大泵效为 70%）

泵送温度下的黏度 SSU/（SSU 表示规定温度下从赛氏黏度计流出 60mL 液体所需时间）	最大效率下的性能参数			
	排量/%	扬程/%	新的效率/%	功率/%
50	100.0	100.00	69.50	108.0γ
80	99.5	100.00	67.50	103.1γ
100	99.0	99.50	65.50	105.3γ
150	98.0	98.50	62.00	109.0γ
200	96.5	97.00	59.00	111.0γ
300	94.0	94.50	55.00	113.1γ
400	92.0	92.00	51.50	115.0γ
500	90.5	90.50	49.00	117.0γ
600	89.0	89.50	47.50	117.3γ
700	87.0	88.00	44.00	117.3γ
800	85.5	86.00	43.00	117.0γ
900	84.0	85.00	42.00	116.2γ

续表

泵送温度下的黏度 SSU/（SSU 表示规定温度下从赛氏黏度计流出 60mL 液体所需时间）	最大效率下的性能参数			
	排量/%	扬程/%	新的效率/%	功率/%
1000	83.0	84.00	37.00	116.0γ
1500	78.0	79.00	34.70	113.5γ
2000	74.0	75.50	32.00	112.6γ
2500	70.5	72.50	30.00	111.6γ
3000	67.0	69.50	27.00	108.8γ
4000	61.0	64.00	25.00	101.2γ
5000	55.0	60.00	10.00	92.4γ

注：γ 为原油在泵送温度下的相对密度。

表 4-47　黏度和相对密度对泵性能的影响（假设泵效最大为 60%）

泵送温度下的黏度/SSU	最大效率下的性能参数			
	排量/%	扬程/%	新的效率/%	功率/%
50	100.0	99.50	57.50	104.0γ
80	98.5	98.50	54.00	107.8γ
100	98.0	98.00	52.00	110.8γ
150	96.0	96.00	47.50	116.3γ
200	94.0	94.00	44.50	119.1γ
300	91.0	91.00	40.00	124.2γ
400	88.0	89.00	37.00	127.0γ
500	85.0	86.00	34.00	128.0γ
600	83.0	84.50	32.50	129.5γ
700	80.5	82.50	30.50	130.0γ
800	79.0	81.00	29.00	131.0γ
900	77.0	80.00	28.00	132.0γ
1000	75.5	78.00	26.50	133.0γ
1500	69.0	72.50	22.00	136.5γ
2000	63.0	67.50	19.50	131.0γ
2500	58.0	63.00	17.00	129.0γ
3000	54.0	59.00	15.00	127.5γ
4000	47.0	50.50	12.00	118.7γ
5000	41.0	45.00	10.00	111.0γ

⑦根据排量、扬程和功率的修正系数对排量、扬程和功率进行修正，即

$$Q_{vis} = Q/C_Q \tag{4-21}$$

$$H_{vis} = H/C_H \tag{4-22}$$

$$P_{vis} = P \times C_P \tag{4-23}$$

式中 Q_{vis}——修正后产液量，m^3/d；

Q——未修正产液量，m^3/d；

H_{vis}——修正后扬程，m；

P_{vis}——修正后功率，kW；

P——电机功率，kW；

C_Q——产量修正系数；

C_H——扬程修正系数；

C_P——功率修正系数。

⑧根据修正后的排量和扬程按照高含水井的井下机组选型步骤进行选择。

以上图表是用来进行标准估算的，当油田具有实测的曲线和图表时，要按照油田的实际情况进行计算，这样计算结果才比较准确。

5. 含气井井下机组选型

含气井井下机组选型计算步骤如下：

①确定泵吸入口压力；

②根据多相流相关式，确定泵出口压力；

③确定泵吸入口和泵出口之间的压差 Δp；

④从吸入口开始，选择压力增值；

⑤根据不同压力点下油、气的体积、质量和 mix = 质量/体积的关系，确定不同压力点下的流体密度；

⑥确定不同压力点下的压力梯度；

⑦确定不同压力点之间的平均压力梯度；

⑧把压力增值之间的平均压力梯度换算成以英尺为单位的压头；

⑨确定不同压力点的体积排量；

⑩确定不同压力点之间的平均体积排量；

⑪根据每一个平均体积排量进行选泵，并确定每种泵所产生的压头；

⑫确定每级所产生的压力：平均压力梯度 × 压头/级；

⑬压力增值除以每级所产生的压头，以确定每个压力增值所需要的级数；

⑭根据⑬步确定总级数；

⑮从泵特性曲线中查出每级所需要的功率；

⑯根据⑮步确定总的功率；

⑰其余井下设备的选择与高含水井下机组选择相同。

二、地面设施选型

1. 地面设施的基本要求

①选择控制柜及变压器时，考虑以后大量排液的需要，控制柜和变压器的容量选择要大一些，且变压器要具有多抽头，以满足油井整个开采期内不同电机功率的需要；

②地面设施在正常运转时要适合海上的特殊环境条件。

2. 地面设施选型

1）变压器的选型

变压器的容量必须能够满足电机的最大负载的启动，所以应根据电机的负载来确定。变压器的容量计算公式为：

$$变压器容量(kV \cdot A)=\frac{\sqrt{3}\times I\times(U+\Delta U)}{1000} \tag{4-24}$$

式中 U——电机额定电压，V；

ΔU——电缆压降损失，V；

I——电机额定电流，A。

考虑将来油井需要更换大一些的电潜泵，而对于海上油田，更换地面设施十分不便，所以最好在投产初期就选择容量大一些的变压器，这样既经济又方便。

2）控制柜的选型

控制柜的选择是根据电机的功率、额定电流和地面所需要的电压来选择控制柜的容量，以保证电机在满载情况下长期使用。

3）变频器的选型

根据与其配套使用的电机的功率、电压和电流来选择变频器的容量。

4）集中控制柜的选型

根据与集中控制柜相连接的所有电潜泵机组中的最大电机功率来选择集中控制柜的容量。

5）配电盘的选型

根据所需电机的功率、电压和电流，尽量选择容量比较大的配电盘。

6）电潜泵井口选型

参照《海上油气田完井手册》进行选择。

三、油田总功率的计算

1. 单井电潜泵系统功率计算

$$P_s=1.2\ (P/0.8) \tag{4-25}$$

式中 P_s——单井电潜泵系统功率，kW；

P——单井电潜泵电机功率，kW。

2. 平台电潜泵系统功率计算

（1）分年对各井电潜泵系统功率进行累加：

$$P_{p_j}=\sum_{i=1}^{n}P_{s_{ij}} \tag{4-26}$$

式中 P_{p_j}——第 j 年平台电潜泵系统功率，kW；

$P_{s_{ij}}$——第 i 口井在第 j 年的电潜泵系统功率，kW。

（2）比较各年总功率，找出该平台各年中电潜泵系统功率峰值：

$$P_{p_{max}} = \max(P_{p_j}) \tag{4-27}$$

式中　$P_{p_{max}}$——在预计生产期内的高峰年的平台电潜泵系统功率，kW。

3. 油田电潜泵系统功率计算

（1）分年对各平台电泵系统功率进行累加：

$$P_{y_j} = \sum_{i=1}^{n} P_{p_{ij}} \tag{4-28}$$

式中　P_{y_j}——第 j 年油田电潜泵系统功率，kW；

$P_{p_{ij}}$——第 j 年第 i 平台电潜泵系统功率，kW。

（2）比较各年总电潜泵系统功率，找出该油田的峰值：

$$N_{y_{max}} = \max\ (P_{y_j}) \tag{4-29}$$

式中　$P_{y_{max}}$——$N_{y_{max}}$ 在预计生产期内油田最大的年电潜泵系统功率，kW。

四、稠油井的选泵计算实例

1. 油井资料

①套管：177.8（7in23lb/ft）；

②油管：63.5mm（27/sin 外加厚 8 扣/in）；

③油层中部深度：1615m（5300ft）；

④泵挂深度：射孔段以上 100m；

⑤原油密度：0.959（16.0°API）；

⑥天然气相对密度：0.68；

⑦地层水相对密度：1.02；

⑧油藏温度：54.4℃（130℉）；

⑨地层压力：15MPa（2133psi）；

⑩井口压力：0.35MPa（50psi）；

⑪含水：30%；

⑫设计产液量：$270m^3/d$（1700bbl/d）；

⑬生产气油比：$8.9m^3/m^3$（$50ft^3/bbl$）；

⑭井底流压：6MPa（854psi）。

2. 计算步骤

①计算出泵送清水时的总扬程：

井液相对密度：0.959×0.7+1.02×0.3=0.977；

油压折算压头：0.35×100/0.977=36（m）；

垂直举升高度：1615−6×100/0.977=1000.9（m）；

油管摩阻损失压头：从图 4−79 中查得 63.5mm（2⅞in）油管在 $270m^3/d$（1700bbl/d）的排量下的摩阻损失为 20m/1000.9m，这样 1515m 的油管长度的摩阻为 1515×20/

1000.9 = 30（m）。

总扬程：36 + 1000 + 30 = 1066（m）。

②根据原油在 1 大气压和 15.6℃（60℉）情况下的原油相对密度为 0.959（16°API），从图 4-82 中查出在油藏温度为 54.4℃（130℉）时不含气原油的黏度约为 140mPa·s。

③从图 4-83 中把不含气原油黏度 140mPa·s、气油比为 50 修正成饱和原油黏度约为 65mPa·s。

④根据图 4-84 把黏度为 65mPa·s 换算成以 SSU 为单位的黏度 400SSU。

⑤根据含水率为 30% 从图 4-85 中查出黏度修正系数约为 2，这时修正后的黏度值为 800SSU；

⑥假设泵效为 70%，根据修正后的黏度值 800SSU 参照表 4-45 查出排量、扬程和功率的修正系数分别为：排量系数 85.5%，扬程系数 86%，功率系数 117%。

⑦根据排量、扬程和功率的修正系数对排量、扬程和功率进行修正，即

修正扬程：1066/0.86 = 1240m

修正排量：270/0.855 = 316m^3/d

⑧根据修正后的排量在本章第一节 CENTRILIFT 泵系列表 4-10 中查出 CENTRILIFT400 系列 N80 型泵比较合适，从泵的特性曲线上（图 4-80）查得：排量 320m^3/d，单级扬程 4.1m/级，泵效 64%。

⑨泵总级数：1240/4.1 = 302（级）。

⑩电机功率：$P = \frac{320 \times 1240 \times 0.977}{8800 \times 0.64} \times 1.17 = 80.5(\text{KW}) = 109.5(\text{hp})$

根据计算的电机功率查本章第一节 CENTRILIFT 的电机性能参数表 4-10，选用 450 系列 112hp 的电机比较合适，其电压为 1270V，电流为 56A。

⑪电缆的选择：根据电机的电流从图 4-81 中查得 4# 电缆的压降损失不超过 30V/305m（1000ft），其压降损失为 25V/305m（1000ft），电缆长度为 1515m，其总压降损失为：

$$\frac{25}{305} \times 1515 = 124(\text{V})$$

⑫变压器容量的计算：

$$\text{变压器容量} = \frac{\sqrt{3} \times 56 \times (1270 + 125)}{1000} = 135(\text{kV} \cdot \text{A})$$

当考虑海上油田更换地面设备比较困难时，应尽量选择能够在平台寿命内满足油井开采年限需要的容量。目前 SZ36-1 油田使用的变压器有 26 个抽头，电压从 700～2000V 每增加 5% 就有一个抽头。含气井的选泵计算比较复杂，需要借助计算机程序才能准确快速的计算。

第四节 电潜泵井工况分析及故障处理

一、机组调试与投产

1. 机组调试

通过施工作业，电潜泵机组下入到油井内并与接线盒连接完毕后，具备了投产的基本条件。但是，在投产前必须作好以下检查工作，该操作称为机组调试。

1）井下电气性能检查

井下电气性能检查主要包括2个方面：三相对地绝缘电阻；三相间直流电阻。新机组的性能参数应符合表4-48要求。测试时应注意两点：对于带PHD的机组不能用摇表测绝缘，而应用万用表测量，对于PSI的机组要将PSI的地面二次仪表拨于绝缘测试挡；所用万用表的电压等级不能高于电泵机组的额定电压。

表4-48 不同厂家电泵机组标准电阻范围

<table>
<tr><th rowspan="3">厂商</th><th colspan="4">下井前</th><th colspan="2" rowspan="2">下井前机缆连接后</th><th colspan="2" rowspan="2">下井后</th><th rowspan="3">备注</th></tr>
<tr><th colspan="2">电缆</th><th colspan="2">电机</th></tr>
<tr><th>对地</th><th>直流</th><th>对地</th><th>直流</th><th>对地</th><th>直流</th><th>对地</th><th>直流</th></tr>
<tr><td rowspan="2">CENTIR LIFT</td><td rowspan="2">>500 MΩ</td><td rowspan="2">2.0～2.2Ω</td><td>2.3～2.6kΩ</td><td rowspan="2">0.9～1.0Ω</td><td>2.3～2.6kΩ</td><td rowspan="2">2.9～3.2Ω</td><td>2.3～2.6kΩ</td><td>2.9～3.2Ω</td><td>带PHD</td></tr>
<tr><td>>500 MΩ</td><td>>500 MΩ</td><td>>500 MΩ</td><td>2.5～3.2Ω</td><td>不带PHD</td></tr>
<tr><td rowspan="2">REDA</td><td rowspan="2">>500 MΩ</td><td rowspan="2">1.8～2.2Ω</td><td>30～50 kΩ</td><td rowspan="2">0.9～1.0Ω</td><td>30～50kΩ</td><td rowspan="2">2.7～3.2Ω</td><td>30～50kΩ</td><td>2.7～3.2Ω</td><td>带PSI</td></tr>
<tr><td>>500 MΩ</td><td>>500 MΩ</td><td>>500 MΩ</td><td>2.6～3.2Ω</td><td>不带PDI</td></tr>
<tr><td rowspan="2">SHELL</td><td rowspan="2">>500 MΩ</td><td rowspan="2">1.7～2.2Ω</td><td>5kΩ</td><td rowspan="2">1.7～2.0Ω</td><td>5kΩ</td><td rowspan="2">3.4～4.2Ω</td><td>5kΩ</td><td rowspan="2">3.4～4.2Ω</td><td>带PHD</td></tr>
<tr><td>>500 MΩ</td><td>>500 MΩ</td><td>>500 MΩ</td><td>不带PHD</td></tr>
</table>

2）变压器挡位确认

变压器挡位的确认是投产前的一步重要检查。电机工作电压的高低直接影响到电机的工作性能和寿命，表4-49是电压变化对电机性能参数的影响。只有在合理的电压下，电机才能高效、长时间运行。应当根据电机地面供给电压调整变压器挡位，过压或欠压一般不超过±5%，最大不超过±10%。电机地面供给电压应当等于电机的额定电压加上电缆的沿程电压损失。沿程电压损失可以查看电缆厂家给的图表，对于常用的4#电缆，可以采用以下公式计算：

$$\Delta U = 0.024 I_e \times D_p \tag{4-30}$$

式中　ΔU——沿程电压损失，V；

I_e——电机额定电流，A；

D_p——泵挂深度，m。

表4-49　电压波动对电机性能参数的影响情况

电压波动/%	电机工作电流/A	电机功率因素/%	电机效率/%	电极损耗/%
10	62.2	66.7	85.0	3.4
5	57.3	75.6	85.2	2.1
0	55.4	81.8	85.5	微小
-5	55.6	86.2	85.3	1.4
-10	57.6	88.2	84.5	4.8

3）控制柜调试

控制柜调试应包括PCC调试、控制柜工作电源检查（110±10V）、闸刀及其行程开关是否灵活可靠、真空接触器及继电器是否动作等，可以通过空载试车完成。

4）PCC参数设定

PCC参数设定应包括：过载值设定、欠载值设定、过载延时设定、欠载自启动延时设定等。过载设定值一般为电机额定电流的1.2倍，欠载设定值一般为电机额定或运行电流的0.7～0.8倍但不低于电机的空载电流，过载延时一般为3～5s，欠载自启动延时通常为8h，具体值可根据油井供液能力（采液指数）设置，采液指数越大，欠载自启动延时相对越短，但不低于30min。

5）流程检查

在开机启泵以前，应仔细检查生产流程，保证各阀门开启，流程畅通。对于有安全阀的井，特别是有井下安全阀的井，应确保安全阀开启且动作灵活功能可靠。

6）正挤憋压试验

开机前的最后一道程序是正挤憋压试验，以检查井下管柱是否漏失，如果不漏失或漏失不严重可以开机生产，如果漏失严重应返工重新作业。正挤憋压时，油压应该在3～5min内升高到地面泵的泵压值。

2. 电潜泵井投产

1）启动憋压试验

电机启动以后，应立即进行憋压试验以确认电机转向。在正挤憋压试验后立即开泵憋压，油压如果很快升高到电潜泵额定扬程的1/100MPa，说明一切正常，可以投入正常生产。如果油压无反应，对于有井下安全阀的井应认为井下安全阀未打开，并通过作业或其他方式打开。如果油压升不到泵额定扬程的1/100MPa，说明电机反向，应调整相序。

2）油嘴调整

开机以后，应根据生产部门要求调整合理的油嘴，保证泵处于合理的工作范围内。

3）开井生产

如果一切正常，可以开井生产。

4）投产后观察

电潜泵井投产以后，应严密观察，注意油套压变化、含水变化、温度变化、电流变化、油嘴是否堵塞。如果油嘴发生堵塞，应打开油嘴解堵，特别是新投产油田井、酸化作业后的井。如果电流远低于额定电流，应重新设定欠载设定值。

二、电潜泵工况分析

1. 电潜泵工况分析方法

顾名思义，电潜泵工况分析就是对电潜泵的工作状况进行分析，它是电潜泵井管理非常重要的一项工作。通过工况分析，可以清楚地了解到泵是否在合理的工作区内工作，泵是否与油层供液能力相匹配，电机配备是否合理，油井含水、原油黏度和含气对泵效的影响程度等。

进行电潜泵工况分析必须录取油井的油气水产量、油气水性质参数、油压、套压、泵吸入排出口压力及温度、电机的工作电流、电压和功率因素等一系列数据参数，它是一项非常系统、复杂、繁琐、细致的工作。各油田管理者都投入了大量的人力物力进行分析方法和手段的研究及管理应用。目前，大庆油田的一种工况分析方法较为科学、直观和实用，并在油田得到了推广使用。下面对这种方法进行介绍。

1）定性分析

任何一台机组都有自己的特性曲线，它由 $H-Q$、$P-Q$ 和 $\eta-Q$ 共 3 条曲线组成，分别反映泵扬程、轴功率和泵效率与排量的变化关系，图 4-86（a）是某种机组的特性曲线。该种方法通过特殊处理将 $H-Q$ 曲线转变成图 4-86（b）的图形，叫做泵况图。该泵况图实际上就是泵 $H-Q$ 曲线图，只不过被分成了 8 个区域。具体做法为：

①将图 4-86（a）上的 $H-Q$ 曲线移植在图 4-86（b）上；

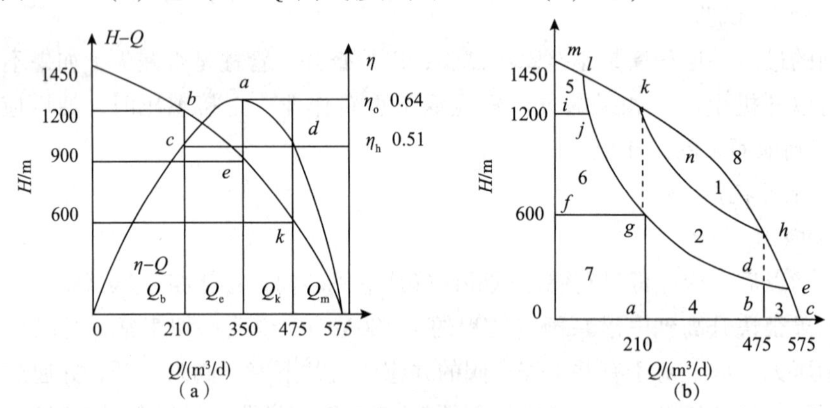

图 4-86　电潜泵泵况图制作过程

（a）泵特性曲线；（b）泵况图

②在图 4-86（a）上找出最高泵效点，并读取泵效；

③将最高泵效分别乘以 0.8 和 1.2，即泵合理工作区域的上下界限，并读取它们对应的排量 Q_b 和 Q_k；

④通过 Q_b 和 Q_k 在 $H-Q$ 曲线上找到对应的扬程，即 H_b 和 H_k；

⑤计算 $Q_b \times H_b$ 和 $Q_k \times H_k$ 的乘积值 Y_1 和 Y_2；

⑥分别以 $Q \times H = Y_1$ 和 $Q \times H = Y_2$ 在图 4-86（b）上作出两条抛物线（*knh* 和 *lgde*）分别与 $H—Q$ 曲线交于 *k*、*h* 和 *l*、*e*；

⑦从 *k*、*h* 分别作 *H* 轴的平行线交 *lgde* 于 *g* 和 *d*，交 *Q* 轴于 *a* 和 *b*；

⑧过 *k*、*g* 分别作 *Q* 轴的平行线交 *lgde* 于 *j*，交 *H* 轴于 *f*；

⑨至此，$H—Q$ 曲线分成了 8 个区域，即 8 个工况范围，如图 4-86（b）所示的 1、2、3、4、5、6、7、8 共 8 个区，它们分别代表：1—经济高效区；2—合理工作区；3—选泵参数偏小，应缩小油嘴；4—泵无问题，供液能力尚可，主要是气体影响，应加深泵挂深度或放套管气；5—如果资料正确则泵无问题，泵处于憋压状态，应放油嘴或采取其他油管、油嘴解堵措施；6—泵无问题，沉没度偏低，应加深泵挂深度、换小泵或加强注水等措施；7—可能是管柱和（或）泵漏失严重，也可能是叶轮或泵吸口堵塞；8—资料有误。

如果将泵的耗能与匹配的电机相对比分析，可以分成电机匹配合理、大马拉小车和小马拉大车三种情况。结合泵的 8 个工作区域，整个井下机组的工况可以组合成 24 种情况，工况图如图 4-87 所示。工况图的 *X* 坐标是排量，*Y* 坐标是电流（对于同一机组来说，就相当于功率），*Z* 坐标是扬程。

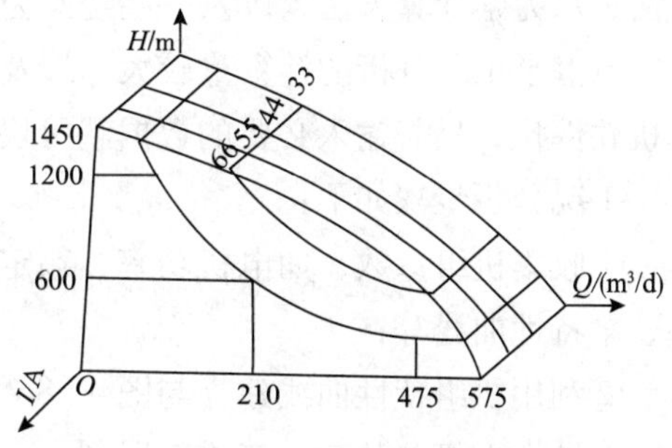

图 4-87 三维工况图

在根据泵特性曲线完成泵况图和工况图的制作后，可以根据油井的生产数据，将油气水产量通过油气水性质计算公式折合成泵吸入、排出口条件下的产量，经混合液黏度修正得到泵内的相当产量，通过泵吸入口压力差和混合液密度折算出泵的实际扬程，并计算出生产流体获得的水马力和轴功率，最后将计算得到的排量、扬程数据标记在泵况图上，就获得了井下泵的泵况点，从而了解泵工作是否合理。在三维工况图上标记排量、扬程和轴功率，可以得到机组的工况点，了解泵工作是否合理，电机配备是否合适，是否是“大马拉小车”或“小马拉大车”，从而为下步选泵和机组匹配提供依据。

2）定量分析

（1）泵内能量损失。电潜泵是一种水力机械装置，流体在泵内流动都存在不同程度的各种能量损失，主要是水力损失、机械损失和容积损失。

水力损失包括摩擦损失和冲击损失（图 4-88）。摩擦损失 $h_{摩擦}$ 是流体流过泵流道的沿程阻力损失和局部损失，主要与流道的粗糙度、流道结构和流体黏度有关。对于一定的泵

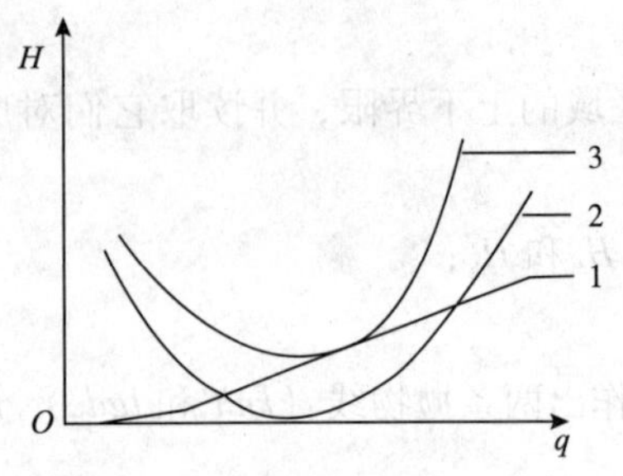

图 4-88　电潜泵水力损失图
1—摩擦损失曲线；2—冲击损失曲线；3—水力损失曲线

和流体，这一损失与流动速度的平方成正比，流动速度又与排量 Q 成正比。因此，$h_{摩擦} \propto Q$。

冲击损失（$h_{冲击}$）是指流体进入叶导轮时与叶片产生的冲击而引起的能量损失，主要是由于流体的水力角与与叶片的结构角度不一致所造成的。流体进入叶片流道时的方向与排量有关，在某一最佳排量 Q_a 下，流体的水力角与结构角相一致，冲击损失很小，可以忽略不计；当泵的流量 Q 相对 Q_a 增加或减小时，流体的运动方向由于与叶片的结构角不一致而发生冲击，一部分流体在叶片之间形成涡流或死水，因而引起能量损失。Q 偏离 Q_a 越大，冲击损失 h 冲击越大，$h_{冲击} \propto (Q_a - Q)^2$。

容积损失主要是泵旋转件与静止件的液体泄漏。众所周知，叶轮的出口压力大于进口压力，且叶导轮间存在间隙，在其间不可避免地形成环流，使得泵的有效排量降低，其与泵内间隙和叶出入口压力成正比。机械损失主要是指叶轮表面与流体和轴与轴承间的摩擦损失。

（2）分析步骤及举例。定量分析就是把诸如生产流体黏度、气油比和机械摩擦等各个因素对泵特性参数影响的定量化。这些参数的产量计算基本方法是应用油气流体性质计算方法、水力学计算方法，以及一些经验公式等。

电潜泵工况分析的计算量较大，涉及面广，人工计算相当繁杂，但目前已经实现了计算机软件化，只需输入必要的数据就可快速获得结果。

工况分析步骤如下：

①收集机组参数，如电机功率、额定电流、额定电压、空载电流、功率因数、电机效率、泵特性曲线等；

②利用机组特性曲线建立与图 4-86 类似的泵况图；

③结合电机参数建立三维工况图；

④收集电泵井的生产资料，如日产液量、含水率、生产气油比、油压、泵出口压力（测试或多相管流计算可以获得）、泵出口温度、泵入口压力、泵入口温度、泵挂深度（斜深和垂深）、电机运行电流、电压、功率因数等；

⑤收集油井物性参数，如油气水相对密度、脱气油黏度、原油泡点压力等；

⑥利用泵出入口压力计算泵扬程；

⑦计算在泵内平均压力和平均温度条件下的物性参数，如平均黏度、平均液体体积系数和平均游离气油比；

⑧对泵内液体进行体积系数和黏度校正；

⑨计算气液（液体是指上一步校正后的）总体积排量；

⑩计算电机的实耗功率；

⑪根据泵内流体的体积流量和实际扬程，通过已绘制出的泵况图和实耗功率在工况图上确定工况点，从而判断工作是否合理。

定量分析所需要的油井及机组数据与工况分析一致，计算步骤也基本相似，只是将各个影响因素的作用定量化了，下面举例说明。

［**例1**］某稠油油田的A5井采用天津电机厂生产的电泵机组，其额定排量为$150m^3/d$，额定扬程1000m，实配电机功率37.5kW，日产液$160.8m^3$，含水90%，生产气油比为$22m^3/m^3$，实测泵吸口压力7.01MPa，出口压力14.66MPa，油压3.8MPa，泵挂垂深1187.3m，工作电压1136V，电流58.0A，泡点压力为15.5MPa。经计算机分析该井机组实际扬程为933m，泵内流体排量为$170.5m^3/d$，处于合理工作区。

［**例2**］某油田的A2井采用大庆电泵公司生产的电泵机组，排量为$100m^3/d$，额定扬程1500m，电机功率52.2kW，日产液$104.4m^3$，含水63%，生产气油比为$48m^3/m^3$，实测泵吸口压力7.91MPa，出口压力16.49MPa，油压4.8MPa，泵挂垂深1272.7m，工作电压1155V，电流32.9A，泡点压力为16.5MPa。计算机分析结果表明，该井机组实际扬程为858m，泵内流体排量为$120.7m^3/d$，处于不合理工作区，可能是泵吸口压力远低于泡点压力，脱气严重，套压高，动液面低，气体分离器效果差等综合作用的结果。该井后期采取放套管气降低套压措施改善了其电泵工况。

［**例3**］某油田的B4井采用400/800－86机组生产，额定排量为$400m^3/d$，额定扬程800m，实配电机功率86kW，日产液$369.6m^3$，含水82.7%，生产气油比为$15m^3/m^3$，实测泵吸口压力9.5MPa，出口压力18.46MPa，油压5.7MPa，泵挂垂深1286.5m，工作电压2000V，电流26.6A，泡点压力为14.5MPa。计算机分析结果表明，该井的气体降低扬程18m，排量$6.7m^3/d$；流体黏度降低扬程124m，排量$12.3m^3/d$，泵效率14.2%；机械损失扬程428m。该井的机械损失是主要的，黏度损失次之。

2. 稠油电潜泵工况特点

与稀油井电潜泵相比，稠油井电潜泵有很大的特点，受黏度和油井含水影响特别大。

1）机组参数比稀油井要大得多

油井在中低含水期，油水混合液井电泵搅拌作用后黏度增加很多，配备的电泵排量和扬程电机功率要高得多，通常比稀油高出15～30kW，只有当含水高于80%后，才变得与稀油相当。如果按稀油配泵和机组，油井产量往往达不到预计要求。电机的运行电流很高，容易损坏。

2）停机后再启动电流大

稠油电泵井在停机后再启动时电流大，机组往往在这时被烧毁，冬季更为突出。因为油井在停产后温度降低，油变得更稠，流动性很差，流动阻力很大，泵提速很慢，长时间处在高转差下运行，电流很高，发热厉害，即使能够启动投入运行，寿命也较短。

为解决这一问题，某稠油油田曾经使用过升压、反向、反替柴油、反替海水/热水、憋泵等措施，但效果不十分明显，且反替柴油费用也很高。后来采用变频集中切换控制技术，用一台变频器对多口井进行控制，使得每口井都实现了软启动，启动非常顺利，没有再次出现启泵烧机现象，投资也不大。也可以加深泵挂深度，充分利用油层温度，以减轻泵浅黏度大的影响。

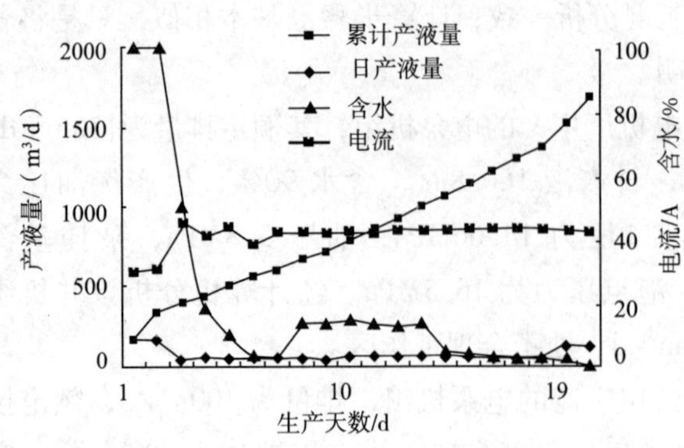

图 4-89 渤海某油田某井在恢复期内的动态曲线

3）在检泵作业投产后有一个产量恢复期

在中低含水期，几乎每口稠油电泵井在检泵作业投产后都有一个产量恢复期。在较长一段时间内，产量只有泵额定排量的1/4～1/3，运行电流在电机额定电流附近。图4-89是某油田某口井在恢复期内的生产和电流动态。一方面原因是冷水洗井压井引起地层油变稠，流动困难，供液能力差；另一方面原因是产液含水增加，乳化加剧，泵性能降低。

三、电潜泵调产

1. 油嘴调产

油嘴调产是通过改变油嘴尺寸大小来实现油井产量调整的，是现场应用最为普遍的一种方法。其基本原理如图4-90所示，通过改变油嘴大小来改变油压大小，即改变了泵出口压力的大小，也就改变了泵的扬程，进而改变了泵的工作点且改变了泵的排量。油嘴缩小，油压升高，泵扬程升高，泵工作点向泵特性曲线的左边滑移，排量减小，产量减少；反之，放大油嘴，泵工作点右移，排量增大，产量增大。定量计算是一个复杂的过程，需要与油井流入动态相结合才能精确测算。

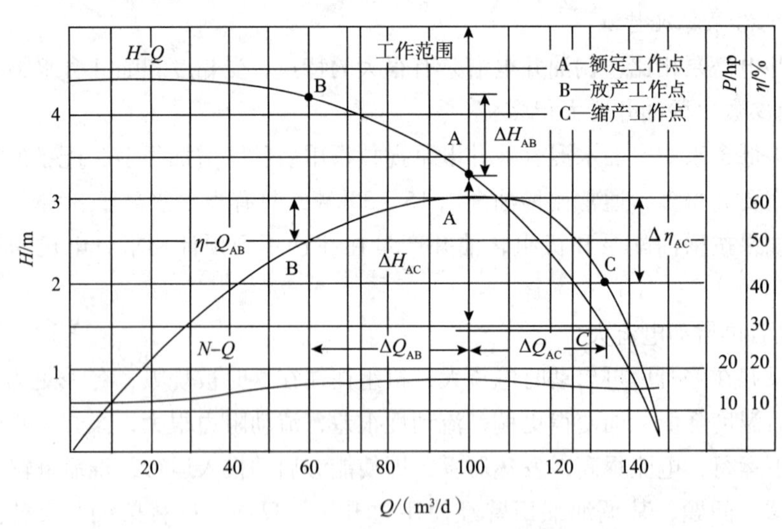

图 4-90 电潜泵井油嘴调产原理

但是，这种调产方式的局限性很大。在泵的额定排量范围内调整时，泵的受力变化很小，不会超过泵机械性能允许值，一旦超出这一范围，会大大缩短机组的使用寿命，特别是叶轮为浮式结构的电潜泵。对于小排量泵，在高扬程低排量区，排量对扬程影响不敏感，$H-q$ 曲线很平缓，只要稍作油嘴油压的调整即可达到调产的目的，且轴向力增加的幅度不大，相应的危害较小，非常适合采用油嘴方式调产；对于大排量泵，在高扬程低排量区，排量对扬程很敏感，$H-q$ 曲线很陡，即使油嘴油压变化很大，产量变化依然很小，且轴向力增加的幅度很大，对泵的危害较大，因此采用油嘴调产时要作仔细研究，谨慎从事。

从泵特性曲线上还可看出，电机消耗的功率随产量变化很小，缩产时会浪费很多电能。

2. 变频调产

电潜泵是一种离心泵，其特性参数与泵的旋转速度成正比，即与电机的转速成正比，即 $Q\propto n$、$H\propto n^2$、$P\propto n^3$（Q—泵排量；H—泵扬程；P—泵轴功率；n—电机转速）。而电机的转速又与电机的工作电源频率 f 成正比，即 $Q\propto f$、$H\propto f^2$、$P\propto f^3$。

因此，可以通过改变电机电源频率来实现油井调产。这是一种很好的调产方式：频率改变后，泵仍处于最佳工作范围内运行（图 4-91），对泵的受力、机械部件和寿命影响很小，与油井产能匹配很好，适应范围特别广，调产方便，不需要检泵作业。电机的功率也随频率的三次方成正比地变化，放产时不需要更换大电机，缩产时电机消耗的功率也随之减小，节能效果明显。但是，变频器是改变电源频率的惟一设施，费用较高，占地面积也较大，考虑其经济效益还不能在海上油田普及。

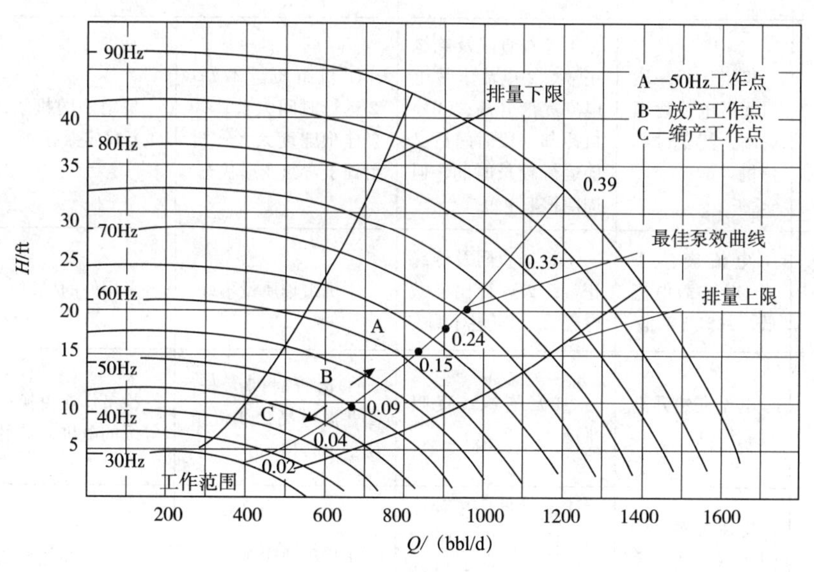

图 4-91　电潜泵井变频器调产原理

3. 回流调产

回流调产是一种迫不得已的办法，经济效益差，且会造成油套管腐蚀、结垢、结蜡、结死油等现象，影响后期的作业和生产。回流调产是在油井供液不足，经常出现欠载停机，油嘴缩产无效，换泵作业又不经济且无法实施变频调产的情况下，为了减少停机次数以延长机组寿命而使用的一种缩产方法。具体做法为：打开采油树的油套闸门，通过控制阀开度让产出的生产流体一部分从油套环空返回电潜泵吸口以增加泵吸口压力和沉没度，维持电潜泵的平稳运转。

4. 换泵作业

对于供液不足或泵排量远远达不到产能要求的井，换泵作业是一种根本的解决办法。对于供液不足的井采用换小泵，排量达不到产能要求的井使用大排量泵。具体参数应根据油井的实际供液能力和流体性质设计选用。

四、电潜泵故障诊断与排除

电潜泵井常见故障及处理详见表4-50。

表4-50　电潜泵井常见故障及处理

故　障	故障现象	确认方法步骤	故障原因	故障处理
电机烧	电流突然升高，过载停机	①断电停机，测试绝缘电阻为0，直阻很大且不平衡	①绕组绝缘材料质量差；②定子腔不干净，有铁屑或其他导电杂质；③保护器损坏，电机进水；④井温过高；⑤电机散热不好；⑥运行时间太长	采用好的机组；选用高温度等级的电机；加导流罩或采用大尺寸电机换新机组
电机/保护器/泵轴承磨损	机组运行一段时间后电流逐渐升高，甚至过载停机	①检查直阻及绝缘正常；②电流卡片上电流逐渐升高；③停机冷却一段时间后又能运行较长时间，但周期越来越短	①机组质量不好；②运行时间太长；③泵挂狗腿度太大，机组处于弯曲变形状态	采用好的机组；换新机组；重新确定泵挂
电机轴断	电流突然下降，比空载电流低，井口无产液	①检查直阻及绝缘正常；②运行比空载电流低；③管柱不漏失	①机组轴质量不好	采用好的机组
电缆/电缆头损坏	电流突然升高过载停机	①无绝缘，直阻平衡	①运行时间太长；②井温过高；③机组质量不合格	检泵作业更换；选用高温度等级的电机；采用好的机组
泵轴全断	电流突然下降且欠载停机，无产液和油压	①电气性能检查良好；②正挤管柱不漏；③不停泵井口憋不起压力	①机组质量不好	采用好的机组
	电流先上升后突然下降且欠载停机，无产液和油压	①电气性能检查良好；②正挤管柱不漏；③不停泵井口憋不起压力	①出砂严重；②机组质量不好	油井防砂处理；洗井

续表

故　障	故障现象	确认方法步骤	故障原因	故障处理
泵轴部分断	电流突降，产液油压下降	①电气性能检查良好；②正挤管柱不漏；③不停泵井口憋不起压力	①机组质量不好；②出砂严重；③机组质量不好	采用好的机组；油井防砂处理；洗井
泵轴窜	大约在1h内电流、油压逐渐下降至欠载停机，井口可能无液	①电气性能检查良好；②正挤管柱不漏；③不停泵井口憋不起压力	①泵头卡环损坏	检泵作业换新机组
大马拉小车	运行电流比额定　电流小很多，但　运行平稳，有时　出现欠载停机	①电气性能正常；②生产正常；③运行电流比额定电流小很多	①电机功率配得太大	视情况换小功率电机；调小欠载设定值，但不能低于其空载值
泵挂狗腿太大	运行电流比偏高，甚至过载停机或不能启动	①电气性能良好；②核实泵挂狗腿度	①泵挂狗腿太大	检泵作业上提或下放机组到合理狗腿度的地方
机械杂质引起电流高	运行电流偏高或周期性波动，甚至过载	①电气性能良好；②刚开井或洗井后运行正常；③地面取样化验有机杂质、砂或泥浆等；④油嘴可能堵塞	①正常开发井可能为：a. 洗井液不干净，b. 油层出砂；②探井可能是：a. 有泥浆，b. 油层出砂	洗井；油层防砂；
抽汲液体太稠引起高电流或过载	运行电流过高甚至过载停机	①电气性能良好；②检泵作业后的几天内运行正常，产量高，低含水后电流升高（稠油井）	①油太稠且井温较低	上调过载设定值待井温回升；必要时换大电机；使用螺杆泵
套管气引起电流不稳	运行电流出现周期性波动或线条太粗	①电气性能良好；②套压可能偏高；③泵挂太浅；④油井气液比高	①井下脱气严重；②沉没度太低	放套管气降低套压；加深泵挂；安装多级气体分离器
油井出液不均匀引起电流波动	运行电流呈方波波动	①在波动周期内含水波动大（30%～70%）（稀油井）	①油水比重差大，油层出液不均匀	控制出水或调宽保护设定值范围
油井供液不足	电流卡片上线条太粗或呈锯齿状；运行电流逐渐下降到欠载设定值停泵，关井恢复一段时间后又能正常生产一段时间；生产气油比较高	①停泵后立即测液面在泵吸口；②关井恢复一段时间后又能正常生产一段时间	①泵排量偏大，油井供液不足	放套管气降低套压；缩油嘴；加深泵挂；换小泵

续表

故　障	故障现象	确认方法步骤	故障原因	故障处理
管柱漏失	油压、产量、电流逐渐下降	①关井时正挤到油管，憋不起压	①对于装有泄油阀的井，其泄油销断；②带测压阀或“，”管柱井，其堵塞器的密封损坏；③油管穿孔	检泵作业更换泄油阀；钢丝作业换密封件；作业更换油管

1. 电机及保护器故障诊断与处理

电机损坏分电气损坏、机械磨损和电机轴断等情况。电气损坏故障表现十分明显，通常是控制柜过载停机，电流卡片上的电流突然上升后又突然掉下来（图4-92）三相对地绝缘电阻为0，直阻很不平衡，只能通过检泵作业恢复生产。

机械磨损故障表现为控制柜显示过载停机，机组电气性能良好，电流卡片（图4-93）显示为电流逐渐上升，停机冷却一段时间后又能重新开机生产运行较长时间，但每次的运行时间间隔逐渐缩短，可以等待适当时机进行检泵作业。电机机械磨损实际上是轴承磨损，与泵、保护器的轴承磨损一致，区分难度较大。

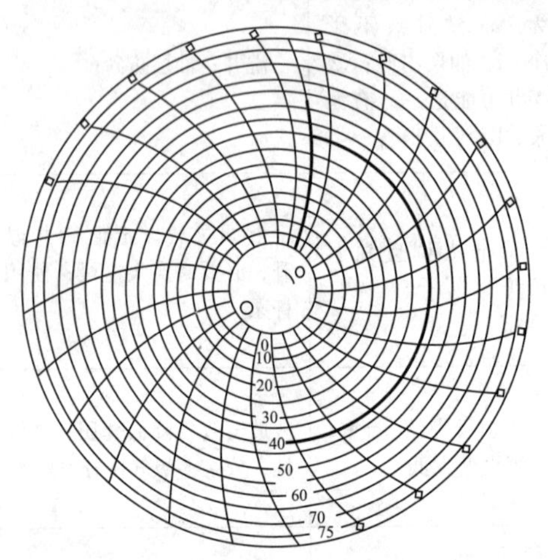

图4-92　电机电气损坏电流卡片

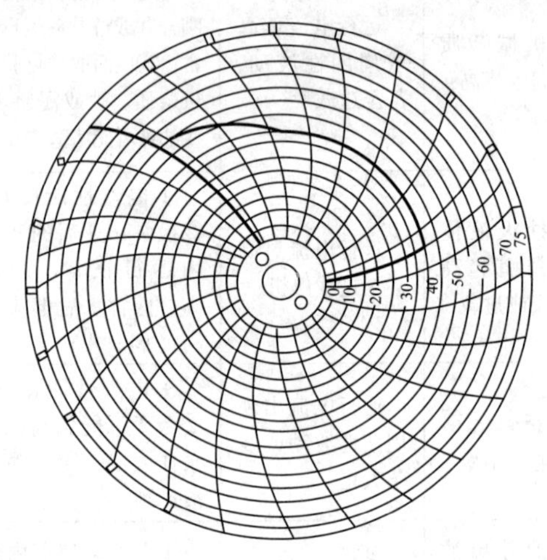

图4-93　电机磨损电流卡片

发生电机轴断故障时，通常表现为井口无产液，无油压，运行电流低于电机空载电流，电流卡片不光滑，控制柜显示欠载停机，机组电气性能检测时一切正常。

保护器故障是通过电机表现出来的，当其机械密封或胶囊失效后，电机油被井液置换，绝缘性能大幅度下降而引起电机烧毁，需要检泵作业才能恢复生产。推力轴承损坏现象与电机轴承损坏相似。

2. 电缆故障诊断与排除

当电缆发生故障时，一般表现为地面控制柜过载停机，有时配电盘跳闸，电流卡片上的电流曲线突然上升，与电机电气损坏相似，进行机组电气性能检测时，三相对地绝缘电阻为 0，电阻平衡。电缆损坏常有 2 种情况：一种是在井口或油管挂处损坏，表现为直阻不超过 1Ω；另一种是远离井口，直阻为 2 ~ 3Ω（视井深而定），具体损坏处可以根据每米电缆的阻值进行测算得出。对于在井口损坏情况，可以采取重新接缆来解决；如果在采油树帽以下到几根油管处，可以采取上提油管重新接缆来处理；如果损坏深度较深，则必须进行检泵作业。

3. 电泵故障诊断与处理

在油田现场实际生产中，电泵故障主要是叶轮磨损、断轴、窜轴、轴承磨损等现象。

泵叶轮磨损时表现为产量和油压逐渐降低，运行电流逐渐变小，电流卡片比较光滑（图 4-94），也可能出现欠载停机，进行正挤憋压时压力很快升高。发生这种故障时可以继续生产以等待作业换泵。这种故障发生在机组连续运行时间很长、油井轻微出砂或井液有腐蚀等情况。

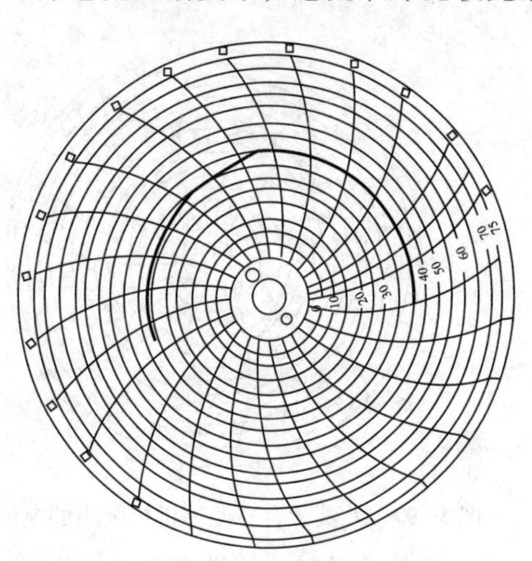

图 4-94　电泵叶轮磨损电流卡片

断轴现象出现的几率很小，往往是由于油特别稠或油井出砂严重所导致的，常发生在停机再启动过程中启动时扭矩特别大的情况下，表现为启动电流特别大但很快又下降（图 4-95），不停泵关井憋不起压力来，但正挤憋压正常，生产时油压低，产量达不到要求。对于突然出砂井也可能引起断轴，表现为在运行过程中电流突然增大后又突然下降（图 4-96），油压也突然下降，计量时产量下降特别多，油嘴有可能堵塞，憋泵试验不正常，井口取样化验可能发现砂粒。

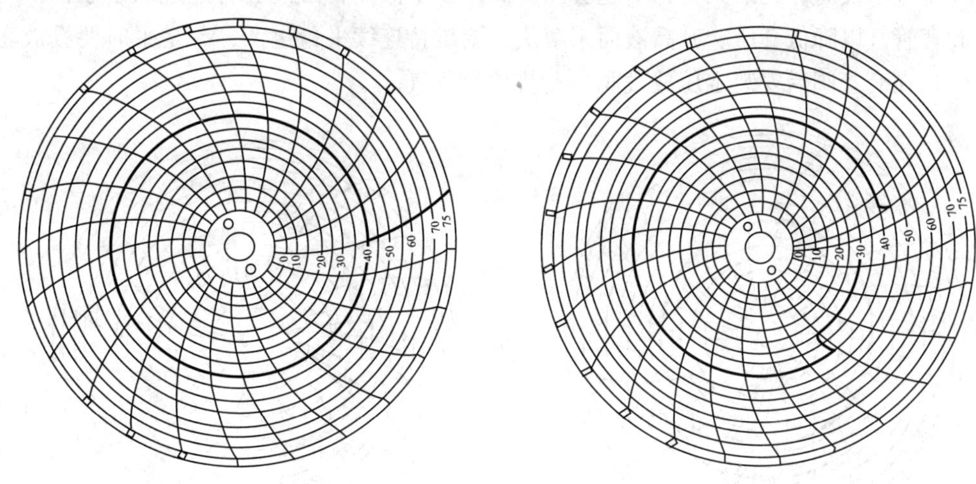

图 4-95　电泵轴在启动过程中断裂的电流卡片　　图 4-96　电泵轴在运行过程中断裂的电流卡片

电泵发生窜轴时，表现为电流突然在大约 1h 内逐渐下降，油压下降，井口可能无产液，也可能出现欠载停机，憋压试验一切正常。泵轴承磨损现象与电机轴承磨损相似。

4. 井液引起的故障诊断与排除

井液引起电泵故障可能发生在井液含有砂泥等机械杂质井、电泵试油勘探井、新防砂完井下电泵生产的井中，表现是运行电流高、有波动（图4-97），当超过过载设定值时发生过载停机故障，油嘴还有堵塞的可能。对于新防砂完井后就下电泵生产的井，可能是由于完井作业后充填砂未冲洗干净所致，可以采取以下措施解决：①上调过载设定值；②停机进行反冲洗；③调大油嘴。对于电泵试油勘探井，一方面可能是由于油井出砂引起，需要采取洗井和防砂处理后才能重新进行电潜泵试油；另一方面可能是由于钻/完井的泥浆未冲洗干净，井液密度过大而引起过载停机（图4-98），这时，采取洗井措施即可解决。

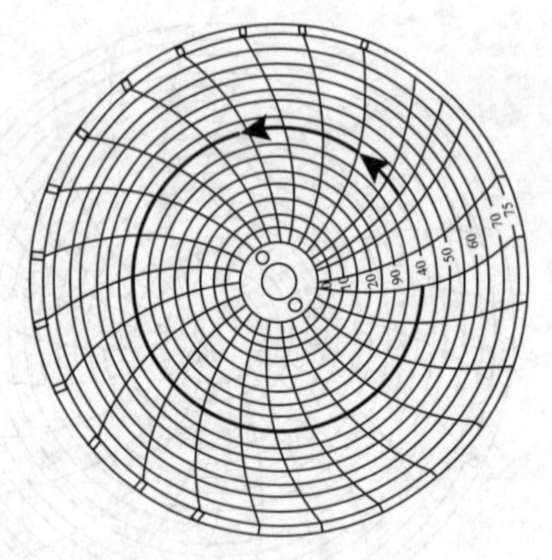

图4-97　井液含有砂泥等机械杂质的电流卡片

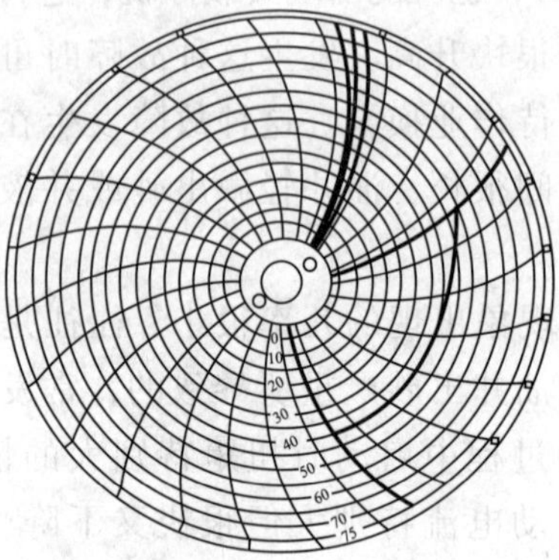

图4-98　井液含有泥浆的电流卡片

5. 套管气引起的故障诊断与排除

如果油井气过多，可引起电泵欠载停机，在电流卡片上表现为有一段特别光滑，一段较粗或有波动（图4-99、图4-100），计量时油气比较平时要高，套压也高。其原因是因套管气排放不及时，逐渐聚集，引起套压升高压低了液面，游离套管气进入了泵内。可以通过放套管气以降低套压、升高液面来解决。要维持连续平稳生产，一是平时要勤放套管气，二是在套管阀后安装定压放气阀自动排放套管气。

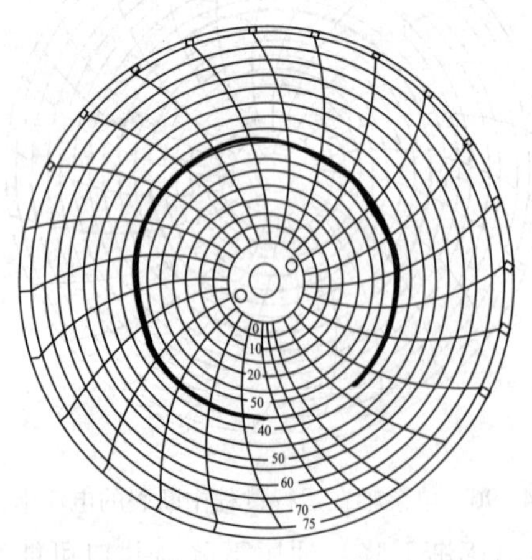

图4-99　气体影响的电流卡片

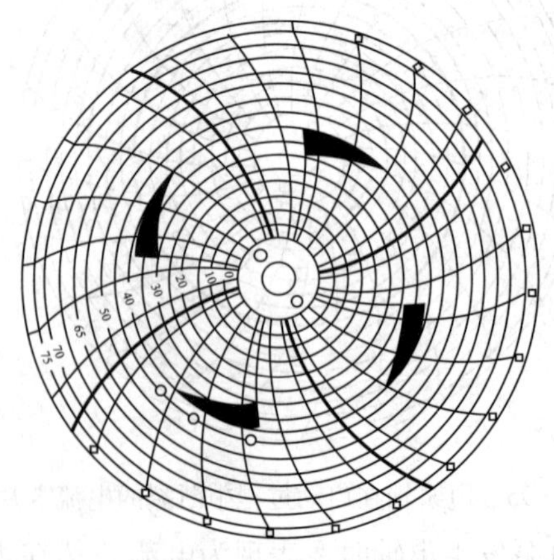

图4-100　套管气引起气锁欠载停机的电流卡片

6. 油井供液不足引起的故障诊断与排除

油井供液不足时，引起油井液面很低、接近泵吸入口，套管环空内的气体进入电泵内导致欠载停泵（图4-101、图4-102）。处理办法有几种：①将套压控制在很低水平，并调低欠载设定值；②采用间歇生产，等待液面恢复后再开泵生产，可以采取人工方式，也可以实行控制柜自动启泵方式；③在调低欠载设定值的同时，缩小油嘴；④如果泵挂较浅，可以通过作业加深泵挂深度；⑤检泵作业更换与油井相匹配的小泵；⑥对油层进行酸化、压裂、有机解堵等增产措施；⑦有的井还可以打开未开采层位生产，以补充液源。

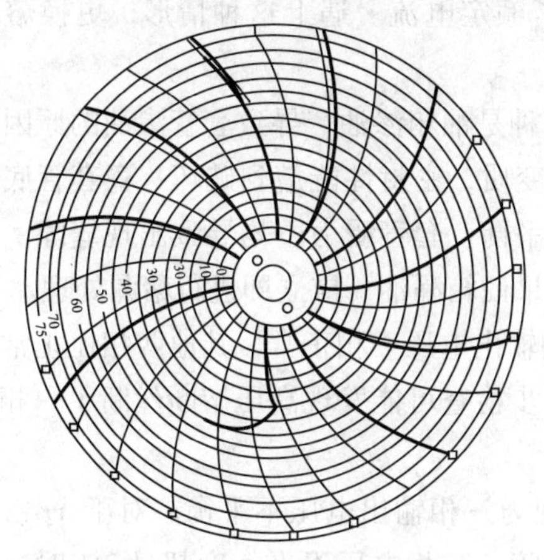

图4-101　油井供液不足的电流卡片

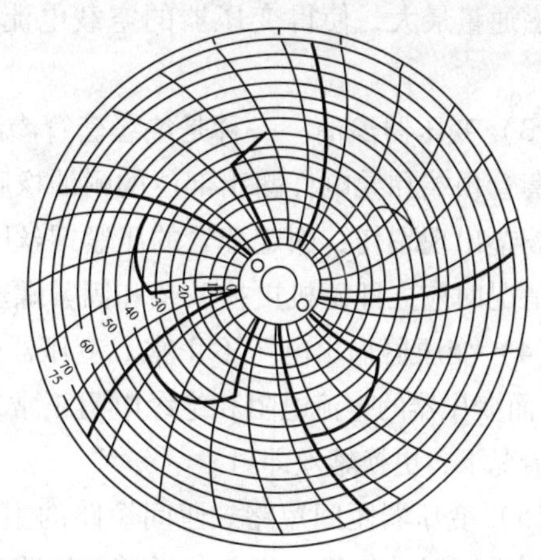

图4-102　油井供液不足间抽时的电流卡片

7. 管柱漏失判断与处理

当管柱发生漏失时，会出现油压下降、产量下降等现象，新进行检泵作业的井产量达不到检泵作业前的产量，进行憋泵和正挤憋压试验时，油压起不来。

带有泄油阀管柱的井，往往是泄油销被砸断或冲蚀所引起的。发生这种情况时，只有进行检泵作业才能恢复生产。

Y管柱和带测压阀的井，可能是它们的堵塞器密封失效引起，可以通过更换堵塞器盘根图来恢复生产。

8. 机组匹配不合理引起的故障判断与处理

如果电泵机组匹配不合理，也可能引起故障，一种是大马拉小车，另一种是小马拉大车。大马拉小车时，一般不会引起事故，但当电机余量太大时，可能发生欠载。小马拉大车时，一般会出现运行电流高于额定电流，严重时会出现启动困难和机组烧毁现象。当出现这些情况时，只能等待适当时机进行检泵作业以更换合适的电泵机组。

9. 地面设备故障诊断与排除

1）变压器

在实际生产中，变压器可能出现以下故障。

（1）变压器油变坏。变压器在长期的运行过程中，由于受到环境温度、气候条件和负载的影响，变压器油受到污染和氧化，并产生有害的杂质和沉淀物，使得变压器油的绝缘性能变坏降低。有2种简易方法可以鉴别运行中变压器的油质好坏。一种是通过油位表的玻璃看窗观察变压器油的颜色。变压器油的正常颜色应该是浅红色的，透明度好。如果颜色变成深暗色，且浑浊，表明油质变坏。另一种是闻油的气味来鉴别，方法是从变压器内取一小杯变压器油，好油的气味应该只有微弱的煤油味，无其他杂味，已变坏的油会有焦味或酸味。

（2）变压器空载投入运行时高压熔丝烧断。变压器在空载投入运行时高压熔丝烧断，而检查变压器的各项参数均正常，可能是由于巧合，正赶上交流电压的0值，变压器中铁心的磁通量最大，使得变压器的空载电流超过了额定电流。遇上这种情形，更换熔断丝即可。

（3）变压器渗油。一种是绝缘套管渗油，一种是油箱渗油。导致套管渗油的原因可能是：套管顶端和导电杆露出部位的耐油橡胶腐蚀变质，密封性能遭到破坏；瓷套管底座的耐油胶垫出现裂伤；固定套管的压紧螺丝固定不平衡，套管受力不均导致出现缝隙。出现这种情况时应立即停机更换胶垫和固紧螺丝。如果油箱漏油，应立即进行堵漏处理。

（4）变压器输出电压不正常。变压器的三相输出电压一相正常，其他两相比正常值低1/2，而变压器的直流电阻和绝缘电阻正常，进一步检查可能发现高压熔断丝断了一相。在这种情况下，更换熔丝即可。

（5）变压器匝间短路。匝间短路的主要表现为三相输出电压不平衡。对于Y/△接线的三相变压器，如果三相负载平衡，线路又无故障，三相电压不平衡度超过2%时，可以认为是绕组匝间短路，停电检查时，直流电阻也出现较大的不平衡。引起绕组匝间短路的原因很多，主要原因是变压器长期过负荷运行产生高温使绝缘材料老化，在电磁力的交变作用下，线圈发生移位，圈匝间相互碰撞使绝缘层不断脱落。在开关合闸或受雷电侵入时，可在绕组间形成过电压；或者将空载变压器切除运行时，由于线圈的电感很大，产生了瞬间的过电压，都可将绕组端部匝间绝缘击穿，造成短路故障。

（6）电压分接开关故障。电潜泵变压器的电压分接开关装在输出的中压绕组上，分接开关出现故障时会出现两种情况。一种是一相的输出电压比其他两相低，用电桥测量直流电阻时，有较大的不平衡。这种故障是由于制造工艺缺陷引起的，使得分接开关的静触头与定位销孔的分度不均匀、销孔距离不等、定位销进入定位孔以后的活动范围很大。调整分接开关挡位时销钉到位，但动触头却搭接在两个静触头上，致使绕阻间短路。另一种是输出电压缺相，测量直流电阻时一相没有。其原因可能是：分接开关的材质硬度不够，转动几次后接触面被损伤；动触头压簧弹力不足；定位出现偏差，动触头只能搭接在静触头的边缘，接触不良，当大电流通过时，产生高热损伤接点，导致虚接，时间一久就烧坏触点，造成星点开路。

（7）变压器接地线故障。变压器接地线常会出现松动、强度不够受到损坏、触点腐蚀接地电阻增大等现象，对人身和设备造成极大的危害。一般使用面积不小于25mm^{2}以上的多股铝绞线，变压器星点接地电阻不大于4Ω，重复接地电阻不得大于10Ω。

（8）导电杆故障。导电杆常出现松动现象。由于连接导线的压紧螺丝松动，电流通过连接点时产生高温，出现严重的氧化，加速了结合部位的接触不良，接触电阻增大，温度进一步升高形成恶性循环，最终导致螺母与丝扣滑扣，失去作用。处理不及时会导致导电杆的彻底损坏，应及时处理。

2）控制柜

（1）电源开关合闸时出现弧光短路。电源开关合闸时出现弧光短路是由于静触头上的灭弧罩掉落后极间落满导电灰尘，绝缘强度降低，导致合闸时电弧飞跃引起短路。预防措施是经常检查灭弧罩的完好性，发现破损时应及时更换；保持清洁，利用停电时间清扫开关周围尘埃；被烧过的触头应用锉刀或砂纸打磨平，烟痕要擦净。

（2）机组启动时电源开关瞬时跳闸。原因可能是电流脱扣器的电流设定值太小，未躲过电机启动的初始值。该设定值应比电机的启动电流高，电机的启动电流为 4 ~7 倍电机额定电流，脱扣器的设定值应为5 ~7倍。

（3）控制柜外壳带电。机组运行正常，检查其他部件完好，无漏电的地方，则控制柜外壳带电原因为控制柜的接地线脱落，导致控制柜外壳上 80V 的感应电未及时消除。这种情况下，先消除感应电后，再作好地线即可。

（4）导线连接点被烧坏。其损坏原因是导线连接固定螺丝不牢，出现松动，大电流通过时产生高温，使导体表面出现氧化层，扩大了虚接面积，温度进一步升高，出现恶性循环，情况加剧，导致连接点和固定螺丝烧毁。为避免这种情况出现，应定期检查各连接处，对松动螺丝进行固定。

（5）外界震动时出现接触器跳闸。可能原因是控制柜的内部控制线路出现虚接，当外界有震动时，线路断开，引起接触器跳闸。出现这种情况时，应仔细检查线路连接处。

（6）合上电源后控制柜内发出焦味。合上电源开关后控制柜内发出焦味，可能是控制电源变压器被烧毁。原因通常为控制回路短路所致，应仔细查找控制回路。

（7）机组运行一段时间后控制柜内发出焦味。机组运行一段时间后控制柜内发出焦味，接触器线圈冒烟，可能原因是接触器线圈的限流电阻未串入，使得 110V 的控制电压全部加在线圈上引起过流发热所致。只要串入合适的限流电阻即可。

（8）按启动按钮后真空接触器不吸合，控制电源自动开关瞬时跳闸。按启动按钮后真空接触器不吸合，控制电源自动开关瞬时跳闸，其故障原因可能是整流电路的 1 只二极管损坏，接触器线圈得不到输出电压，无法吸合接触器。更换 1 只二极管即可。

（9）按启动按钮后真空接触器不吸合，发出有节奏的“啪啪”声。按启动按钮后真空接触器不吸合，发出有节奏的“啪啪”声，可能是整流短路的二极管开路损坏引起。更换 1 只二极管即可。

（10）机组运行电流超过过载设定值，PCC 发出停机指令（过载灯亮），但不跳闸。机组运行电流超过过载设定值，PCC 发出停机指令（过载灯亮），但不跳闸，其原因可能是中间继电器损坏变形，虽然 PCC 切断了继电器线圈电源，但中间继电器的触点被压在一起不能分开，不受控制，因此控制电源一直与真空接触器的线圈相连，接触器不跳闸。更换 1 只中间继电器即可恢复正常。

（11）按启动按钮后，控制器、中间继电器、真空接触器无反映。按启动按钮后，控制器、中间继电器、真空接触器无反映。检查电路正常，按中间继电器电磁衔铁，接触器吸合。可能原因是按钮开关的接点与短接片腐蚀氧化，5V 电压不能通过按钮开关的接点去触发 PCC 的启动逻辑电路，所以接触器不能吸合。用细砂纸除去氧化层即可。

（12）真空接触器运行噪声大。真空接触器运行噪声大的原因是衔铁与所带横轴固定不平衡，吸合时衔铁受力不均，衔铁弹簧太紧，压力超过吸合力，吸合时产生强烈震动。解决办法为：调整衔铁的固定螺丝，使其达到平衡，调松衔铁弹簧加大其行程。

（13）控制电源变压器的线圈发热烫手，且有异味。控制电源变压器的线圈发热烫手，且有异味，通常为变压器受潮所致。更换干燥变压器即可。

（14）机组启动后，运行电流正常，10s 后跳闸，欠载指示灯亮。机组启动后，运行电流正常，10s 后跳闸，欠载指示灯亮。其原因有两种情况：一是欠载设定值过高，不符合要求；二是欠载恢复设定时间过长，导致欠载比较信号电位上升时间大于欠载动作时间，引起欠载逻辑跳闸。在这种情况下，重新设定即可。

（15）综合保护器通道号不变。综合保护器通道号不变的原因有两种可能，一是按钮损坏，二是译码器损坏，通过更换元件即可恢复。

第五章　螺杆泵采油

螺杆泵于1930年发明后主要用于工业领域泵送黏稠液体，只是近20年内作为一种人工举升采油手段用于开采稠油和含砂原油。它是一种容积泵，特点是结构简单、尺寸小、重量轻，不会出现泵卡、气锁、被砂蜡垢等堵塞，不会形成乳化液。

螺杆泵是开采稠油和含砂原油的一种很好手段，其容积效率随原油黏度升高而升高，不像离心泵那样随原油黏度升高而出现泵效急剧下降。目前，法国MAPE公司生产的螺杆泵可以在含砂量高达60%的井况下正常工作。

用于采油目的的螺杆泵分类如图5-1所示。

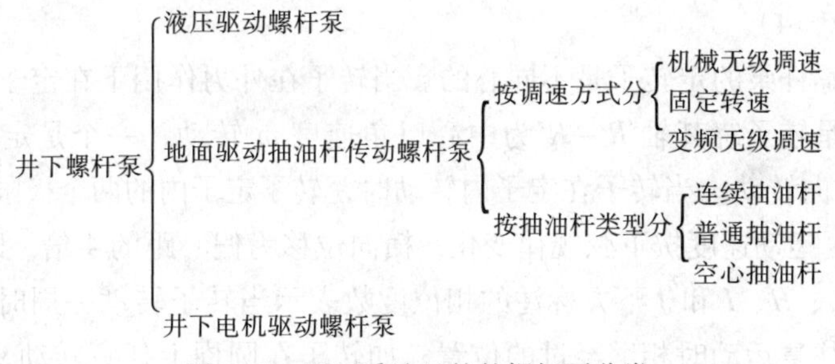

图5-1　用于采油目的的螺杆泵分类

目前，使用较多的是地面驱动抽油杆传动螺杆泵，井下电机驱动螺杆泵在近几年发展较快，在国外和海上油田使用数量逐渐增加。本章就螺杆泵的工作原理、机组组成、常用管柱、工况分析和故障诊断处理等方面进行介绍。

第一节　螺杆泵工作原理及组成

一、螺杆泵工作原理

井下螺杆泵是一种容积泵，它由两个相互啮合的螺旋组成，即常说的转子和定子，或称螺杆和衬套。通常情况下，螺杆为外单螺旋螺杆，具有固定的圆形剖面，其直径为D；转子轴与其截面中心的偏心距离为E（图5-2）。

井下螺杆泵的定子为内双螺旋槽，其直径或最小宽度与转子直径D相同，定子轴与转子轴的偏心距为E，则定子的最大宽度为$D+4E$，导程P_s为转子螺距P_r的2倍（图5-3）。通常，螺杆泵能产生有效抽汲所需要的最小定子长度为P_s，也就是说，每一级泵

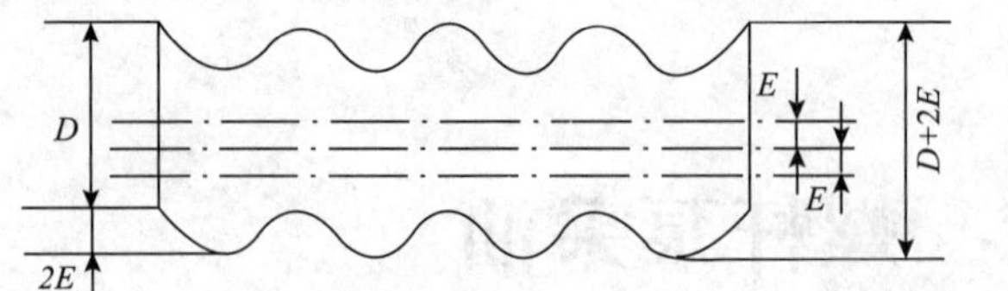

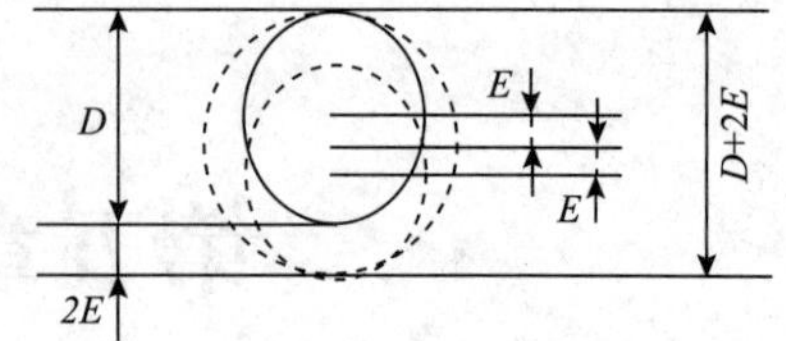

图 5-2　井下螺杆泵转子图

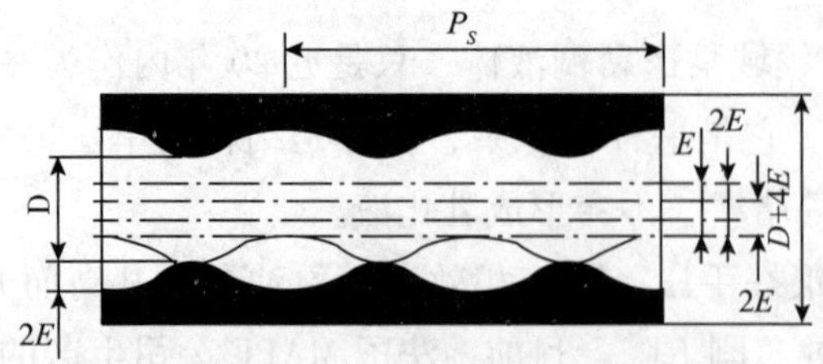

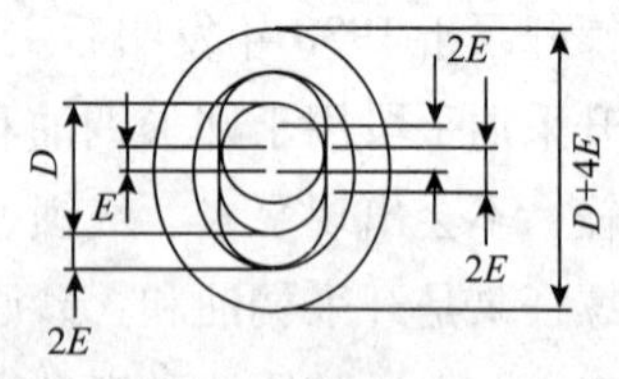

图 5-3　井下螺杆泵转子定子配合图

由一个定子导程和两个以上转子螺距构成，加拿大 Corod 公司生产的螺杆泵一级长度为 3 倍转子螺距（图 5-4）。

由上可知，螺杆泵的定转子是不同心的。当转子在外力作用下在定子内转动时会产生两个运动，一个是转子绕其轴 $R-R'$ 为中心以角速度 ω 转动，一个是定子轴围绕转子轴 $S-S'$ 向相反的方向转动。当转子在定子内转动时，转子定子内的两个极限位置 F 和 J 之间作横向往返运动，运动速度按下弦规律变化，横向位移为偏心距的 4 倍，即 $4E$（图 5-5）。图 5-5 中，F、G、H、I 和 J 下方标注的相位度数表示当转子转动一周时，转子截面圆心在定子内作横向往复运动时相继经过的位置。如转子在圆周上任意转动 90°时，转子截面圆心到达 H 点；转子转动 180°时则到达另一侧的限点 J。当继续转动时，转子则开始往回作横向移动。当转动 270°时，转子回到 H 点；转动 360°时则回到起始点 F。图 5-6 是转子转动时不同位置的示意图，能形象说明转子的运动情况。

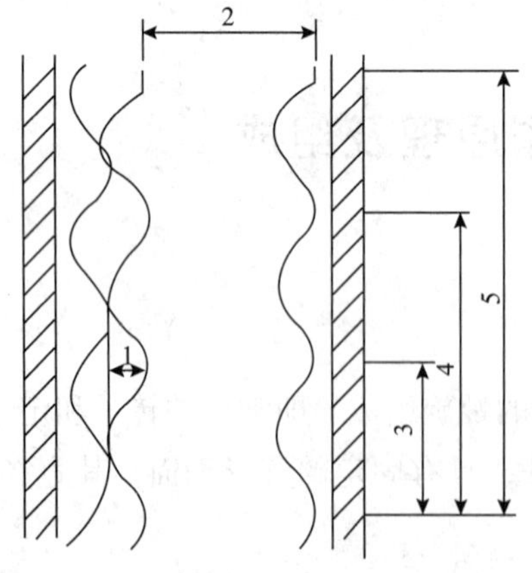

图 5-4　井下螺杆泵的级数关系

1—偏心距；2—转子直径；

3—转子螺距；4—定子导程；5—一级泵

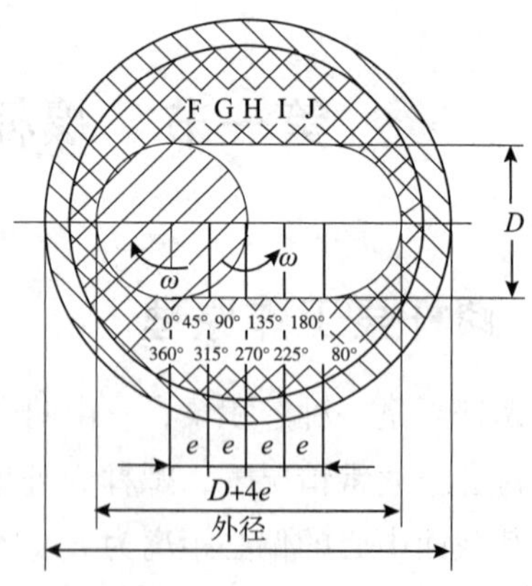

图 5-5　井下螺杆泵转子在定子内的运动位置

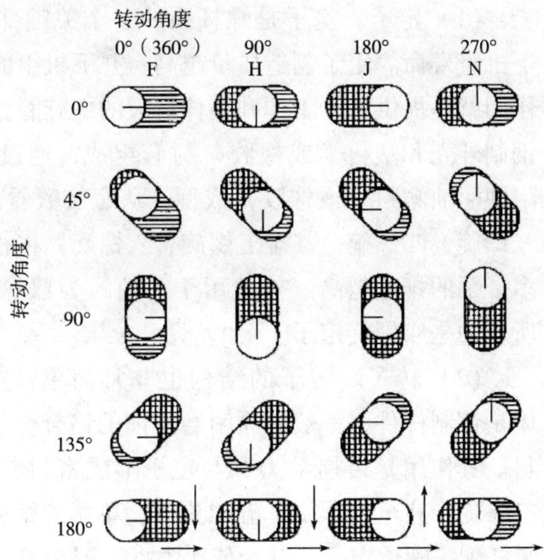

图 5-6　转子转动时的位置示意图

从图 5-6 可以看出，当转子在定子中偏心运动时，转子与定子啮合形成一系列相距 180°且被定转子接触线所密封的腔室。随着转子的转动，密封内腔体由泵的吸入端向排出端轴向移动。例如，在泵的结构角度为 0 的剖面上，转子转动 0 角度时，形成敞开的一个腔室，当转到 180°，这个腔室封闭并形成另一个新的敞开腔室。当转动 360°时，这新腔室封闭又形成另一个新的敞开腔室。也就是说，只有当前一个腔室关闭后才能形成新的腔室。因此，当螺杆泵在井下液体中工作时，井下流体在泵吸入口压力的作用下被压入螺杆泵敞开的腔室，并随着腔室的轴向移动，不断地排至泵出口。由于腔室是不断移动的，因此，螺杆泵又被形象地称为腔室进动泵（Progressing Cavity Pump，简称 PCP）。

二、螺杆泵组成及作用

1. 地面驱动螺杆泵

地面驱动螺杆泵的动力装置在地面，其原动机一般是电机，通过不同的传输方式将电机的转动传输到井口上方的驱动头，然后通过抽油杆传递给井下螺杆泵的转子进行抽油。因此它由地面和地下两个系统组成。

1）井下系统

井下系统一般主要由定子、转子、回转筒、限位器、抽油杆、抽油杆扶正器、定子扶正器、尾管、封隔器、锚定装置等组成，但不同的管柱其构成是有所差别的，详见第二节。图 5-7 是法国 Rodmip 螺杆泵的组成示意图。

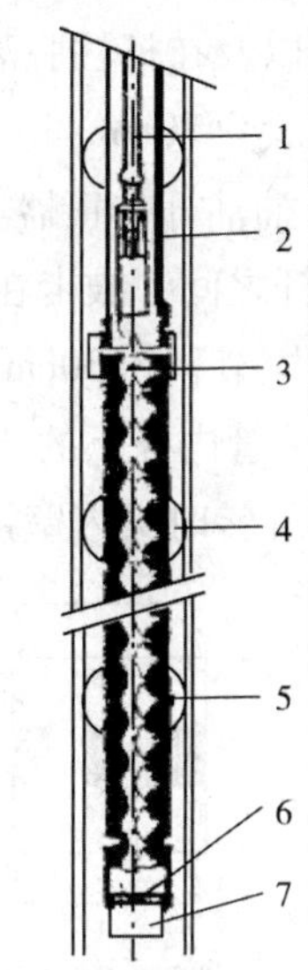

图 5-7　Rodmip 螺杆泵组成示意图

1—抽油杆；2—油管；3—转子；4—定子扶正器；5—定子；6—限位器；7—尾管

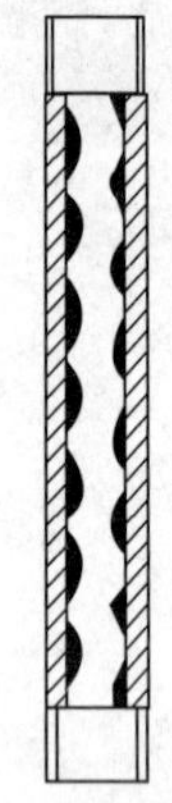

图 5-8　定子示意图

（1）定子。定子是螺杆泵的一个关键部件，并直接影响到井下机组寿命。定子制造质量越高，井下机组的寿命就越长。定子的作用就是提供转子工作和液体抽汲的螺旋腔，其结构非常简单，由钢制外壳和塑料（或橡胶）衬套组成，通过在外壳内腔挤注耐磨耐蚀耐油塑料（或橡胶）成型。从螺旋数看，衬套内腔有双螺旋、三螺旋、四螺旋，甚至五螺旋、六螺旋，在相同尺寸下，螺旋数越多，泵的排量越高。一般用于采油的为双螺旋或三螺旋，图 5-8 所示的是双螺旋定子。

（2）转子。转子的结构也非常简单，主体是钢制杆件，一般外涂耐磨耐蚀的铬合金材料。其作用是传递动力和与定子形成密封腔。分为单螺旋、双螺旋、三螺旋，甚至四螺旋、五螺旋等，单螺旋螺杆配双螺旋定子，双螺旋螺杆配三螺旋定子，其余依次类推，图 5-9 所示的是单螺旋螺杆。

（3）回转筒。回转筒也就是一根内径较大油管或空心定子筒，接在定子的上部以给转子和抽油杆杆柱以较大的回旋空间，防止转子和抽油杆因偏心运动摩擦磨损油管。

（4）限位器。限位器为一个底部带限位板和流通通道的短节，接在定子的尾部，其作用是施工作业时给转子限位以防止下入过头而失去作用，以及在杆柱脱落时防止杆柱掉入井底，结构如图 5-10 所示，其长度一般为 80cm。

（5）抽油杆扶正器。抽油杆扶正器由心轴和扶正筒组成，它接在 2 根抽油杆之间，被卡在 2 个抽油杆接箍之间。心轴也就是一根极短的抽油杆短节，约 30cm。扶正筒就是一个内孔比心轴大 1mm 左右的空心塑料筒，外部有 4 个略比油管内径小的扶正翼，采取浇注成型（图 5-11）。扶正筒可以围绕心轴转动，防止抽油杆旋转时与内壁接触而磨蚀油管，又可以让流体通过。

图 5-9　转子示意图

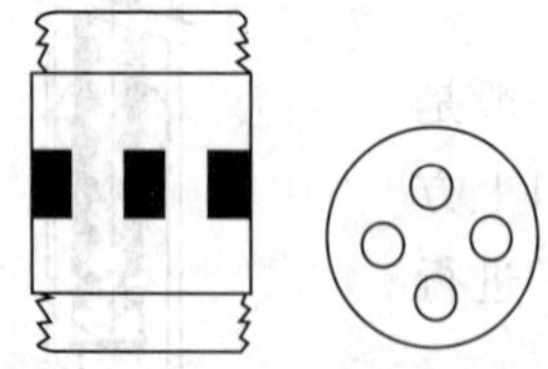

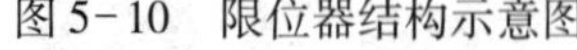

图 5-10　限位器结构示意图

图 5-11　抽油杆扶正筒结构示意图

（6）抽油杆。常用的抽油杆有普通抽油杆、空心抽油杆和连续抽油杆，可根据油井确定。

（7）定子扶正器。定子扶正器为有一定弹性的笼形罩，每一对由两半构成，中间大，两端小（接近定子外径尺寸）。每半通常是由 3 条 3mm 左右厚、10mm 宽的钢片焊接而成。

其作用是使定子居中和减小定子的摆动。

(8) 锚定装置。对于没有封隔器的井和泵挂深度浅的井，用于固定定子、消除摆动和防止定子脱扣，采用普通的锚定装置即可。

2）地面驱动系统

地面驱动系统包括传动系统、传动头和联轴节总成三部分。图 5-12 是 PCM 螺杆泵的地面组成示意图。

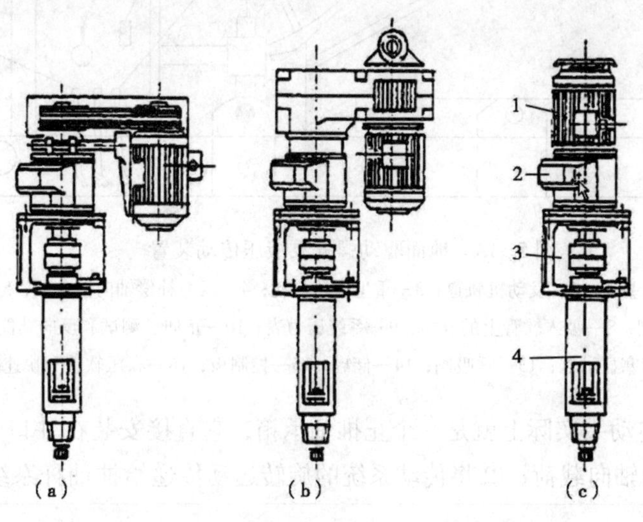

图 5-12　螺杆泵的传动系统组成示意图

(a) 皮带传动系统；(b) 机械变带传动系统；(c) 电子变频传动系统

1—电机；2—齿轮减速箱；3—联轴节；4—传动头

(1) 传动系统。传动系统的原动机通常是电机，在电机和传动头之间可以以固定或可变速度传递，目前采用的传动系统有皮带传动、机械式变速传动、电子变频传动和液压传动等 4 种类型。

皮带传动［图 5-12 (a)］是一种固定速度的传动方式，通常用于高含水和具有稳定工作制度的老井。

机械式变速传动是一种最常用的传动方式，通常有 1 ~ 6 个速度比，转速变化为 50 ~ 300r/min，这样的速度范围对优化油井产能和调整油井产量比较适用、方便。法国 PCM 的机械变速是一种无级变速，速度范围为 6 ~ 330r/min，调产时不用停机更换皮带轮，对防止井下杆柱和管柱脱扣很有好处。图 5-12 (b) 是 PCM 的机械无级变速装置。

电子变频传动系统是一种随着变频装置的应用发展，在近几年才使用的一种驱动方式，它通过变频器改变电源频率来改变电机的转速，从而达到调速调产的目的。电子变频传动系统可以实现无级调速和遥控，转速在每分钟几转到最大允许转速内任意调整。此系统为立式安装［图 5-12 (c)］，平衡性好，地面振动小。

液压传动装置是通过液压系统传递运动的，由电机驱动一个变排量轴向式液压泵驱动井口的液马达，液马达驱动皮带将扭矩和转动传递给光杆，且通过驱动抽油杆转动来带动螺杆泵转子转动（图5-13）。

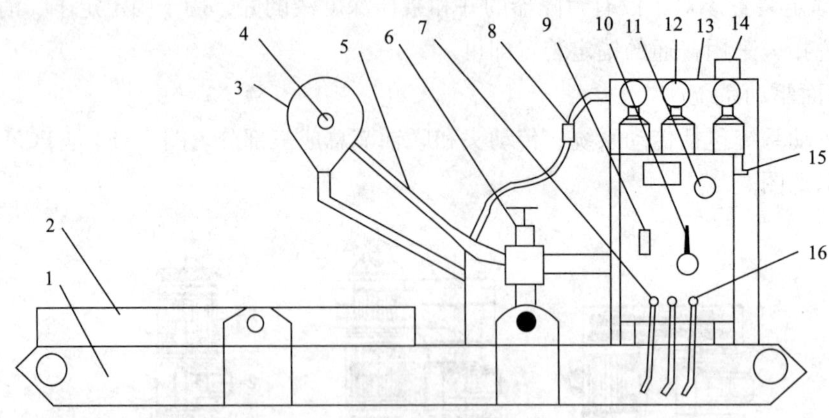

图5-13　地面驱动螺杆泵液压传动装置

1—水泥浇注的马达基地；2—发动机轨道；3—重型齿轮传动；4—压力补偿轴向活塞泵；5—吸入软管；6—闸阀；7—吸入滤网；8—吸入软管上的开关；9—系统压力表；10—正向、测试和反向功能；11—旁通阀；12—滤网堵塞显示器；13—呼吸阀；14—储罐；15—控制板；16—高压软管和快速接头

（2）传动头。传动头实际上就是一个止推轴承箱，它直接安装在井口上方，主要有3个：①承受抽油杆的轴向载荷；②将传动系统的旋转运动传递给抽油杆系统；③密封井口以防止井流物泄漏。

目前，法国PCM公司生产的传动头有3种型号，即TE10、TE40和TE60，图5-14是TE40型传动头的结构图，三种型号传动头的技术参数如表5-1所示。

表5-1　PCM公司的传动头技术参数表

型　号	TE10	TE40	TE60
传动头外壳螺纹EUE/in	$2\frac{7}{8}$	4	$4\frac{1}{2}$
传动头底部螺纹API/in	$1\frac{1}{16}$	$1\frac{9}{16}$	$1\frac{9}{16}$
传动轴直径/mm	38	42	60
最大轴向工作载荷/kgf	2494	9071	14968

注：1in = 0.0254m；1kgf = 9.80665N。

（3）联轴节。联轴节是地面传动系统与传动头的联接机构，起联接作用。PCM公司采用的A140型N - EUPEX联轴节（图5-15）。

（4）机械无级调速装置。PCM公司采用的地面调速装置是无级调速的，其主动轮和从动轮之间的距离可调，通过调整轮毂间的距离即可达到不同的传递比，从而实现无级调速。

（5）反转制动器。当螺杆泵抽油时，抽油杆由于承受扭矩而处于扭矩变形状态。当停机时，驱动头施加给抽油杆上端的扭矩消失，同时，井下转子也在定子中静止不动，因此

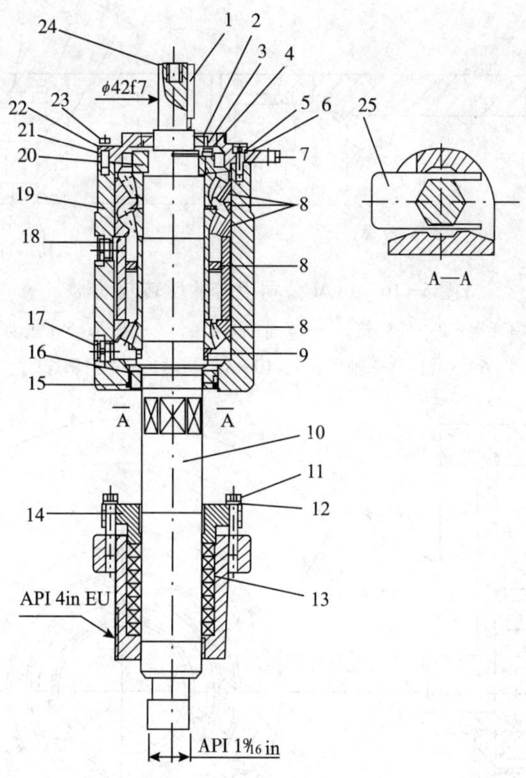

图 5-14 TE-40 传动头

1—轴键；2—密封圈；3，5，11，23—螺钉；4，12—锁紧垫圈；6，22—垫圈；7—盖板；8—轴承总成；9—套环；10—轴；13—填料密封环；14—填料函压盖；15—开口弹簧环；16—密封圈；17—润滑油嘴；18—润滑油嘴；19—壳体；20—锁紧螺母；21—盖板；24—提升头；25—锁定键

导致驱动头处抽油杆倒转，抽油杆有脱扣的危险。反转制动器就是用于停机时防止抽油杆倒转的机构。图5-16是法国 PCM 公司生产的反转制动器，图 5-17 是大港油田研制的反转制动器。大港油田的反转制动器利用刹车装置有控制地消耗抽油杆反转时储存的变形能量，以防止抽油杆脱扣和光杆变形。其工作原理为：当螺杆泵正常运转时，装载驱动机皮带内腔的反转控制器只有外圈 7 和螺栓 6 随之运动；当停机抽油杆反转时，滚动体 5 卡在外圈 7 和星轮 13 的斜面上，产生自锁，带动整个控制器反转，刹带 2 与驱动机外壳摩擦产生阻力矩，消耗抽油杆储存的反转能量，从而达到控制抽油杆反转的目的。螺杆泵控制柜是反转制动器的地面控制系统，除了具有开机停机功能外，还具有故障停机、井口高低压力停机和电机过热保护停机等多种功能。

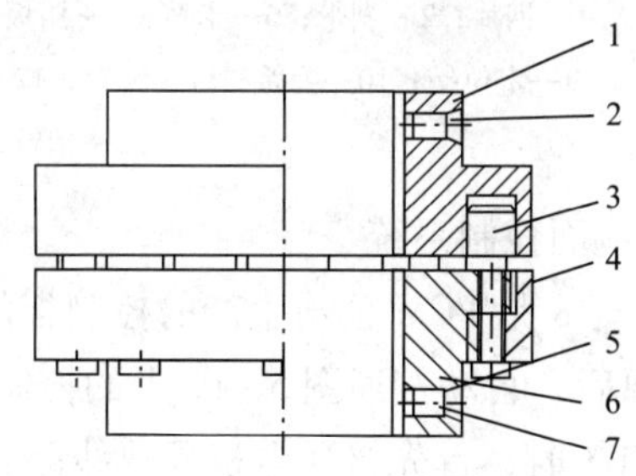

图 5-15 A140 型 N-EUPEX 联轴节结构图

1—钢制上法兰；2，7—钢制螺钉；3—合成橡胶弹性塞；4—铸铁本体；5—固定螺钉；6—铸铁下法兰

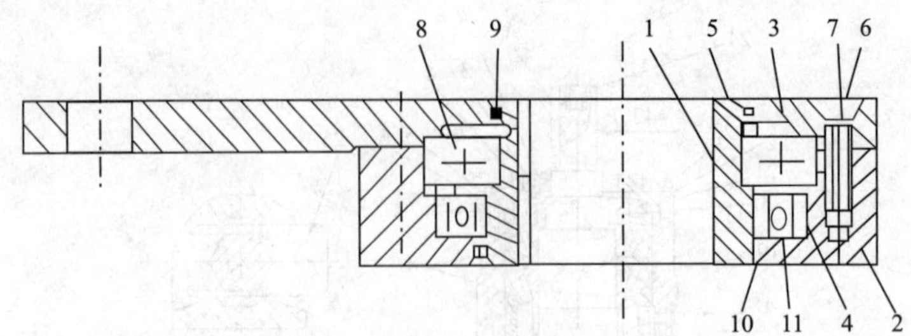

图 5-16　PCM 公司生产的反转制动器

1—内环箍；2—外环箍；3—安全凸耳；4，7—垫圈；5—止动环；

6—螺钉；8—轴承；9，10—衬垫；11—24 只斜撑

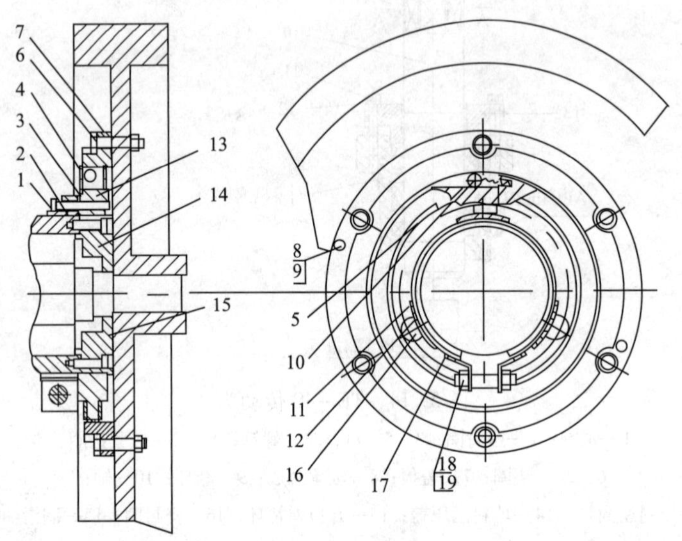

图 5-17　大港油田生产的反转控制器

1—钢片；2—刹带；3—卡簧；4—挡板；5—滚动体；6，19—螺栓；7—外圈；8—定位孔；

9—定位销；10—弹簧；11—铆钉；12—卡子；13—星轮；14—皮带轮；15—驱动机壳体；

16—销钉；17—卡子；18—螺帽

3）地面控制系统

图 5-18 是 PCM 公司生产的控制柜的电机供电线路图，图 5-19 是其控制回路图。当接通电源后，自动接通图 5-19 中的控制盘电源，白色指示灯 HL1 亮，按图 5-19 中的启动按钮 SB3 时，首先接通电机预热线路，预热指示灯 HL2 亮，输出 220V 电源接通 65W 阻抗器开始预热电机以排除电机内的潮气。按下 SB5 开关后接通真空接触器，电机启动，绿色指示灯 HL3 亮，同时预热线路的常闭触点断开而切断预热电源，HL2 熄灭。

为防止螺杆泵抽油系统因压力过高或无产液而损坏，还设有高压和低压保护；此外，为防止因定子和传动系统损坏而进一步损坏电机，该控制柜还设有过载（过流）保护功能。美国的 Trico 公司的控制柜还设有过扭矩保护系统以防止抽油杆过扭而损坏。

2. 潜油电机驱动螺杆泵

潜油电机驱动螺杆泵是近几年发展起来的一种新型的螺杆泵采油方式，其英文全称是

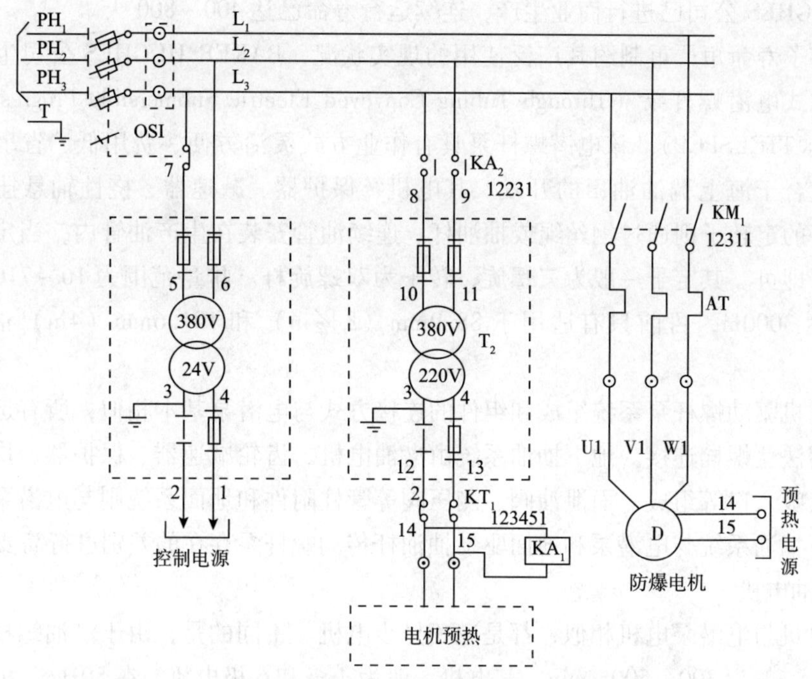

图 5-18 PCM 公司控制柜电机供电线路

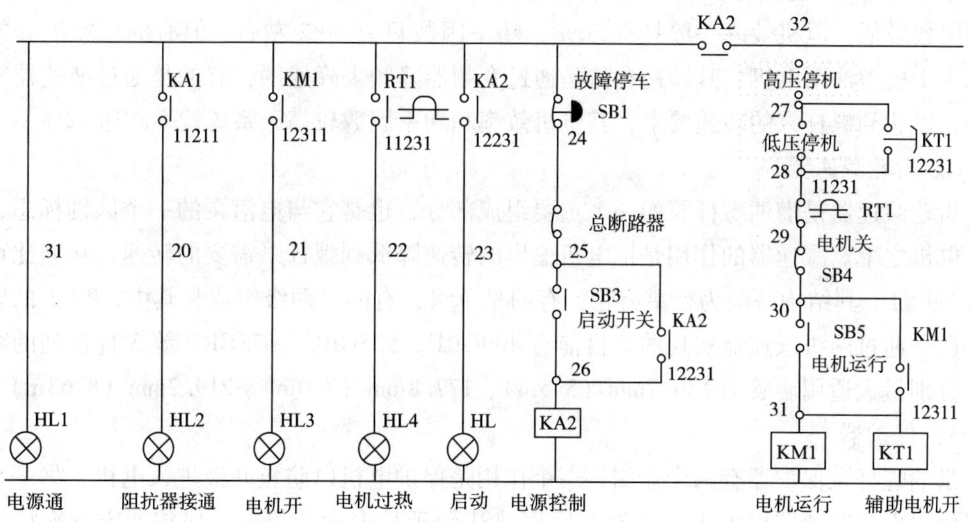

图 5-19 PCM 公司控制柜控制供电线路

Electric Submersible Progressing Cavity Pump，简称 ESPCP。系统效率在 50% 以上，比电潜泵高 1 倍，比普通螺杆泵高 14%。潜油电机驱动螺杆泵同时具有普通螺杆泵和电潜泵的优点，其系统效率高、适用于稠油、不易造成原油乳化、管理方便，在稠油和含砂原油生产中的作用和所占比例越来越大。但潜油电机驱动螺杆泵存在调产不方便的缺点，由于它是容积泵且井下部分的转速是一定的，其调产只能通过变频器来实现。目前，REDA 和

BAKER HUGHES 公司已进行商业生产，连续运行寿命已达 400～800 天。

针对定子寿命短严重制约其广泛使用的现实状况，BAKER HUGHES 公司生产了一种过油管可取式电潜螺杆泵（Through Tubing Conveyed Electric Submersible Progressing Cavity Pump，简称 TTCESPCP）。该电潜螺杆泵具有作业方式灵活方便、费用低、省事省力等特点，非常适合于海上稠油油田的开发。其电机、保护器、减速器、挠性轴悬挂在油管尾部，组装好的定转子则通过钢丝绳或抽油杆、连续油管安装在生产油管内，当定子损坏时提出定转子即可。其定子一般为三螺旋，转子为双螺旋杆。排量范围为 16～716m^3/d，最高扬程可达 3000m，目前只有适用于 88.9mm（3½in）和 101.6mm（4in）油管的 TTCESPCP。

潜油电机驱动螺杆泵系统组成和组件的连接方式与电潜泵基本相似，所有运动件都在地下，采用法兰螺栓连接。地下抽油系统由潜油电机、齿轮减速器、保护器、挠性轴和潜油螺杆泵及吸入口等组成。而泄油阀、测压阀等管柱附件和地面系统则与电潜泵相同。文中仅对地下抽油系统与电潜泵和地面驱动抽油杆传动螺杆泵存在的差别进行简要介绍。

1）潜油电机

潜油电机与电潜泵电机相似，都是三相异步电机。不同的是，由于潜油螺杆泵要求的转速不高，一般为 300～500r/min，其电机一般为 4 极和 6 极电机，在 50Hz 下电机转速为 750～1450r/min。它由 2 极潜油泵电机改变穿线方式来实现，1/3 线槽重合，电机效率和功率因数较低，电机效率一般只有 50%，功率因数只有 60% 左右。但有的厂家配套的电机仍为 2 极潜油泵电机，其转速有的是通过变频器降频来降速的，有的是通过减速器来降速的，以达到螺杆泵的转速要求，其电机效率和功率因数较高，系统效率高达 72%。

2）齿轮减速器

齿轮减速器是潜油螺杆泵的一个重要组成部分，也是它与电潜泵的一个区别标志，它位于电机之上。减速器的作用是把电机输出的转速降低到螺杆泵需要的转速，转速比可达 3∶1～9∶1。其结构一般为行星齿轮，有的是单级，有的是两级组成。其中，9∶1 的转速比一般是通过两级减速器实现的。目前有 400GRU、525GRU、675GRU 等 3 种系列的减速器，分别最大适用套管为 139.7mm（5.5in）、177.8mm（7.0in）、219.2mm（8.63in）。

3）保护器

潜油螺杆泵保护器有两个作用，一个作用是保护电机以防止井液进入电机，另一个作用是润滑保护减速器以带走减速器的摩擦热达到延长寿命的目的，保护器内都充填电机油。为了降低成本，有的厂家将电机保护器和减速器保护器分开，分别充填不同的介质，电机保护器充填电机油，减速器保护器充填润滑油。对于一体的保护器，都连接在减速器的上部，电机、保护器、减速器都采用同一种高性能电机油。对于分体式保护器，电机和减速器有各自的保护器，位于电机之上，电机及保护器采用普通电潜泵电机油润滑和冷却；减速器保护器则接在减速器上部，减速器和保护器采用质量更高的齿轮润滑剂。

4）挠性轴

挠性轴是潜油螺杆泵的一个关键部件，对延长机组寿命发挥着重要的作用，它处在螺杆泵和减速器之间，其作用是消除转子的偏心运动和减振，保证其下的保护器、减速器和电机处于良好的同心运动状态。其结构简单，实质上就是一根挠性很好的短轴，能够承受很高的轴向和径向载荷及扭矩。其径向推力轴承采用高强度的碳化钨硬质合金钢。

5）螺杆泵

潜油螺杆泵机组所用螺杆泵与普通螺杆泵在结构上基本相似，差别仅在于连接方式，普通螺杆泵采用的是螺纹连接，而潜油螺杆泵采用的是法兰螺栓连接。

第二节　螺杆泵管柱

一、抽油杆驱动螺杆泵管柱

1. 自由式螺杆泵管柱

管柱结构如图5-20所示。油管选用可以参见表5-2～表5-4，使用空心抽油杆时，油管内径要比上述3个表中推荐的参数大。

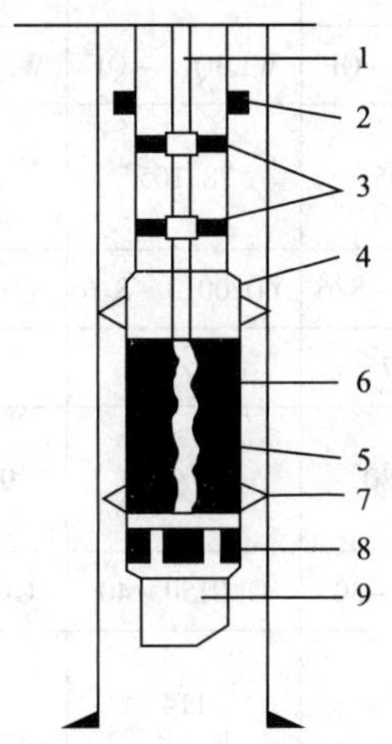

图5-20　自由式螺杆泵管柱

1—抽油杆；2—回音标；3—抽油杆扶正器；4—转子回转调节器；5—转子；6—定子；7—定子扶正器；8—带孔管；9—转子限位器

表5-2　沈阳新阳机器制造公司机电设备制造公司生产的螺杆泵基本数据

型　号	LBJ60×10	LBJ60×15	LBJ60×20	LBJ90×10	LBJ×15	LBJ90×20
驱动头型号	WLBQ13－QF	WLBQ13－QF	WLBQ13－QF	WLBQ17－QF	WLBQ17－QF	WLBQ17－QF
驱动头转速/(r/min)	61.5/123	61.5/123	61.5/123	78/105	78/105	78/105
电机型号	YD200L1－12/6	YD200L1－12/6	YD200L1－12/6	YD200L1－8/6	YD200L1－8/6	YD200L1－8/6

续表

型　号	LBJ60×10	LBJ60×15	LBJ60×20	LBJ90×10	LBJ×15	LBJ90×20
电机功率/kW	7.5/13	7.5/13	7.5/13	12/17	12/17	12/17
电机转速/(r/min)	490/970	490/970	490/970	730/980	730/980	730/980
泵型号	GLB60－20	GLB60－30	GLB60－40	GLB90－20	GLB90－30	GLB90－40
定子最大直径/mm	88	88	88	100	100	100
定子螺纹 TBG/in	2⅞	2⅞	2⅞	3⅞	3⅞	3⅞
转子螺纹	CYG22	CYG22	CYG22	CYG25	CYG25	CYG25
理论流量/(m^3/d)	5.5/11	5.5/11	5.5/11	10/13.5	10/13.5	10/13.5
最大扬程/m	1000	1500	2000	1000	1500	2000
型号	LBJ130×15	LBJ150×15	LBJ150×20	LBJ300×9	LBJ400×9	LBJ500×8
驱动头型号	WLBQ17－QF	WLBQ17－QF	WLBQ17－QF	WLBQ28－QF	WLBQ28－QF	WLBQ28－QF
驱动头转速/(r/min)	78/105	78/105	78/105	106/160	106/160	106/160
电机型号	YD200L1－8/6	YD200L1－8/6	YD200L1－8/6	YD225S－6/4	－6/4	YD225S－6/4
电机功率/kW	12/27	12/27	12/27	22/28	22/28	22/28
电机转速/(r/min)	730/980	730/980	730/980	980/1470	980/1470	980/1470
泵型号	GLB130－30	GLB150－30	GLB150－40	GLB300－18	GLB400－18	GLB400－16
定子最大直径/mm	100	114	114	114	114.5	114.5
定子螺纹 TBG/in	3½	4	4	4	4	4
转子螺纹	CYG25	CYG25	CYG25	CYG25	CYG25	CYG25
理论流量/(m^3/d)	14.5/19.5	16/21.5	16/21.5	48/72	60/92	76/115
最大扬程/m	1500	1500	2000	900	900	800

注：型号 LBJ $a\times b$ 的物理意义说明：a 为在泵出口压力为0，转子转速为500r/min时的额定排量，m^3/d；b 为泵的额定扬程，10^2m。

表 5-3 法国 PCM 公司井下螺杆泵数据

型号	排量/(m³/d)	扬程/m	定子			转子				节数	泵外径/mm	最小抽油杆/in	最小油管/in	最小套管/in	泵级数	腔室容积/cm³
			总长/m	螺纹长/m	螺纹/in	长度/m	外径/mm	螺纹/in								
30TP600	27	600	1.79	1.656	1 11/16 API	1.305	70	2 3/8 EUE	1	79	5/8	2 3/8	4 1/2	14	37
30TP1300	27	1300	3.09	2.96	1 11/16 API	2.61	70	2 3/8 EUE	2	79	5/8	2 3/8	4 1/2	23	37
60TP1300A	66	1300	4.10	3.90	1 3/16 API	3.48	90	2 7/8 EUE	2	94	3/4	2 3/8	4 1/2	28	92
60TP2000	66	2000	5.70	5.55	1 3/8 API	5.223	90	2 7/8 EUE	3	94	7/8	2 7/8	4 1/2	43	92
100TP600	108	600	3.20	2.96	1 3/16 API	2.61	90	2 7/8 EUE	1	94	3/4	2 7/8	4 1/2	13.5	151
100TP1200A	103	1200	5.70	5.55	1 3/16 API	5.223	90	2 7/8 EUE	2	94	3/4	2 3/8	4 1/2	27	151
120TP2000	120	2000	6.57	6.40	1 3/8 API	6.10	108	278 EUE	3	103	7/8	2 7/8	5 1/2	38	170
200TP600	194	600	3.30	3.15	1 3/8 API	2.75	102	3 1/2 EUE	1	108	7/8	7/8	5 1/2	11	270
200TP1200	194	1200	6.00	5.85	1 3/8 API	5.50	108	3 1/2 EUE	2	108	7/8	2 7/8	5 1/2	22	270
240TP600	240	600	5.70	5.55	1 3/8 API	5.223	90	2 7/8 EUE	2	94	7/8	2 7/8	4 1/2	12	330
300TP800	300	800	6.00	5.85	1 3/8 API	5.50	108	3 1/2 EUE	2	108	7/8	2 7/8	5 1/2	13	416
400TP900	400	900	6.29	6.12	1 9/16 API	6.10	120	4EUE	2	120	1	3 1/2		15	560

注：型号 aTPb 的物理意义说明，a 为在泵出口压力为零，转子转速为 50r/min 时的额定排量，m³/d；b 为泵的额定扬程，m。

表 5-4 部分国产螺杆泵基本参数

项目 型号	GLB 30 141	GLB 30 271	GLB 30 401	GLB 80 141	GLB 80 271	GLB 80 401	GLB 1201 4	GLB 120 27	GLB 120 40	GLB 200 40	GLB 200 27	GLB 200 01	GLB 120 200
泵每转理论排量/mL		30			80			120			200		120
日排量/(m³/d)		2~10			4~27			6~40			10~70		6~40

续表

<table>
<tr><td>项目
型号</td><td>GLB
30 141</td><td>GLB
30 271</td><td>GLB
30 401</td><td>GLB
80 141</td><td>GLB
80 271</td><td>GLB
80 401</td><td>GLB
1201 4</td><td>GLB
120 27</td><td>GLB
120 40</td><td>GLB
200 40</td><td>GLB
200 27</td><td>GLB
200 01</td><td>GLB
120 200</td></tr>
<tr><td>泵级数</td><td>14</td><td>27</td><td>40</td><td>14</td><td>27</td><td>40</td><td>14</td><td>27</td><td>40</td><td>14</td><td>27</td><td>40</td><td>40</td></tr>
<tr><td>转子连接螺纹</td><td colspan="3">CYG19 抽油杆</td><td colspan="3">CYG22 抽油杆</td><td colspan="3">CYG22 抽油杆</td><td colspan="3">CYG25 抽油杆</td><td>CYG22
抽油杆</td></tr>
<tr><td>泵外径/mm</td><td colspan="3">73</td><td colspan="3">90</td><td colspan="3">90</td><td colspan="3">102</td><td>102</td></tr>
<tr><td>定子连接螺纹</td><td colspan="3">$2\frac{7}{8}$TBG 油管扣</td><td colspan="3">$2\frac{7}{8}$TBG 油管扣</td><td colspan="3">$2\frac{7}{8}$TBG 油管扣</td><td colspan="3">$3\frac{1}{2}$TBG 油管扣</td><td>$3\frac{1}{2}$TBG
油管扣</td></tr>
<tr><td>适用套管/mm</td><td colspan="3">≥ϕ114</td><td colspan="3">≥ϕ114</td><td colspan="3">≥ϕ114</td><td colspan="3">≥ϕ140</td><td>≥ϕ140</td></tr>
<tr><td>输入转速/(r/min)</td><td colspan="3">50～300</td><td colspan="3">50～300</td><td colspan="3">50～300</td><td colspan="3">50～300</td><td>50～300</td></tr>
<tr><td>最大工作压力/MPa</td><td>5</td><td>10</td><td>15</td><td>5</td><td>10</td><td>15</td><td>5</td><td>10</td><td>15</td><td>5</td><td>10</td><td>15</td><td>15</td></tr>
<tr><td>井口驱动装置型号</td><td colspan="3">规格Ⅰ</td><td colspan="3">规格Ⅱ</td><td colspan="3">规格Ⅱ</td><td colspan="3">规格Ⅲ</td><td>规格Ⅲ</td></tr>
<tr><td>井口驱动电机功率/kW</td><td>3</td><td>4</td><td>7.5</td><td>5.5</td><td>7.5</td><td>15</td><td>7.5</td><td>15</td><td>30</td><td>10.5</td><td>17.5</td><td>30</td><td>30</td></tr>
</table>

1）管柱优点

①采用尾管稳定定子，尾部自由，配管方便；②转子旋转自由，不碰撞和摩擦油管；③容易判断转子或定子脱落故障；④杆柱脱落时，能防止抽油杆或转子掉入井底；⑤能够测试油井液面。

2）管柱缺点

①不能直接测试地层压力；②安全性差，恶性事故发生后不能防止油气溢出；③油层与环空连通，不能防止洗井液进入地层；④不能防止管柱转动和脱落，且脱落后打捞困难。

2. 固定式螺杆泵管柱

管柱结构如图 5-21 所示。

1）管柱优点

①可以防止管柱摆动和脱落；②可以防止洗井液进入地层；③管柱可以适应载荷变化；④转子旋转自由，不碰撞和摩擦油管；⑤容易判断转子或定子脱落故障；⑥杆柱脱落时，能防止抽油杆或转子掉入井底；⑦能够测试油井液面。

2）管柱缺点

①工具较多，施工和配管较难；②井下故障判断难度较大；③不能直接测试地层压力；④安全性差，恶性事故发生后不能防止油气溢出。

3. 抽油杆杆柱

螺杆泵抽油杆杆柱如图 5-22 所示。

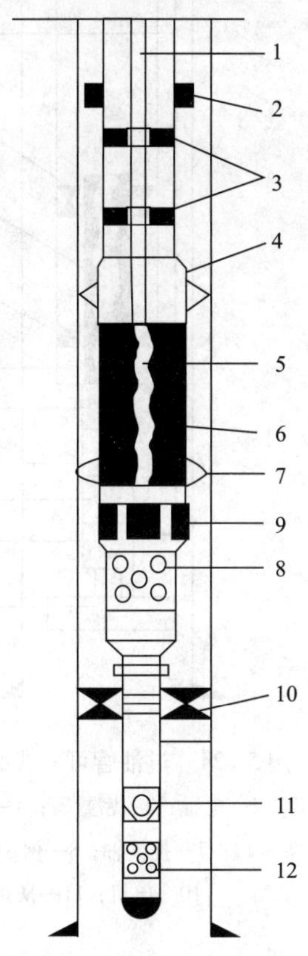

图 5-21　固定式螺杆泵管柱

1—抽油杆；2—回音标；3—抽油杆扶正器；
4—转子回转调节筒；5—定子；6—转子；7—定子扶正器；
8—转子限位器；9—尾管；10—防砂封隔器；
11—单流阀；12—洗井液

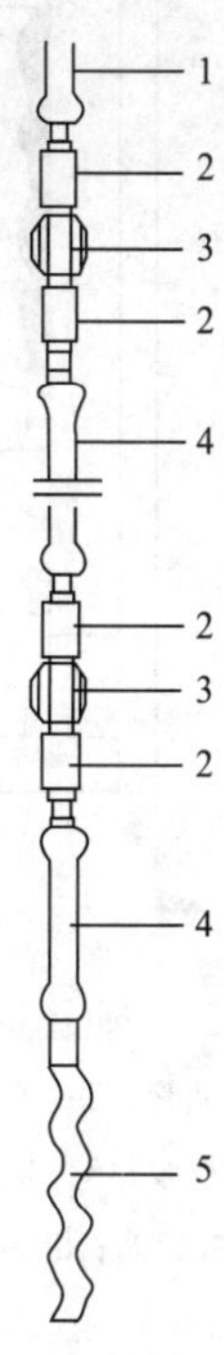

图 5-22　螺杆泵抽油杆柱结构

1—光杆；2—标准抽油杆接箍；
3—抽油杆扶正器；4—抽油杆；5—转子

二、潜油电机驱动螺杆泵管柱

1. 油管悬挂式管柱

油管悬挂式管柱结构如图 5-23 所示，与电潜泵管柱结构相似，基本上可以参照电潜泵管柱进行设计。

2. 过油管可取式管柱

过油管可取式管柱结构如图 5-24 所示，具有以下特点：

①作业方便，可以通过钢丝绳、抽油杆或连续油管进行检泵作业；②由于螺杆泵定子运行寿命相对电机、保护器和减速器短得多，采用此种管柱可以不必取出电机等未损坏组件，节省大量作业费和机组费用。

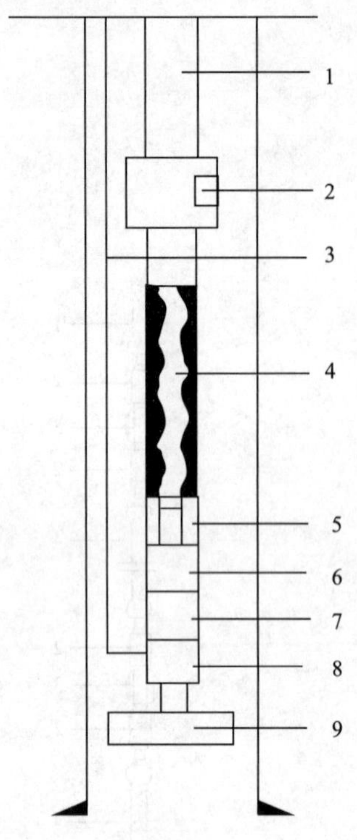

图 5-23　油管悬挂式螺杆泵管柱

1—油管；2—泄油阀；3—电缆；4—螺杆泵；5—挠性轴；6—保护器；7—减速器；8—电机；9—扶正器

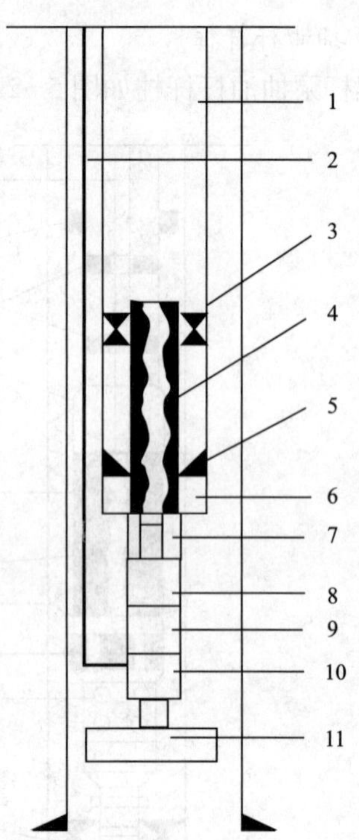

图 5-24　过油管可取式螺杆泵管柱

1—油管；2—电缆；3—密封器；4—转子；5—定位器；6—泵吸口；7—挠性轴；8—保护器；9—减速器；10—电机；11—扶正器

第三节　螺杆泵采油配套及选泵设计

一、螺杆泵采油配套要求

螺杆泵采油必须作好以下配套工作：

①足够的电量；

②足够的平台空间以安放控制柜、变频器，对于抽油杆驱动螺杆泵还必须保证井口上方有安装地面驱动系统的甲板且通风良好；

③配备机械、液压或变频调速装置；

④配备井口压力开关并将信号送至控制柜，且控制柜必须具备高低压停机功能，以防止螺杆泵干磨损坏；

⑤配置油井液面或压力检测系统。

二、螺杆泵的基本参数

1. 排量

1）理论排量 Q_t

螺杆泵的理论排量跟定子和转子的几何形态有关，即与转子的横截面积或直径、转子的偏心距和定子的导程有关。当转子旋转一周时，定子、转子之间的封闭腔移动 P_s 距离，而定子、转子之间的腔室截面积是一个定值，即 $4ED$，其排替的容积 V 为：

$$V = 4EDP_z \tag{5-1}$$

式中　V——单腔室容积，m^3；

D——转子直径，m；

E——转子偏心距，m；

P_z——定子导程，m。

在零压头下每分钟的理论排量为：

$$Q_t = VN \tag{5-2}$$

式中　Q_t——泵理论排量 m^3/s；

N——转子转速，rad/s。

2）实际排量 Q_r

螺杆泵的实际排量 Q_r 等于理论排量 Q_t 减去漏失排量 Q_f，即：

$$Q_r = Q_t - Q_f \tag{5-3}$$

3）漏失排量

定子、转子之间的配合通常为紧配合，即转子被定子抱紧，几乎没有间隙。但是螺杆泵在井下运行时持续处于承压状态，定子受到压缩而出现间隙，当压力达到一定程度以后开始出现漏失，使得实际排量一般比理论排量少 2%～3%。漏失量与转速无关，与以下因素有关：

①泵排出、吸入口压力差（即总压头）；

②泵的级数；

③定子、转子间的紧配合程度；

④采出流体黏度；

⑤泵出口温度。

漏失量的大小可用下式计算：

$$Q_f = \alpha \frac{h^3}{\mu} \Delta p \frac{P_s + \pi D}{2} \tag{5-4}$$

式中　Q_f——泵漏失量，m^3/s；

h——定子与转子的间隙，m；

μ——流体黏度，mPa · s；

α——漏失系数，m^{-1}；

Δp——两腔室之间的压差，MPa。

在腔室内压力的作用下，定子受压缩，间隙增大，其变化量 Δh 与压力 p 成正比，与合成橡胶的弹性模量 E_c 成反比，即：

$$\frac{\Delta h}{H}=k\frac{p}{E_c} \tag{5-5}$$

式中 H——定子橡胶厚度，m；

E_c——弹性模量，MPa；

Δh——定子压缩量，m；

k——系数。

2. 承压能力

为使井下螺杆泵能建立起举升压头，相邻腔室之间应存在压差，这要求在定子、转子之间有良好的密封性。转子直径略大于定子最小直径，可实现良好的密封，通常转子略大于定子0.2～0.5mm。从一个腔室到下一个腔室之间的压差是累加的，因此，井下螺杆泵的压头 p_T 与腔室的数目或密封线重复的次数（即泵的级数）成正比。对于不可压缩流体，相邻腔室之间的最大压差是相等的，因腔室数目等于2倍的导程数，因此，p_T 与泵级数有关，即：

$$p_T=2\Delta p\times\frac{L}{p_z} \tag{5-6}$$

式中 Δp——相邻两腔室之间的压力差，又称漏失压力，MPa；

L——转子长度，m。

法国 Rodip 井下螺杆泵每级的承压能力为0.207～0.31MPa，有时可达0.52MPa；Corod 公司的达0.46MPa。承压能力越大，泵的漏失量越小，但泵容易磨损。

3. 止推轴承载荷（或抽油杆拉力）

止推轴承载荷或抽油杆拉力 F 可以用下式计算：

$$F=\left(2E^2+\frac{D^2}{4}\right)\pi p_T \tag{5-7}$$

式中 F——抽油杆拉力，N。

4. 最大机械制动力矩

螺杆泵的最大制动力矩 T 可用下式计算：

$$T=\frac{1.63\times10^{-9}vp_T}{\rho} \tag{5-8}$$

式中 T——最大制动力矩，N·m；

v——螺杆泵容积，m^3；

p_T——总承压能力，MPa；

ρ——螺杆泵平均泵效，一般取0.7。

三、螺杆泵选井选泵设计

1. 选井、选泵原则

1）选井原则

①油层温度低；

②自由气油比不高；

③油井液面较高。

2）选泵原则

①泵排量和扬程适应范围较宽；

②泵的扬程要高于油井生产需要的扬程。

2. 机组选型设计

1）选泵设计

因为螺杆泵是容积泵，产量是通过地面调速装置或变频器来实现的，选泵设计比较简单。首先，根据地质设计产量和井底流压计算泵挂处油气水三相的体积流量及所需要的扬程，然后参考厂家给的选型图即可确定泵型，图5-25是PCM公司的螺杆泵选型图。

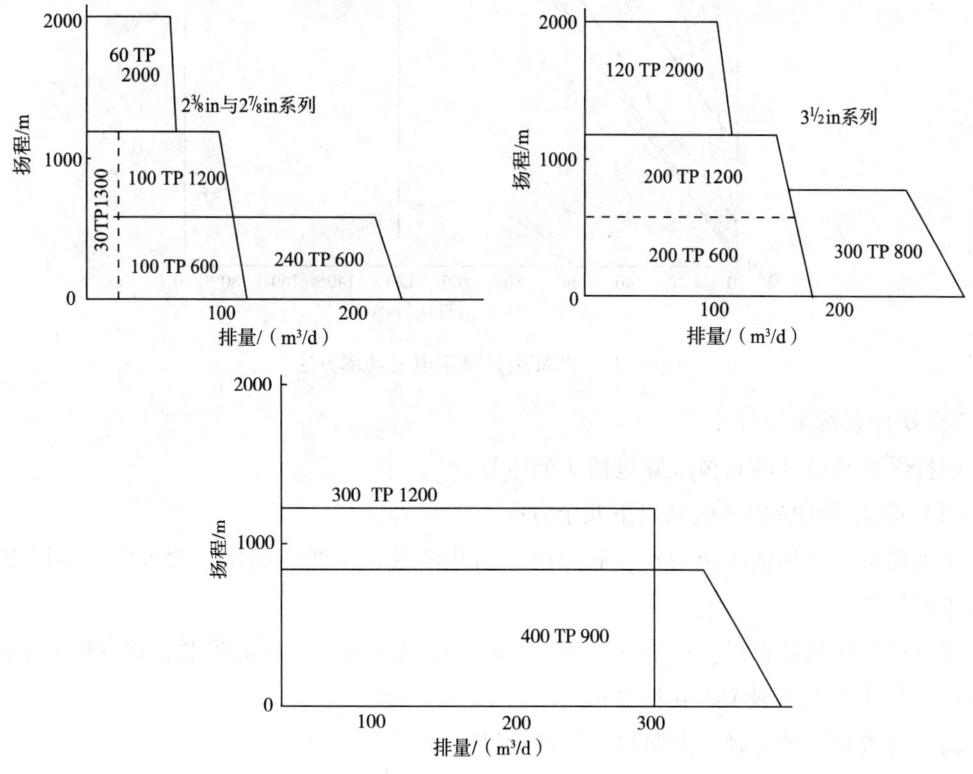

图5-25　PCM公司的螺杆泵选型图

2）电机功率设计

在确定泵型后，根据该泵型的特性图即可查找出电机功率，电机功率选用时应考虑能够适应较长时期运行和产量变化的情况。图 5-26 是 PCM 公司的泵特性图及电机选用方法。

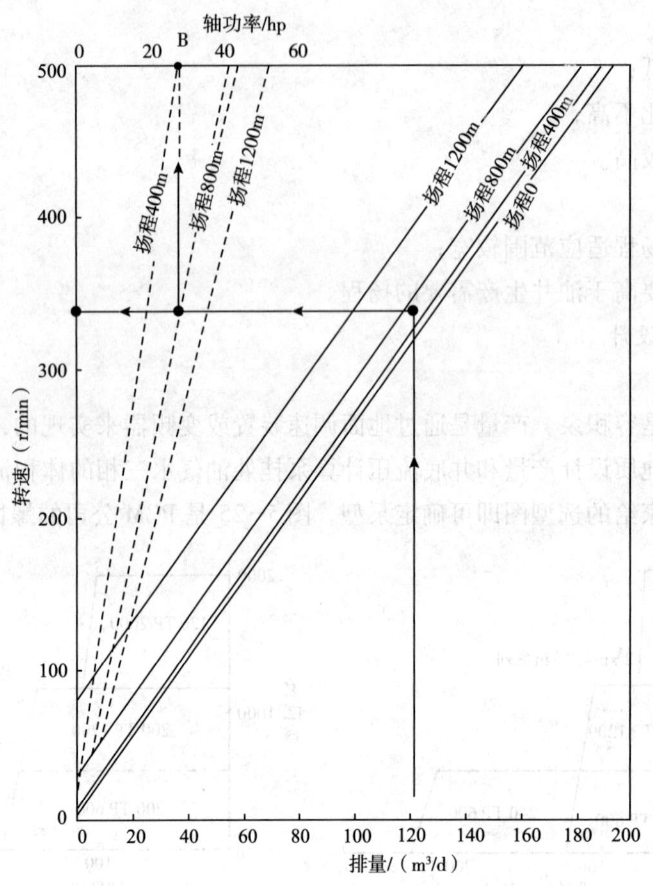

图 5-26 PCM 公司确定电机功率方法

3）螺杆泵选泵设计步骤

螺杆泵选泵设计的具体步骤包括 9 个环节。

（1）收集基础资料，包括以下几个方面：

①地质资料，如油藏压力、井底流压、油井产量、生产气油比、含水率、油层温度、油层中部深度等；

②生产流体物性资料，如油气水相对密度、泡点压力、脱气油黏度、泡点压力下溶解气油比、气体中 H_2S 及 CO_2 含量等；

③井身资料，如井径、井眼轨迹、油管尺寸等。

（2）根据井深和流压确定泵扬程。

（3）根据井眼轨迹和流压确定泵挂深度。

（4）依据泵挂深度确定泵吸口油气水的三相体积系数和黏度及其对应的流体总体积流量。

（5）根据④的总体积流量及油管尺寸按图 5-25（仅适用于 PCM 公司机组）的螺杆泵选型图确定泵型。

（6）据泵型、扬程和泵口处流体黏度计算泵漏失量及实际排量。

（7）对应泵特性曲线上按实际排量确定泵转速，具体方法如图 5-26 所示。

（8）对应泵特性曲线上确定机组功率 P_s（图 5-26）。

（9）确定地面电机功率：

$$P=(P_s+P_f)/\eta_d \tag{5-9}$$

式中 η_d——驱动系统效率；

P_f——抽油杆在油管中的摩擦功率，一般取 1~1.5kW。

四、抽油杆柱的选择

抽油杆柱包括抽油杆、抽油杆扶正器、转子回转筒、转子限位器和定子扶正器，其各自选用要求如下文所述。

1. 抽油杆

用于螺杆泵采油的抽油杆的尺寸配套可参照表 5-3～表 5-5。当设计使用空心抽油杆时，油管内径会大于上述表中推荐参数。钢级应根据下入深度、功率、排量、转速、井斜等条件要求进行计算后再选用。

表 5-5 美国 Corod 公司生产的井下螺杆泵结构参数

型号		28			75				120			300
级数		9	13.5	18	9	13.5	18	22.5	9	13.5	18	13.5
转子	长度/mm	1422	2020	2667	1790	2540	3277	4064	2413	3632	4623	4636
	顶部长度/mm	114			114				114			137
	螺纹	3/4inAPI 抽油杆			7/8inAPI 抽油杆				7/8inAPI 抽油杆			1inAPI 抽油杆
	顶部直径/mm	36			41				41			51
定子	橡胶长度/mm	1219	1820	2438	1556	2320	3112	3905	2083	3124	4089	3175
	顶部螺纹/mm	2½in 普通管材，外螺纹			2½in 外加厚管材，内螺纹				2½in 外加厚管材，内螺纹			2½in 外加厚管材，内螺纹
	底部螺纹/mm	2½in 普通管材，外螺纹			2½in 外加厚管材，外螺纹				2½in 外加厚管材，外螺纹			2½in 外加厚管材，外螺纹
联顶杆长/mm		250 或 500			250 或 500				250 或 500			250
反时针转动		不行			定制				不行			不行
外径/mm		73			90				90			127

2. 抽油杆扶正器

抽油杆扶正器对材质要求应为高强度耐磨橡胶，在井温条件下不变形，无化学反应。

过流槽截面积要求大于 $15cm^2$，达到不妨碍油气流动的目的。采用心轴和抽油杆接箍固定在抽油杆上，与心轴的间隙应小于 1mm，与油管壁间隙不超过 2mm。

3. 转子回转筒

转子回转筒的强度应满足管柱受力要求，长度应大于 8m，内径应大于杆接箍 4 倍偏心距。特殊油井应要求其具备防腐能力。

4. 转子限位器

转子限位器要求过流总面积大于 $20cm^2$，但单孔直径小于转子直径的 1/4；有效限位距离在 40cm 以内；挡板厚度能够承受抽油杆泵重量，不低于 10mm；要满足管柱受力要求，对于特殊井应要求其具备防腐能力。

5. 定子扶正器

应具有良好韧性和强度，可用油管连接方式也可采用卡箍固定方式，承重不小于管柱质量的 1/3。

第四节　螺杆泵井工况分析及故障处理

一、工况分析

井下螺杆泵的工况，即井筒流体进入敞开腔室的流量大小。其与敞开腔室的压差和流体黏度等因素有关。

1. 压差对工况的影响

如果忽略流体的蒸汽压力、井筒动液面和泵吸入口的摩阻损失，则打开一个敞开的腔室所建立的最大生产压差为 0.1MPa。只要在吸入口及腔室之间的压降小于形成一个腔室所建立的压差，井筒流体将全部充满腔室，则螺杆泵可以达到其理论排量。

当流体压力降到蒸汽压力以下时，则会出现气蚀现象。如果一部分敞开的腔室被流体的蒸汽所充满，在腔室封闭、转子施加正压力后，则会出现蒸汽凝析，导致泵出现脉动和噪音。因此，为使泵能够达到其理论排量且正常运转，要求流体压力大于其蒸汽压力，并且吸入压降小于 0.1MPa。

2. 流体黏度对工况的影响

由于产生存在较高的压降，随着流体黏度增加，会使泵的排量下降。图 5-27 是螺杆泵的流体黏度—转速曲线，由该图可以看出，当流体黏度已知时，便可以根据希望达到的泵效来选择泵的转速，或者说可以在已知转速、流体黏度的情况下推测黏度对泵效的影响。

3. 泵磨损影响

螺杆泵的工作转速通常为 40～500r/min，为减少由于磨损而造成的维修工作量，应当随流体磨蚀性的增加而降低泵的转速。研究表明，泵的磨损与流体流速成正比，但是过低的转速对井下泵的使用寿命又会产生不利的影响。图 5-28 是泵的固定磨蚀量对泵排量的影响。由图5-28可知，只要压差为0或非常低，则在B运转速度下，几乎需要4倍时间才能达到磨损曲线，这几乎延长了4倍的使用期限。但是，在承压下，相同的磨损量对泵在低速运转时的影响大于高速运转时的影响。例如，在压差为0.7MPa（100psi）时，一级泵在相同磨损量情况下，在1运转速度下泵排量会降到0；而在$A=2B$转速下，泵排量仍能保持磨损前排量的50%以上。尽管在B运转速度下需要4倍时间才能达到A转速下的磨损量，但是在承压下，由于低运转速度时的漏失量大，排量下降比较明显，为了减少总磨损量，应减小螺杆泵每级的压差。这有助于在承压和低运转速度下降低泵的磨损和延长泵的使用期限。

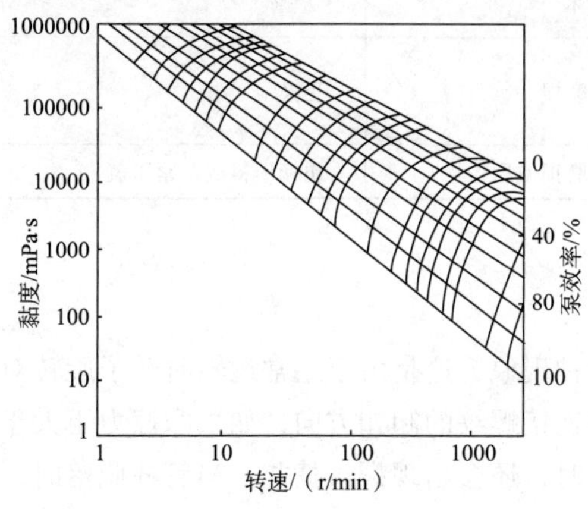

图5-27　流体黏度－螺杆泵转速曲线

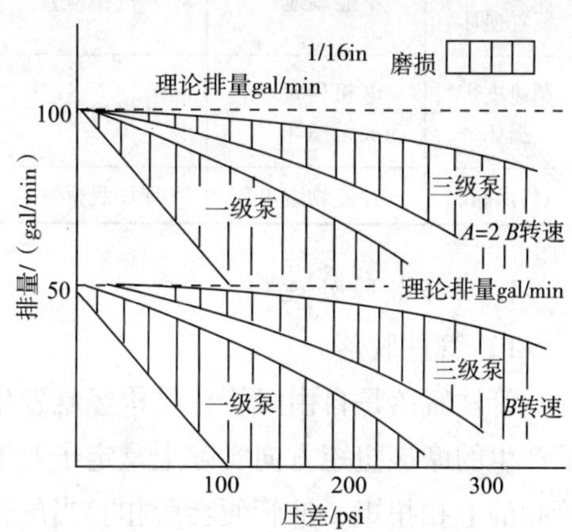

图5-28　螺杆泵固定磨蚀量－泵排量曲线

二、故障处理

螺杆泵常见故障如表5-6所示。

表5-6　抽油杆驱动螺杆泵常见故障及处理一览表

故　障	故障现象	确认方法	故障原因	处理方法
管柱脱落	井口无产液，运行电流低	小排量正挤井口压力憋不起来	油管捞扣	更换高强度油管
			油管上扣不到位	按标准上扣
			定子膨胀过大	更换适合于井流物的定子胶筒
			振动太大	加锚定装置或将油管插入防砂封隔器内
杆柱脱落	井口无产液，运行电流低	小排量正挤井口压力能憋起来	抽油杆强度不够	更换高强度抽油杆
			与油管摩擦	杆柱上定距离加扶正器或换大油管
			拐点狗腿度太大	将泵下到拐点以上
	井口无产液，过载停机	小排量正挤井口压力可能憋不起来	定子膨胀或脱胶	更换适合于井流物的定子胶筒
定子脱胶	电流大，过载停机	小排量正挤井口压力可能憋不起来	定子黏接不好	选用好厂家的产品
			定子胶筒与井液不相容	选用合适的胶筒材料

续表

故障	故障现象	确认方法	故障原因	处理方法
定子过早磨损	产量下降，电流逐渐降低	正挤时井口可能憋不起压力	定转子间隙过小	选用间隙合理的定转子，最好做地面实验
防倒装置失灵	停机后抽油杆和电机倒转	该装置的固定环损坏	长时间磨损	更换
机械调速装置损坏	不能调速	开机箱检查	长时间磨损或轴承损坏	更换
调速皮带损坏	电机转动，传动头无损坏	开机检查	磨损	更换
填料函漏失	井流物溢出	现场观察	磨损或压盖松	更换填料或调紧压盖

1. 井下故障处理

1）管柱脱落

管柱脱落是自由式管柱结构经常发生的一种现象，这是由于正常运转时转子旋转对定子产生的摩擦扭矩方向实际上是定子及油管的连接螺纹的卸扣方向，如果摩擦力矩大于油管扣的上扣扭矩，油管便会脱扣。当尾管很重时，还会出现螺纹捞扣。当管柱脱落时，通过作业重新连接好便可恢复生产。如果未发生螺纹捞扣，可以采取对扣方式打捞；如果发生捞扣，则必须下打捞工具进行打捞。

管柱脱落的故障现象为：运行电流很低，基本上是电机的空载电流，除了有一股一股的气外，井口基本上无产液，正反循环时油套连通。减少管柱脱落的措施为：将油管上扣扭矩由原来的最佳值提高到最大值；采用油管螺纹垫片；定子之上的装卸短节采用防松螺纹连接；采用油管锚或张力封隔器固定螺杆泵。

2）杆柱脱落

杆柱脱落也是螺杆泵常发生的一种故障现象，表现为运行电流很低，井口也无产液，正反循环油套不连通，通过对扣或下入抽油杆打捞工具进行处理就可以恢复生产。抽油杆脱落有两种情况：脱扣或捞扣。造成脱扣的原因是停机后抽油杆柱扭转变形，余能释放引起杆柱反转，可以采取在地面和抽油杆柱上安装防倒装置进行防止。造成杆柱捞扣的原因有三个：稠油井在长时间关井后再启泵时，启动扭矩特别大，导致螺纹损坏；油特别稠，螺杆泵长期在高扭矩下工作而把螺纹损坏；定子部分脱胶，转子无法转动所致。

3）定子脱胶

发生定子脱胶时，电机因运行电流特别大而出现过载停机，可能还伴随抽油杆拧断。从制造工艺角度来说，定子脱胶的原因是定子黏接工艺不过关而造成橡胶与壳体黏接不牢。目前在浇注与黏接工艺改进后，这类原因引起的脱胶现象较少发生。从操作角度来讲，定子脱胶是由于操作条件与泵的性能不匹配，主要是由于压差和扭矩过大，使得泵在压差极限附近运转所造成的。

4）定转子过早磨损

定转子过早磨损主要是由于定转子的间隙过小所引起的。为保证泵效且延长使用期，加拿大 Corod 公司制定了螺杆泵的最大和最小排量曲线，泵实际排量高于额定排量曲线，表明定转子间隙小，泵效高，泵磨损快，使用期短。泵实际排量低于额定排量曲线，表明定转子间隙大，漏失量大，泵磨损小，使用期较长。为防止以上现象出现，一台新机组在下井前都要作性能试验，使得泵处于最大和最小排量之间，取得合理的泵效和使用寿命。

5）油管与抽油杆柱磨损

油管与抽油杆柱磨损可能是由于井斜抽油杆贴在油管壁上引起的，可以通过加抽油杆扶正器使抽油杆柱居中来减轻或消除；此外，也可能是定转子不同心及转子的偏心运动造成的，在定子以上加一节内径较大的回转筒即可避免。

2. 常见地面故障处理

1）防倒转装置故障

抽油杆的防倒转装置可能出现失灵现象，主要是由于防倒齿的固定环损坏所致。发生这种故障时，电机停机后会出现抽油杆反转，问题出现后未及时处理或问题较为严重时会引起抽油杆柱脱扣。因此，该故障一旦发现就应立即处理。

2）机械调速装置故障

机械调速装置经常发生皮带、调节爪磨损等故障，通过更换处理即可解决。当皮带发生磨损断裂时，会出现电机转而传动头不转的现象，电机运行电流非常接近空载电流。当调节爪磨损时，通过调速手轮调转速，转速不发生变化。

3）减速齿轮箱故障

减速器齿轮箱常会出现缺油或齿轮油变质等问题，引起齿轮过早损坏，平时应勤检查，定期加油或换油。

4）填料函漏失

填料函具有密封光杆的作用，可防止大量井流物漏出。平时有轻微漏失是正常的，可以起到润滑光杆和防止填料磨损加快的作用。漏失严重时可以调整填料函的压盖、补充填料或更换填料。

第六章 射流泵采油

射流泵采油是常用的机采方式之一，由于其结构简单、无运动部件、紧凑可靠、使用寿命长且检泵维修方便，因此，射流泵不仅在油井采油领域应用广泛，而且还可用于陆上及海上探井试油、油井排酸及气井排液等工艺中。

射流泵主要具备下述优点：由于泵的结构特点，使其具有抽吸广泛流体的能力，适用于高气油比、高温、高含砂、高含水和腐蚀性流体；检泵方便，无需起油管，可通过液力投捞或钢丝起下；因其结构简单，尺寸小，性能可靠，运转周期长，适用于斜井及海上油田；易调参。射流泵的缺点主要表现为：因射流泵工作时存在严重的喘流和摩擦，导致泵效较低；一般需要的动力液量大、压力高，因而需大功率的地面动力液供给系统；为避免气蚀，射流泵需要有比其他举升方式高的吸入压力。

本章主要介绍射流泵的工作原理及组成，射流泵管柱、作业及测试，射流泵的动力液及地面系统，同时阐述选泵设计、工况分析，最后简单介绍泵的故障处理。

第一节 射流泵工作原理及组成

一、射流泵工作原理

1. 分类

根据射流泵起下方式，可分为用钢丝起下式射流泵和液力投捞式射流泵。根据动力液的循环方式，又可分为正循环式射流泵和反循环式射流泵。

2. 工作原理

图6-1是射流泵示意图，其主要工作元件是喷嘴、喉管（又称混合室）和扩散管等。高压动力液由油管进入射流泵，经过喷嘴时以高速喷出，使喷嘴周围的压力下降。井筒的地层流体经单流阀进入喷嘴周围的环形空间并被喷嘴喷出的动力液吸入喉管。在喉管中，动力液和地层液充分混合后进入扩散管，然后经泵出口进入油套环形空间，从而被举升至地面。

图6-2是射流泵工作原理示意图。射流泵的工作原理基于能量守恒原理。高压动力液通过喷嘴将其势能（高压能）转换成高速动力液流的动能。此高速液流压力较低，允许井筒内地层流体进入喉管。在喉管内高速动力液与井筒地层液充分混合，并将其动力传递给地层液，使地层液流速增加。到扩散管后，随着流动面积的逐渐增大，混合液流速减小；混合液的动能转换成静压头，此时混合液中的压力足以将其举升到地面。

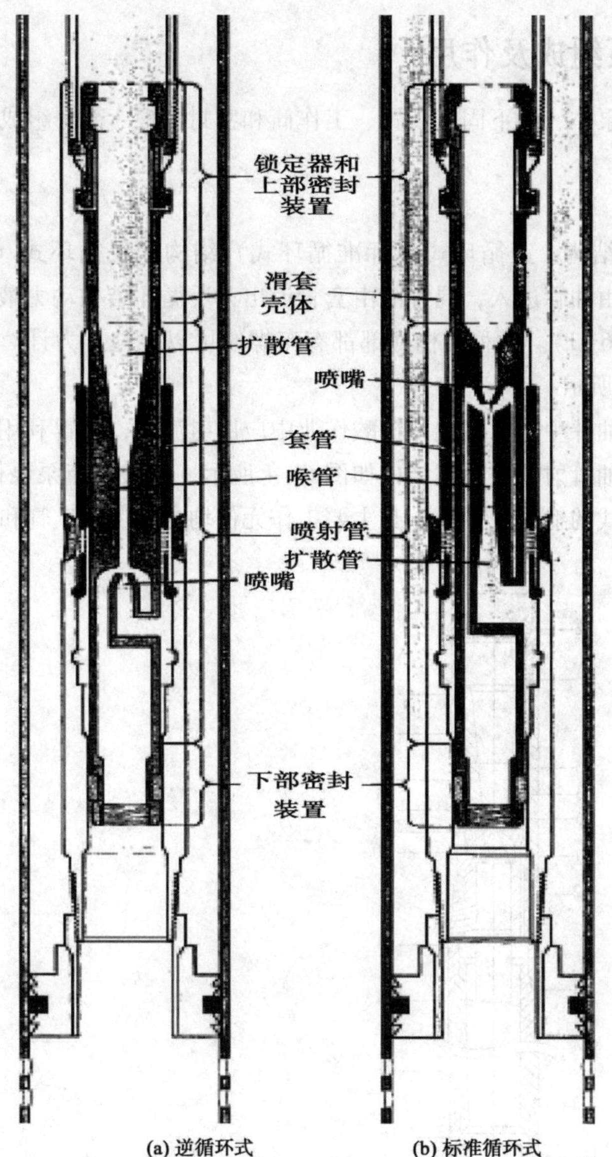

图 6-1 射流泵示意图

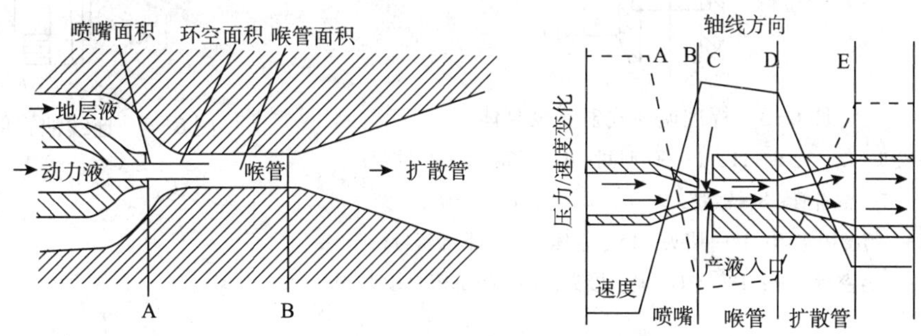

图 6-2 射流泵工作原理示意图

二、射流泵组成及作用

射流泵一般由泵体、井下固定装置、工作筒和密封盘根4部分组成。

1. 射流泵泵体

1）组成

射流泵有两种结构：正循环式（标准循环式）结构和反循环式（逆循环式）结构。正循环结构动力液由油管进入，混合液由套管返出；反循环结构动力液由套管注入，混合液由油管返出（图6-1）。两种结构底部都有车螺纹可以悬挂压力计。标准循环式射流泵泵体结构如图6-3所示。

海上油田曾在油井生产、酸化井排酸作业中应用射流泵，也曾利用连续油管下射流泵排酸和排液。连续油管射流泵泵体结构如图6-4所示，排酸射流泵泵体结构如图6-5所示。不论是哪种形式的射流泵泵体，其主要工作元件均为喷嘴、喉管和扩散管等。

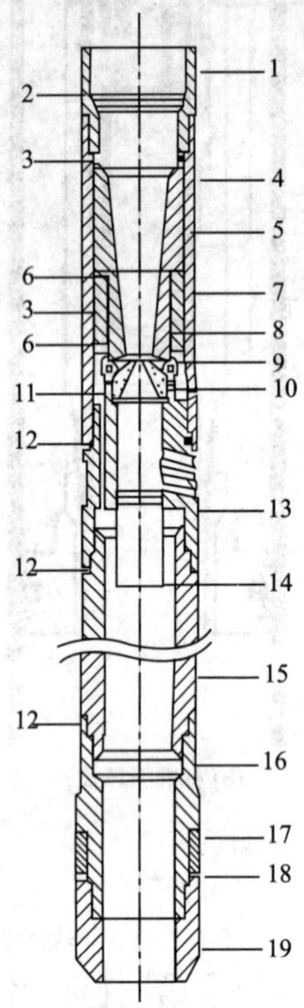

图6-3 标准循环式射流泵泵体

1—接头；2，3，6，11，12—O型圈；4—泵壳；5—扩散管；7—混合管；8—喉管；9—喷嘴隔环；10—喷嘴；13—喷嘴固定体；14—堵头；15—管体；16—下部密封；17—压力密封总成；18—OTIS锁心接头；19—下部密封接头

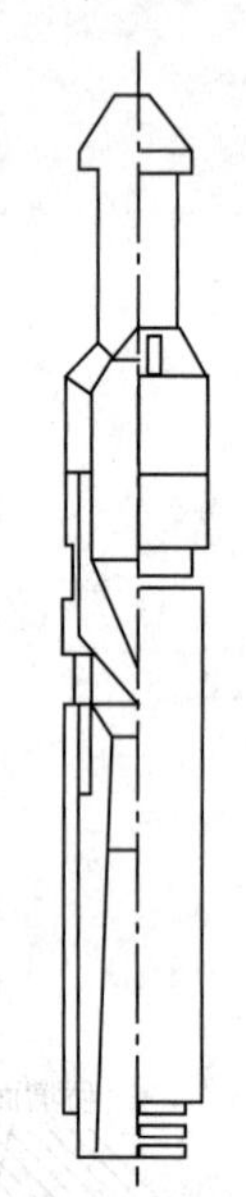

图6-4 连续油管射流泵泵体

2）作用

喷嘴位于喉管（混合管）的入口处，其作用为将来自地面高压动力液的势能（压能）转换为高速喷射的动能，产生喷射流，使井内流体在喷射流周围流动而被喷射流吸入喉管。

喉管是一个直的圆筒，长度约是直径的7倍，入口部分经过磨光。喉管的直径比喷嘴直径大，它是动力液和产出流体混合的初步区域，并把动力液能量传给产出流体，使其动能增加。

扩散管与喉管相连，面积逐渐增大，动力液和地层液进入扩散管后，流速逐渐降低，并将剩余的动能转化为静压力，将混合流体举升至地面。

3）喷嘴、喉管的尺寸及材料

射流泵具有多种喷嘴和喉管尺寸，表6-1列出了Trico、National和Guiberson公司生产射流泵的喷嘴和喉管尺寸。前两个公司生产的喷嘴和喉管尺寸按几何级数增长。Trico公司的增长系数为$10^{1/9}=1.29155$；National公司的增长系数为$4/\pi=1.27324$。Guiberson公司的增长系数也是按几何系数增长，但增长系数不是一个定值，即小的喷嘴及喉管尺寸的增长系数大于前两个公司，而大的喷嘴及喉管尺寸的增长系数小于前两个公司的增长系数。射流泵的喷嘴及喉管通常采用碳化钨和陶瓷材料制成。

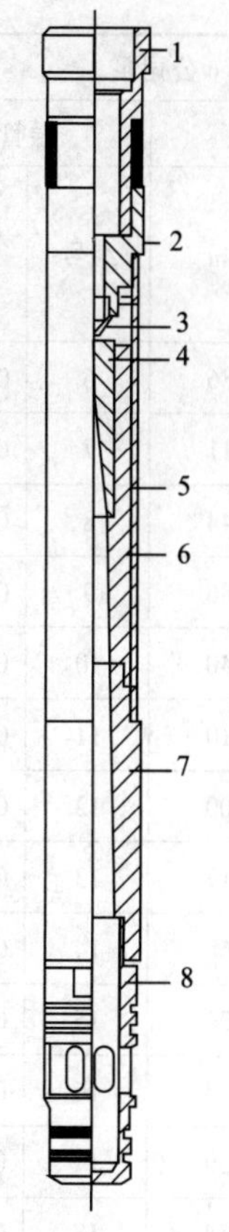

图6-5 排酸射流泵结构图

1—密封段；2—喷嘴座；3—喷嘴；4—喉管；5—外筒；6—扩散管；7—下接头；8—下定位密封

表6-1 水力射流泵喷嘴及喉管尺寸

Trico公司泵				National公司泵				Guiberson公司泵			
喷嘴		喉管		喷嘴		喉管		喷嘴		喉管	
编号	面积/in^2	编号	面积/in^2	编号	面积/in^2	编号	面积/in^2	编号	面积/in^2	编号	面积/in^2
1	0.0024	1	0.0060	1	0.0024	1	0.0064	DD	0.0016	000	0.0044
2	0.0031	2	0.0077	2	0.0031	2	0.0081	CC	0.0028	00	0.0071
3	0.0040	3	0.0100	3	0.0039	3	0.0104	BB	0.0038	0	0.0104
4	0.0052	4	0.0129	4	0.0050	4	0.0131	A	0.0055	1	0.0143
5	0.0067	5	0.0167	5	0.0060	5	0.0167	B	0.0095	2	0.0189

续表

Trico公司泵				National公司泵				Guiberson公司泵			
喷嘴		喉管		喷嘴		喉管		喷嘴		喉管	
编号	面积/in^2	编号	面积/in^2	编号	面积/in^2	编号	面积/in^2	编号	面积/in^2	编号	面积/in^2
6	0.0086	6	0.0215	6	0.0081	6	0.0212	C	0.0123	3	0.0241
7	0.0111	7	0.0278	7	0.0103	7	0.0271	D	0.0177	4	0.0314
8	0.0144	8	0.0359	8	0.0131	8	0.0346	E	0.0241	5	0.0380
9	0.0186	9	0.0464	9	0.0167	9	0.0441	F	0.0314	6	0.0452
10	0.0240	10	0.0599	10	0.0211	10	0.0562	G	0.0452	7	0.0531
11	0.0310	11	0.0774	11	0.0271	11	0.0715	H	0.0661	8	0.0661
12	0.0400	12	0.1000	12	0.0346	12	0.0910	I	0.0855	9	0.0804
13	0.0517	13	0.1292	13	0.0441	13	0.1159	J	0.1257	10	0.0962
14	0.0668	14	0.1668	14	0.0562	14	0.1476	K	0.1590	11	0.1196
15	0.0836	15	0.2154	15	0.0715	15	0.1879	L	0.1963	12	0.1452
16	0.1114	16	0.2783	16	0.0910	16	0.2392	M	0.2463	13	0.1772
17	0.1439	17	0.3594	17	0.1159	17	0.3046	N	0.3117	14	0.2156
18	0.1858	18	0.4642	18	0.1476	18	0.3878	P	0.3848	15	0.2606
19	0.2400	19	0.5995	19	0.1879	19	0.4938			16	0.3127
20	0.3100	20	0.7743	20	0.2392	20	0.6287			17	0.3570
		21	1.0000							18	0.4513
		22	1.2916							19	0.5424
		23	1.6681							20	0.6518
		24	2.1544								
喷嘴		喉管	R值	喷嘴		喉管	R值				
N		N－1	0.517A	N		N－1	0.483X				
N		N	0.400A	N		N	0.380A				
N		N＋1	0.310B	N		N＋1	0.299B				
N		N＋2	0.240C	N		N＋2	0.235C				
N		N＋3	0.186D	N		N＋3	0.184D				
N		N＋4	0.144E	N		N＋4	0.145E				

注：$1in^2 = 6.45 \times 10^{-4} m^2$。

2. 射流泵的井下固定装置

射流泵的井下固定装置起固定射流泵的作用，防止其上下移动。射流泵的固定装置是锁心；对自由式的液力投捞的连续油管射流泵或排酸射流泵，其固定装置是工作筒中的泵座。

射流泵锁心为工作筒式锁心，需要与射流泵的工作筒相配合，且只能下到预定的深度。海上油气田的射流泵工作筒式锁心有 OTIS 的 X 型锁心和 CAMCO 的 M 型锁心。

1）OTIS 锁心

OTIS 锁心与 OTIS 滑套配合使用。OTIS 锁心有 X 和 R2 个系列，而X系列锁心又分为 X 型锁心和 XN 型锁心。常用的射流泵锁心为 X 型锁心，其结构如图 6-6 所示；X 型锁心的锁定键有 90°台肩［图 6-7（a)］，XN 型锁心有 45°台肩，［图 6-7（b)］。

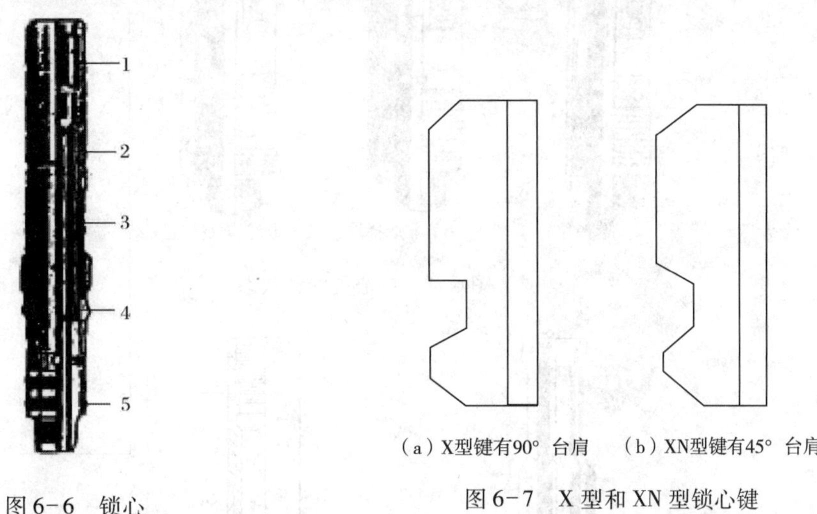

图 6-6 锁心

1—打捞颈；2—膨胀轴；3—双作用弹簧；4—锁顶键；5—盘根

（a）X型键有90° 台肩 （b）XN型键有45° 台肩

图 6-7 X 型和 XN 型锁心键

X 型锁心有 3 种状态：①选择位置，锁心完全缩入；②非选择位置，锁心被弹出；③锁定位置，膨胀轴锁住锁心键（图 6-8）。

2）CAMCO 锁心

CAMCO 锁心与 CAMCO 滑套使用，常用的射流泵锁心为 M 系列锁心，其与 W 系列滑套工作筒配合，该系列锁心具有外投捞颈，有承受 150℃（300F）以上温度的盘根可供选择，其结构如图 6-9 所示。

3. 射流泵工作筒

1）滑套

(1) 结构。滑套结构如图 6-10 所示，由上下短节、流动口、关闭套、密封体等组成，其中上短节有锁定槽，用以坐挂射流泵锁心。

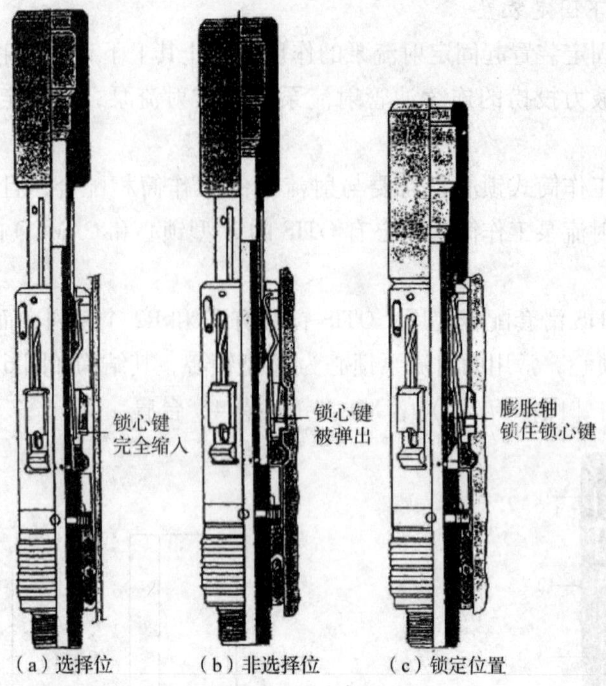

图 6-8 锁心的 3 种状态

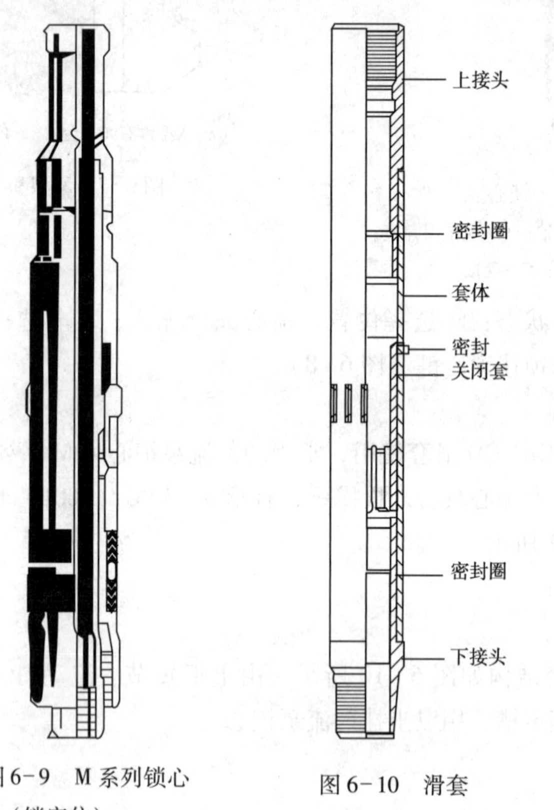

图 6-9 M 系列锁心（锁定位）

图 6-10 滑套

（2）作用。

滑套作为海上油田最常见的射流泵工作筒，主要有 3 个方面的作用：①锁心固定射流泵；②与密封盘根配合密封射流泵；③为射流泵提供油管和环空之间的流动通道。

（3）主要技术参数。

①滑套的最小通径，一般根据生产管柱和油井生产要求选用不同的滑套，具体尺寸见表 6-2。

表 6-2 滑套尺寸规范

油管外径		最小通径		尺寸	外径	
in	mm	in	mm	in	in	mm
1. 660	42. 16	1. 187	30. 15	1. 18	2. 187	55. 55
		1. 250	31. 75	1. 25		
1. 900	48. 26	1. 437	36. 50	1. 43	2. 375	60. 33
		1. 500	38. 10	1. 50		
2. 063	52. 37	1. 562	39. 67	1. 56	2. 500	63. 50
		1. 625	41. 28	1. 62		
2. 375	60. 33	1. 781	45. 24	1. 78	2. 910	73. 91
		1. 812	46. 02	1. 81		
		1. 875	47. 63	1. 87		
2. 875	73. 03	2. 250	57. 15	2. 25	3. 410	86. 61
		2. 312	58. 72	2. 31		
3. 500	88. 9	2. 750	69. 85	2. 75	4. 500	114. 30
		2. 812	71. 42	2. 81		
4. 000	101. 6	3. 125	79. 38	3. 12	5. 000	127. 00
		3. 250	82. 55	3. 25		
		3. 312	84. 12	3. 31		
4. 500	114. 3	3. 688	93. 68	3. 68	5. 500	139. 70
		3. 750	95. 25	3. 75		
		3. 812	96. 82	3. 81		
5. 000	127	4. 000	101. 60	4. 00		
		4. 125	104. 78	4. 12		
		4. 312	109. 52	4. 31		
5. 500	139. 7	4. 562	115. 87	4. 56	6. 050	153. 67
6. 625	168. 28	5. 500	139. 70	5. 50	7. 390	187. 71
7. 000	177. 8				7. 656	194. 46
7. 625	193. 68				8. 500	215. 90

②工作压力：一般工作压力为 34. 5MPa，内外压差一般为 20. 3MPa（1500psi）。

③工作温度：目前常用的工作温度约为 120℃（250°F），密封件采用热性材料制造的

滑套，工作温度通常为195.5℃（375°F），最高可达323℃（450°F）。

④材料：制造材料用4140、9Cr－1Mo、13Cr和728CrNi、Fe合金等。

目前海上油田常用的滑套有OTIS公司的XD、XA型滑套及CAMCO公司WB－1型滑套。

2）连续油管工作筒

（1）结构。连续油管工作筒结构如图6-11所示，主要由泵体、扩散管部分和单流阀组成。

（2）作用。连续油管工作筒上部与连续油管相连，下部与抛光短节相连，其作用是坐封射流泵，提供混合液通道，同时防止停泵时动力液漏入地层，还可以在反循环时将泵液力举升至井口。

3）排酸射流泵工作筒

（1）结构。排酸射流泵工作筒结构如图6-12所示，主要由上、下接头，密封面，十字流道和单流阀组成。

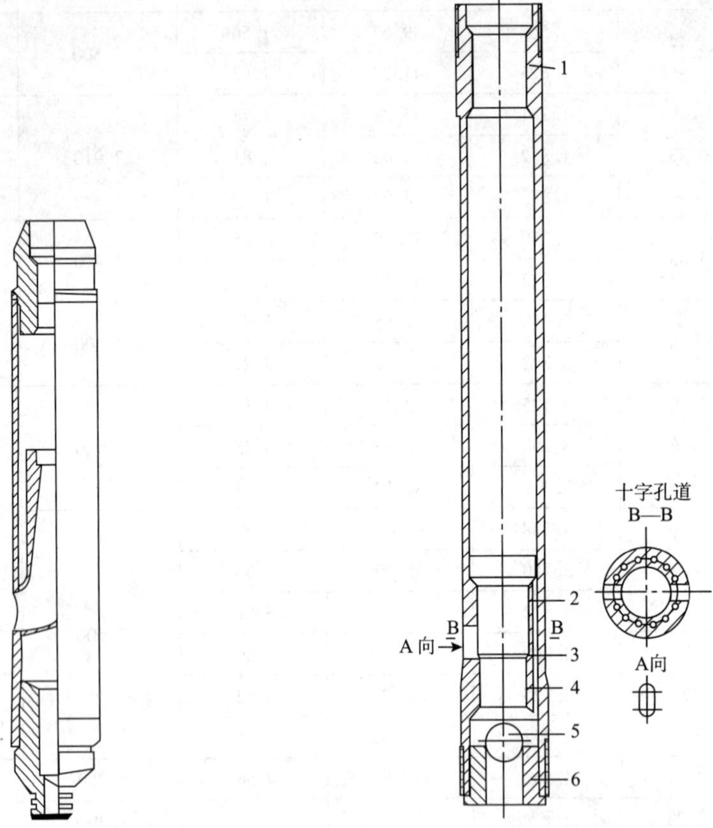

图6-11　连接油管工作筒

图6-12　排酸射流泵工作筒

1—上密封段；2—中密封段；3—定位台阶；4—下密封段；5—单流阀球；6—单流阀座

（2）作用。用于射流泵的定位、密封，提供流体通道，并且能防止洗井或停泵时海水漏入地层。

4. 射流泵密封元件

泵密封元件主要是指O环和V形盘根，O环主要材料是丁氰橡胶，V形盘根主要材料是“Ryton”或“Teflon”。

常规射流泵密封是靠泵体上部和下部各6道盘根，而连续油管的射流泵则是靠泵体的上部和下部的各3道O环来密封。

第二节 射流泵管柱、作业及测试

一、管柱

射流泵动力液注入方式有正、反循环两种方式。射流泵动力液循环方式的不同，其管柱结构也不一样，目前我国海上油田常用的有用钢丝起下的反循环常规射流泵管柱和用液力投捞的连续油管射流泵管柱。

1. 常规射流泵管柱

1）单管常规射流泵管柱

单管常规射流泵管柱结构如图6-13所示。该管柱适用于没有自溢能力的油井。射流泵通过钢丝作业投入滑套，动力液则由油套环空与生产液混合后从油管中被举升到地面。

图6-13（a）采用永久式封隔器，其密封总成和密封加长筒的长度应适应生产时压力和温度引起管柱的变化。在封隔器顶部连接伸缩短节，NO-GO工作筒是为测试设置的，可悬接压力计。工作筒是为坐封液压封隔器设置的。

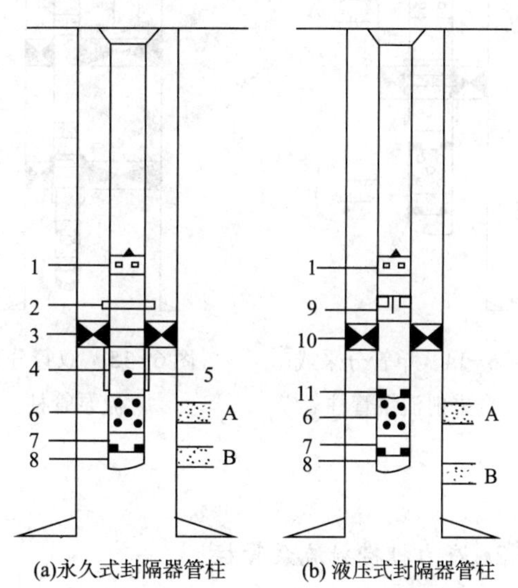

图6-13 单管常规射流泵管柱

1—滑套+喷射泵；2—定位接头（悬挂式）；3—永久封隔器；4—密封加长筒；5—密封加长筒；6—带孔管；7—NO-GO工作筒；8—管柱；9—伸缩短节；10—液压分隔器；11—工作筒

2）单管分采或合采射流泵管柱

单管分采或合采射流泵管柱结构如图6-14所示。该管柱与图6-13所示的管柱相似，增加了一个封隔器，可用于两个生产层需分层生产、合层生产或改造措施的油井，射流泵用钢丝投捞，动力液采用反循环方式。管柱上所用工具的作用及符号代表的意义与图6-13基本相同。

3）双管分采射流泵管柱

双管分采射流泵管柱结构如图 6－15 所示。该管柱中长管上部滑套、短管滑套均可下入射流泵，动力液由油套环空同时供给长、短管射流泵。该管柱的最大特点就是当油井生产条件发生变化时，可通过开关长、短管滑套对 A、B 两油层实施分采、合采和互采，还可进行油层测试。

4）单管射流泵－电泵合采管柱

单管射流泵－电泵合采管柱结构如图 6－16 所示。该管柱适应于产量较高且不易进行动管柱作业的油井。电泵生产时封隔器上部的滑套关闭，电泵故障时打开滑套，下射流泵仍可采油。

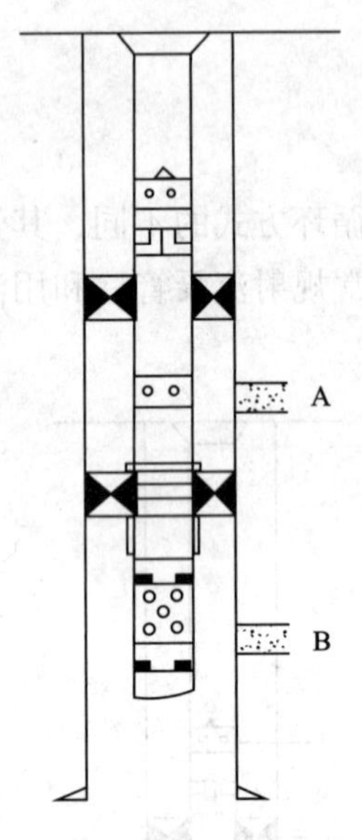

图 6－14　单管分采或合采射流泵管柱

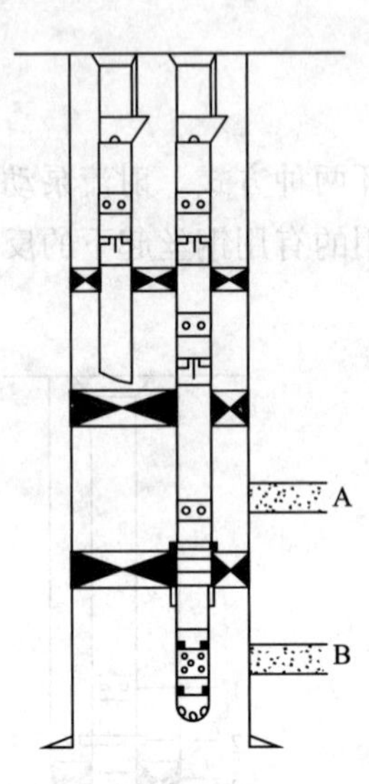

图 6－15　双管分采射流泵管柱

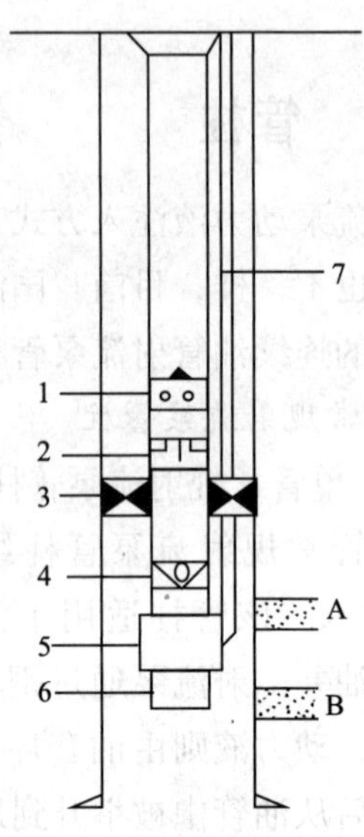

图 6－16　射流泵—电泵复合采油管柱

1—滑套＋喷射泵；2—伸缩短节；3—封隔器；4—单流阀；5—电泵；6—PSI 测压装置；7—电缆

2. 液力投捞射流泵管柱

1）排酸射流泵管柱

排酸射流泵管柱结构如图 6－17 所示。该管柱常用于海上油田油井的排酸。由于是液力投捞作业，射流泵起下十分方便。管柱中射流泵工作筒考虑设计了单流阀，可防止油井酸化作业洗井过程中的海水漏入地层。该排酸射流泵管柱排酸效果良好，完全能满足排酸设计要求，在渤海 SZ36－1 油田 21 口井的酸化排酸过程中，成功率达 100%，射流泵每日排量超过 $300m^3$。

2）连续油管射流泵管柱

管柱结构如图 6－18 所示。该管柱用于海上油田不宜动原管柱作业且需实施增产措施的油井。该管柱是在原生产油管中下入连续油管及其密封总成，再在连续油管中下入连续油管射流泵。连续油管射流泵采用正循环方式生产，起下作业通过液力投捞方式来实现。

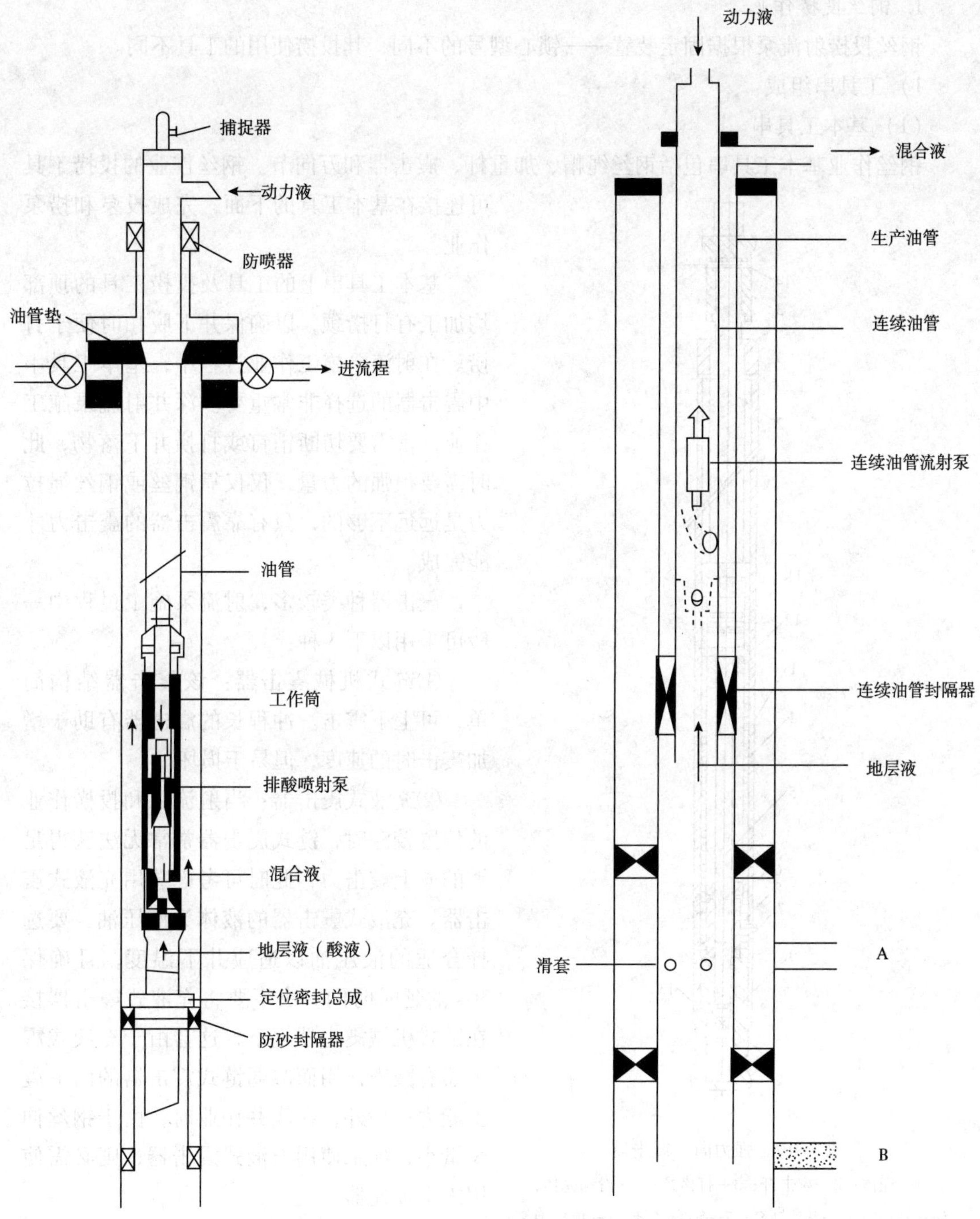

图 6-17　正循环射流泵排酸管柱　　　　图 6-18　正循环连续油管射流泵采油管柱

二、射流泵的作业方式

1. 钢丝投捞作业

钢丝投捞射流泵根据固定装置——锁心型号的不同，其投捞使用的工具不同。

1）工具串组成

（1）基本工具串。

钢丝作业基本工具串包括钢丝绳帽、加重杆、震击器和万向节。钢丝作业的投捞工具可连接在基本工具的下面，完成投泵和捞泵作业。

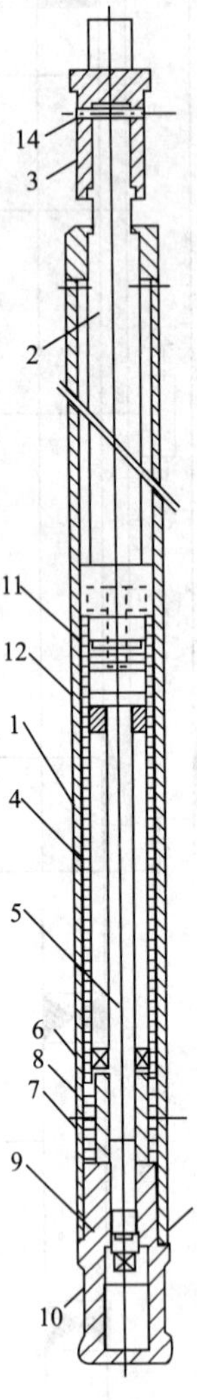

基本工具串上的工具及投捞工具的顶部均加工有打捞颈，以确保井下脱扣时便于打捞。在射流泵施工作业过程中，基本工具串中震击器的选择非常重要。深井射流泵施工作业，常需要切断销钉或打捞井下落物，此时需要很强的力量，仅仅靠钢丝或钢丝绳拉力是远远不够的，只有靠震击器的震击力才能完成。

震击器种类较多，射流泵施工过程中一般可采用以下 3 种：

①链式机械震击器：该震击器结构简单，可上下震击。冲程长的震击器有助于增加震击时的速度，但易于损坏。

②充液式震击器：当射流泵和投捞作业的位置较深时，链式震击器常常无法获得足够的向上震击力，此时可考虑选用充液式震击器。充液式震击器的液体为液压油，要选择合适的液压油以适应井下温度，且确保 30s 的延时时间。决不要将充液式震击器接在链式机械震击器之下，这会由于充液式震击器有减震作用而减弱链式震击器的向下震击能力；另外，在浅井作业时，由于钢丝伸长量小，如果使用充液式震击器，则必需使用震击加速器。

图 6－19 强力向上震击器

1—壳体；2—震击杆；3—打捞颈；4—滑动壳体；5—弹簧杆；6—滑动轴套；7—轴套螺母；8—扳机弹簧；9—底节；10—限位杆；11—滑动键；12—片状弹簧；13—固定螺丝；14—锁定销

③强力向上震击器：这是深井射流泵施工作业运用较多的一种震击器。该震击器结构如图 6－19 所示，用于向上震击作用。在

下井前，根据预计的井下情况调节所需向上拉力，在井下需要向上震击时用绞车拉到拉力设定值加上钢丝及其井下工具重量后，震击杆上行一点距离后就可与下部锁定机构脱开，在钢丝的大拉力下产生很大的震击力。震击完毕后，下放震击杆，由于控制锁定机构的弹簧力小，震击杆很容易插入锁定机构。

（2）射流泵施工基本投捞工具。

①滑套开关工具：目前海上油田常用的射流泵的工作筒有 OTIS 的 XA 和 XD 型滑套以及 CAMCO 的 WB－1 型滑套。

图 6－20 所示的滑套开关工具为 OTIS 滑套开关工具常用的几种工具，如将其接在基本工具串下可对井下滑套进行开关作业。有的滑套通过向下震击使滑套的内套筒下移而打开滑套；有的则是向上震击使滑套的内套筒上移而打开滑套。滑套类型及开关工具见表 6－3。

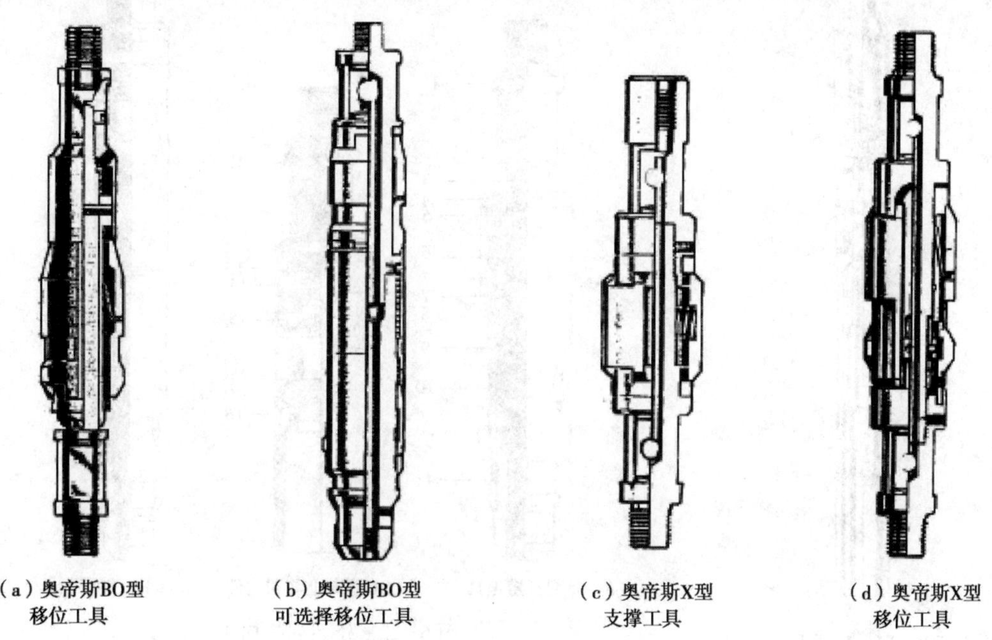

（a）奥帝斯BO型移位工具　（b）奥帝斯BO型可选择移位工具　（c）奥帝斯X型支撑工具　（d）奥帝斯X型移位工具

图 6－20　OTIS 滑套开关工具

表 6－3　滑套类型及开关工具

OTIS			CAMCO		
类型	特点	开关工具	类型	特点	开关工具
XA	向上打开	OTIS BO 型及 X 型连续移位工具	WB－1	向上打开	OTIS BO 型及 X 型连续移位工具
XD	向下打开	OTIS BO 型移位工具			

②投泵工具。

a. X 型或 R 型下入工具：适用于 OTIS 的 X 系列锁心（X、XN）或 R 系列锁心（R、RN）。

b. W－1 下入工具：适用于 COMCO 的 M 型锁心，该工具通过制动爪起作用，其结构如图 6-21 所示。

③捞泵工具。

a. OTIS 锁心的捞泵工具：由于带 OTIS 锁心顶端属于内打捞颈，故捞泵时选用 G 系列打捞工具，G 系列工具有 GR 和 GS 型两种，GR 型靠向上震击作用剪切销钉脱开装置，GS 靠向下震击剪切销钉，GS 型加上一个 GU 型附件组成 GR 型工具。图 6-22 所示的为 G 列投捞工具，其投捞工具规范见表 6-4。

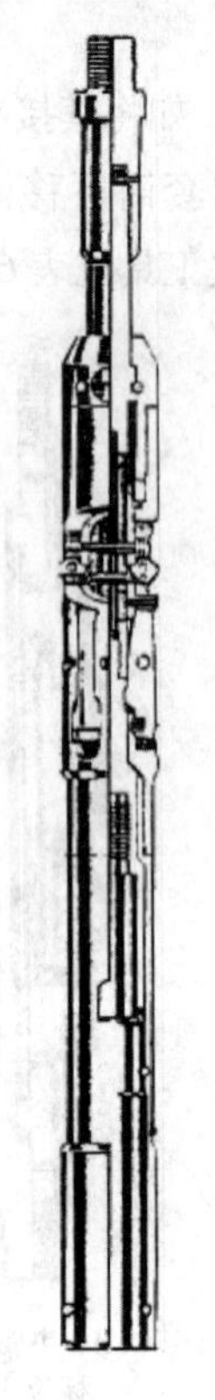

图6-21　W-1 型下入工具

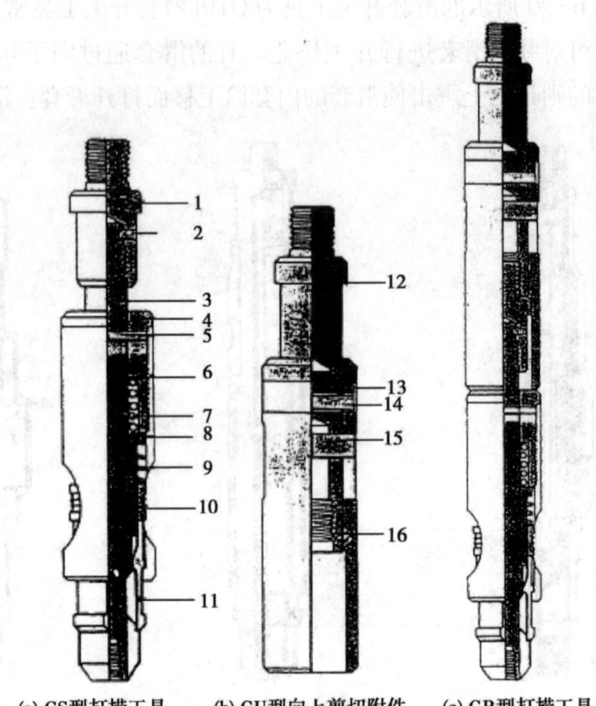

图 6-22　G 系列投捞工具

1—打捞颈；2—固定螺丝；3—芯子；4—顶节；5—剪切销钉；6—裙套；7—主弹簧；8—弹簧固定套；9—爪子弹簧；10—爪子固定套；11—爪子；12—打捞颈；13—剪切销钉盖环；14—剪切销钉；15—固定销；16—芯子螺母

表 6-4　G 系列投捞工具规范

公称尺寸/in	锁心参考外径/in	GR 部件号	GR 部件号	GU 部件号	可捞内径/in	最大外径/in	顶部螺纹	工具投捞颈/in
2	1.875	40GR18700	40GS18700	40GU18700	1.38	1.81	15/16-10	1.375
2½	2.313	40GR23100	40GS23100	40GU23100	1.81	2.25	15/16-10	1.750
3	2.750	40GR27500	40GS27500	40GU27500	2.31	2.72	1$\frac{1}{16}$-10	2.313
5	4.562	40GR45600	40GS45600	40GU45600	4.00	4.50	1$\frac{1}{16}$-10	3.125

b. CAMCO锁心的捞泵工具：CAMCO锁心的打捞颈为外打捞颈，因此打捞工具选用CAMCOJ系列中的JD型打捞工具，JD型为向下震击剪切销钉，JD型又分为JDC型和JDS型。JDC型心杆较长，抓距较短；JDS型心杆较短，抓距较长。JD型打捞工具如图6-23所示。

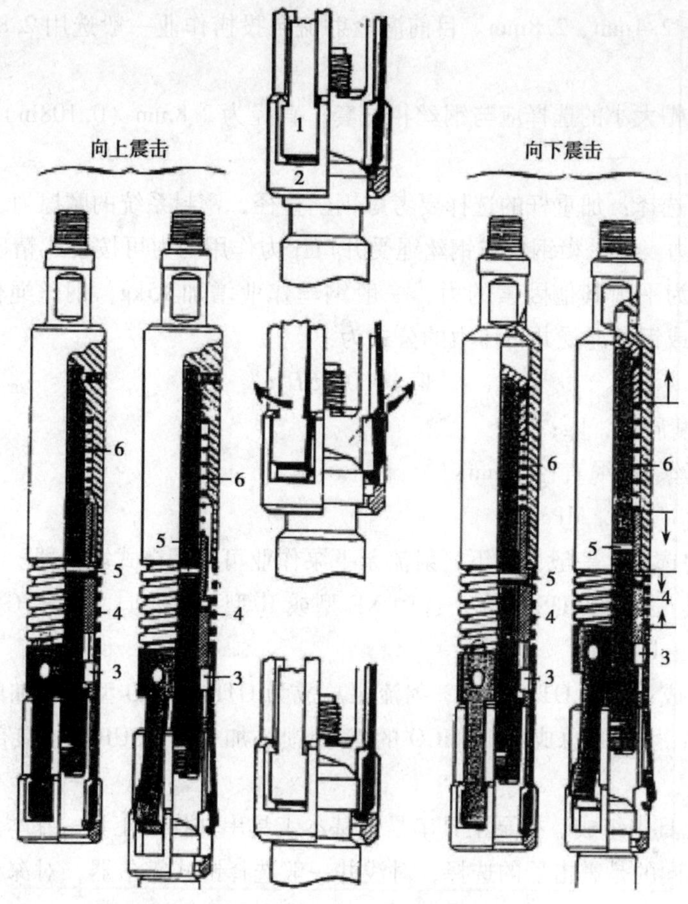

图6-23 LJ型打捞工具

1—爪子；2—裙套；3—支撑销；4—爪子弹簧；5—剪切销钉；6—脱手弹簧

(3) 射流泵作业的辅助工具。

①刮管器：其作用是可将油管中的蜡、锈垢及岩屑等物质刮掉。

②铅模：铅模是装在一个管套内充填铅的工具，为防止脱落，用销钉将其固定，铅模是利用铅的特性，当碰到井下硬度较高的落物时，可产生变形，将落物顶部的尺寸与形状记录下来。选用铅模外径应注意小于管柱最小内径4mm，作业时不要重复震击，避免铅模变形造成软卡。

(4) 下泵工具串组成。

①下泵工具串组成：下泵工具串组成是基本工具串加上下泵工具以及射流泵总成，具体如下：

绳帽＋加重杆＋震击器＋万向节（可不选）＋下泵工具＋射流泵总成（锁心＋射流泵）

②工具的选择：

a. 钢丝：钢丝的选择取决于其作业环境，包括钢丝强度，钢丝直径一般为1.7mm、1.8mm、2.1mm、2.4mm、2.8mm。目前海上射流泵投捞作业一般选用2.8mm（0.108in）钢丝。

b. 绳帽：绳帽大小的选择应与钢丝相配套，直径为2.8mm（0.108in）的钢丝一般选用1½in 的绳帽。

c. 加重杆的选择：加重杆的选择要考虑钢丝直径，密封系统的摩擦力，工具串浮力和液体向上的携带力。除平衡钢丝或钢丝绳受井口压力作用的力可按公式精确计算外，其他因素比较复杂，为平衡其他因素的力，一般钢丝作业增加15kg，钢丝绳作业增加40kg。计算平衡网钢丝或钢丝绳受井口压力的公式为：

$$W = 0.0785D^2 p \tag{6-1}$$

式中 W——平衡质量，kg；

D——钢丝、电缆直径，mm；

p——井口压力，MPa。

d. 震击器的选择：一般情况下，射流泵下泵作业可选用链式震击器。

e. 下泵工具：对于OTIS锁心，选用XE型或R型下入工具。对于CAMCO锁心，选用W－1型下入工具。

f. 射流泵总成：对于OTIS滑套，射流泵总成为OTIS的XO型锁心加射流泵泵体。对于CAMCO滑套，射流泵总成为CAMCO的M型锁心加“O－SUB”连接部分再加射流泵泵体。

（5）捞泵工具串组成。捞泵工具串是由基本工具串加捞泵工具。基本工具的选择与上文所述相同，不同的是震击器的选择，对浅井一般选择链式震击器，对深井一般选择充液式或强力震击器。对OTIS的XO型锁心，捞泵选用G型打捞工具。对CAMCO的M型锁心，捞泵选用JD型打捞工具。

2）施工程序

（1）下泵施工程序。油井下射流泵一般有两种情况。一种是自喷井转抽；另一种需调参，捞泵后下泵，后一种情况比前一种情况少一道开滑套程序。下文中以自喷井转抽为例说明下泵施工程序。

①通井：

a. 选用合适的刮管器通井；

b. 通井深度应该通至下泵滑套以下；

c. 通井遇阻，经采取措施通过遇阻位置后仍需上下反复活动；

d. 通井遇阻，经采取措施不能通过遇阻位置，可改用小的刮管器通井；

e. 改用小的刮管器通井还是不成功，建议下铅模探测遇阻原因；

f. 如有必要，在通井前可用热柴油浸泡油管，以融化死油。

②开滑套：

a. 选用合适的滑套开关工具；

b. 滑套开关工具到达预定位置后，向上（通过 OTIS 的 XD 或 CAMCO 的 W－1 型）或向下（不通过 OTIS 的 XD 滑套）震击打开滑套；

c. 移位工具通过震击（向上或向下）后，观察油套压力是否变化，如有变化，说明滑套已开；

d. 取出滑套开关工具，检查销钉是否切断，如销钉未切断，且油套压无变化，此时反打动力液确定滑套是否打开，若反打动力液油管有水反出，说明滑套已开；

e. 在开滑套过程中，应注意 CAMCO 滑套易关闭，OTIS 滑套不易打开。

③下泵：

a. 下泵前应用动力液反循环洗井，直至返出液完全为水为止；

b. 下泵前组装好射流泵总成；

c. 根据井况选用合适的盘根并磨光（对深井要选用耐高温、耐磨盘根）；

d. 选择合适的震击器；

e. 检查各部分销钉，确保无误后下井；

f. 下泵速度要慢，特别是下至井下安全阀或伸缩接头处更要缓慢；

g. 射流泵就位；

h. 泵体就位后，上提工具串至滑套上方处，根据悬重再次确认泵是否丢手；

i. 在下泵过程中如有遇阻，根据实际情况，可正挤动力液配合下泵；

j. 工具串提出后，检查下入工具上的销钉是否掉入井筒中，若下入工具上的销钉掉入井筒，则应下打捞工具捞泵；若下入工具上的销钉未掉入井筒，则可调整地面流程试泵。

（2）捞泵施工程序。

①捞泵前通井，通井程序及注意事项基本与下泵过程的通井相同；

②选择合适的捞泵工具；

③选择合适的震击器；

④在上提过程中，要密切注意拉力变化；

⑤泵体捞出后，检查盘根损伤情况，观察泵外型有无擦痕；

⑥检查泵内喷嘴、喉管是否堵塞；

⑦如有必要，按下泵程序重新下泵。

2. *液力投捞作业*

液力投捞作业适于自由式射流泵作业，特点是其下泵不需动管柱，靠动力液正、反循环来实现。目前海上油田常用的液力投捞作业是连续油管射流泵和排酸射流泵的作业。下面介绍的是连续油管射流泵的液力投捞作业。

1）井口流程

井口流程示意图如图 6-24 所示。井口流程具备以下功能：

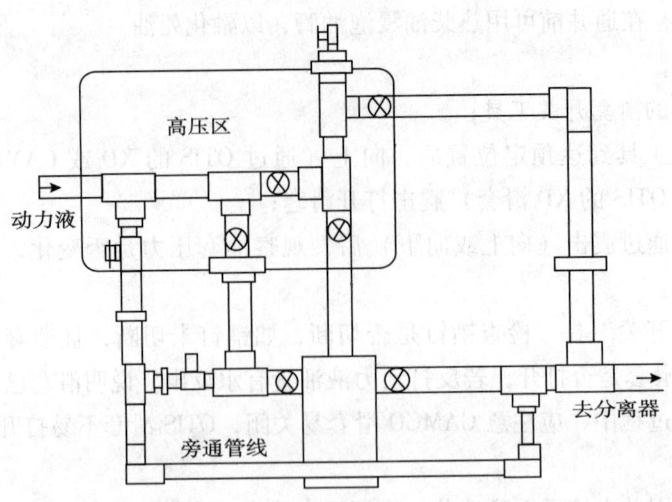

图 6-24　井口流程示意图

①将动力液打入连续油管使射流泵下入井中并运转；

②将动力液打入连续油管和油管的环形空间，将泵起出；

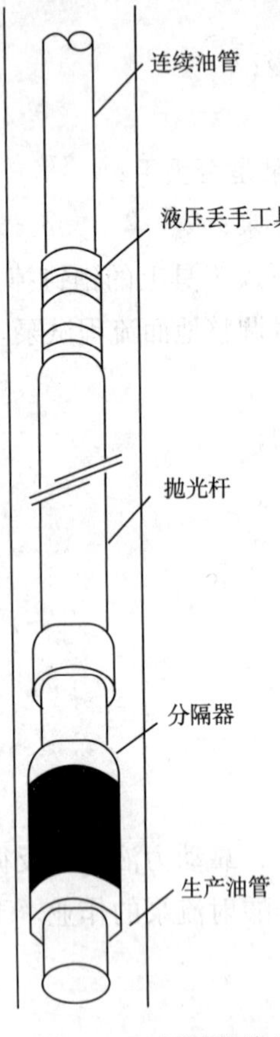

③关闭动力液管线，可使连续油管或连续油管与油管的环空泄压；

④井口安装捕捉器，能捕捉和固定射流泵。

2）井口捕捉器

捕捉器安装在井口，是用来完成捉泵和起泵作业的专用工具，其结构简单，主要由卡簧和本体组成。

3）施工程序（以连续油管射流泵为例）

①原管柱通井：通井程序及注意事项与上述的钢丝作业通井相同。

②连续油管冲洗：冲洗时应记录压力和液量。

③下入封隔器总成：连接封隔器总成（图 6-25）；下入封隔器总成速度要缓慢，尤其是在内径小的部位，如气举工作筒、井下安全阀等；投球坐封；液压丢手工具脱手，使连续油管与封隔器脱离；提出连续油管。

④利用连续油管下入回接筒密封总成、单流阀及射流泵工作筒：连接回接筒密封总成、单流阀及射流泵工作筒（图 6-26）。缓慢下入连续油管，当回接筒至封隔器抛光杆顶部时上提、下放，注意负荷变化，同时环空试压，确认抛光杆是否插入回接筒密封总成。

⑤坐油管挂和井口。

⑥安装井口流程。

连续油管
液压丢手工具
抛光杆
分隔器
生产油管

图 6-25　封隔器总成

⑦投送射流泵。具体操作为：

a. 组装射流泵总成（图6-27）；

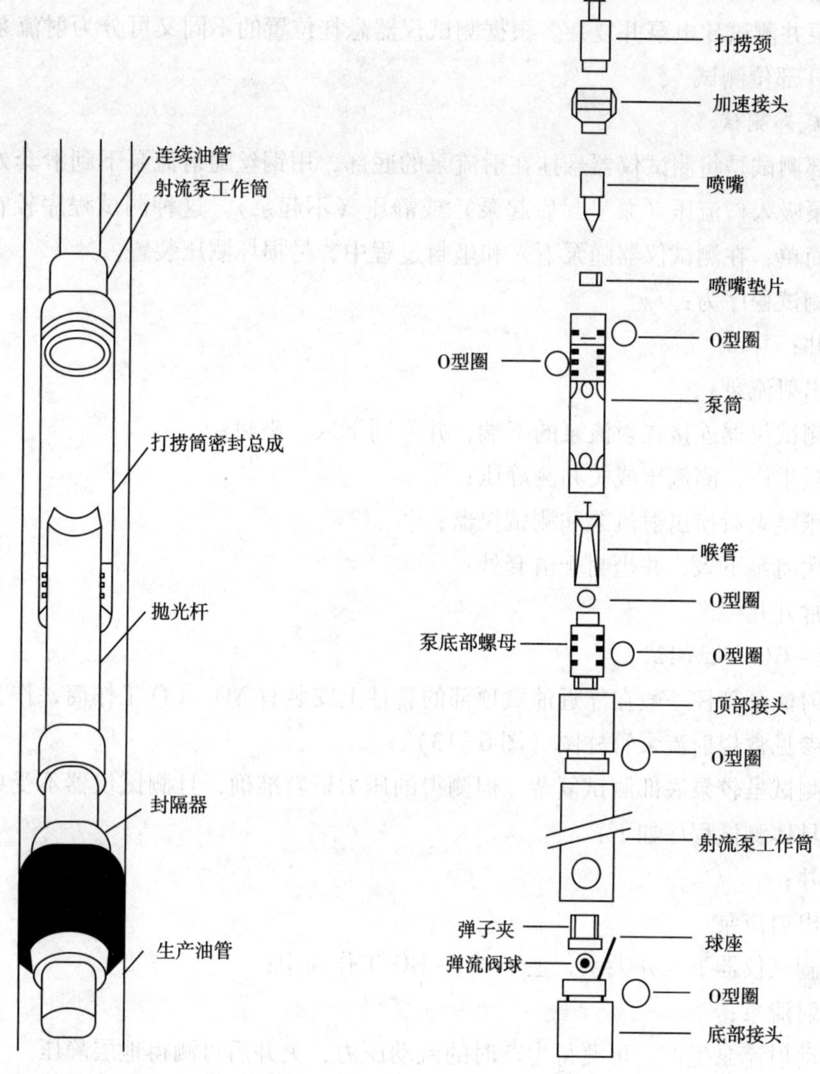

图6-26　打捞筒密封总成连接示意图　　图6-27　射流泵装配示意图

b. 从井口捕捉器处投入射流泵总成；

c. 当射流泵进入泵筒后，正挤动力液，坐封射流泵；

d. 确认射流泵坐封后，调整地面流程，启泵试验。

⑧捞泵：若射流泵不能坐封或生产一段时间后需调参，这就需要捞出射流泵。捞泵程序简单，反循环动力液即可。具体操作为：

a. 反循环动力液，至射流泵到井口捕捉器；

b. 关闭捕捉器下的快速阀，泄掉连续油管压力，拆开捕捉器可取出射流泵。

三、射流泵测试

射流泵测试一般是指用钢丝进行投捞作业的射流泵井。由于需要用钢丝投捞射流泵，因此射流泵井测试比电泵井复杂。根据测试仪器悬挂位置的不同又可分为射流泵底部测试和 NO－GO 部位测试。

1. 泵底部测试

泵底部测试是将测试仪器悬挂在射流泵的底部，用钢丝随射流泵下到滑套处，根据需要可测得泵吸入口流压（泵坐封后起泵）或静压（不起泵）。这种测试程序较在 NO－GO 部位测试简单，在测试仪器随泵下入和坐封过程中，易损坏测压装置。

具体测试程序为：

①通井；

②捞出射流泵；

③将测试仪器连接在射流泵的下端，并一同下入、坐封；

④起泵生产，测流压或关井测静压；

⑤测压结束后捞出射流泵和测试仪器；

⑥再次将泵下入，并坐封于滑套处；

⑦正常开井生产。

2. NO－GO 部位测试

常规射流泵管柱一般在靠近油藏顶部的管柱上安装有 NO－GO 工作筒，作为测试仪器的挂坐。参见常规射流泵管柱图（图 6-13）。

这种测试虽较泵底部测试复杂，但测得的压力资料准确，且测试仪器不受射流泵下泵的影响。具体测试程序如下：

①通井；

②捞出射流泵；

③将测试仪器下入并丢手，坐于 NO－GO 工作筒中；

④下射流泵；

⑤启动射流泵生产，可测得生产时的流动压力，关井后可测得地层静压。

第三节　射流泵动力液及地面供给系统

处理射流泵动力液的目的就是延长地面设备和井下射流泵的使用寿命。

一、动力液的类型及标准

射流泵所用的动力液不同，其要求的标准亦不相同。动力液一般有两种类型，即水动力液和油动力液。动力液的质量，尤其是动力液的固体杂质含量是影响地面设备和井下射流泵使用的一个重要因素，另外动力液中有天然气或腐蚀物质存在，也影响地面和井下泵的运转寿命。所以要对动力液进行物理处理和化学处理，使其尽可能不含天然气、固体杂质等物质。表6-5列出了水及油作为动力液的标准。目前海上油田常用的动力液为处理合格的生产污水或海水。

表6-5　水动力液和油动力液标准

项　　目	水动力液标准	30°~40°API 油动力液标准
最大总固体含量/（mg/L）	15	20
最大含盐量/（lb/1000bbl）（1lb＝0.45kg，1bbl＝159L）		12
最大颗粒尺寸/μm	10	15

二、动力液地面供给系统

目前，海上应用生产污水或海水做动力液，其供液系统都与注水系统共用，也可单独形成系统，由于注水水质要求标准均达到和超过动力液水质要求。动力液从注水系统中引出分支，分配到注水管汇，然后分配至各井。

三、射流泵井的启动

1. 检查生产流程是否正确

具体生产流程为：

①倒通采油树至生产管线流程；

②确认井下安全阀全开；

③生产油嘴调整到合适的大小位置。

2. 检查动力液管线流程

具体生产流程为：

①动力液流量计复位；

②确认是否有足够的动力液供应；

③缓慢打开动力液管线上的各阀门；

④动力液调节阀缓慢调节，不要全开。

3. 启泵生产

启泵生产的具体流程为：

①打开四通处的翼阀，向环空注入动力液；

②逐渐调节动力液量至目标流量值；

③启泵后每小时记录动力液量、累计动力液量、套压、油压、井口温度等数据，同时在井口取样，分析含水变化；

④适时用计量分离器计量，记录产油量、产水量、产气量及平均动力液量；

⑤泵在运转过程中，套压升高，可能是油嘴堵塞，现场根据实际情况作出判断。

四、动力液辅助系统

1. 动力液分配系统

动力液分配系统是指利用高压动力液管汇的截止阀和流量控制阀，使各井的动力液量保持在所设定的目标值上。海上油田常用的动力液流量调节阀属上海第二石油机械厂生产的 CH－2 型可调式节流阀。

2. 动力液计量系统

动力液计量系统是指利用高压动力液管汇上的流量计对各井的动力液进行计量以及利用装在井口的压力表对各井的动力液压力进行记录。目前海上油田常用的动力液流量计主要有 2 种，一种是差压孔板式流量计，另一种是涡轮式流量计。

1）差压孔板式流量计

差压孔板式流量计由孔板节流装置、差压计和辅助装置组成。差压孔板式流量计测量方法简单，没有可动部件，工作可靠，一般测量精度可达 2%。

2）涡轮式流量计

涡轮式流量计是一种速度式流量仪表，由涡轮变换器部分（含涡轮计和检测线圈）和显示仪表部分（含前置放大器和计数、运算、显示部分）组成。涡轮式流量计比孔板式流量计的计量精度高，精度可达 0.1%。

第四节　选泵设计

一、数学公式

射流泵工作原理如图 6-2 所示。影响和反映射流泵工作特性的主要工作参数有喷射率或流量比 M、面积比 R、压头比或举升比 H、喷嘴流量 q_1、泵效 η、气蚀流量比 M_c 和气蚀面积比 A_{cm} 等。通过考虑喷嘴、吸入通道、喉管和扩散管的能量方程和动能方程，可推导出射流泵参数方程。

1. 不考虑气体的影响

1）流量比 M

喷射率 M 又称流量比，它等于油井产液量 q_3 和喷嘴流量 q_1 之比与井筒液压力梯度 G_3 和喷嘴动力液压力梯度 G_1 之比的乘积，即：

$$M = \frac{q_3 G_3}{q_1 G_1} \tag{6-2}$$

忽略流体压力梯度差，流量比 M 又可写作：

$$M = \frac{q_3}{q_1} \tag{6-3}$$

式中 M——流量比或喷射率；

q_3——油井产液量，bbl/d 或 m^3/d；

q_1——动力液量，bbl/d 或 m^3/d；

G_3——井筒液压力梯度，psi/ft 或 MPa/m；

G_1——动力液压力梯度，psi/ft 或 MPa/m。

2）面积比 R

射流泵喷嘴的面积 A_j 与喉管面积 A_t 之比称为面积比，用 R 表示，即：

$$R=\frac{A_j}{A_t} \tag{6-4}$$

式中 A_j——喷嘴流动面积，in^2 或 mm^2；

A_t——喉管流动面积，in^2 或 mm^2。

3）压头比 H

压头比 H 又称举升率，是指井筒液通过泵出口获得的压力增量与动力液在泵内损失的压力之比，即：

$$H=\frac{\Delta p_{井筒液}}{\Delta p_{动力液}}=\frac{p_2-p_3}{p_1-p_2} \tag{6-5}$$

式中 $\Delta p_{井筒液}$——井筒液通过泵获得的压力增量，psi 或 MPa；

$\Delta p_{动力液}$——动力液通过泵损失的压力，psi 或 MPa；

p_2——泵排出端压力，psi 或 MPa；

p_3——泵吸入口压力，psi 或 MPa；

p_1——动力液压力，psi 或 MPa。

$$p_1=p_s+h_1G_1-F_1 \tag{6-6}$$

式中 p_s——井口动力液压力，psi 或 MPa；

h_1——射流泵泵挂深度，ft 或 m；

G_1——动力液压力梯度，psi/ft 或 MPa/m。

$$G_1=0.4331\gamma_1\ (\text{psi/ft}) \tag{6-7}$$

或

$$G_1=9.81\times10^{-3}\gamma_1\ (\text{MPa/m}) \tag{6-8}$$

式中 γ_1——动力液相对密度；

F_1——动力液在油管中的摩阻损失，psi 或 MPa。

关于 F_1 的计算详见附录。

4）喷嘴流量 q_1

$$q_1=1214.5A_j\sqrt{\frac{p_1-p_3}{\gamma_1}} \tag{6-9}$$

式中 q_1——喷嘴流量，bbl/d；

A_j——喷嘴流动面积，in^2；

p_3——泵吸入口压力，psi；

p_1——动力液压力，psi；

γ_1——动力液相对密度。

5）泵效 η

射流泵泵效是指传给采出液的功率与动力液损失功率之比，即：

$$\eta = HM = \frac{(p_2 - p_3)\ q_3 G_3}{(p_1 - p_2)\ q_1 G_1} \tag{6-10}$$

或

$$\eta = HM = \frac{(p_2 - p_3)\ q_3}{(p_1 - p_2)\ q_1} \tag{6-11}$$

6）气蚀参数

（1）气蚀面积 A_{cm}。表示在吸入压力 p_3 和产液量 q_3 情况下，为防止气蚀所需要的最小环空流动面积，即：

$$A_{cm} = \frac{q_3}{691\sqrt{\frac{p_3}{G_3}}} \tag{6-12}$$

式中，q_3、p_3、G_3 单位分别为 bbl/d、psi、psi/in。

（2）气蚀流量比 M_c。气蚀压力点的极限 M 值可近似用下式表示：

$$M_c = \frac{1-R}{R}\sqrt{1+R_n}\sqrt{\frac{p_3}{I_c\ (p_1 - p_3)\ + p_3}} \tag{6-13}$$

式中 R_n——喷嘴损失系数，一般取 $R_n = 0.15$；

I_c——气蚀指数，其值在 0.80～1.67 之间，建议取 $I_c = 1.35$。

射流泵在 $M < M_c$ 情况下工作不会出现气蚀。

（3）气蚀吸入压力 p_c。气蚀吸入压力 p_c 表示发生气蚀时的吸入压力值，B. Agena 认为可用下式表示：

$$p_c = Cp_1 \tag{6-14}$$

$$C = \frac{1.35B}{1 + 0.35B - B} \tag{6-15}$$

$$B = \left[\frac{RM_P}{1.0724\ (1-R)}\right]^2 \tag{6-16}$$

式中 M_P——最高泵效时的流量比。

当 $p_3 > p_c$ 时不会发生气蚀。

7）功率 P

射流泵所需功率可用下式计算：

$$P = 1.7 \times 10^{-5} p_s q_1 \tag{6-17}$$

式中，P、p_s、q_1 单位分别为 hp、psi、bbl/d。

2. 考虑气体的影响

1）流量比 M

当泵送气液两相时，M 值可用下式表示：

$$M=\frac{q_3 VFG_3}{q_1 G_1} \tag{6-18}$$

或

$$M=\frac{q_3 VF}{q_1} \tag{6-19}$$

式中 VF——地层流体体积系数。

VF 可用 K · E · Brown 给出的气液体积的地层体积系数关系式计算：

$$VF=f_w+(1-f_w)B_o+[GLR-(1-f_w)R_s]B_g \tag{6-20}$$

式中 f_w——含水，%；

B_o——原油体积系数；

GLR——地面气液比，ft^3/bbl；

R_s——溶解气油比，ft^3/bbl；

B_g——气体体积系数。

VF 也可用 F · C · Christ 给出的下述地层体积系数的经验关系式计算：

$$VF=[1+2.8(\frac{GOR}{p_3})]^{1.2}(1-f_w)+f_w \tag{6-21}$$

式中 GOR——生产气油比，ft^3/bbl；

p_3——泵吸入口压力，psi；

f_w——地层产液含水，%。

2）泵效 η

$$\eta=HM=\frac{(p_2-p_3)q_3 VF}{(p_1-p_2)q_1} \tag{6-22}$$

式中 VF——地层体积系数。

3）气蚀面积 A_{cm}

$$A_{cm}=q_3\left[\frac{1}{691}\sqrt{\frac{G_3}{p_3}}+\frac{(1-f_w)GOR}{24.650p_3}\right] \tag{6-23}$$

式中，A_{cm}、q_3、p_3、G_3 单位分别为 in^2、bbl/d、psi、psi/ft。

二、射流泵选型

1. 一般原则

射流泵具有多种不同型号的喷嘴和喉管，不同的喷嘴与喉管组合可以得到不同的排量和扬程，射流泵选型一般应遵循以下原则：

（1）选择合适的喷喉面积比 R 值，常用的射流泵面积比 R 值在 0.235～0.400 之间。

R 值大于0.400的泵用于深井或井底压力低而举升扬程高的井；R 值小于0.325的泵用于浅井或井底压力低而高排量举升的井。

（2）选泵时要注意防止气蚀现象。研究表明，在射流泵喉管入口处常常形成非常低的压力，并且喉管的吸入压力低于泵的吸入压力，当泵内压力低于液体蒸汽压力时，会发生气蚀，气蚀现象会严重损坏泵的部件，所以应避免气蚀现象的发生。一般情况下，当泵的面积比 R 值一定时，增加动力液压力 p_1，气蚀的可能性增大；当动力液压力 p_1、泵排出压力 p_2 和泵吸入压力 p_3 一定时，R 值小的泵由于其气蚀流量比 M_c 值高，不易产生气蚀；当泵工作点的流量比 M 值小于 M_c 值时，不会产生气蚀；当泵吸入压力 p_3 高于气蚀吸入压力 p_c 值时，不会产生气蚀。

（3）选泵时力求获得最大效率。

2. 泵型及参数确定

1）喷嘴和喉管尺寸

每个射流泵厂家都提供有不同的喷嘴和喉管组合。表6-1列出了Trico、Nitional和Guiberson公司生产的射流泵的喷嘴和喉管尺寸。表6-6～表6-8分别为Guiberson.公司射流泵的 R 值和喷嘴、喉管间环形空间面积数据，Trico公司和Nitional公司射流泵的环形空间面积数据。

表6-6　Guiberson公司射流泵 R 值及喉管环行空间面积　　in^2

喷嘴									
DD	喉管	000	00						
	R	0.36	0.22						
	AS	0.0028	0.0056						
CC	喉管	000	00	0	1				
	R	0.64	0.40	0.27	0.20				
	AS	0.0016	0.0043	0.0076	0.0115				
BB	喉管	00	0	1	2				
	R	0.54	0.37	0.27	0.20				
	AS	0.0032	0.0065	0.0105	0.0150				
A	喉管	0	1	2	3				
	R	0.53	0.39	0.29	0.23				
	AS	0.0048	0.0088	0.0133	0.0185				
B	喉管	0	1	2	3	4	5	6	
	R	0.92	0.66	0.50	0.40	0.30	0.25	0.21	
	AS	0.0009	0.0043	0.0094	0.0145	0.0219	0.0285	0.0357	
C	喉管	1	2	3	4	5	6	7	
	R	0.86	0.65	0.51	0.39	0.32	0.27	0.23	
	AS	0.0020	0.0066	0.0118	0.0191	0.0257	0.3300	0.0408	

续表

	喉管	3	4	5	6	7	8	9	
D	R	0. 74	56. 00	0. 46	0. 39	0. 33	0. 27	0. 22	
	AS	0. 0064	0. 0137	0. 0203	0. 0276	0. 0354	0. 0484	10. 0628	
E	喉管	4	5	6	7	8	9	10	11
	R	0. 77	0. 63	0. 53	0. 45	0. 36	0. 30	0. 25	0. 20
	AS	0. 0074	0. 0140	0. 0212	0. 0290	0. 0420	0. 0564	0. 0722	0. 0954
F	喉管	6	7	8	9	10	11	12	
	R	0. 69	0. 59	0. 48	0. 39	0. 33	0. 26	0. 22	
	AS	0. 0138	0. 0217	0. 0346	0. 0490	0. 0648	0. 0880	0. 1138	
G	喉管	8	9	10	11	12	13	14	
	R	0. 68	0. 56	0. 47	0. 38	0. 31	0. 26	0. 21	
	AS	0. 0208	0. 0352	0. 0510	0. 0742	0. 1000	0. 1320	0. 1712	
H	喉管	10	11	12	13	14	15	16	
	R	0. 69	0. 55	0. 45	0. 37	0. 30	0. 25	0. 21	
	AS	0. 0302	0. 0534	0. 0792	0. 1112	0. 1504	0. 1945	0. 2464	
I	喉管	11	12	13	14	15	16	17	
	R	0. 71	0. 59	0. 48	0. 40	0. 33	0. 27	0. 23	
	AS	0. 0229	0. 0597	0. 0917	0. 1309	0. 1750	0. 2272	0. 2895	
J	喉管	13	14	15	16	17	18	19	
	R	0. 71	0. 58	0. 48	0. 40	0. 34	0. 28	0. 23	
	AS	0. 0515	0. 0908	0. 1349	0. 1871	0. 2493	0. 3256	0. 4167	
K	喉管	15	16	17	18	19	20		
	R	0. 61	0. 51	0. 42	0. 35	0. 29	0. 24		
	AS	0. 1015	0. 1537	0. 2160	0. 2922	0. 3833	0. 4928		
L	喉管	16	17	18	19	20			
	R	0. 63	0. 52	0. 44	0. 36	0. 30			
	AS	0. 1164	0. 1787	0. 2549	0. 3460	0. 4555			
M	喉管	17	18	19	20				
	R	0. 66	0. 55	0. 45	0. 38				
	AS	0. 1287	0. 2050	0. 2961	0. 4055				
N	喉管	18	19	20					
	R	0. 69	0. 57	0. 48					
	AS	0. 1395	0. 2306	0. 3401					
P	喉管	19	20						
	R	0. 71	0. 59						
	AS	0. 1575	0. 2670						

表 6-7 Kobe 公司射流泵喉管环行空间面积 in^2

喷管	A-	A	B	C	D	E
1		0.0036	0.0053	0.0076	0.0105	0.0143
2	0.0029	0.0046	0.0069	0.0098	0.0136	0.0184
3	0.0037	0.0060	0.0089	0.0127	0.0175	0.0231
4	0.0048	0.0077	0.0115	0.0164	0.0227	0.0308
5	0.0062	0.0100	0.0149	0.0211	0.0293	0.0397
6	0.0080	0.0129	0.0192	0.0273	0.0378	0.0513
7	0.0104	0.0167	0.0248	0.0353	0.0488	0.0663
8	0.0134	0.0216	0.0320	0.0456	0.0631	0.0856
9	0.0174	0.0278	0.0414	0.0589	0.0814	0.1106
10	0.0224	0.0360	0.0534	0.0760	0.1061	0.1428
11	0.0289	0.0446	0.0690	0.0981	0.1358	0.1840
12	0.0374	0.0599	0.0891	0.1268	0.1749	0.2382
13	0.0483	0.0774	0.1151	0.1633	0.2265	0.3076
14	0.0624	0.1001	0.1482	0.2115	0.2926	0.3974
15	0.0806	0.1287	0.1920	0.2731	0.3780	0.5133
16	0.1036	0.1668	0.2479	0.3528	0.4881	0.6629
17	0.1344	0.2155	0.3203	0.4557	0.6304	0.8562
18	0.1735	0.2784	0.4137	0.5885	0.8142	1.1058
19	0.2242	0.3595	0.5343	0.7600	1.0516	1.4282
20	0.2896	0.4643	0.6901	0.9817	1.3583	1.8444

表 6-8 National 公司射流泵喉管环行空间面积 in^2

喷管	X	A	B	C	D	E
1		0.0040	0.0057	0.0080	0.0108	0.0144
2	0.0033	0.0050	0.0073	0.0101	0.0137	0.0183
3	0.0042	0.0065	0.0093	0.0129	0.0175	0.0233
4	0.0054	0.0082	0.0118	0.0164	0.0222	0.0296
5	0.0068	0.0104	0.0150	0.0208	0.0282	0.0377
6	0.0087	0.0133	0.0191	0.0265	0.0360	0.0481
7	0.0111	0.0169	0.0243	0.0338	0.0459	0.0512
8	0.0141	0.0215	0.0310	0.0431	0.0584	0.0779
9	0.0179	0.0274	0.0395	0.0548	0.0743	0.0992
10	0.0229	0.0350	0.0503	0.0698	0.0947	0.1264

续表

喷管	X	A	B	C	D	E
11	0.0291	0.0444	0.0639	0.0888	0.1205	0.1608
12	0.0369	0.0564	0.0813	0.1130	0.1533	0.2046
13	0.0469	0.0718	0.1035	0.1438	0.1951	0.2605
14	0.0579	0.0914	0.1317	0.1830	0.2484	0.3316
15	0.0761	0.1164	0.1677	0.2331	0.3163	0.4223
16	0.0969	0.1482	0.2136	0.2968	0.4028	0.5377
17	0.1234	0.1888	0.2720	0.3779	0.5128	
18	0.1571	0.2403	0.3463	0.4812		
19	0.2000	0.3060	0.4409			
20	0.2546	0.3896				

2）泵型和参数确定

（1）选泵需给出的油井基本数据。

①垂直下泵深度 h_1，ft；

②油管柱长度 L，ft；

③油管内径 D_1，in；

④油管外径 D_3，in；

⑤返出管柱内径 D_2，in；

⑥地面出油管线回压 p_{wh}，psi；

⑦气体相对密度 γ_g；

⑧原油重度 γ_{API}，°API；

⑨动力液相对密度 γ_1；

⑩原油相对密度 γ_o；

⑪水相对密度 γ_w；

⑫动力液梯度 G_1，psi/ft；

⑬油梯度 G_o，psi/ft；

⑭水梯度 G_w，psi/ft；

⑮原油黏度 μ_o，cP；

⑯水黏度 μ_w，cP；

⑰气油比 GOR，ft^3/bbl；

⑱地层液含水率 f_w，%；

⑲地面温度 T，℉；

⑳地下温度 T'，℉；

㉑预计地层产液量 q_3，bbl/d；

㉒在预计产液量下的泵吸入压力 p_3，psi；

㉓采油指数 J_o，bbl/（d·psi）。

（2）射流泵选泵。

射流泵选泵可分为3个部分：

第一部分：喷嘴的选择和动力液的迭代计算。

步骤1：计算泵的吸入口梯度 G_2，

$$G_2 = G_o（1 - f_w） + G_w f_w$$

步骤2：利用预测的产量 q_3 和泵吸入压力 p_3，根据式（6-23）计算防止气蚀发生的最小吸入面积 A_{cm}，

$$A_{cm} = q_3\left[\frac{1}{691}\sqrt{\frac{G_3}{p_3}} + \frac{(1 - f_w)\ GOR}{24.650 p_3}\right]$$

步骤3：从表6-6查出面积比 R 接近0.4的一种喷嘴与喉管组合，使喉管环空面积大于步骤2计算出的 A_{cm} 值的喷嘴尺寸 A_j。

步骤4：选择一个动力液地面压力 p_s，作为起始压力点，一般较深的井需要较高的压力值。

步骤5：根据式（6-6）用迭代法计算喷嘴压力 p_1，第一轮迭代时动力液摩阻可忽略：

$$p_1 = p_s + h_1 G_1 - F_1$$

步骤6：根据式（6-9）计算喷嘴流量 q_1，

$$q_1 = 1214.5 A_j \sqrt{\frac{p_1 - p_3}{\gamma_1}}$$

步骤7：从附录图表中查出摩阻 F_1 值或根据附录中提供的公式计算出 F_1 值。

步骤8：返回步骤5、步骤6，重新计算喷嘴压力 p_1、喷嘴流量 q_1，直到连续的第2个值相差不超过规定的误差（一般取15%）为止，然后按第二部分连续计算。

第二部分：产量迭代计算。

步骤1：确定泵的排出压力 p_s。

①计算总的返出液量，

$$q_2 = q_1 + q_3$$

其中 q_3 在迭代中不断调整。

②计算返出液的梯度 G_2，

$$G_2 = \frac{q_1 G_1 + q_3 G_3}{q_2}$$

③计算返出液的含水率 f_w，

用水作动力液时：

$$f'_w = \frac{q_1 + q_3 f_w}{q_2}$$

用油作动力液时：

$$f'_{w}=\frac{q_3 f_w}{q_2}$$

④计算返出液的气液比 GLR'，

$$GLR'=\frac{q_3 (1-f_w) GOR}{q_2}$$

⑤计算返出流体的黏度 μ_2，

$$\mu_2=(1-f'_w)\mu_0+f'_w\mu_w$$

步骤2：计算泵的排出压力 p_2，若 $GLR'<10$，计算 p_2 时可不考虑气体影响，

$$p_2=F_2+h_1 G_2+p_{wh}$$

步骤3：若 $GLR'>10$，则利用垂向多相流梯度相关式计算 p_2。

步骤4：根据式（6-5）计算压力比 H，

$$H=\frac{p_2-p_3}{p_1-p_2}$$

步骤5：根据式（6-19）和式（6-21）计算流量比 M，

$$M=\frac{q_3}{q_1}\left\{\left[1+2.8\left(\frac{GOR}{p_3}\right)\right]^{1.2}(1-f_w)+f_w\right\}$$

步骤6：参考图6-28，检验步骤4和步骤5所计算出的 H 值和 M 值是否落在一条标准曲线上。利用纵轴上的压力比，值向右移动与最远的一条曲线相交，这条曲线将是这一 H 值最大效率面积比曲线。从图的下方查出对应的 M 值和 R 值。

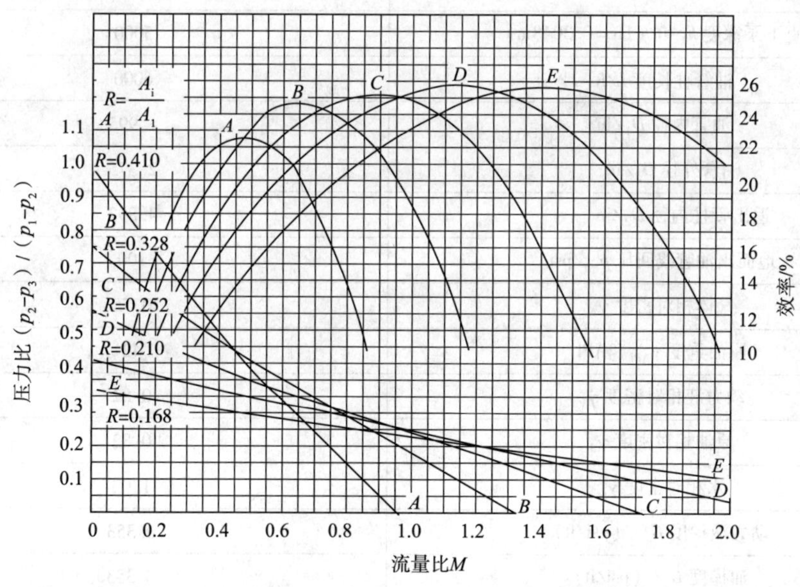

图6-28 射流泵无钢量特性曲线

步骤7：比较步骤5和步骤6的 M 值，如果二者差值在允许误差范围内，则按第三部分继续计算，否则根据下式重新计算 p_3 值：

$$q_{3新} = \frac{q_{3旧} M_6}{M_5}$$

式中，M_5、M_6 分别为步骤 5 和步骤 6 计算的流量比值。

利用修正后的 $q_{3新}$，再返回到步骤 1，并重新计算，直到步骤 5 和步骤 6 的流量比 M 值的差值在允许误差范围内为止。

第三部分：喉管的选择及其他参数的确定。

步骤 1：根据式（6-4）计算喉管的尺寸，

$$A_t = \frac{A_j}{R}$$

步骤 2：气蚀限制流量的计算，

$$q_{cm} = \frac{q_3}{A_{cm}} (A_t - A_j)$$

式中，q_3、A_{cm} 分别为修正后的产量和防止气蚀的最小吸入面积。

步骤 3：根据式（6-17）计算泵的功率 P，

$$P = 1.7 \times 10^{-5} p_s q_1$$

（3）射流泵选泵实例。

①油井基本数据及相应的值如表 6-9 所示。

表 6-9　油井基本数据表

基本参数	数　值
垂直下泵深度 h_1/ft（1ft = 0.3048m）	5000
油管柱长度 L/ft	6000
油管内径 D_1/in	1.995
油管外径 D_3/in	2.375
返出管柱内径 D_2/in	4.892
地面出油管线回压 p_{wh}/psi	100
气体相对密度 γ_g	0.75
原油重度 γ_{API}/°API	42
动力液相对密度 γ_1	0.82
原油相对密度 γ_0	0.82
水相对密度 γ_w	1.03
动力液梯度 G_1/（psi/ft）	0.353
油梯度 G_0/（psi/ft）	0.353
水梯度 G_w/（psi/ft）	0.446
原油黏度 μ_0/cP	2.5
水黏度 μ_w/cP	0.65

续表

基本参数	数值
气油比 GOR/（ft^3/bbl）	150
地层液含水率 f_w/%	30
地面温度 T/℉	90
地下温度 T'/℉	130
预计地层产液量 q_3/（bbl/d）	500
在预计产液量下的泵吸入压力 p_3/psi	1000
采油指数 J_0/［bbl/（d·psi）］	1.0
动力液循环方式	正循环

②射流泵选泵。

射流泵选泵可分以下 3 个部分：

第一部分：喷嘴的选择和动力液的迭代计算。

步骤 1：计算泵的吸入口梯度 G_2：

$$G_2 = (1-f_w) + G_w f_w$$

$$G_2 = 0.381$$

步骤 2：根据式（6−3）计算防止气蚀发生的最小吸入面积 A_{cm}：

$$A_{cm} = q_3\left[\frac{1}{691}\sqrt{\frac{G_3}{p_3}} + \frac{(1-f_w)GOR}{24.650p_3}\right]$$

$$A_{cm} = 0.0163$$

步骤 3：从表 6−6 查出面积比 R 接近 0.4 的一种喷嘴与喉管组合，使喉管环空面积大于 A_{cm} 值的喷嘴尺寸 A_j。取 Trico 公司为制造厂家，则

$$A_j = 0.0103$$

步骤 4：选择动力液地面压力 $p_s = 2500$，作为起始压力点。

步骤 5：根据式（6−6）用迭代法计算喷嘴压力 p_1，第一轮迭代时动力液摩阻可忽略，

$$p_1 = p_s + h_1 G_1 - F_1$$

$$p_1 = 4265/4232$$

步骤 6：根据式（6−9）计算喷嘴流量 q_1：

$$q_1 = 1214.5A_j\sqrt{\frac{p_1 - p_3}{\gamma_1}}$$

$$q_1 = 824/820$$

步骤 7：从附录图表中查出摩阻 F_1 值：

$$F_1 = 33/33$$

步骤 8：返回步骤 5、步骤 6，重新计算喷嘴压力 p_1、喷嘴流量 q_1，直到连续的第二个值相差不超过规定的误差（一般取 15%）为止，然后按第二部分连续计算。

第二部分：产量迭代计算。

步骤1：确定泵的排出压力 p_3。

①计算总的返出液量：

$$q_2 = q_1 + q_3$$

$$q_2 = 1320/1477/1490$$

其中 q_3 在迭代中不断调整。

②计算返出液的梯度 G_2：

$$G_2 = \frac{q_1 G_1 + q_3 G_3}{q_2}$$

$$G_2 = 0.364/0.365/0.366$$

③计算返出液的含水率 f'_w：

$$f'_w = \frac{q_3 f_w}{q_2}$$

$$f'_w = 0.113/0.133/0.139$$

④计算返出液的气液比 GLR'：

$$GLR' = \frac{q_3 (1 - f_w) GOR}{q_2}$$

$$GLR' = 40/47/49$$

⑤计算返出流体的黏度 μ_2：

$$\mu_2 = (1 - f'_w) \mu_0 + f'_w \mu_w$$

$$\mu_2 = 2.3/2.3/3.3$$

步骤2：计算泵的排出压力 p_2，若 $GLR' < 10$，计算 p_2 时可不考虑气体影响：

$$p_2 = F_2 + h_1 G_2 + p_{wh}$$

步骤3：若 $GLR' > 10$，则利用垂向多相流梯度相关式计算 p_2：

$$p_2 = 1780/1756/1746$$

步骤4：根据式（6-5）计算压力比 H：

$$H = \frac{p_2 - p_3}{p_1 - p_2}$$

$$H = 0.318/0.305/0.3$$

步骤5：根据式（6-19）和式（6-21）计算流量比 M：

$$M = \frac{q_3}{q_1}\left\{\left[1 + 2.8\left(\frac{GOR}{p_3}\right)\right]^{1.2} (1 - f_w) + f_w\right\}$$

$$M = 0.791/1.04/1.09$$

步骤6：参考图6-28，利用纵轴上的压力比 H 值向右移动与最远的一条曲线相交，这条曲线将是该 H 值最大效率面积比曲线。从图的下方查出对应的 M 值和 R 值。

$$M = 1.04/1.06/1.1$$

$$R = 0.25/0.25/0.25$$

步骤7：比较步骤5和步骤6的 M 值，如果二者差值在允许误差范围内，则按第三部分继续计算，否则根据下式重新计算 q_3 值。

$$q_{3新} = \frac{q_{3旧} M_6}{M_5}$$

$$q_{3新} = 657/670/676$$

式中，M_5、M_6 分别为步骤 5 和步骤 6 计算的流量比值。

返回到步骤 1，使用 $q_新$ 重新计算，直到步骤 5 和步骤 6 的流量比 M 值的差值在允许误差范围内为止。

第三部分：喉管的选择及其他参数的确定

步骤 1：根据式（6-4）计算喉管的尺寸，

$$A_t = \frac{A_j}{R}$$

$$A_t = 0.042 \text{（选择 Trico 公司 9 型喉管）}$$

步骤 2：气蚀限制流量的计算，

$$q_{cm} = \frac{q_3}{A_{cm}}(A_t - A_j)$$

$$q_{cm} = 1037$$

步骤 3：根据式（6-17）计算泵的功率 P，

$$P = 1.7 \times 10^{-5} p_s q_1$$

$$P = 35$$

步骤 4：根据式（6-11）计算泵效 η，

$$\eta = HM$$

$$\eta = 0.33$$

选泵结果：泵型（喷嘴 - 喉管组合）为 Trico 公司 7 - 9 型，具体参数如下：

$A_j = 0.0103\text{in}^2$，$A_t = 0.042\text{in}^2$，$R = 0.235$，$q_3 = 820\text{bbl/d}$，$q_3 = 676\text{bbl/d}$，$p_s = 2500\text{lb/in}^2$，$p_3 = 1000\text{lb/in}^2$，$P = 35\text{hp}$，$\eta = 33\%$。

第五节 射流泵工况分析及故障处理

一、工况分析

1. 泵特性曲线

对于射流泵的每一个喷嘴尺寸，都有许多喉管尺寸与之配合，这导致了大量的射流泵特性曲线。泵工作参数的无量纲方程，在雷诺数相近的情况下，适用于所有尺寸的射流泵。图 6-29 是射流泵的无量纲特性曲线，表示喷喉比为 0.410、0.328、0.210 和 0.168 时，用相应无量纲方程计算的压头比和泵效等工作参数与流量比的关系曲线。

2. 工况分析

从图 6-29 可以看出，对于每个特定的 M 值，都对应一个泵效最高或压头比最大的面

积比 R 或泵型；或对于一定的压头比 H 来说，会对应一个 M 值最大或泵效最大的面积比 R 或泵型。

射流泵喷嘴面积与喉管面积的比值 R 决定了射流泵举升压头与排量之间的协调，所以对于一个特定的油井，要选择合适的泵型，就需优化喷喉比 R 值。对于深井应选择 R 值较大的泵，其压头高，但排量小；对浅井或井底压力很低的井，为防止发生气蚀，需要大的环空过流面积，因而应选 R 值较小的泵，其压头低，但排量大。对于给定的油井产量和泵吸入压力来说，应选择一个合适 R 值，使其环空过流面积大于防止气蚀的最小吸入面积 A_{cm} 值。对 R 值一定的泵型，增大喷嘴、喉管的面积而增加动力液量，将导致地层产液增加。

射流泵的特性主要取决于泵的排出压力，而排出压力的增加值约为地面动力液压力增加值的 2 ~5 倍。

对于某一口特定的射流泵井（泵型已定），分析其工况时首先应确定矿场操作的动力液压力和动力液量，应避免等于或接近于射流泵发生气蚀时的动力液压力值和动力液量值。其次，要提高动力液压力或动力液量，此时会导致地层产液增加，同时会增大射流泵气蚀的可能性，在产量增加的情况下尤其如此。再次，是对射流泵故障及由于与射流泵相关的装置、管线出现故障而产生的不正常工况进行分析。

二、故障处理

常见的射流泵故障及排除措施包括下述几个方面：

（1）喷嘴堵塞。

故障现象：地面动力液压力（未达到最高压力）升高，动力液量减少或泵不接受动力液量，同时，产液量下降或无产液量。

措施：①对反循环射流泵，正打动力液，加压后卸压，重复 3 ~4 次；②若措施①效果不佳，起泵清洗喷嘴或更换。

（2）喉管堵塞。

故障现象：①产液量下降或无产液量；②出油管线压力下降；③动力液压力升高，动力液量下降。

措施：①对反循环射流泵，正打动力液，加压后卸压，重复 3 ~4 次；②若措施①效果不佳，起泵清洗喉管或更换。

（3）泵工作筒漏失。

故障现象：①动力液压力下降；②动力液量增大；③产液量下降或无产液量；④出油管线压力降低。

措施：起出射流泵，更换密封盘根。

（4）封隔器失效。

故障现象：①动力液压力急剧下降，动力液量突然增加；②无产出液。

措施：更换封隔器。

附录　动力液摩阻计算

一、反循环方式即动力液从油套环空进入的摩阻损失计算

(1) 通过查图6-29和表6-10得出。

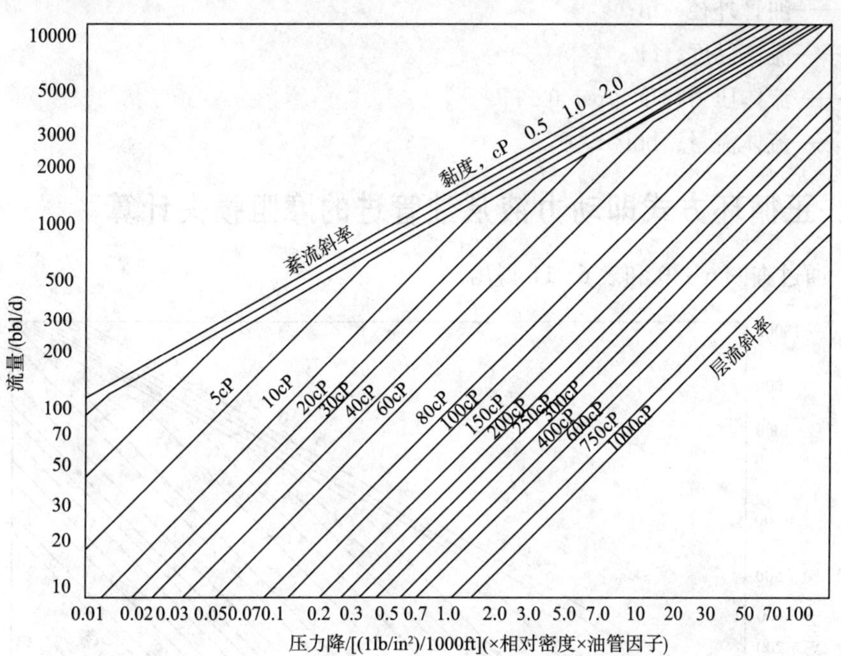

图6-29　油管中的压降

表6-10　油管尺寸乘数因子

油管尺寸	紊　流	层　流
3/4in	181.62	77.01
1in	56.88	29.32
1¼in	15.36	9.79
1½in	7.34	5.28
2$\frac{1}{16}$in	4.91	3.78
2⅜in	2.63	2.24
2⅞in	1.00	1.00
3½in	0.38	0.44
4½in	0.10	0.14

（2）通过公式计算得出。

$$F=\frac{202\times10^{-8}L\ (D_1+D_2)^{0.21}}{(D_1-D_2)\ (D_1^2-D_2^2)^2\left(\frac{D_1}{D_1-D_2}\right)^{0.1}}\times(\frac{\mu}{G})^{0.21}Gq^{1.79}$$

式中 F——动力液摩阻损失，psi；

L——油管长度，ft；

D_1——套管内径，in；

D_2——油管外径，in；

μ——流体黏度，cP；

G——流体压力梯度，psi/ft；

q——流体流量，bbl/d。

二、正循环方式即动力液从油管进的摩阻损失计算

（1）通过查图6-30和表6-11得出。

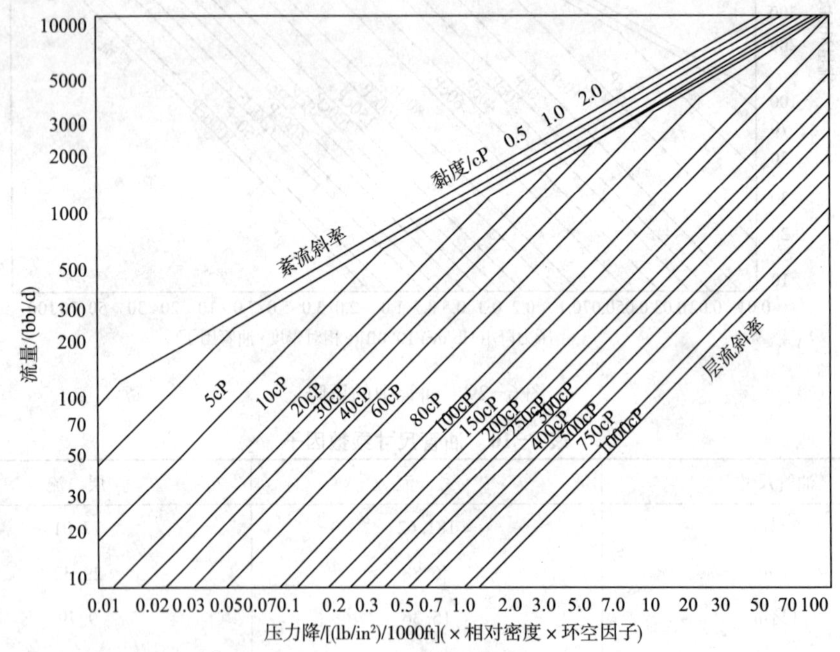

图6-30 油套环空中的压降

表6-11 环空几何乘数因子

油、套管	紊 流	层 流
3/4in / 2⅜in 油管	53.80	26.59
1in / 2⅞in 油管	21.59	12.31
1¼in / 2⅞in 油管	53.93	36.77
1½in / 2⅞in 油管	142.08	110.39

续表

油、套管	紊　流	层　流
1¼in / 3½in 油管	8.77	5.78
1½in / 3½in 油管	14.44	10.71
2⅜in / 3½in 油管	65.04	60.93
2⅜in / 4½in 油管	2.98	2.59
2⅞in / 4½in 油管	8.00	8.48
2⅜in / 4½in 11.6①套管	2.73	2.36
2⅜in / 5in 15①套管	1.25	1.08
2⅜in / 5½in 17①套管	0.58	0.51
2⅞in / 4½in 11.6①套管	7.07	7.46
2⅞in / 5in 15①套管	2.54	2.59
2⅞in / 5½in 17①套管	1.00	1.00
2⅞in / 6⅝in 24①套管	0.23	0.24
2⅞in / 7in 26①套管	0.16	0.16
2⅞in / 7⅝in 29.7①套管	0.09	0.09
3½in / 6⅝in 24①套管	0.41	0.48
3½in / 7in 26①套管	0.26	0.30
3½in / 7⅝in 29.7①套管	0.13	0.15
3½in / 9⅝in 40①套管	0.02	0.03
4½in / 6⅝in 24①套管	1.64	2.50
4½in / 7in 26①套管	0.80	1.18
4½in / 7⅝in 29.7①套管	0.31	0.43
4½in / 9⅝in 40①套管	0.04	0.05

① 系指需要特种间隙的接箍。

（2）通过公式计算得出。

$$F = \frac{202 \times 10^{-8} L}{D_1^{4.79}} \times \left(\frac{\mu}{G}\right)^{0.21} G^{1.79} q \qquad (6-24)$$

式中　F——动力液摩阻损失，psi；

L——油管长度，ft；

D_1——油管内径，in；

μ——流体黏度，cP；

G——流体压力梯度，psi/ft；

q——流体流量，bbl/d。

第七章　采气工艺

第一节　海上气井生产管柱及气井管理

一、海上气田常用生产管柱介绍

1. 海上气井生产管柱的基本要求

（1）满足开发方案的要求。

（2）井下必须安装安全控制装置（油管用安全阀、油套环空封隔器）。

（3）井下工具成熟可靠，结构简单安全。

（4）对含腐蚀流体的气井，井下工具及油管应选用抗腐蚀性能的材料。

（5）油管扣型应选用气密性良好的特殊螺纹。

（6）对高温、高压气井尽可能减少橡胶密封件。

（7）对含有 H_2S、CO_2 等腐蚀气体的气井，封隔器尽量靠近气层以保护套管。

2. 海上气田常用生产管柱介绍

图7-1～图7-3为JZ20-2凝析气田、崖13-1平湖气田、平湖油气田的生产管柱图。

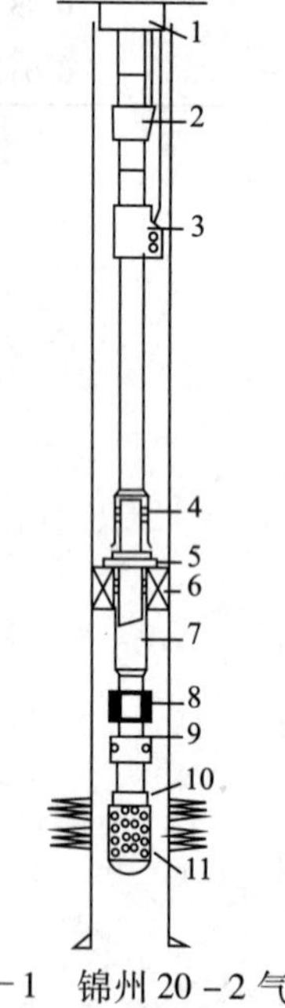

序号	项目	长度/m	外径/in	内径/in
1	油管挂	0.33	10.750	2.992
2	井下安全阀	2.37	5.265	2.812
3	偏心筒	2.64	5.968	2.867
4	套管密封	8.19	5.688	2.562
5	定位接头	0.28	5.720	3.250
6	生产封隔器	1.50	5.687	3.250
7	磨铣短节	1.59	5.000	4.281
8	X型工作筒	0.59	4.000	2.313
9	负压阀	0.38	3.687	2.375
10	点火枪	0.52	3.688	1.500
11	射孔枪	84.00	5.000	

图7-1　锦州20-2气田生产管柱图

序号	规格、型号、扣型	长度/ft	外径/in	内径/in
1	油管挂	2.30		6.00
2	流动接箍	7.07	7.00	6.184
3	CAMCO TRCF - 5 - R0 安全阀	10.98	9.25	5.937
4	流动接箍	9.53	7.00	5.875
5	CAMCO DB - 6 坐落接头	1.79	7.00	6.184
6	276JTS7in 29#L - 8013CrNK3SB 油管		7.00	6.184
7	CAMCO DB - 6 坐落接头	1.79	7.654	5.812
8	CAMCOHSP - 1 封隔器（带RHR 插入密封）	3.53	8.25	5.812
9	CAMCO DB - 6 坐落接头	1.78	7.654	5.750
10	BAKER PBR 定位密封总成	20.34	8.25	6.184
11	BAKER CPH 封隔器（带 21′PBR）	21.91	7.00	5.812
12	BAKER RS 坐落接头	3.06	7.00	6.1875
13	BAKER 柔性液压尾管挂	9.38		
14	射孔段			
15	射孔枪（释放在井底）			

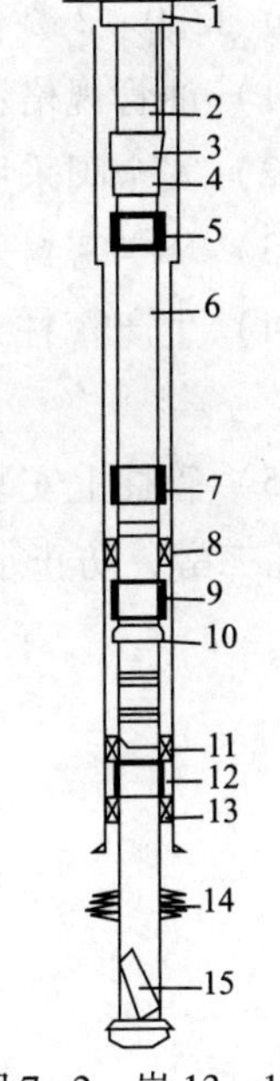

图 7-2 崖 13-1 气田生产管柱图

序号	规格、型号、扣型	长度/m	外径/in	内径/in
1	VETCO 油管挂（4½in FOX）	0.370	10.75	3.903
2	流动接箍（4½in FOX）	1.045	4.910	3.958
3	贝克 4½in TME - 8.5 安全阀	2.005	7.070	3.810
4	流动接箍（4½in FOX）	1.107	4.910	3.958
5	油管（4½in FOX）	3055.8	4.500	3.958
6	变口接头（3½in FOXP）	0.250	5.010	2.992
7	190 - 47inG - 225in 定位器总成	0.355	5.935	2.992
8	DB 型封隔器	4.080	8.116	4.750
9	190 - 47in G - 225in 定位密封总成	2.308	4.750	2.992
10	2.75in CMU 滑套	1.245	4.270	2.750
11	厚壁管（3½in FOX）	36.41	4.500	3.000
12	油管（3½in FOX）	38.32	3.500	2.992
13	DB 型封隔器	4.860	8.116	4.750
14	190 - 47in LE - 225 插入密封总成	2.665	4.750	2.992
15	2.75in F 坐落接头（3½in FOX）	0.402	3.885	2.750
16	带孔管（3½in FOX）	3.088	3.500	2.992
17	2.75in R 坐落接头（3½in FOX）	0.395	3.890	2.687
18	钢丝导向鞋（3½in FOX）	0.450	4.000	2.992

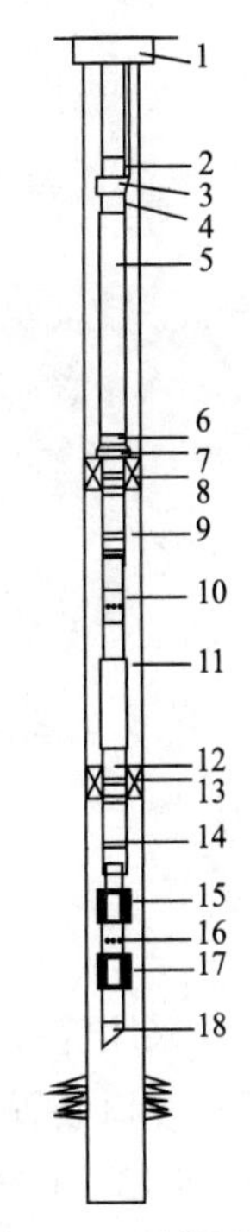

图 7-3 平湖油气田生产管柱

1）JZ20－2 凝析气田生产管柱主要特点

（1）油管规格：外径 3½in；材质：N80；扣型：NewWAM 扣。

（2）安全阀采用油管回收地面控制井下安全阀。

（3）环空密封采用液压坐封永久封隔器与锚定插入密封配合。

（4）生产管柱上安装有密封套筒，防止因温度变化引起的油管伸缩而导致封隔器解封。

（5）管柱上安装偏心工作筒和注药单流阀，通过 1/4in 控制管线从地面向生产管柱内加注乙二醇，防止水化物的形成。偏心工作筒和注化学药剂单流阀的结构如图 7－4 所示。

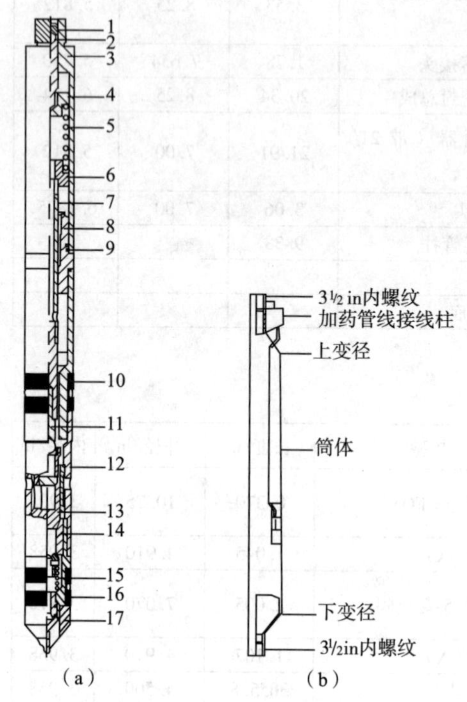

图 7－4　偏心工作筒及注化学药剂单流阀结构图

（a）JZ20－2 偏心加药筒　　（b）注入阀

1—凹型调节螺钉；2—钢球；3—弹簧腔；4—弹簧上接头；5，15—弹簧；6—弹簧下接头；7—推杆；8—接头；9—“O”形圈；10，16—“V”形盘根；11—调节阀座；12—阀座容器；13—调节阀腔；14—调节座落总成；17—喷嘴

（6）采用完井管柱下带射孔枪 TCP 负压射孔，减少完井时对地层的污染。

（7）井口装置：中南平台为 5000psi 采油树，另两平台为 10000psi 采油树。

2）崖 13－1 气田生产管柱主要特点

（1）采用 7in 大口径、13CR 抗腐材质、气密性良好的 NK33SB 螺纹油管。

（2）安全阀采用 CAMCOTRCF－5RD 油管回收地面控制井下安全阀，工作压力 5000psi。

（3）封隔器采用 CAMCOHSP－1 型液压坐封永久封隔器系统，耐压差为 10000psi，耐温为 204℃。

（4）7in 尾管悬挂器加 BAKERCPH 型永久封隔器进行双重密封。

（5）在 7in 油管内下射孔枪，用“MAXR”悬挂，TCP 负压射孔，先下生产管柱后射孔，保护地层免受污染。

（6）采用 FMC 整体组合井口采油树起油管伸缩短节的作用，可防止因井温的变化引起的油管伸缩。

3）平湖油气田生产管柱主要特点

（1）13CR 抗腐蚀材料油管及井口装置。

（2）油管采用外径为 4½in、密封性良好的 FOX 螺纹扣。

（3）安全阀采用油管回收地面控制 TME－6.5 井下安全阀。

（4）封隔器采用 CAMCOHSP－1 液压坐封永久封隔器。

（5）油管插入密封采用 G22－S 定位插入密封总成。

（6）采用“CMU”滑套实现分层开采。

（7）采用 TCP 负压射孔，先射孔后下生产管柱。

二、气井的生产管理

气井的生产从产层到井底再到井口、输气海管，甚至到下游气体处理厂，是一个系统协调的过程。怎样保证气井能合理生产，又使各生产环节压力损失分配合理，是气井管理的核心。下文中从怎样确定气井的合理产量和气井的工作制度两个不同角度来叙述。

1. 气井合理产量的确定原则

气井的合理产量应满足如下几方面的要求。

（1）气藏保持合理的采气速度。

要使气藏的采气速度要合理需满足的条件为：

①气藏能保持较长时间稳产。稳产时间的长短不仅与气藏储量和产量的大小有关，还与气藏是否有边底水、边底水活跃与否等其他因素有关。

②气藏压力均衡下降。气藏压力均衡下降可以避免边底水舌进、锥进，这对有水气藏的开发十分重要。

③气井无水采气期长，此阶段采气量高。气井无水采气期长，资金投入相对少，管理方便，采气成本低。

④气藏开采时间相对较快，采收率高。

⑤所需井数少，投资省，经济效益好。

（2）气井井身不受破坏。

气井的产量要考虑储层岩性和井身的强度，生产压差的强度不能引起地层出砂、垮塌或油、套管变形破裂。对于产层胶结紧密、不易垮塌的无水气井，根据大量的采气资料表明，合理的产量应控制在气井绝对无阻流量的 15%～20% 以内较好。

（3）气井出水期晚，不造成早期突发性水淹。

气井生产压差过大会引起底水锥进或边水舌进。尤其是裂缝性气藏，地层水将沿裂缝窜进，引起气井过早出水，甚至造成早期突发性水淹。气井过早出水，产层受地层水伤害，造成不良后果。

（4）平稳供气、产能接替与市场需求协调。合理产量的确定可以使气井产量下降不至于过快，气层及井间接替可保持产量稳定，满足市场用户的需要。

2. 气井工作制度的确定

气井的工作制度有定产量制度、定井底渗滤速度制度、定井壁压力梯度制度、定井口（井底）压力制度和定井底压差制度5种工作制度，根据海上气田的生产特点，本节只介绍定产量制度、定井口（井底）压力制度和定井底压差制度。

1）定产量制度

适用于产层岩石胶结紧密的无水气井早期生产，是气井稳产阶段最常用的制度。气井投产早期，地层压力高，井口压力高，采用气井允许的合理产量生产，具有产量高，采气成本低，易于管理的优点。地层压力下降后，可以采取降低井底压力的方法来保持产量一定。定产量制度下的地层压力、井底压力、井口压力随时间的变化用以下公式计算：

①地层压力：
$$p_b = p_{ro} - q_g t / q_{upr} \tag{7-1}$$

②井底压力：
$$p_{wf} = \{p_r^2 - (aq_g + bq_g^2 p)\}^{\frac{1}{2}} \tag{7-2}$$

③井口压力：
$$p_{wh} = [(100p_{wf}^2 - \theta q_g^2)/e^{2s}]^{\frac{1}{2}} \times 10^{-1} \tag{7-3}$$

式中 p_b——原始地层压力，MPa；

p_{ro}——刚开始生产时的气藏压力，MPa；

p_r——t时间的地层压力，MPa；

p_{wf}——t时间的井底压力，MPa；

p_{wh}——t时间的井口压力，MPa；

q_{gp}——气藏（或同裂缝圈闭）的产量，$10^3m^3/d$；

q_g——气井产量，$10^3m^3/d$；

t——气藏压力由p_{r0}下降到p_r的累计生产时间，d；

a、b——二项式的系数；

q_{upr}——单位压降采气量，$10^3m^3/MPa$。

$$q_{upr} = R_o Z_o T_{ro} / p_{ro} \tag{7-4}$$

式中 R_o——气藏天然气原始储量，10^3m^3；

Z_o——p_{ro}、T_{ro}下天然气的偏差系数；

T_{ro}——产层温度，K。

$$S = 0.03415\gamma_g L / T_{均} Z_{均} \tag{7-5}$$

式中 γ_g——天然气对空气的相对密度；

L——气层中部深度，m；

$T_{均}$——井筒气柱平均温度，K；

$Z_{均}$——井筒气柱平均偏差系数，

$$\theta = 1.377 f T_{均}^2 Z_{均}^2 (e^{2s} - 1) / D^5 \quad (7-6)$$

D——油管内径，cm；

f——油管摩阻系数，可按表 7-1 选择；

e——自然对数底。

表 7-1　油管内径与油管系数关系表

D/cm	f	D/cm	f
5.03	0.0161	7.59	0.0145
6.2	0.01512		

$T_{均}$ 可由下式确定：

$$T_{均} = t_0 + L/2M_0 + 273 \quad (7-7)$$

式中　t_0——静气柱井口温度,℃。此值最好实测，不能实测时可用气井所在地区常年平均温度值代替；

M_0——地热增温率，常温层深度/地面常年平均温度，m/℃；

$T_{均}$ 可按拟对比压力 p_{pr} 和拟对比温度 T_{pr} 查图或表确定。

已知气藏日产气量 q_g，生产时间 t，原始地层压 p_{ro} 和单位压降采气量 q_{upr}，就可以用式(7-1)求出地层压力 p_r。分析式（7-2），在定产量生产时，aq_g 项和 bq_g^2 项不变（认为 a、b 不变时），井底压力 p_{wf} 随地层压力 p_r 的下降而下降。由于 p_{wf} 值与［p_r^2 -（aq_g + bq_g^2）］成开方关系，p_{wf} 下降速度比 p_r 快。同样，分析式（7-1），井口压力 p_{wh} 的下降速度也比 p_{wf} 快。所以，定产量生产时，p_r、p_{wf}、p_{wh} 3 个压力之间的差值越来越大，直到 p_{wh} 降到与输气压力相近时，气井转入定井口压力生产，或者在产量降至 q'_g 下定产量生产。

2）定井底压差制度

①按照气田（或气藏）规定的日产量 q_{gp}（为常数）给定不同的生产时间 t，确定不同时间的气井产量 q_g：

$$q_g = -a/2b + \{a^2/4b^2 - 1/b\ [(\Delta p)^2 - 2p_{ro}\Delta p + q_{gp}t/q_{upr}2\Delta p]\}^{\frac{1}{2}} \quad (7-8)$$

②求出不同时间的地层压力：

$$p_r = p_{ro} - q_{gp}t/q_{upr} \quad (7-9)$$

或

$$p_r = aq_g/2\Delta p + bq_g^2/2\Delta p + \Delta p/2 \quad (7-10)$$

③求出不同时间的井底压力：

$$p_{wf} = p_r - \Delta p \quad (7-11)$$

④求出井口流压：

$$p_{wh} = [(p_{wf}^2 - \theta q_g^2) / e^{2s}]^{\frac{1}{2}} \quad (7-12)$$

式中　Δp——气井允许的井底最大压差，MPa。

其余符号意义与前文一致。

3）定井口（井底）压力制度

气井生产到一定时间，当井口压力降到接近输气压力时，应转入定井口压力制度生产。定井口压力制度是定井底压力制度的变形，为计算简便，可以近似按定井底压力预测产量变化，其计算公式为：

$$q_g = \{\frac{a^2}{4b^2} - [p_{wf} - (p_{ro} - \frac{q_{gp}t}{10q_{upr}})^2]\}^{\frac{1}{2}} \times \frac{1}{6} - \frac{a}{2b} \tag{7-13}$$

式中符号含义与前文一致。式中$\frac{a^2}{4b^2}$项、p_{wf}^2项、p_{ro}项、$\frac{a}{q_{upr}}$项和$\frac{1}{2b}$项都是常数，只有 $q_{gp}t$ 项是变量，随时间增大而增大，结果会使 q_g 急剧减小，产量大幅度递减。

定井口压力制度一般应用在需要有一定外输压力的气井中，或者需要维持井定压力高于凝析压力的凝析气井中。

3. 含有腐蚀流体的气井开采

1）含硫气藏的开采

含硫气藏的开采除了一般气藏的开采方式外，还要特别解决硫化物的防腐蚀问题。

硫化氢对金属材料的腐蚀破坏有 3 种类型：①电化学失重腐蚀，这种腐蚀较缓慢，逐渐造成设备壁厚减薄；②氢脆，由电化学腐蚀产生的氢渗入钢材内部，使材料韧性变差，甚至引起微裂纹，使钢材变脆；③硫化物应力腐蚀，它是在拉应力和残余张应力作用下，钢材氢脆微裂纹的发展直至材料的破裂过程。氢脆和硫化物应力腐蚀破坏可能在没有任何征兆的情况下在短时间内突然发生，因此，这类腐蚀破坏是人们预防的重点。

通过长期研究，现已掌握如下规律：

①硫化物应力开裂的临界值是超过 40% 许用应力。

②材料的硬度与抗硫性能的关系为：当 HRC≤22 时，具有可靠的抗硫性能。

③当硫化氢的分压大于 0.345kPa 时必须按抗硫规范设计。

含硫天然气对金属材料的电化学腐蚀在以下工艺部位表现得很突出：

①长期静止积存含硫污液的容器底部或盲管处，碳钢的腐蚀速度可达 1～2mm/a。

②在 80℃以上高温环境中的换热器碳钢管束，腐蚀速度可达 4～6mm/a。

长期处于封闭性生产状态下的油套管及地面集输管道，在无游离水存在的条件下，电化学腐蚀较轻微。

目前防腐措施有 3 个方面：选用抗硫材料；采用合理的结构和制造工艺；选用缓蚀剂保护金属，减缓电化学腐蚀。

（1）选择抗硫材料。选择抗硫材质时，首先应选择具有抗氢脆及硫化物应力腐蚀破裂性能的材质，并采用合理的结构和制造工艺。选择抗硫材质应严格遵循我国《含硫气井安全生产技术规定》，油套管材质要满足表 7－2 的规定。抗硫油套管材质可选 J－55、C－75、DZ_1 和 DZ_2 等，还有 BGC－90 抗硫油管和 CS－90SS 抗硫套管以供下井试用。

①采气井口装置。目前所用的抗硫采气井口装置有 KQ－35、KQ－70、KQ－100（MPa）型3种。闸阀和角式节流阀的阀体、大小四通均采用碳钢和低合金钢锻造制作，阀杆采用318钢（3Cr17Ni7Mo2N）或钛合金 TC－4 制作，其性能均应满足前述标准的要求。阀杆密封填料采用氟塑料、增强氟塑料制作。“O”形密封圈宜采用氟橡胶制作。

②抗硫阀件、仪表在其规范编号前加“K”字。目前广泛使用抗硫平板阀 KZ41y－6.4（10、16），抗硫节流阀 KJL44y－16（32），新型放空阀 FJ41、FZ43 型，抗硫压力表 P－250 型。

③抗硫录井钢丝：DL－659 和 DL－660 分别用于井深3500m 和6000m。

④目前国内常用的抗硫管材还有日本产 SM 系列、NTAC 系列和 KO 系列。含硫气田常用的碳素钢、普通低合金钢（表7－3）。

表7－2 可采用的抗硫油管、套管

用于所有的温度	操作温度 用于150°F（65℃）或以上	用于175°F（80℃）或以上
油管和套管	油管和套管	油管和套管
API 规范 5CT Grs H－40（3），J－55，K－55，C－75（1，2，3 型）&L－80（1 型） API 规范 5CT Grs H－40，J－55，K－55，C－75&L－80UNSK 12125 管子 API 规范 5L GrsA&B 和 GrsX－42 至 X－65 ASTM A－53，A106Gr A，B，C，A333 Grl &6，A524 &1&2，A138 CIY 35－Y65	API 规范 5CT Gr N－80（Q&T）&Grc－95，最低屈服强度 110×10^3psi 以下的特殊 Q 和 T 级	API 规范 5CTGrS H－40，N－80，P－105&P－110，最大屈服强度达到 140×10^3psi 特殊 Q 级和 T 级

表7－3 含硫气田常用碳素钢、普通低合金钢

钢组	钢号		化学成分/%									
	代号	类似的国外牌号	C	Si	Mn	Mo	V	Cu	Cr	Ni	S	P
优质碳钢（GB0 99/65）	10	（美）SAE 1010 （日）JIS S_{10c}	0.07～0.14	0.17～0.37	0.35～0.65				≤0.1	≤0.25	≤0.040	≤0.040
	15	（美）SAE 1015 （日）JIS S_{20c}	0.12～0.19	0.17～0.37	0.35～0.65				≤0.25	≤0.25	≤0.040	≤0.040
	20	（美）SAE 1020 （日）JIS S_{20c}	0.17～0.24	0.17～0.37	0.35～0.65				≤0.25	≤0.25	≤0.040	≤0.040

续表

钢组	钢号		化学成分/%									
	代号	类似的国外牌号	C	Si	Mn	Mo	V	Cu	Cr	Ni	S	P
优质碳钢（GB0 99/65）	25	（美）SAE 1025 （日）JIS S_{25c}	0.22 ~ 0.20	0.17 ~ 0.37	0.50 ~ 0.80				≤0.25	≤0.25	≤0.040	≤0.040
	30	（美）SAE 1030 （日）JIS S_{30c}	0.27 ~ 0.35	0.17 ~ 0.37	0.50 ~ 0.80				≤0.25	≤0.25	≤0.040	≤0.040
	35	（美）SAE 1025 （日）JIS S_{25c}	0.32 ~ 0.40	0.17 ~ 0.37	0.50 ~ 0.80				≤0.25	≤0.25	≤0.040	≤0.040
	40	（美）SAE 1040 （日）JIS S_{40c}	0.27 ~ 0.40	0.17 ~ 0.37	0.50 ~ 0.80				≤0.25	≤0.25	≤0.040	≤0.040
	45	（美）SAE 1045 （日）JIS S_{45c}	0.42 ~ 0.50	0.17 ~ 0.37	0.50 ~ 0.80				≤0.25	≤0.25	≤0.040	≤0.040
GB713 - 72	20g		0.16 ~ 0.24	0.15 ~ 0.30	0.05 ~ 0.65			<0.35			≤0.040	≤0.045
		RT45.5 （西德 DJN17007）	≤0.22	0.10 ~ 0.38	≥0.40				≤0.3		≤0.05	≤0.03

⑤含硫气田常用的抗硫非金属材料如表 7-4 所示。

表 7-4　常用抗硫非金属材料

材料名称	应用范围	注意事项
聚四氟乙烯	各种密封圈填料	使用一段时间后会变硬
尼龙 1010	强度、硬度稍高的密封圈和垫片；代替紫铜管做仪表风管	
泡 -21 橡胶	O 形密封圈	不能用于高压
抗硫橡胶	O 形密封圈、调节阀薄膜	不能用于高压

（2）采用合理的结构和制作工艺。优质碳素钢、普通低合金钢经冷加工或焊接时，会产生异常金相组织和残余应力，将增加氢脆和硫化物应力腐蚀破裂的敏感性。因此，这些加工件在使用前需进行高温回火处理，硬度应低于 HRC22。此外，在现场焊接的设备、管线应缓慢冷却，从而使其硬度低于 HRC22。

（3）选用缓蚀剂保护含硫气井油套管和采输设备。缓蚀剂的作用原理为：借助于缓蚀剂分子在金属表面形成保护膜，隔绝硫化氢与钢材的接触，从而减缓和抑制钢材的电化学腐蚀作用，延长管材和设备的使用寿命。含硫气井常用缓蚀剂的性能及使用情况如表 7-5 所示。

表 7-5 气井常用缓蚀剂

缓蚀剂	液氮	粗吡啶	1901	7251	川天 2-1
性质	棕褐色液体，可溶于水，具有吡啶味	棕褐色液体，可溶于水，具有吡啶味	棕褐色液体，可溶于乙醇，恶臭	棕褐色液体，水溶性较好，无恶臭	褐色黏稠液体，可溶于油，无恶臭
成分	重质吡啶，喹啉	吡啶味	甲基吡啶类	季胺盐类	酰胺类
方法	用酒按 1∶1 冲释后使用	直接使用	直接使用	与异丙醇和乌洛托品（以 1∶15∶0.2 混合，其余为水）一起使用，边滴边加为好	用煤油配置成 10% 的缓蚀剂溶液
浓度	气井产量为 $25\times10^4m^3/d$，每 10 天消耗 40kg	气井产量为 $25\times10^4m^3/d$，每 10 天消耗 40kg	每半月加一次，每次加 40kg	每天滴加，7~8h 共滴入 20kg 水溶液或每天加 0.25kg7251 使气井水中浓度达到 50mg/L	28 天投加 3~9kg 川天 2-1 缓蚀剂配成 10% 煤油溶液
效果	缓蚀率 >90%，从某井和尚头处测量，注缓蚀剂 12 天后腐蚀速度为 0.0057mm/a，表面光亮	缓蚀率 >90%	缓蚀率 >90%，从某井和尚头处测效果，15 天后腐蚀速度为 0.0146mm/a，表面微有针孔状蚀坑	缓蚀率 >90%，从某井和尚头处测效果，14 天后腐蚀速度为 0.012mm/a，21 天后为 0.0046 mm/a，表面光亮，未见明显蚀坑	油管四通处挂片结果，缓蚀率 >95%，套管挂片缓蚀率为 67%~92.1%，腐蚀速率 <0.05mm/a，试片表面均匀腐蚀

注：使用浓度与产气、水量有关，表中使用浓度是以产气为 $(20\sim30)\times10^4m^3/d$ 为基准，如气量增大，可酌情提高浓度

2）含二氧化碳气藏的开采

含二氧化碳气藏的开采要考虑二氧化碳对井下和地面设备的腐蚀问题。

（1）二氧化碳腐蚀。二氧化碳是非含硫气田的主要腐蚀介质。在没有水时，二氧化碳对钢材是不发生腐蚀的，当游离水出现时，二氧化碳溶于水生成碳酸：

$$CO_2 + H_2O \rightarrow H_2CO_3$$

碳酸使水的 pH 下降，对钢材发生氢去极化腐蚀：

$$Fe + H_2CO_3 \rightarrow FeCO_3 + H_2 \text{（腐蚀产物）}$$

除了碳酸引起水溶液 pH 值下降外，相对分子量低的有机酸，如醋酸，也会引起腐蚀，但这些酸很少成为非含硫气田腐蚀的主要原因。

二氧化碳在天然气-凝析液井中引起的腐蚀类型：

①深坑型腐蚀。腐蚀过程中形成周边锐利界面清晰的坑，这种坑在比较短的时间内就

能完成穿透管壁。这种坑是由于酸气溶于凝结在油管壁上的水滴引起的，处在冷凝温度以上的油管，会遭受这种腐蚀破坏。

②轮藓状腐蚀。发生在距管端几英寸的环状内，呈均匀腐蚀或严重坑蚀。主要原因是管子砧粗过程中，砧粗的热处理端和其他部分具有不同的晶粒结构，且在过渡区对腐蚀敏感。

③冲蚀。管子截面变化部位和收缩节流部位的流速增高，则腐蚀加剧。如果气流速度增加 3.7 倍，则腐蚀速度增加 5 倍。冲蚀主要发生在井口设备及油管内。

影响二氧化碳腐蚀的因素主要有压力、温度及水的组成。在一定温度下，随着二氧化碳分压增加，溶液 pH 值下降（图 7-5）。

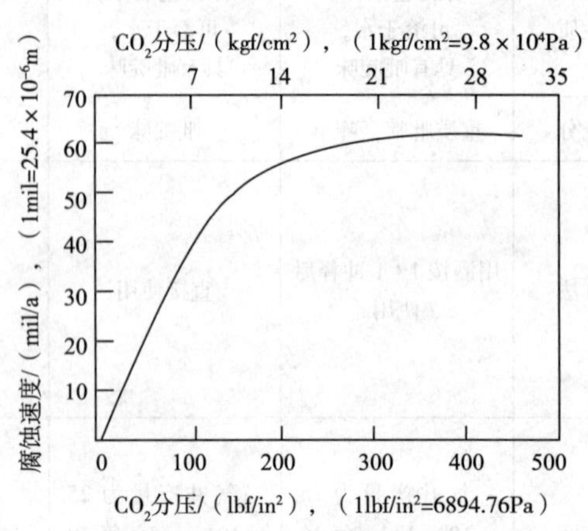

图 7-5 钢在不同的 CO_2 分压的气体平衡水溶液中的腐蚀

随着温度的升高，二氧化碳溶解度下降，溶液 pH 值上升（图 7-6）。某些溶解物质对水具有缓冲作用，可阻止 pH 值降低，这时就可减少二氧化碳腐蚀。对于气体－凝析液井或冷凝水来说，几乎无溶解物质，此时，若温度较高，则压力是影响二氧化碳溶解度的决定因素，也是控制腐蚀的因素（图 7-7）。

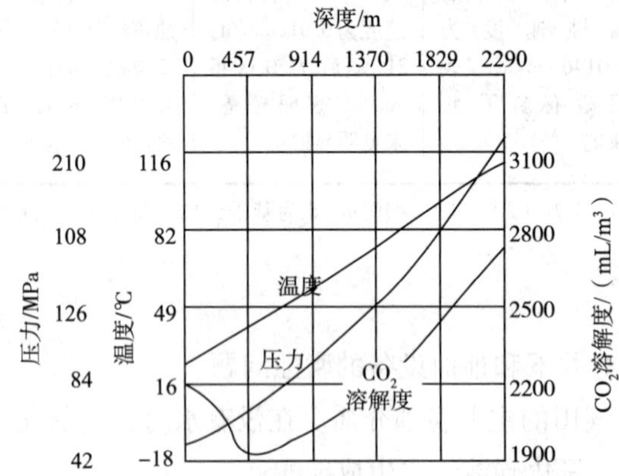

图 7-6 油井中 CO_2溶解度与温度压力的关系图

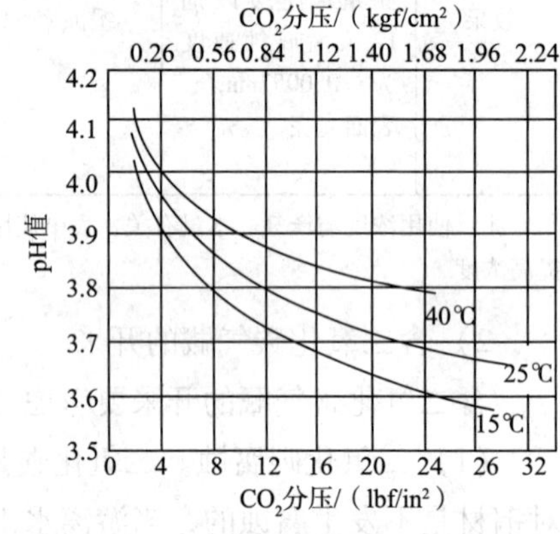

图 7-7 CO_2 分压对凝析水 PH 值的影响

随着二氧化碳分压（或者在水中溶解二氧化碳的量）的增加将导致腐蚀加剧。国外根据现场经验可以用二氧化碳分压来预测气体—凝析液井的腐蚀程度。

二氧化碳分压按下式计算：

$$P_{CO_2} = P_{总} \times CO_2\% \tag{7-14}$$

式中 P_{CO_2}——二氧化碳分压，MPa；

$P_{总}$——气体总压（井底压力），MPa；

$CO_2\%$——气体中 CO_2 的百分含量（体积分数）。

根据二氧化碳分压的数值可以确定是否产生了腐蚀：分压 $<0.021MPa$，没有腐蚀；分压为 $0.21\sim0.021MPa$，产生腐蚀；分压 $>0.21MPa$，严重腐蚀。当温度为107℃时，二氧化碳腐蚀速率最大。

在无硫油井中，若产生的盐水含有溶解矿物质时，则上述关系不适用。但是二氧化碳含量高时腐蚀机率将增大，因此，仍可近似地用二氧化碳分压预测无硫油井的腐蚀性。图 7-8 是一个典型的无硫油井在不同深度处二氧化碳在水中溶解度与温度的关系图。

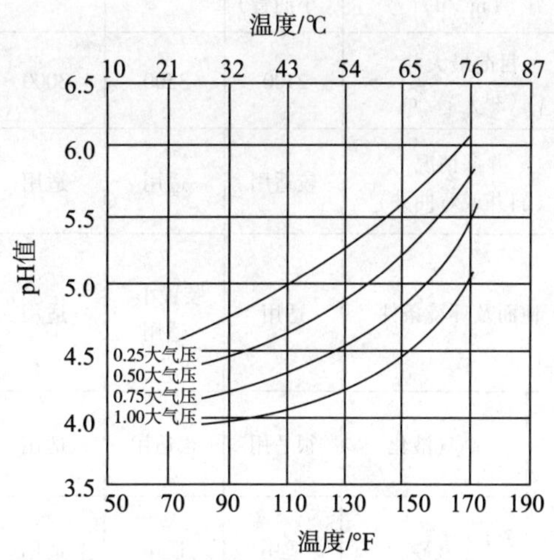

图 7-8　温度对凝析水 pH 值的影响

（2）防腐措施。对含二氧化碳气体的油气井的井下工具要采取相应的防腐措施，主要的防腐措施为采用防腐材料、防腐涂层、加缓蚀剂等，具体采取哪一种防腐措施，或是采用多种防腐措施的组合方式防腐，要根据现场的具体情况而定。

第二节　排液采气工艺

如何解决气井生产中井筒积液的问题，是气井生产中经常面临的一个突出问题。当气井能量不足，井筒积液不能排出时，会影响气井产量，且当积液过多时还会造成气井停喷。为了解决这一问题，前人采取了很多排液采气的工艺和方法，从而使问题得到了有效解决。

有水气藏如何阻止水进入井筒也是亟待解决的一个重要问题。对于这一问题，可针对出水原因采取一些堵水工艺，且成效比较显著。只有堵水和排水工艺互为补充，才能最有效地解决有水气藏的开采问题。

一、各种排液采气工艺方法的评价

目前排液采气工艺主要有 7 种方法：优选管柱排水采气、泡沫排水采气、气举排水采气、活塞气举排水采气、游梁抽油机排水采气、电潜泵排水采气和射流泵排水采气。根据四川气田总结的经验，这 7 种工艺方法的适用范围及所达到的水平如表 7-6 所示。

表 7-6　四川气田气井排水采气工艺的适用性及目前达到的工艺水平

对比项目＼举升方法		优选管柱	泡沫	气举	活塞举升	游梁抽油机	电潜泵	射流泵
目前最大排液量/(m^3/d)		100（小油管）	120	400	50	70	500	300
目前最大井（泵）深/m		2700	3500	3000	2800	2200	2700	2800
井深情况（斜井或弯曲井）		较适用	适用	适用	受限	受限	受限	适用
地面及环境条件		适用	装置小，适用	适用	装置小，适用	装置大且重，一般适用	装置小，适用，高压电源	动力源可远离井口，适用
开采条件	高气液化	很适用	很适用	适用	很适用	气液分离，较适用	较敏感，一般适用	较敏感，一般适用
开采条件	含砂	适用	适用	适用	受限	较差	<5‰	无运动件，很适用
开采条件	地层水结垢	化防。较好	有洗井功能，很适用	化防，较好	较差	化防，较差	化防，较好	化防，较好
开采条件	腐蚀性（H_2S、CO_2）	缓蚀，适用	缓蚀，较适用	适用	适用	高含 H_2S，受限、较差	较差	适用
设计难易		简单	简单	较易	较易	较易	较复杂	较复杂
维修管理		很方便	方便	方便	方便	较方便	方便	方便
投资成本		低	低	较低	较低	较低	较低	较低
运转效率/%				较低	较低	<30	<65	最高 34
灵活性		工作制度可调	注入量、周期可调	可调	好	产量可调	变频可调，很好	喷嘴可调，很好
免修期		>2a		>1a	一般，易结垢，3 个月通井		0.5~1.5a	

对于一口产水气井，在进行排水采气方法选择时，需要进行不同排水采气方式的比较。每种方法对井的适用条件都有一定要求。如果不注意地质因素、开采因素及环境因素的敏感性，就会降低排水采气装置的效率，甚至导致排水采气失败。在有多种方法可选用时，除了注意上述因素外，还要通过经济效益对比来进行选择。

二、优选管柱排水采气

1. 理论计算

根据优选管柱排液理论，气井排液的临界流量、临界流速、对比流速、对比流量分别表述如下：

$$q_{kp}=0.648\times(\gamma_g ZT)^{-\frac{1}{2}}(10553-34158\times\frac{\gamma_g p_{wf}}{ZT})^{\frac{1}{4}}p_{wf}^{\frac{1}{2}}d_i^2 \tag{7-15}$$

$$V_{kp}=0.03313\times(10553-34158\times\frac{\gamma_g p_{wf}}{ZT})^{\frac{1}{4}}(\frac{\gamma_g p_{wf}}{ZT})^{-\frac{1}{2}} \tag{7-16}$$

$$V_r=\frac{V_{sc}}{V_{kp}} \tag{7-17}$$

$$q_r=\frac{q_{sc}}{q_{kp}} \tag{7-18}$$

式中 q_{sc}——气体在标准状况下的体积流量，$10^3m^3/d$；

q_{kp}——气井连续排液，在标准状态下必需建立的临界流量，$10^3m^3/d$；

q_r——气井的无因次对比流量；

V_{sc}——在标准状况下，在油管处的气流速度，m/s；

V_{kp}——气井连续排液，在油管鞋处的临界气流速度，m/s；

V_r——油管鞋处气流的无因次对比流速；

p_{wf}——油管鞋处井底流动压力，MPa；

T，Z——油管鞋处井底状态下，气体的绝对温度（K）和气体的偏差系数；

γ_g——天然气相对密度；

d_i——设计的油管直径，mm。

当气井的实际情况达不到临界流动参数时，可重新选择油管直径来保证连续排液。其直径确定公式为：

$$d_i=1.2423\times(\gamma_g ZT)^{\frac{1}{4}}(10553-34158\times\frac{\gamma_g p_{wf}}{ZT})^{-\frac{1}{8}}P_{wf}^{-\frac{1}{4}}q_{sc}^{\frac{1}{2}} \tag{7-19}$$

2. 用优选管柱法对气井工作制度诊断的实例

[例1] 四川气田N59井，已知天然气相对密度 $\gamma_g=0.57$，$d_i=62$mm的油管下入井中该井深度为3000m，井底温度为87.3℃。该井在 $p_{wf}=13.2$MPa，井口油压 $p_{wh}=5.17$MPa条件下产气量为 $50.6\times10^3m^3/d$，产水量为 $71.4m^3/d$。利用回压法试井得产能方程式系数 $C=5.6845$，$n=0.60186$，平均地层压力 $p_r=15.118$MPa。试对气井工作制度进行诊断。

解：（1）公式法：

由式（7-15）和产能方程式可解得相应数据列入表7-7中，并根据其数据在同一坐标系统中绘制流入动态曲线和临界油管动态曲线图（图7-9），分析曲线可得：

$$p_{wf}=13.2\text{MPa},\ q_{kp}=65\times10^3m^3/d$$

表 7-7 N59 井流入动态与临界动态关系数据表

p_{wf}/MPa	4	5	6	7	8	9	10	11	12	13	14	15
p_{sc}/ (10^3m^3/d)	143. 05	139. 38	134. 79	129. 24	122. 63	114. 84	105. 7	99. 64	82. 13	66. 52	46. 24	12. 19
q_{kp}/ (10^3m^3/d)	30. 54	39. 64	43. 52	47. 11	50. 44	53. 58	56. 56	59. 37	62. 03	64. 57	67. 14	69. 33

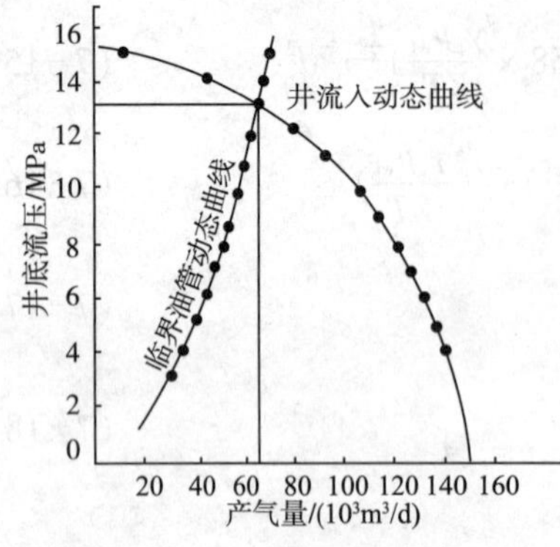

图 7-9 N59 井生产能动态曲线图

(2) 诺模图法:

根据已知条件得该井的产能方程为:

$$q_{sc}=5.6845\ (q_r^{-2}-p_{wf}^2)^{0.60186} \tag{7-20}$$

依据上式代入一组井底流压值，则可求得流入动态曲线相应的产气量值，并列入表 7-8中，在 N59 优选管柱诺模图上，该井的临界油管动态曲线 d = 62mm，H = 3000m 的一条斜直线如图 7-10 所示。同时，将表 7-8 中的数据在同一坐标上作曲线，得该井的流入动态曲线，两曲线交点即为该井的协调工作点，即 $p_{wf}=13.2\text{MPa}$，$q_{kp}=65\times10^3\text{m}^3/\text{d}$。而该井采用 62mm 油管，在 $p_{wf}=13.2\text{MPa}$ 的同样条件下，产气量 $q_{sc}=50.6\times10^3\text{m}^3/\text{d}$，小于 $q_{kp}=65\times10^3\text{m}^3/\text{d}$，因而气井不能连续排液生产，否则最终将导致水淹、停产。

表 7-8 N59 井流入流出动态 $p_{wf}-q_{sc}$ 关系数据表

序号	p_{wf}/MPa	4	5	6	7	8	9	10	11	12	13	14	15
1	q_{sc}/ (10^3m^3/d)	143. 87	139. 38	134. 76	129. 24	122. 63	114. 84	105. 70	99. 64	82. 13	66. 52	46. 24	12. 19
2	q_{sc}/ (10^3m^3/d)	35. 37	39. 64	43. 52	47. 11	50. 44	53. 58	56. 56	59. 37	62. 03	64. 57	67. 01	69. 33

3. 应用的技术界限与条件

为了提高优选管柱排水采气工艺的成功率，优化增产效果，在实际应用中要注意以下几个问题：

①优选管柱排水采气工艺的关键在于确定气井的产量，使其满足连续排液的临界流动条件。在气水产量较大的开采早期，两相流动的压力摩阻损失是主要矛盾，宜选较大尺寸油管进行生产。油管处的对比流速 $V_r\geqslant1$，是采用大尺寸油管的必要条件。

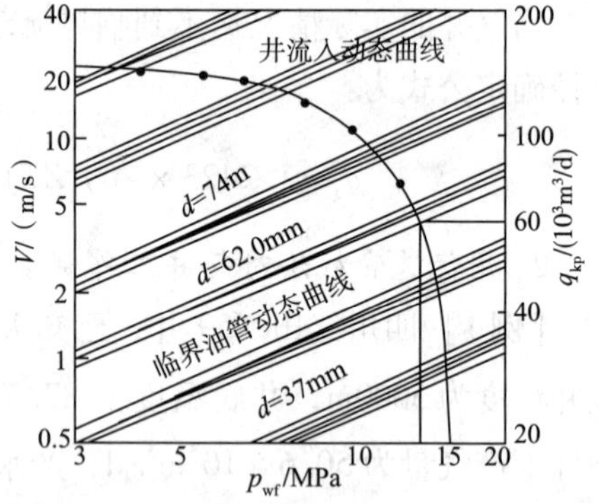

图 7-10 N59 井工作制度诊断

在气井产能较低，产水量较小的开采过程中，后期气水两相流动的滑脱损失是主要矛盾，宜优选小尺寸油管进行生产，以确保把地层流入井筒的水全部排出井口。

②精选施工井是这项工艺获得成功的重要因素之一。其选井原则为：气井的水气比

$WGR \leqslant 40m^3/10^3m^3$；气流的对比参数 $V_r = q_r$，均小于 1；产出的气水需就地分离，并有相应的低压输气系统和水处理系统。

③在拟定设计方案时，油管下入深度应进行强度校核。含硫化氢气井需用抗硫油管。

④优选管柱工艺与泡沫排水、气举工艺组合应用，可增强排水增产效果和延长工艺的有效期。

三、泡沫排水采气工艺

泡沫排液采气法是一种施工容易、收效快、成本低、不影响日常生产的工艺方法，是产水气田开发的有效增产措施。该技术在我国已发展成熟，并完善配套，目前该技术可在下述条件中应用：井深≤3500m；井底底温度≤120℃；空管气流速≥0.1m/s；日产液量≤$100m^3$；且液态烃含量≤30%；产层水总矿化度≤10g/L；硫化氢含量≤$23g/m^3$；二氧化碳含量≤$86g/m^3$。

泡沫排液采气工艺常用的化学药剂有：起泡剂、分散剂、缓蚀剂、减阻剂、酸洗剂及井口相应配套的消泡剂。常用的泡沫助采剂如表 7-9 所示。

表 7-9　常用泡沫助采剂

项目 配方		下井泡沫注采剂				井口消泡剂		特点及主要用途
		名称	规格	用量/%	使用浓度/(mg/L)	名称	使用浓度/(mg/L)	
8001	a	无患子	5°Be′	95	800 ~ 2000	仲辛醇（工业）	10 ~ 25	①用于 5 ~ 110℃ 井温；②用于矿化水、凝析水气井泡排
		HAC	工业	5				
	b	无患子	5°Be′	92	300 ~ 1000	仲辛醇（工业）	20 ~ 50	①用于 5 ~ 150℃ 井温；②用于产凝析油的气水井（油量在总液中小于 30%）其他同 8001 - a
		FS	30%	8				
8002	a	YEG	15%	80	600 ~ 1200	磺化蓖麻油（工业）	10 ~ 25	①用于 5 ~ 110℃ 井温；②用于产凝析水气井（用于矿化水井时不需 NaCl）
		(NaCl)	工业	20				
	b	YEG	15%	94	500 ~ 1000	磺酸三丁酯（工业）	10 ~ 25	①可用于产少量凝析油的气水井（油量在总液量中小于 10%）；②用于 70 ~ 120℃ 井温
		R_{12}	工业	6				
8003		OP - 10	35%	95	400 ~ 800	仲辛醇（工业）	10 ~ 25	①用于 70℃ 以下井温；②用于淡水、矿化水井；③用于盐卤腐蚀较重井
		CT2 - 1	工业	5				

续表

配方 \ 项目		下井泡沫注采剂 名称	规格	用量/%	使用浓度/(mg/L)	井口消泡剂 名称	使用浓度/(mg/L)	特点及主要用途
84－S	a	FS	30%	90	400～600	磷酸三丁酯（工业）	20～50	①用于含硫气水井；②用于淡水、矿化水井；③用于5～120℃井温
		H－1901	工业	10				
		无患子	5°Be′	75				
	b	FS	30%	12	400～1000	仲辛醇（工业）	20～50	①用于含硫、油、气、水井（凝析油含量在总液量中小于30%）；②其余与84－S－a相同
		CT2－6	工业	13				
		无患子	5°Be′	80				
	c	CT2－6	工业	20	800～2000	仲辛醇及磺化蓖麻(工业)	10～25	与84－S－a相同
PB		泡棒	（mm）		500～1000	仲辛醇（工业）	20～50	①用于气水井快速排液；②其余与8001相同
SB		酸棒	（mm）		500～1000	仲辛醇（工业）	20～50	①用于泡排—酸洗解堵助采；②其余与8001相同
JY		滑棒	（mm）		200～1000	XZ－1	10～20	①用于起泡—减阻复合助采；②其余与8001相同

气井的气速在1～3m/s范围内不利于泡沫排水，所以泡沫排水的气井气量应根据实际生产情况作必要的调整，以避开最不利排液的流速。加药浓度参照药剂的“临界起泡浓度”来确定，并在此基础上根据实际井况进行增减。常用的泡沫助采剂的技术指标如表7－10所示。

表7－10　常用泡沫注采剂技术指标

序号 \ 项目		罗氏泡高/mm 开始时	3min后	动态起泡能力 临界起泡浓度mg/L	泡高/[cm/L（泡）]		缓蚀率/% 气相	液相38.6	表面张力(20～25℃)/(mN/m)	泡沫含水度(70℃)/[mL(水)/L(泡)]	备注
		70℃	70℃	70℃	70℃	90℃					
8001	a	56	41	800	74.3	83.3		38.6	55.0	35.8	①表中各项参数均是同一条件下测定的相对值；②8002－a中括号内数据系淡水中测得
	b	64	33	300		80.8			45.1	27.3	
8002	a	75（23）	23（5）	600	71.2	83.3		84.3	61.5	37.5	
	b	82	63	500					41.1	32.0	
8003		67	10	400	40.0			96.1	38.0	35.5	
84－5	a	80	10	400	52.1	75.8	54.8	91.3	36.6	22.3	
	b	120	10	400	52.1	79.4		97.1	37.6	22.3	
	c	65	18	800	52.6	87.7	75.9	98.8	46.5	29.5	
PB棒		59	44	180			15.5	－23.9	34.5	24.0	
SB棒		97	69	300				95.6	34.0	29.7	
JY棒		210	93	100				46.1	30.5	30.3	

四、气举排水采气工艺

气举是通过气举阀，从地面将高压天然气注入停喷的井中，利用气体的能量举升井筒中的液体，使井恢复生产能力。

五、泵举排水采气工艺

活塞气举是间歇气举的一种特殊形式，由于活塞在举升和采出液之间形成了一机械界面，因而减少了滑脱损失，同一般的间歇气举相比，它能更有效地利用气体的膨胀能量，提高举升效率。早在20世纪40年代，美国、前苏联等不仅对活塞的理论进行了研究，而且还将该工艺应用于油井开采，效果较好。20世纪80年代初，他们又针对因出水气井增多，天然气产量下降的问题，将该工艺用于产水气井的开发，同样取得了显著的成绩。据国外资料介绍：在美国，泛美石油公司在过去采用间歇法排液的气井上安装活塞后，日产气量增加了23%。20世纪90年代初，国内气田在借助国外成功经验的基础上，针对气田的实际情况，进行了活塞气举排水采气的试验研究。证实活塞气举适用于产液量小于$50m^3/d$、气液比大于$50m^3/m^3$、带液能力较弱的自喷生产井，并且具有如下优点：

①能提高间歇气举的举升效率；

②无动力消耗，所需能量由本井提供；

③设备投资少，使用寿命长，维修成本低；

④地面设备的自动化程度高，易于管理。

1. 活塞气举的主要设备及作用

（1）油管卡定器：它是固定活塞运行的下死点。

（2）缓冲弹簧：吸收活塞下落的刚性冲击力，起减震作用。

（3）活塞：通过上下循环的往复运动，达到排液的目的。目前活塞的类型较多。

（4）活塞捕捉器：可将上行的活塞抓住，以便于活塞的检查和维修。

（5）三通：用来连接防喷管和活塞捕捉器。

（6）防喷管：防喷管内的缓冲弹簧用以吸收活塞上升至井口的刚性冲击，起减震作用。

（7）地面控制器：是一种时间控制器。用以控制气源、管路开关，显示、计数开关时间，用以控制生产管路开关。

（8）气动薄膜阀：用于开启和关闭生产管线。

2. 活塞气举工作原理

活塞气举是将活塞作为气液之间的机械界面，依靠气井原有的气体压力，以一种循环的方式使活塞在油管内上下移动，从而减少了液体的回落，消除了气体穿透液体段塞的可能，提高间歇举升的效率。具体工作过程（图7-11）为：

①当地面控制器控制薄膜阀关闭生产管线时，活塞在其重力的作用下穿过油管内的气液下落；②活塞下落至油管卡定器处，撞击缓冲弹簧，这时液面开始上升；③地面控制器打开薄膜阀后，油压下降，井底压力推动活塞及活塞以上液体上行，直到排出井口；④钻

井液排出井口后，活塞被捕捉器抓住，此时完成了一个行程周期。当井底积液达到一定程度时，进行下一个举升周期，举升周期的时间间隔要根据井况及经验确定。且前尚无成熟的计算方法。

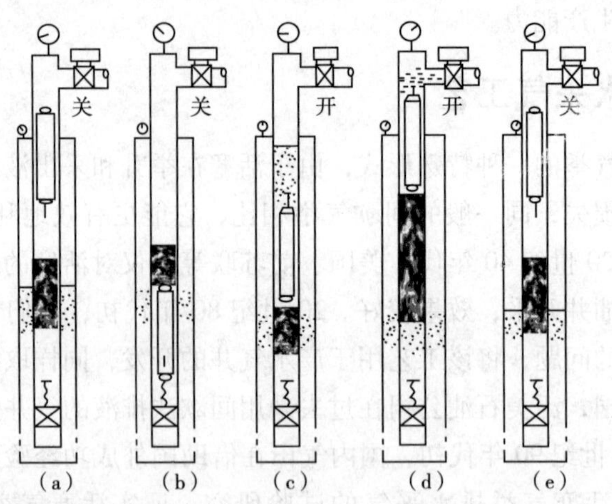

图 7-11　活塞气举工作过程示意图

3. 活塞气举排液应注意的问题

1）活塞类型选择

活塞的类型大致可分为刷式、金属膨胀式、摆动垫圈式、动密封式等类型。由于不同类型活塞的结构不同，因而导致了它们在实际应用中的差异。在对刷式和金属膨胀式活塞的试验中发现，刷式活塞的下落速度较金属膨胀式活塞的下落速度快。刷式活塞在关井后30min 即可下行到卡定器位置，而金属膨胀式活塞则需 2.5 ~ 3h 方可下行到卡定器位置。活塞的下行速度直接关系到活塞运行参数的设置。因此，在实际的运用过程中，究竟使用哪种结构的活塞要根据井自身的具体情况来确定。一般来说，压力恢复较快的井和尚有一定自喷能力的井应采用下行速度较快的活塞，而压力恢复较慢的间歇生产井则采用下行速度较慢的活塞。

2）高矿化度产水井的防垢

在高矿化度的产水气井中，随着气井的压力、温度等热力学条件发生变化，使原有的平衡被打破，从而导致 $CaCO_3$、$CaSO_4$、$BaSO_4$ 因过饱和而析出。这些析出的沉淀附着在油管的内壁上，使油管的流通面积减少，阻碍活塞上、下行程的运动，导致活塞不能正常工作。因此，对于这类井，在使用活塞排水采气后，应每隔一个月抓取出活塞，用不同直径的通井规由小到大地反复通过油管，以便清除附着在油管内壁上的垢块，确保活塞的正常运行。

3）活塞排液井的管理

①为了对活塞的运行情况进行分析和调整，应在井口安装一台双针压力记录仪，以便记录井口油压和套管的变化情况。

②每隔一个月，应抓取出活塞进行检查。若发现活塞出现损坏现象，应及时更换，以确保举升效率。

第八章　注水工艺

目前，针对海上不同油井情况、不同采油阶段，提高采收率的主要工艺技术主要有注水驱、注聚合物驱、注气驱及水气交替驱等。本节分别介绍其各自的原理和方法。

第一节　注水工艺

要使油田合理注水，取得最佳的水驱效果，必须选择与油藏性质和开发要求相适应的注水工艺。目前海上油田的注水分为合注和分层注水 2 种方式。合注就是在同一压力条件下对各吸水层实施笼统注水；分注就是针对各油层不同的渗透性能进行控制注水，对渗透性好且吸水能力强的层适当地控制注水，对渗透性差、吸水能力弱的层则加强注水，尽量使注入水在高、中、低渗透层中发挥应有的作用。通过分层注水，可使层间矛盾得到调整，地层能量得到合理补充，降低油井含水上升速度。因此，对注水井实行分层配注，是实现油田稳产、高产和提高油田无水采收率和最终采收率的有效措施。

海上油田的注水工艺主要为单管分层注水和双管分层注水。单管分注主要是通过井下安装多级封隔器和配水器来实现的，其配注和测试钢丝作业量大；双管分注完井工艺复杂，但配水技术简单，分层注水量易于控制。

一、注水管柱

1. 合注管柱

合注管柱主要适用于某些油田开发初期注水或油井转注初期的注水；适用于只有一个油层，或虽有几个油层，但油层物性非常接近，层间差异小的油田注水。另外对于各注水层间纵向连通性好，没有明显隔层的多油层油田，也采用合注管柱注水。

合注管柱的优点是管柱结构简单，现场操作容易，缺点是开采过程中层间矛盾明显，单层吸水量无法控制，注入水容易沿高渗层突进，造成高渗层过早见水或水淹，直接影响中低渗透层的水驱效果。

（1）单油管注水管柱：注入水由地面控制直接进入地层。

（2）水力压差封隔器注水管柱：管柱上带有水力压差封隔器，当油管内的注水压力达到一定值时，封隔器膨胀，将注入层以上的套管环空封隔开，以防止套管脏物进入地层。由于水力压差式封隔器受注水压力波动的影响，封隔器寿命短，已逐渐被可反洗井的压缩式封隔器所取代。

2. 分层注水管柱

对2个或2个以上注水层系，且层系之间渗透率差异比较大的情况，都应采用分层注水管柱。分层注水管柱按配水器及管柱结构一般有固定配水管柱、活动配水管柱、偏心配水管柱、一投三分配水管柱及双管配水管柱。

目前比较通用的分层注水管柱主要有以下几种组合形式，可以根据实际需要分别选用。

1）固定配水管柱

（1）结构：由扩张式封隔器及固定配水器（节流器）等构成。

（2）技术要求：各级配水器的开启压力必须大于0.7MPa，以确保封隔器坐封。

（3）缺点：更换水嘴时必须起出管柱。

2）活动配水管柱

（1）结构：由扩张式封隔器及空心配水器等构成。

（2）技术要求：各级配水器的芯子直径是由上而下、从大到小的的顺序，故从下而上逐级投送，从上至下逐级投捞。

（3）缺点：受内通径的限制，其使用级数受到限制，一般三级，最高五级。

3）偏心配水管柱

偏心配水管柱是目前国内外使用最多的分层注水管柱，管柱组合主要包括：油管、偏心配水器、注水封隔器。

偏心配水管柱的最大优点是在注水管柱上根据需要安装多个偏心配水器，在不动管柱的情况下可以采用钢丝投捞更换任一级水嘴。其缺点是钢丝作业的工作量大。

（1）偏心配水管柱（Ⅰ）（用于深井分层注水）。

①结构：由压缩式封隔器和偏心配水器等构成。

②技术要求：封隔器（压缩式）应按编号顺序下井；各级配水器堵塞器的编号不能搞错，以免数据混乱，资料不清。

（2）偏心配水管柱（Ⅱ）。

①结构：主要由扩张式封隔器和偏心配水器等构成。

②技术要求：各级配水器的水咀压力损失必须大于0.7MPa，从而保证封隔器密封；各级配水器的编号不能搞错。

③缺点：水力扩张封隔器的胶筒不适应深井高温要求。

（3）可洗井偏心配水管柱。

①结构：由可洗井封隔器、偏心配水器及球座等构成。

②技术要求：坐封压力必须在15MPa以上，以确保封隔器完全密封；分层注水必须与压缩式封隔器配合使用。

③缺点：洗井通道易堵塞。

（4）绕丝筛管砾石充填防砂井偏心配水管柱（适用于9⅝in 套管）

①结构：由直槽定位器、插入密封、偏心配水器组成（图8-1）。

②技术要求：管柱设计时应仔细计算由于注水压力和温度所产生的综合应力变量之和进行配管，以确保管柱在自由收缩或自由伸长时各层间的密封件不移出防砂封隔器密封段之外；各级配水器堵塞器的编号不能搞错。

③缺点：不能直接用注水管柱进行洗井作业，若要洗井必须起出目前井下管柱，下入洗井管柱。

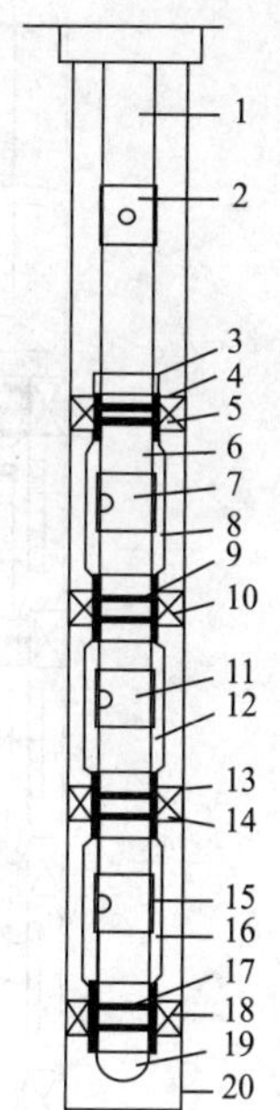

图 8-1　先期砾石充填防砂井偏心配水管柱

1—油管；2—“XO”滑套；3—直槽定位器；4—插入密封；5，10，14，18—防砂封隔器；6—油管；7，11，15—ϕ95 偏心配水器；8，12，16—防砂筛管；9，13，17—3. 88inMSN；19—导向器 $2\frac{7}{8}$in（盲堵）；20—$9\frac{5}{8}$in 套管

4）一投三分配水管柱

一投三分配水管柱是一次投捞可同时更换三个层段的水嘴。其投捞方式分为液力投捞和钢丝投捞。前者主要用于非砾石充填防砂井，在陆地油田广泛应用，该技术已发展至两投五分或三投七分，后者主要用于海上油田先期砾石充填防砂井。

（1）液力投捞一投三分配水管柱。

①结构：由上封隔器、配水封隔器、配水器、下封隔器及连通器组成。

②技术要求：坐封压力必须在 15MPa 以上，以确保封隔器完全密封；坐封后继续提压至 19MPa 以上，以确保连通器打开。

③缺点：洗井通道易堵塞。

（2）钢丝投捞一投三分配水管柱（用于海上防砂井）。

结构：由直槽定位器、插入密封、一投三分配水器等组成（图 8-2）。

技术要求：管柱设计时应仔细计算由于注水压力和温度效应所产生的综合应力变量，精密配管，以确保管柱在自由收缩或自由伸长时各层间的密封件不会移出防砂封隔器密封段；配水器投捞时须严格通井。

缺点：对三层以上先期砾石充填防砂井的分层注水，此技术受到限制。

5）双管分层注水管柱

目前，双管分层注水管柱在海上油田比较常用。其特点为分层的注水量较大。由于分层注水量由地面控制，可减少深井斜井投捞配水的钢丝作业量，从而降低事故的发生率。但由于其作业复杂，封隔器费用较高，因管柱需考虑多种情况及需求，做到一次下井，长期不动，适用于套管直径较大的井。

（1）结构。双管井口装置两翼装有可调水嘴，用于调节水量，下部分层封隔器可使用永久封隔器或液压封隔器，上部双管封隔器为液压坐封、上提解封封隔器，管柱带有伸缩、旋转接头及坐落接头、滑套等工具（图 8-3）。

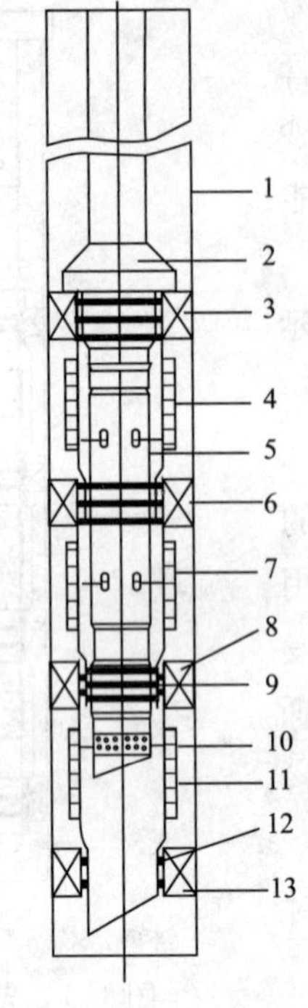

图 8-2　钢丝投捞一投三分分层配水管柱图

1—套管；2—直槽定位器；3、6、8、13—防砂封隔器；4、7、11—防砂筛管；5——投三分配水器；9、12—插入密封；10—带孔管

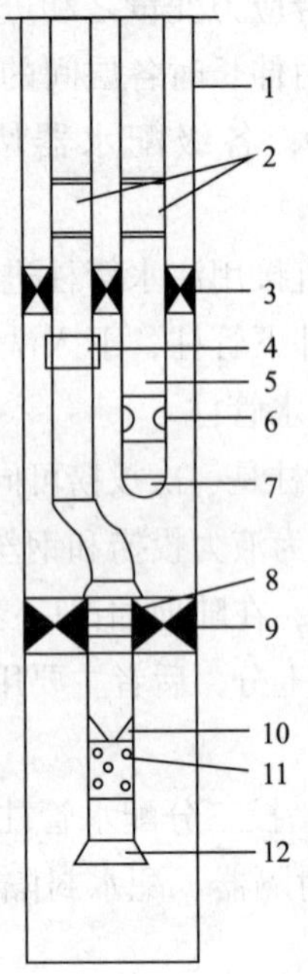

图 8-3　双管分层注水管柱

1—套管；2—伸缩短节；3—双管分隔器；4—旋转接头；5—油管；6—滑套；7—球堵；8—插入密封；9—单管封隔器；10—坐落接头；11—带孔管；12—引鞋

（2）技术要求。管柱要分段考虑温度效应，分段配置伸缩接头。同时还要考虑管柱需长期不动，井底污垢的洗井措施和油管腐蚀情况，必要时应使用涂层油管。

二、分层配水技术

1. 分层配水指示曲线

分层注水指示曲线指示的是注水层段注入压力与注水量的相关曲线。指示曲线的形状主要取决于地层和井下配水工具的工作状态。因此，同一层段在同一时间和不同时间指示曲线的变化，反映了油层吸水能力的变化及井下工具的工作情况。图 8-4 是某井的分层指示曲线。

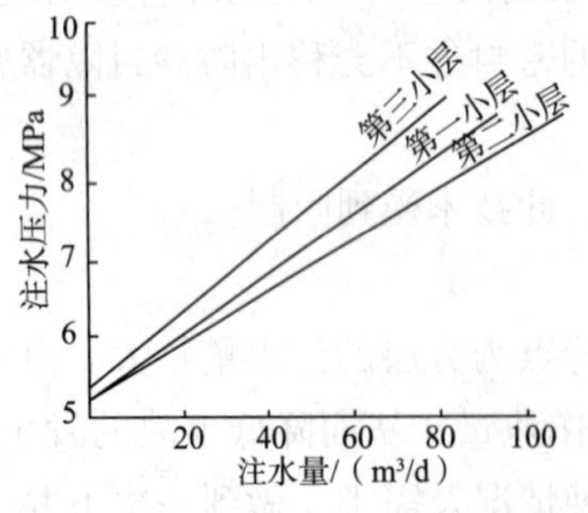

图 8-4　某井分层指示曲线

2. 嘴损曲线

配水嘴尺寸、配水量和通过配水的节流损失三者的定量关系曲线称为嘴损曲线。各种

配水器的嘴损曲线存在差异，可以在实验室通过地面模拟试验来确定。试验时，须固定嘴前压力，然后控制出口，改变回压，以求得不同压力下的流量。KPX－112 配水器和 KGD－110配水器和一投三分配水器的嘴损曲线见图 8－5、图 8－6。

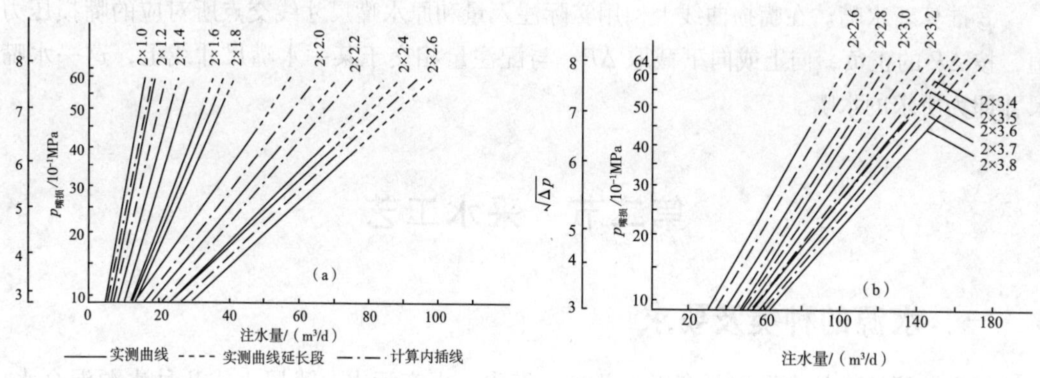

图 8－5 KPX－112 配水器嘴损曲线

3. 井下水嘴的选择

井下水嘴选择的基本原理是利用嘴损求得配水嘴的大小。比较常用的选择方法有嘴损曲线法及原理推算法 2 种。

1）嘴损曲线法

根据吸水剖面成果及完井指示曲线绘制层段吸水指示曲线；在分层指示曲线上（图 8－5）查出与各层段配注量相对应的井口注水压力；根据注水泵可能达到的压力及地层破裂压力，确定井口注水压力。

根据全井配注量及油管深度计算或查图版（图 8－6）管损曲线求出管损压力：

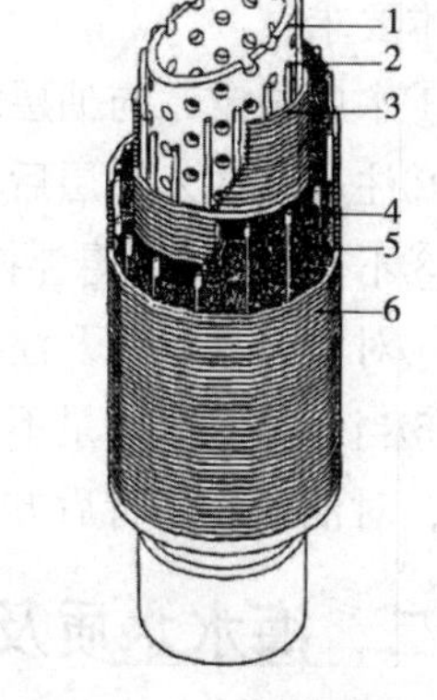

图 8－6 预充填筛管示意图
1—基管；2—内筋条；3—内绕丝层；4—外筋条；5—树脂胶结的砾石充填层；6—外绕丝层

$$P_{嘴损}=P_{井口}-P_{配}-P_{管损} \tag{8-1}$$

式中 $P_{嘴损}$——通过水嘴的压力损失，MPa；

$P_{井口}$——井口压力，MPa；

$P_{配}$——达到配注水量时的井口压力 MPa；

$P_{管损}$——注水时管柱的沿程压力损失，MPa。

2）原理推算法

是一种比较简单并且准确的方法。其选择步骤如下：

①求出真实分层指示曲线井的有效注水压力和层段吸水量，作为真实分层指示曲线实测的资料，提供井口压力和层段吸水量。但井口压力不能代表油层或层段吸水的有效压力，须按下式求有效注水压力：

$$P_{有效}=P_{井口}-P_{嘴损} \tag{8-2}$$

将各层段的实测井口压力点按上述方法求得相应有效注水压力，再与对应的实际层段吸水量绘制成真实分层指示曲线。矿场为操作简便且减少注水井波动，往往每层只选用 2

个压力点（假定注水量波动不大）。

②求嘴损差。在真实分层指示曲线上，配注压力下原水嘴的实际注入量和配注量所对应的压力差，即为嘴损差 ΔP。

③推算新水嘴。在嘴损曲线上，用实际注入量和原水嘴尺寸线交点所对应的嘴损压力值，按 ΔP 的正负，向上或向下截取 ΔP，与配注量相交于某一水嘴尺寸线上，这一水嘴尺寸即为所求的水嘴。

第二节　采水工艺

一、水源的种类及要求

海上油田注水的水源主要有以下几种：海水、生产污水、浅层水或几种水源混合水。无论采用哪种方式的注水水源，除要求水量充足、取水方便、经济合理外，还必须符合以下基本要求：

①水质稳定，与油层水相混时不产生沉淀；

②注入水注入油层后，不会导致黏土矿物水化膨胀；

③不得携带大量悬浮物、微生物和浮游生物及其代谢产物，以防堵塞注水井渗滤端面；

④对水处理设施及注入设施腐蚀性小；

⑤当一种水源水量不足需要第二种水源时，应首先进行室内试验，证实两种水的配伍性好，对油层无伤害后方可注入。

二、海水水质及取水方式的调查研究

1. 海水水质的调查

1）调查与取样

应在选取的海区调查位置的不同季节（夏季、风季）分别确定取样时间密度并在不同深度进行取样。

2）分析研究内容

应对下列项目在不同季节、风向、海流时分别进行研究分析：浮游生物（动、植物）含量；微生物（各种菌类）含量及种类；悬浮固体含量及性质；溶解气体；pH 值；碱度；混浊度；氧需含量。

2. 取水方式及水处理方法研究

（1）取水方式：根据研究报告，提出合理的海水抽取深度范围及取水设施和安装位置。在渤海湾水深小于 15m 海域中取水，应加装沉箱工艺来解决悬浮固相颗粒及生物等问题。

（2）海水水质处理应根据水质调研情况和水质要求来进行处理。

3. 实例

绥中 36－1 油田开发试验区和渤中 34－2/4 油田采用注海水的方式进行开发（绥中

36－1油田 A32 井除外)。虽然海水水量充足，且具有能抑制黏土矿物水化膨胀等特点，但从海水中的悬浮固体含量及粒径分布、微生物含量等项指标来看，表层海水、中层海水和底层海水还是有区别的。因此，必须进行海水水质调查，以选择适宜的海水抽取深度。

中国海洋石油总公司渤海公司分别于 1988 年 9 月和 11 月委托英国 Oil Plus 股份有限公司对绥中 36－1 油田开发试验区所处海域（海水平均深度为 32.5m）进行了 2 次海水水质调查，调查时取样深度分别为 5m、10m、15m 和 20m，通过对海水中悬浮固体含量及粒径分布、微生物含量、氯需容量、混浊度、滤膜系数、水质的 API 分析等项指标的全面调查，以及对各项指标随水深变化特点的研究，最后得出结论：绥中 36－1 油田开发试验区所处海域海水水质与世界其他海域相比，其水质较差；两次调查都显示有大量的细小颗粒存在，并且悬浮固体含量较高（第一次调查时悬浮固体含量为 0.9～9.8mg/L，第二次调查时悬浮固体含量为 3.6～10.6mg/L，而英国北海油田所处海域悬浮固体含量仅为0.3mg/L，这是受无机陆源沉淀物及生物或底栖生物颗粒干扰所致。考虑到悬浮固体颗粒浓度及分布受水深变化、气候的影响、潮汐和海底暗流的运动、季节更替、水面污染物、生物活动以及平台碎屑的最大透入深度等因素的影响，选定的最佳取水深度为海面以下 10m 左右(若取水过深，可能导致海底临近海床的固体颗粒被携带上来)。

三、地层水的调查研究及开采

抽取浅层水注入深部油层是一种很好的办法。渤海油田充分利用环渤海地区浅层上第三系馆陶组地下水水源充足、分布稳定、容易处理、取水方便、与油层矿物及流体配伍性好等特点，在埕北油田采用混注方式（生产污水中掺入一定量的馆陶浅层水）实施点状注水；在绥中 36－1 油田开发试验区个别注水井（A32）进行了同井抽注试验（同井抽取馆陶浅层组地下水回注东营组深部油层；若开发上需要，还可将 A32 井采出的馆陶浅层水注入该油田其他注水井中)。

1. 地层水的调查研究

1）水层的水文地质调查研究

对供水层进行水文地质研究，对水层的分布、成因，水体的封闭及开放以及补充区域供水的动态情况等都需作论证，需要提供压降、供水量、水质的变化及稳定情况等参数，从而对供水水源进行可行论证。

2）进行水层试水

需要提供产水量、压降、水质分析及水层岩石颗粒直径分布情况等数据，根据压力降落数据提供封闭边界情况，为采水井机泵及完井设计和水质处理工艺设计提供详细资料。

2. 采水管柱

1）埕北油田

埕北油田布置的采水井有 A27、A28、B27 和 B28 井，为避免采水时水层大量出砂，4 口采水井在完井时均采用了预充填筛管方式进行防砂，其防砂筛管示意图如图 8－7 所示。

下面以 B28 井为例介绍埕北油田采水井的情况，B28 井基础数据见表 8-1。

表 8-1　埕北油田 B28 井基础数据表

水深/m	设计井深/m	完钻井深/m	油层套管下入深度/m	人工井底/m	油层套管/in	采水管/in	射开水层深度/m
16.75	1580	1548	1543.02	1542.07	7	3.5	647.5～760，782.5～813

B28 井下入潜水电泵抽取浅层馆陶水供该油田注水、原油处理流程脱盐等环节使用，该井完井采水管柱示意图如图 8-7 所示。

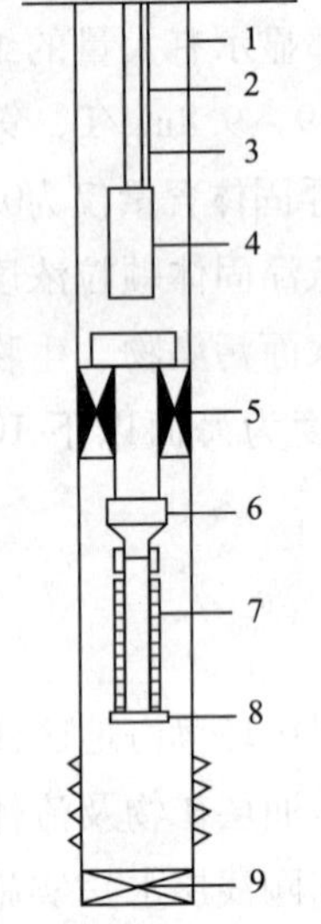

图 8-7　埕北油田 B28 井完井采水管柱示意图

1—7in 套管；2—电缆；3—3in 排出管；4—潜水电泵；5—“SGP”砾石充填封隔器；6—大小头；7—3.5in 预充填筛管；8—盲堵；9—5.5inEZ－SV 桥塞

埕北油田浅层地下水由地下水泵（P－301）从采水井中泵到地面后首先流入地下水砂洗涤器（V－303），在砂洗涤器中把砂子除去，然后分配到各用户，多余的地下水则通过一个压力控制阀返回到采水井中。

（1）地下水泵（P－301）主要规格。

地下水泵类型：立式离心泵，潜水电泵；设计排量：25m^3/h；吸入/排出压力：1.8MPa；采水深度：约 150m；材料：外壳 ASTM B148－74；叶轮 ASTM B148－74。

（2）地下水砂洗涤器（V－303）。

地下水砂洗涤器的类型：立式；尺寸：0.8m（内径）×2.7m（圆筒长度）；设计排量：515m^3/d；设计压力：0.35MPa；设计温度：65℃；操作压力：0.15MPa；操作温度：50℃；材料：ASTM A516－60；可除砂尺寸：250μm 或更大一些。

2）绥中 36－1 油田

目前在绥中 36－1 油田开发试验区布置的采水井只有 A32 井一口，并在该井进行了同井抽注试验。A32 井基础数据见表 8-2，油水层射孔井段见表 8-3。

国外对同井抽注技术的研究始于 20 世纪 70 年代，到目前为止，前苏联、美国、沙特阿拉伯等国家的一些油田均使用过同井抽注技术进行油田注水，并收到了很好的注水效果。同井抽注技术就是把油井中的油、水层都射开，同井下入注水和采水管柱，油层和水层通过油层顶部封隔器隔开，水层中的水通过潜水电泵增压经井口高压过滤器过滤后注到同井的油层或其他卫星注水井中，其注水压力和注水量可以通过回流流程和调节阀进行调节，从而使注水和采水一体化，实现了一井多用的目的。同井抽注技术实施密闭注水，注入水受污染的机会少，注入水水质较为稳定；还可省去或简化复杂的地面水处理系统、注入系统（包括海底管线）及相关设备，也不需要单独打水源井，大大降低了油田开发投资，提高了油田开发的经济效益。

表8-2 绥中36-1油田A32井基础数据表

水深/m	射开油水层套管/in	最大井斜	实探人工井底/m	拐点/m
31	7	58.1	2191.61	1625

表8-3 绥中36-1油田A32井射孔井段表

油层/m	水层/m
1856.8~1858.8，1846.2~1874.4，1892.8~1908.8 1919.2~1951.6，1969.9~1974.6，1987.2~2003.4 2020.6~2027.4，2041.2~2049.2，2052.2~2065.8 2077.6~2093.8，2152.8~2168.2	1455.0~1462.0，1465.7~1471.0 1473.0~1479.0，1481.0~1491.0 1513.0~1531.0

同井抽注技术采用的抽水泵和注水泵为同一台电潜泵，使用时可以根据同井抽注井或卫星注水井的注水量和最大注水压力选择合适排量和功率的电潜泵机组。该项技术的关键技术有：同井抽注双管管柱的设计（要求注水管柱和采水管柱互不干扰，并便于进行起下作业；能实现注入水的分层配注，便于实施分层解堵增注及调整吸水剖面等采油工艺措施）、井口设备技术（能实现注入水的计量，包括双管分体采油树、子母式油管挂等）、小直径大排量潜水电泵技术、注入水的精细过滤技术和水层防砂及穿越密封定位技术。

从辽河油田、大港油田开发和利用地下水的情况看，环渤海地区馆陶组地下水水源充足、分布稳定。绥中36-1油田地下水供水能力研究结果表明：该油田馆陶组平均沉积厚度为280m，且连续均匀分布，储水条件优越，辽东大断层为馆陶组地层阻水边界，辽西断层为馆陶组半透水边界，油区范围内上第三系总储水量为$1.3\times10^8m^3$，地下水单井供水能力大于$2500m^3/d$，完全可以满足油田采水需要；油田全面开发后采用分段开采方案采水17年，布置34口采水井，累计采水量$1.2\times10^8m^3$，最大影响范围$6000km^2$，油田区域以外40km水位降小于37m，中心水位降88~111m（形成一个水位降漏斗），从而为绥中36-1油田采用同井抽注技术提供了良好的条件。

在选择采水井抽水测试层段时要尽可能选择颗粒粗、泥质含量较少的砂层作为试水层段，同时试水层段还要足够长，以保证有足够的水量供给来满足潜水电泵连续抽水的需要。1994年11月下旬至12月上旬对A32井试水时下入200QJ50-156/12型潜水电泵（扬程156m，额定排量$50m^3/h$）抽水，泵头下至井口以下142.69m，泵管直径3.5in；测试管下至井口以下96.78m，管径2.3in。A32井抽水试验时选择了3个落程进行试验，试验时落差用出水节门控制，各落程数据如表8-4所示。

表8-4 绥中36-1油田A32井抽水试验数据表

落程	水量/（m^3/d）	稳定时间/延续时间/h	水温/℃	水位降深/m
3	1733.18	24/42	48	10.34
2	1125.79	24/30	48	5.80
1	681.65	24/32	47	3.05

由于绥中36-1地区馆陶组含水层颗粒粗，透水性、富水性均较好，所以抽水开始后，水位马上达到基本稳定；小落程抽水结束后，观测的静水位为井口以下7.91m。水质

分析结果表明：绥中 36－1 地区馆陶组地下水矿化度高达 9491.1～9509.0mg/L，其中主要离子 Cl^- 含量高达 5849.2mg/L、Na^+ 含量为 2580.0～2600.0mg/L，Ca^{2+} 含量为 571.1mg/L、Mg^{2+} 含量 237.1mg/L，pH 值为 7.45～7.86，溶解氧含量小于 1.0mg/L，硫化氢含量为 0.1mg/L，悬浮固体含量为 2.3mg/L，另外还含有少量有害微量元素（未超过国家规定的饮用水标准），属于矿化度高、硬度大的氯化钠型（按舒卡列夫分类法划分）咸水，超过了国家规定的矿化度 1000mg/L 的饮用水标准（其中，Cl^- 超过规定的 250mg/L 标准的 23.4 倍，总硬度超过规定的 450mg/L 标准的 5.3 倍，总铁含量超过规定的 0.3mg/L 标准的 10 倍，NO_2 超过规定的 0.005mg/L 标准的 53 倍）。

A32 井是绥中 36－1 油田开发试验区内原设计的一口注水井，因该油田油层胶结疏松、成岩性差，所以完井时在 A32 井油层下入 4½in 预充填筛管进行防砂。因 A32 井馆陶组地层埋藏浅、岩石胶结程度差，为避免正常采水后水层大量出砂，在完井时下入 40～60 目 Pall 公司金属棉复合筛管（Pall－PMM）对水层进行防砂，其防砂筛管示意图如图 8－8 所示。A32 井同井抽注注水管柱如图 8－9 所示。

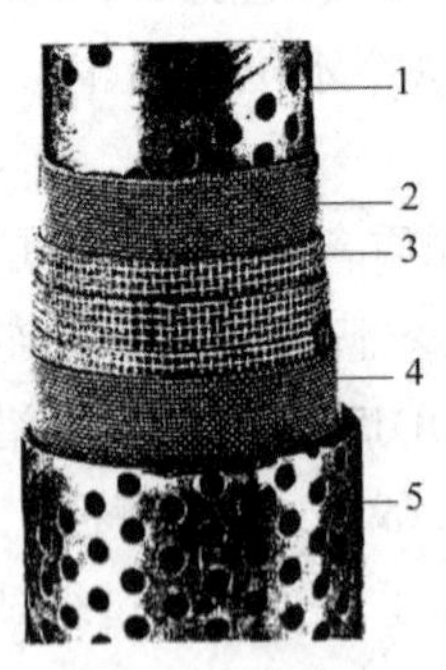

图 8－8　金属棉复合筛管示意图

1—基管；2—内滤网；3—金属粉末或金属纤维烧结的介质网；4—外滤网；5—保护套

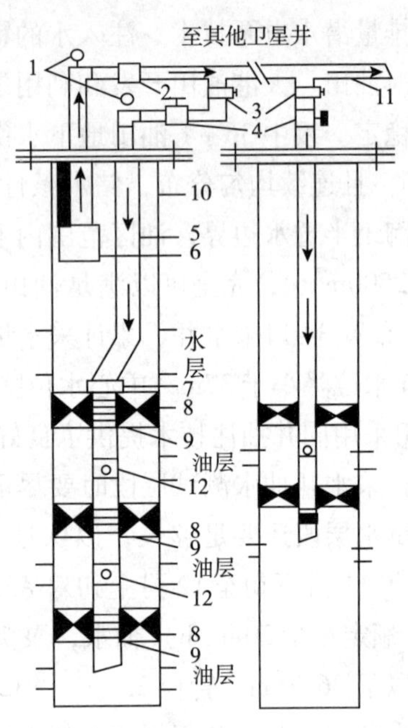

图 8－9　同井抽注及卫星井注水管柱

1—压力表；2—过滤器；3—节流阀；4—计量表；5—油管；6—电潜泵；7—定位接头；8—封隔器；9—密封总成；10—套管；11—地面管线；12—配水器

（1）A32 井井下潜水电泵泵挂深度为 230m，其机组主要参数包括下述几个方面：

①排量：800m^3/d；

②扬程：800m；

③机组直径：<120mm；

④电机功率：130.5kW；

⑤电流：46A；

⑥电压：2369V。

（2）金属棉复合筛管（Pall－PMM）具有下述几种性能：

①耐压能力：63MPa；

②可弯屈度：3°/ft；

③防砂能力：能防住90%40～60目的砂粒。

经过水质分析及岩心、配伍等试验，最后确定采取密闭方式，进行过滤和加药从而达到水质要求来进行注水。因此，设计了地面设施和工艺流程，其井口高压过滤器的主要参数包括下述几个方面：

①外形：圆筒状，由5个耐腐蚀滤筒并联组成，每个滤筒安装1个滤芯；

②尺寸：1500mm×400mm×2000mm；

③过滤能力：30m^3/h；

④耐压能力：21MPa；

⑤耐温能力：80℃；

⑥最大过滤压差：0.5MPa；

⑦滤出水水质：机械杂质颗粒≤3.0μm，机械杂质含量≤3.0mg/L。

（3）双管分体采油树的耐压能力为21MPa。

第九章　油层改造与评价

第一节　压裂理论与技术

压裂是油井增产、水井增注的重要措施之一，也是扩大勘探面积的措施之一。在注水开发的油田中，通过油水井对应压裂。以注水井为主的分区整体压裂改造中，在一定程度上起到了在油田开发中调整矛盾，提高注水效果，加快油田开发速度，提高采收率等作用。因此，水力压裂也是油田开发的有效手段。

一、压裂增产原理

水力压裂是利用液体传导压力的作用，由地面高压泵组将具有一定黏度的液体以大大超过地层吸收能力的排量注入井中，使之在井底附近憋起高压。当此压力超过井壁附近的地应力及岩石的抗张强度后，地层就会破裂产生裂缝，或使原有的微小裂缝扩张，从而形成较大的裂缝。随着液体的不断注入，裂缝不断延伸和扩张。当挤入液体的速度与裂缝面滤失（地层吸收）的速度相等时，裂缝不再向地层深处延伸和扩展。

为了防止停泵后裂缝在地应力的作用下重新闭合，并使之能长期保持张开状态，为油、气、水提供较好的渗流通道，就必须在挤入的液体中将支撑剂（如石英砂、陶粒等）充填到裂缝中去，支撑已形成的裂缝。这样就大大提高了地层的渗透能力，扩大了供油面积，改变了油流方向。对垂直缝而言，使原来的径向流变成了单向流，改善了地层渗流条件，减小了油流阻力，从而提高了油、气井产量和水井的注入量。

压裂前，液流从供液边界向井底流动的过程中，其流通截面越来越小，因此，流动阻力就越来越大，特别是在井底附近受堵塞、污染的地带，其油流阻力大大限制了油井的产量。压裂后，使油流方向发生了较大的变化，大大减小了油流阻力，从而使地层能量获得释放。裂缝形成过程及增产机理如图 9-1 所示。

水力压裂，作为一种增产增注措施，其主要作用体现在 3 个方面：

①改善低渗透率地层（由径向流变为单向流，减小了油流阻力）；

②调整各层之间的矛盾（使中低渗透层充分发挥作用）；

③解除井底附近地层的堵塞（沟通地层的高渗透带）。

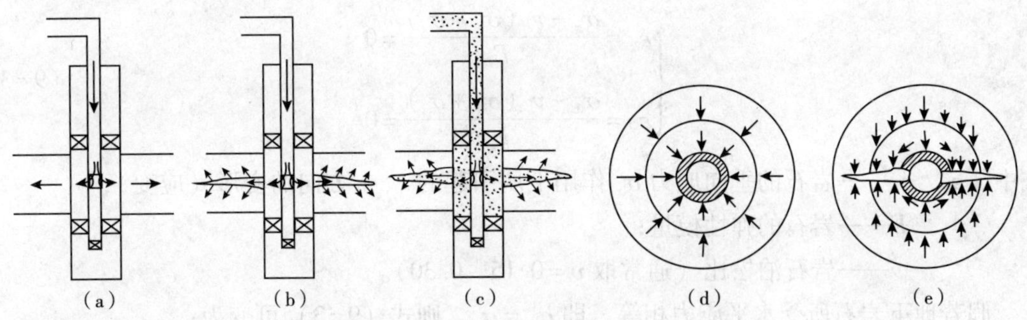

图 9-1　裂缝形成及增产机理过程示意图

(a) 形成井底高压；(b) 产生裂缝；(c) 注入支撑剂；(d) 压裂前的径向流动；(e) 压裂后单向流动

二、地层岩石的应力分析

1. 地应力

从地层某深度取出一个微小的单元体进行分析，该单元体在周围岩石的作用下，处于受力平衡状态。通常情况下，岩石在3个轴线方向上都受到压力的作用。如图 9-2 所示，σ_x、σ_y、σ_z 分别代表 2 个水平应力和 1 个垂向应力。

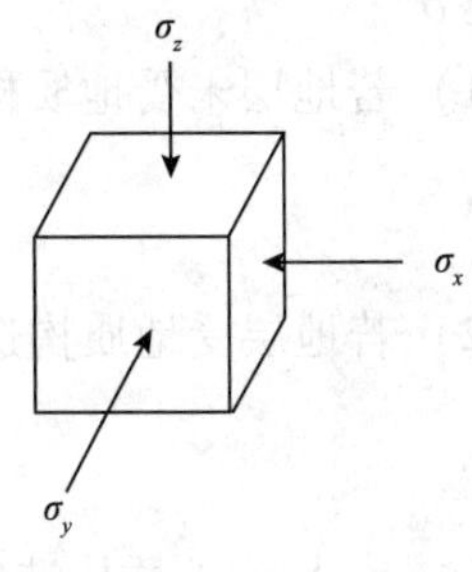

图 9-2　地层岩石主应力示意图

1）垂向主应力

垂向主应力来自上覆岩层的重力。

$$\sigma_z = 10^{-3}\int_0^H \rho g dz = 10^{-6}\rho g H \tag{9-1}$$

式中　σ_z——垂向主应力，MPa；

ρ——岩石密度，kg/m^3，$\rho =$ （2100 ~ 2700）kg/m^3，通常取 2300；

g——重力加速度，$9.81m/s^2$；

H——上覆岩层厚度，m。

因此，　$\sigma_z = 0.023H$。

由于地层孔隙中充满流体，有一定的孔隙压力（地层流体压力）P_s，部分上覆岩层的重力被孔隙压力所克服，有效垂向主应力为：

$$\bar{\sigma}_z = \sigma_z - p_s \tag{9-2}$$

2）水平主应力

假设岩石为均质弹性体，忽略构造力的影响，在上覆岩层重力作用下，只发生垂向变形，不发生侧向变形（即 $\varepsilon_x = 0$、$\varepsilon_y = 0$）。则可由垂向应力 σ_z 求得水平轴向应力 σ_x 和 σ_y。

根据广义虎克定律得：

$$\begin{cases}\varepsilon_x = \dfrac{\sigma_x - \nu\ (\sigma_y + \sigma_z)}{E} = 0 \\ \varepsilon_y = \dfrac{\sigma_x - \nu\ (\sigma_x + \sigma_z)}{E} = 0\end{cases} \tag{9-3}$$

式中　ε_x、ε_y——岩石的垂向应力 σ_z 作用下所引起的 x、y 方向的变形（应变）；

E——岩石的弹性模量；

ν——岩石泊松比（通常取 $\upsilon = 0.15 \sim 0.30$）。

假若地下岩石所受水平应力相等，即 $\sigma_x = \sigma_y$，则式（9-3）可变为：

$$\sigma_x - \upsilon\ (\sigma_x + \sigma_z)\ = 0 \tag{9-4}$$

则

$$\sigma_x = \sigma_y = \frac{\nu}{1-\nu}\sigma_z$$

式中，$\nu/(1-\nu)$ 称为侧压系数，它反映了水平应力接近垂向应力的程度。υ 越大，σ_x 就越接近 σ_z。

（1）若地层未受地质构造运动影响，水平应力只受上覆岩层重力影响。则：

$$\sigma_x = \sigma_y = \left(\frac{\nu}{1-\nu}\right)\sigma_z \tag{9-5}$$

（2）若地层受地质构造运动影响，但构造力在水平方向上均匀，则：

$$\sigma_x = \left(\frac{\nu}{1-\nu} + \xi\right)\sigma_z \tag{9-6}$$

式中　ξ——均匀地质构造应力系数。

（3）若构造力在 2 个水平方向不相等，则：

$$\begin{cases}\sigma_x = \left(\dfrac{\nu}{1-\nu} + \alpha\right)\sigma_z \\ \sigma_y = \left(\dfrac{\nu}{1-\nu} + \beta\right)\sigma_z\end{cases} \tag{9-7}$$

式中　α、β——x、y 方向的 2 个构造应力系数。

相应地，

$$\begin{cases}\bar{\sigma}_x = \left(\dfrac{\nu}{1-\nu} + \alpha\right)\bar{\sigma}_z \\ \bar{\sigma}_y = \left(\dfrac{\nu}{1-\nu} + \beta\right)\bar{\sigma}_z\end{cases} \tag{9-8}$$

2. 地质构造对地应力的影响

由于地质构造的影响，通常 $\sigma_x \neq \sigma_y$，且使式（9-1）、式（9-7）和式（9-8）中的关系发生很大变化。这种变化主要反映在断层和褶皱上。

在岩石的变迁过程中，当岩石受到强大的水平压应力时，地层就向会产生褶皱或形成逆断层。当岩石受到强大的拉应力时，就会发生断裂，形成正断层（图 9-3）。所以，形成正断层的条件为：$\sigma_x < \sigma_y < \sigma_z$；形成逆断层的条件为：$\sigma_x > \sigma_z > \sigma_y$。研究证明，产生正断层时，水平最小应力大约只有垂向应力的 1/3；若产生逆断层，水平最大应力有时可达垂向应力的3倍。

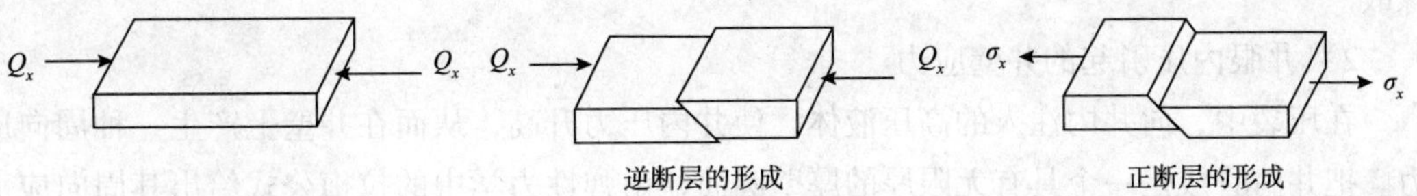

图9-3 断层形成示意图

3. 井壁上的应力

1）井筒对地应力分布的影响

地层在钻开之前，处于受力平衡状态。钻开之后，这种平衡就被打破了，并在井壁上出现应力集中现象（图9-4）。

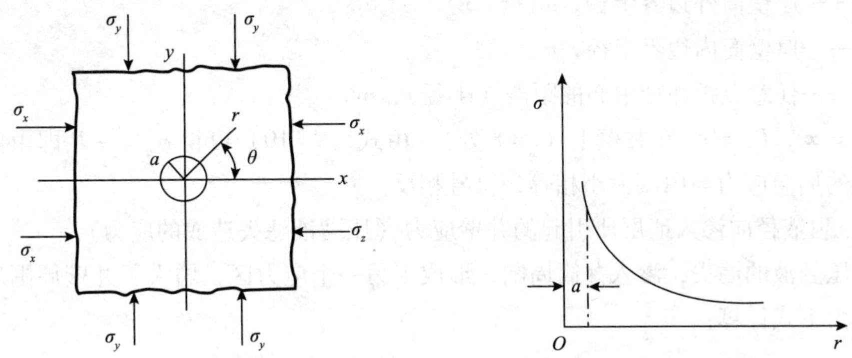

图9-4 应力集中现象示意图

假设储集层岩石为一张无限大弹性平板，平板中央有一小圆孔，则圆孔周向应力的分布可由弹性力学中的公式给出：

$$\sigma_\theta = \frac{\sigma_x + \sigma_y}{2} \left(1 + \frac{a^2}{r^2}\right) - \frac{\sigma_x - \sigma_y}{2} \left(1 + \frac{3a^4}{r^4}\right) \cos 2\theta \tag{9-9}$$

式中 σ_θ——圆孔周向应力，MPa；

σ_x、σ_y——x、y方向上的轴向应力，MPa；

a——圆孔（井眼）半径，m；

r——任意点距园孔中心的距离，m；

θ——任意径向与σ_x方向的夹角。

因此，在圆孔壁上（$r=a$处）：

（1）当$\theta=0°$、$180°$时，$\sigma_\theta=3\sigma_y-\sigma_x$；当$\theta=90°$、$270°$时，$\sigma_\theta=3\sigma_x-\sigma_y$。

（2）若$\sigma_x>\sigma_y$，则最小的周向应力发生在x轴上，最大的周向应力发生在y轴上，即$\sigma_{\theta 0°}$、$\sigma_{\theta 180°}=\sigma_{\theta \min}$，$\sigma_{\theta 90°}$、$\sigma_{\theta 180°}=\sigma_{\theta \max}$。

（3）若$\sigma_y>\sigma_x$，则最小周向应力发生在y轴上，最大周向应力发生在x轴上，即$\sigma_{\theta 0°、\theta 180°}=\sigma_{\theta \max}$，$\sigma_{\theta 90°、\theta 270°}=\sigma_{\theta \min}$。

（4）最大的周向应力发生在孔眼壁面上，即$r=a$处，当r增加时，应力迅速减小；

当 $r>3a$ 时，其应力集中现象消失。这就是在压裂施工过程中，破裂压力大于延伸力的缘故。

2）井眼内压引起的井壁应力

在压裂中，向井内注入的高压液体，使井内压力升高，从而在井壁上产生一种周向应力。把井筒看成是一个具有无限厚的厚壁圆筒，由弹性力学中的拉梅公式给出其周向应力的计算公式：

$$\sigma_\theta=\frac{p_e r_e^2-p_i r_a^2}{r_e^2-r_a^2}+\frac{(p_e-p_i)\ r_a^2 r_e^2}{r^2\ (r_e^2-r_a^2)} \tag{9-10}$$

式中 p_e——内压在厚壁筒边界处产生的压力，MPa；

p_i——井筒内压力，MPa；

r_e——厚壁筒外边界半径，m；

r_a——厚壁筒内边界半径，m；

r——任意点距井轴中心的距离（半径），m。

取 $r_e=\infty$，$P_e=0$，在井壁上（$r=r_a$处），由式（9-10）可得 $\sigma_\theta=-P_i$ 即由内压在井壁上造成的周向应力与内压大小相等，符号相反。

3）压裂液径向渗入地层所引起的井壁应力（压裂液滤失造成的应力）

由于压裂液的滤失，渗入井筒周围，形成了另一个应力区，增大了井壁周围岩石的应力，其值由下式计算：

$$\sigma_\theta=\ (p_i-p_s)\ a\frac{1-2\nu}{1-\nu} \tag{9-11}$$

$$a=1-C_r/C_b$$

式中 p_s——地层压力，MPa；

C_r——岩石骨架压缩系数；

C_b——岩石体积压缩系数。

4）井壁上的总周向应力

地层破裂前，井壁上的总周向应力为地应力、井筒内压及液体滤失所引起的周向应力之和，即：

$$\sigma_\theta=\ (3\sigma_y-\sigma_x)\ -p_i+\ (p_i-p_s)\ a\frac{1-2\nu}{1-\nu} \tag{9-12}$$

由式（9-12）可知，井壁上的总周向应力与地层岩石的轴向应力，地层压力，压裂施工时的内压以及岩石的性能（泊松比）有关。在施工中，当 P_i 上升则 σ_θ 下降。当 σ_θ 小于一定值时，地层便开始破裂。

三、裂缝方向的判断

压裂施工所形成的裂缝称人工裂缝，其方向主要有3种，即水平裂缝、垂直裂缝和倾斜裂缝。裂缝方向不同，施工后对油水井所产生的效果也是不相同的。裂缝方向通常和岩石的破裂压力梯度有关。

1. 破裂压力 P_F

压裂施工时，向井内注入高压液体，当注入量大于地层吸收能力时，井内弊压。当井内压力上升到足以克服井壁上的周向应力或上覆岩层压力和岩石的抗张强度时，井底岩石就开始破裂，形成裂缝。地层开始破裂时的井底压力叫地层破裂压裂（用 P_F 表示）。

破裂压裂的大小，反映了地层形成裂缝的难易程度，它在压裂施工中具有重要的指导意义。其值可由下式计算：

$$p_F=\frac{2\nu}{1-\nu}(\sigma_z-p_s)+p_s \tag{9-13}$$

2. 破裂压梯度

破裂压裂梯度 G 的求差公式为：

$$G=\frac{p_F}{H}=\frac{2\nu}{(1-\nu)H}(\sigma_z-p_s)+\frac{p_s}{H} \tag{9-14}$$

对于不同的地层，G 值是不同的。一般为 15～30kPa/m。浅地层 G 较大，深地层 G 较小。

3. 造缝条件

1）垂直缝

当井壁上存在的有效周向应力 $\bar{\sigma}_\theta$（$\bar{\sigma}_\theta=\sigma_\theta-p_i$）达到井壁岩石的水平方向抗拉强度 σ_t^h 时，岩石将在垂直于张应力的方向上产生脆性破裂，即在与周向应力相垂直的方向上产生垂直裂缝。产生垂直缝的条件是：

$$\bar{\sigma}_\theta=-\sigma_t^h \tag{9-15}$$

将上式代入式（9-12），并将 σ_x、σ_y 换为有效应力 $\bar{\sigma}_x$ 和 $\bar{\sigma}_y$，且由于地层破裂时，注入压力 p_i 等于破裂压力 p_F，整后得到：

$$p_F=\frac{3\bar{\sigma}_y-\bar{\sigma}_x+\sigma_t^h}{2-\alpha\frac{1-2\nu}{1-\nu}}+p_s$$

对均质地层，则于最大周向应力发生在 $\theta=0°$、180°的对称点，因此，产生的垂直缝通常为对称延伸。然而，由于地层具有非均质性，因此，实际产生的裂缝往往是不对称的。

2）水平缝

假设由于液体滤失也会导致垂向应力的增大且增加量与水平方向的情况相同，则垂向总应力为：

$$\sigma_Z=\sigma_z+\alpha(p_i-p_s)\frac{1-2\nu}{1-\nu} \tag{9-16}$$

又因为有效垂向总应力为：$\bar{\sigma}_Z=\sigma_z-p_i$

则：
$$\bar{\sigma}_Z=\bar{\sigma}_z-(p_i-p_s)\left(1-\alpha\frac{1-2\nu}{1-\nu}\right) \tag{9-17}$$

与产生垂直缝相类似，形成水平缝的条件是：

$$\bar{\sigma}_z = -\sigma_t^{\nu} \tag{9-18}$$

式中 σ_t^{ν}——岩石垂向抗张强度。

将式（9-17）代入式（9-18）中，并用 p_F 替换 p_i，然后整理得：

$$p_F = \frac{\bar{\sigma}_z - \sigma_t^{\nu}}{1 - \alpha \dfrac{1-2\nu}{1-\nu}} + p_S \tag{9-19}$$

对上式进行修正得

$$p_F = \frac{\bar{\sigma}_z - \sigma_t^{\nu}}{1.94 - \alpha \dfrac{1-2\nu}{1-\nu}} + p_s \tag{9-20}$$

4. 裂缝方向预测

由弹性力学知识可知，裂缝只能沿地层岩石强度最薄弱处突破和延伸。实际分析过程中，可通过下述几种方式对裂缝的发育情况进行判断。

1）根据主应力判断

裂缝总是沿着最小主应力方向延伸。若 $\sigma_x < \sigma_y < \sigma_z$，则压裂时只能产生垂直裂缝；若 $\sigma_x > \sigma_y > \sigma_z$，则压裂时只能产生水平裂缝。对正断层地层，最小应力在水平方向上且与断层线垂直，这种地层可产生垂直缝，其方向与断层线方向平行。对逆断层地层，最大主应力在水平方向上，且与断层线方向垂直。这种地层裂缝延伸方向有两种可能性：水平或垂直。这取决于最小主应力是在水平方向还是在垂直方向上，若形成垂直缝，则其方向与断层线垂直。

2）根据压裂施工曲线判断

压裂施工曲线中，破裂压力若有峰值出现，则为垂直缝，这是因为受井壁应力集中现象影响的缘故。若无峰值出现，则可能形成了水平缝，或没有新的裂缝形成，压裂过程中仅使地层原有微小裂缝得到了扩张。

3）根据地层破裂压裂梯度判断

一般认为破裂压裂梯度小于 15～18kPa/m（深地层）时，会形成垂直缝；而破裂压裂梯度大于 23kPa/m（浅地层），则形成水平缝。

四、压裂技术

1. 限流压裂技术

在分层压裂中，封隔器机械分层虽然很有效，但施工作业很复杂，且成本较高。堵塞球法也因为井况原因而难以实施，如果套管串漏或因堵球破裂或损伤，将会使液体旁流而失去封堵效果。并且，当几个射孔段都要利用堵塞球压裂时，孔眼过多对选择性压裂不利。为了在两个或两个以上射孔层段（尤其是薄层段）一次实现多层压裂，目前较好的方法是通过控制各层的的射孔孔眼数及孔眼直径的办法限制各层的吸水能力以达到压开各层的目的，即限流法压裂。

1）限流法压裂基本原理

对同一开发层系，产油层有多层，且各层之间破裂压力有一定差别的油井，可以通过控制各层的射孔孔数及孔径的办法，在一次施工中同时压开多层，以提高水力压裂经济效益。

对破裂压力分别为27MPa、28MPa、29MPa的三层，根据一定的原则，严格设计射孔孔数和孔径，以限制各层的吸水能力。在同一井底压力下，可利用压裂液流经孔眼时的孔眼摩阻，从而使各层在层内几乎同时达到破裂压力，各层相继压开，实现在一次加砂时同时处理多个目的层（图9-5）。

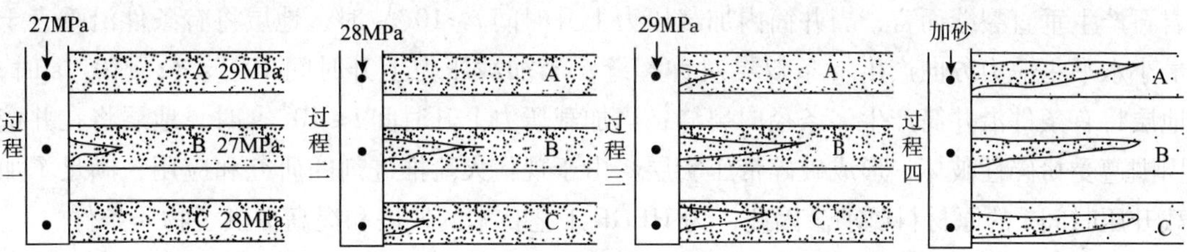

图9-5　限流压裂工艺过程示意图

限流法压裂的特点是在完井射孔时，要按照压裂的要求设计射孔方案，包括孔眼位置、孔眼密度及孔径使压裂成为完井的一个组成部分。由于压裂施工一开始就形成最高压力、最大排量，因此处理层段会很快相继压开。

2）孔眼摩阻计算

（1）美国埃索（ESSO）生产研究公司的公式：

$$P_{\mathrm{Df}} = 2.24 \times 10^{-10} \frac{Q^2 \rho}{n^2 D^4 \alpha^2} \tag{9-21}$$

式中　P_{Df}——孔眼摩阻，MPa；

Q——施工排量，m^3/min；

D——孔眼直径，m；

ρ——液体密度，kg/m^3；

n——有效孔眼数；

α——孔眼流量系数（一般为0.8～0.85）。

（2）美国阿莫科（Amoco）生产公司的计算公式：

$$P_{\mathrm{Df}} = 1.749 \times 10^{-4} \frac{Q^2 D^4}{N} \tag{9-22}$$

式中　Q——施工排量，m^3/min；

N——孔眼总数。

（3）美国BJ公司的计算公式：

$$P_{\mathrm{Df}} = 1.79 \times 10^{-4} \frac{Q^2 D^4}{N} \tag{9-23}$$

五、高能气体压裂技术

高能气体压裂（简称 HEGF）是油田增产增注的新型工艺措施。提高低渗透油气井产量的最有效措施是使低渗透储层产生人工裂缝，沟通岩石喉道和天然微裂缝，增加油气渗流能力。目前，能够使储层产生人工裂缝的途径有 3 种：水力压裂、HEGF 和爆炸压裂。HEGF 是在总结爆炸压裂经验的基础上发展完善的一种新型工艺技术。

根据材料力学及岩石力学的基础理论可知，脆性材料在遭受外力破坏时，其破坏形态随外力的加载速度（即压力上升时间）的变化而变化。理论研究及现场实践证实，就储层岩石产生垂直裂缝而言，当井筒内加载压力上升时间 $t \geqslant 10^{-3}$s 时，地层将有条件沿垂直于最小水平主应力方向产生一条双翼对称裂缝；当加载压力上升时间 $10^{-6}\text{s} < t < 10^{-3}$s 时，地层将有条件沿井筒产生多条径向裂缝；当加载压力上升时间 $t \leqslant 10^{-7}$s 时，地层将在井壁周围遭受粉碎性破坏，形成破碎带压实层。由于现代火箭推进剂的研究和应用，满足了加载升压时间 t 的原材料要求。因此，为 HEGF 工艺技术的发展和提高提供了物质条件。

HEGF 过程中，由于不携带支撑剂，在高闭合应力下，怎样保持压裂裂缝的开启呢？试验结果证实：裂缝宽度确实存在，裂缝表面产生沟槽，不在主应力方向上的裂缝两面产生了相对位移。这是因为 HEGF 燃烧产生的压力较高，从而导致地层岩石产生残余变形，即凯塞效应。由于裂缝面不一定都与主应力方向相垂直，因此就有裂缝面受剪切应力作用，造成裂缝面间的相对位移。而且在高温高压脉冲作用下，由于高速流入裂缝内的液体或气体冲刷裂缝表面，以及岩石中钙质等胶结物的分解或溶解因素，使裂缝表面形成沟槽，并有少量碎屑填充在缝内。所以，HEGF 虽然不携带支撑剂，但压后裂缝并不会完全闭合，而是仍保持一定的张开宽度，闭合缝宽一般大于 0.1mm。

1. 3 种压裂裂缝特征比较

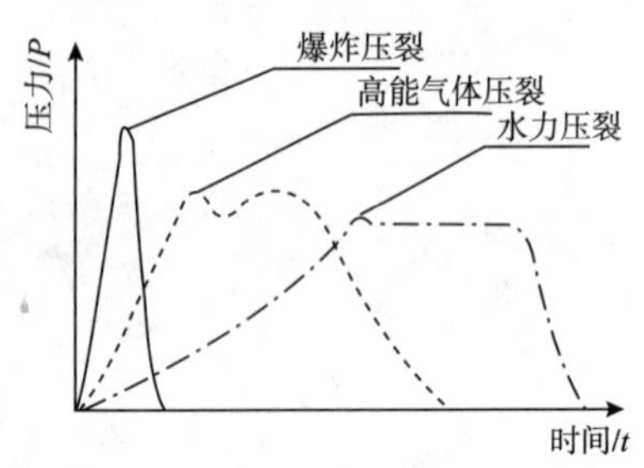

图 9-6　三种压裂升压特征图

图 9-6 为美国桑迪亚佳研究试验所研究的 3 种压裂过程的典型 $P-t$ 曲线，其各自的特点为：爆炸压裂火药燃烧速度极快，升压时间为微秒级，峰值压力极高，能量几乎全部消耗在井壁岩石表面的粉碎性破坏中，使岩石表面形成压实层并伴有10～100条微细裂缝产生，缝长 10～100mm［图 9-7（a）］。HEGF 火药燃烧速度较快，升压时间为毫秒级，峰值压力较高，能量传递较快，因而不受地层岩石应力控制，可形成径向放射状多条短裂缝［图 9-7（b）］。水力压裂升压速度缓慢，因此水力裂缝受地层岩石应力的控制，一般是沿着垂直于最小主应力方向产生一条长而大的双翼对称裂缝［图 9-7（c）］。

目前俄罗斯 HEGF 火药燃烧速度得到了较好的控制，升压时间为秒级，通过对峰值压力的有效控制，也可像水力压裂一样在垂直于最小主应力方向上产生一条相对较小的双翼对称裂缝，产生不完全受地应力控制的 3 条或 4 条径向裂缝。

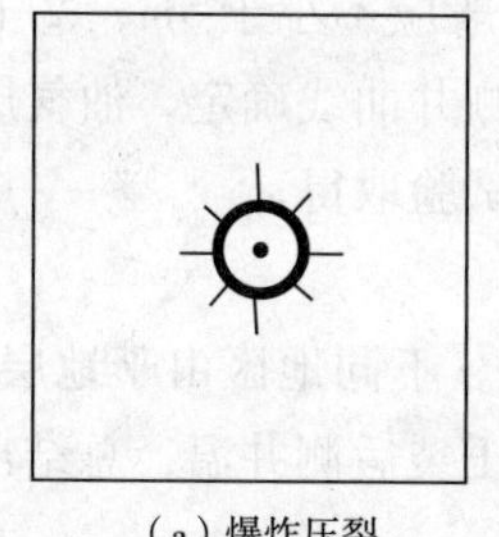

（a）爆炸压裂

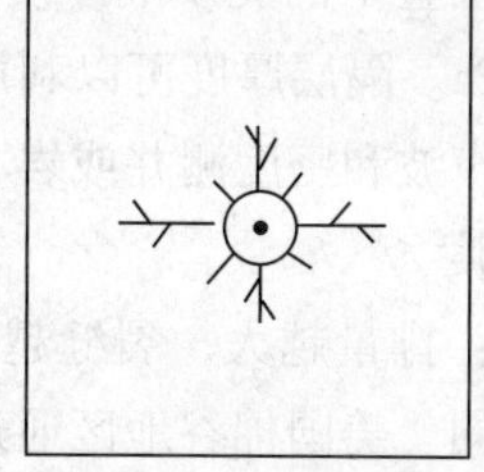

（b）高能气体压裂

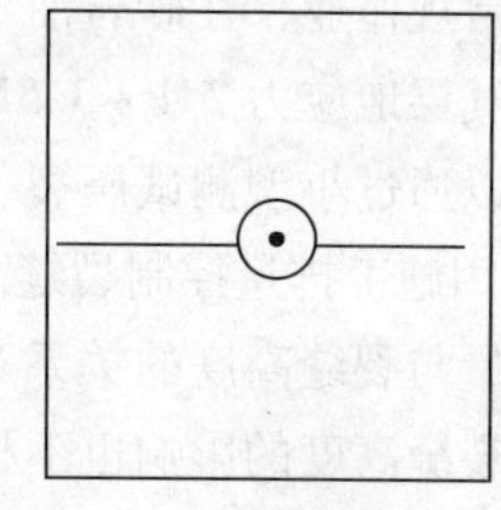

（c）水力压裂

图 9-7　3 种压裂裂缝示意图

美国曾在内华达试验基地复合坑道内进行过试验，他们的试验结果表明：火药燃烧后地层内沿燃烧中心产生 3～6 条放射状裂缝，而且这些裂缝不受地应力控制。我国西安石油学院 HEGF 中心也曾在延长七里村油矿选择多块巨石进行现场模拟试验，并在室内作了类似试验，试验结果与上述结果基本吻合。

关于 HEGF 起裂机理，美国人认为火药燃烧后产生的高温高压气体，在压力作用下进入射孔孔眼，当气体压力在短时间内超过地层岩石临界破裂压力时，高压气流将地层撑开而产生裂缝体系。俄罗斯人则认为 HEGF 的裂缝形成类似于水力脉冲压裂，火药燃烧前井筒及地层孔隙内已充满液体，可将燃烧产生的高温高压气区视为一个压力源，液体在这个压力源的作用下迅速推进地层，从而形成高压水力脉冲撆开地层产生裂缝（图 9-8）。

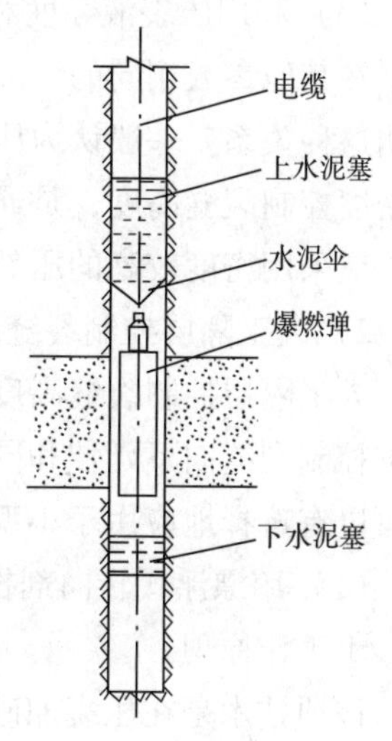

图 9-8　高能气体压裂施工工艺图

2. 控制裂缝高度技术

在水力压裂中，当油气层很薄或上下隔层为弱应力层，压开的裂缝高度往往容易超出生产层而进入隔层。裂缝垂向延伸不但会导致裂缝高度过大，使裂缝长度减小，影响压裂效果，而且当裂缝延伸进入邻近含水层时，不但不能起增产作用，反而会引起含水暴增。对存在气顶的油藏，也同样潜在着“引气入井”的危险。因此，如何将裂缝高度控制在油气层内是水力压裂能否成功的关键因素之一。为有效地控制裂缝高度，近年来国内外对裂缝高度延伸机理进行了大量的研究，对影响裂缝高度的因素有了更广泛、更深入的认识，发展了多种人工控制裂缝高度的技术。

1）常规裂缝高度控制技术

控制裂缝高度垂向延伸最根本的措施在于准确了解产层和遮挡层之间的地应力差，合理选择设计参数，这样才能取得比较理想的结果。常规控制裂缝高度技术就是通过选择和利用油气层上下的致密泥质隔层、施工排量、压裂液黏度与密度来控制裂缝高度。这种方法简便易行，但推广应用有一定的局限性。

（1）利用地应力的高泥质隔层控制裂缝高度。

根据大量现场资料统计和室内研究，利用泥质隔层控制裂缝高度一般应具备两个条件：①对于常规作业，在砂岩油气层上下的泥质隔厚度一般应不小于 5m；②上下隔层地应力高于油气层地应力 2.1～3.5MPa。隔层厚度可以利用测井曲线确定，油气层和隔层地应力值则可以通过小型测试压裂、声波和密度测井或岩心试验取得。

（2）利用施工排量控制裂缝高度。

施工排量与裂缝高度的关系为：排量越大，裂缝越高。不同地区由于地层情况不同，施工排量对裂缝高度的影响也不相同。美国棉谷地区通过压裂后测井温，总结出施工排量与裂缝高度有如下关系：

$$H = 7.23 \times e^{1.03Q} \tag{9-24}$$

式中 H——裂缝高度，m；

Q——施工排量，m^3/min；

e——自然对数的底。

为了避免裂缝过高，一般将施工排量控制在 $3.5m^3/min$ 以内。

（3）利用压裂液黏度和密度控制裂缝高度。

在其他参数相同的情况下，压裂液黏度越大，裂缝越高。但目前尚没有定量的关系式表明这种关系。一般认为压裂液在裂缝内的黏度保持在 50～100mPa·s 较合适。利用压裂液密度控制裂缝高度，是通过控制压裂液中垂向压力分布来实现的。若要控制裂缝向上延伸，应采用密度较高的压裂液；若要控制裂缝向下延伸，则应采用密度较低的压裂液。

2）人工隔层控制裂缝高度技术

人工隔层控制裂缝高度技术包括用漂浮式转向剂控制裂缝向上延伸，用重质沉降式转向剂控制裂缝向下延伸和同时使用两种转向剂控制裂缝向上及向下延伸 3 种方式。此项技术可以有选择地应用于小型常规作业。

（1）用漂浮式转向剂控制裂缝向上延伸技术。

①工作原理。

该项技术是在压裂加砂前通过前置液将漂浮式转向剂带入裂缝，并使其上浮聚集在新生成裂缝顶部，形成压实的低渗透区，阻挡缝内流体压力向上部地层传递，从而控制裂缝向上延伸。漂浮式转向剂的工作原理如图 9-9 所示。

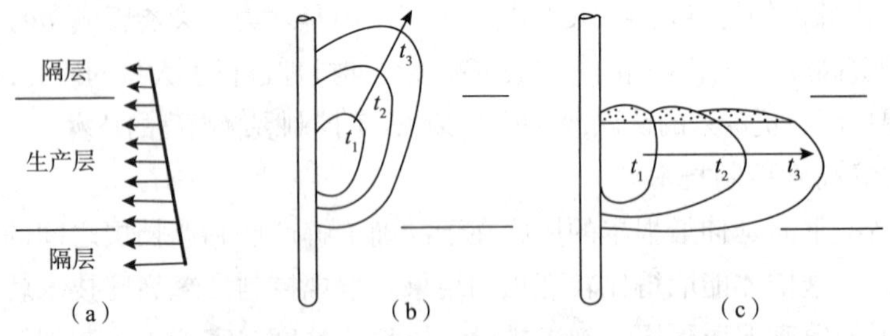

图 9-9 使用漂浮式转向剂的工作原理

②对漂浮式转向剂性能要求。

漂浮式转向剂密度要小于压裂液密度。水基压裂液漂浮式转向剂密度最好在 0.6～0.7

之间；转向剂粒径最好为 20～70 目（目数为 1in 筛网上的孔眼数）。最大范围不应超过 200 目。此外，要求转向剂能适应裂缝中压力、温度及流体环境，且承受静压为 14MPa 时，颗粒完好率在 80%～85% 以上；形成阻挡条带后，能在转向剂层两边产生很大的压力降。胜利油田及美国生产的漂浮式转向剂性能见表 9-1。

表 9-1　胜利油田和美国转向剂性能表

转向剂代号	外带水分含量/%	颗粒目数	上浮率/%	密度/(g/cm^3)	颗粒上浮速度/(m/min)	颗粒结构	产地
SL-KX-1	<1	70～200	>95	<0.7	>0.5	中空	胜利油田
J423	<1	70～200	85～90	<0.7		中空	美国

③漂浮式转向剂压裂工艺。

用前置液造缝时，前置液最好选用水基压裂液；用加有漂浮式转向剂的低黏压裂延伸裂缝，并制造人工隔层时，要求压裂液黏度应小于 20mPa·s，漂浮式转向剂浓度推荐选用 30～120kg/m^3；保持原有排量和压力注入不加转向剂的低黏压裂液；逐步提高排量和压力注入高黏前置液和携砂液，继续延伸裂缝和支撑裂缝，完成压裂全过程。

④应用范围。

用漂浮式转向剂控制裂缝向上延伸技术主要用于以下几类油气地层：

生产层与非生产层互层的块状均质地层；

水层位于生产层之上，两者之间无良好隔层的地层；

生产层与气顶之间隔层很薄的地层；

生产层与上隔层的地应力差较小，不能阻止裂缝垂向延伸的地层。

（2）用重质沉降式转向剂控制裂缝向下延伸技术。

这一技术是通过使用重质沉降式转向剂在裂缝底部形成压实的低渗透层，阻止裂缝向下延伸。其工艺过程基本上与使用漂浮式转向剂相同，差别之处仅在于所使用的转向剂不相同。沉降式转向剂目前主要用石英砂和陶粒。

（3）同时使用两种转向剂控制裂缝向上和向下延伸技术。

这种技术实际上是将上述两种技术综合应用。在携砂液中同时加入漂浮式和沉降式两种转向剂。两种转向剂在重力作用下分别向裂缝的上、下边界移动，形成上下隔层，控制裂缝向上下延伸。为使两种转向剂在裂缝中能上浮和下沉，一般在注入加有转向剂的液体之后短时间内关井，然后再进行正常压裂作业。

3. 冷水水力压裂控制裂缝高度技术

1）作用原理

此项技术是通过向温度较高的地层注入冷水，使地层产生热弹性应力，大幅度地降低地层应力，从而使缝高和缝长控制在产层范围内。

2）压裂工艺

①在低于地层破裂压力条件下，向地层注入冷水预冷地层；

②提高排量和压力，使压力仅大于被冷却区水平应力，在冷却区内压开一条裂缝；

③控制排量和压力，注入含高浓度降滤剂的冷水前置液延伸裂缝。推荐的降滤剂为植物胶或石英粉；

④注入低温黏性携砂液支撑裂缝，完成压裂全过程。

3）应用范围

冷水水力压裂技术主要用于以下几类油气地层：

①产层不存在清水伤害问题；

②胶结性较差的地层；

③用常规水力压裂技术难以控制裂缝延伸方向的油气层。

第二节　酸化工艺

酸化是指一切以酸作为工作液对油气水层进行的增产增注措施。

一、按施工压力和规模分类

按施工压力和规模可分为3类，即酸洗（酸浸），基质酸化和酸压（表9-2）。

表9-2　酸化的类型

类　型	储层类型	作　　用	酸浓度	施工压力
酸洗（酸浸）	砂岩、碳酸盐岩	清除井筒结垢、疏通孔眼（预处理措施）	约5%	不加压
基质酸化	砂岩、碳酸盐岩	解除近井堵塞、扩大和延伸缝洞，恢复和提高地层渗透率	约10%	低于破裂压力
酸压	砂岩、碳酸盐岩	解除近井堵塞、沟通地层裂缝，增大流动面积	20%～28%	高于破裂压力

二、酸液与地层岩石的化学反应

1. 盐酸与碳酸盐岩的化学反应

碳酸盐地层的主要矿物成分是方解石（$CaCO_3$）和白云石［$CaMg(CO_3)_2$］。其中方解石含量多于50%的称为石灰岩类，白云石含量多于50%的称为白云岩类。

碳酸盐地层的储集空间分为孔隙和裂缝两种类型。根据孔隙和裂缝在地层中的主次关系又可把碳酸盐油气层分为3类：孔隙性碳酸盐油气层，孔隙是油气的主要储集空间和渗流通道；孔隙—裂缝性碳酸盐油气层，孔隙是主要储集空间，裂缝是主要渗流通道；裂缝性碳酸盐油气层，微、小裂缝及溶蚀孔洞是主要储集空间，较大裂缝是主要渗流通道。

碳酸盐地层酸处理，就是要解除孔隙、裂缝中的堵塞物质，或扩大沟通地层原有的孔隙、裂缝以提高地层的渗透性能。碳酸盐油气层酸化，通常是用盐酸或盐酸与有机酸的混合酸液等。

酸处理的过程中，主要的工作介质是盐酸，盐酸进入地层孔隙或裂缝后，将与裂缝壁面发生化学反应。现以石灰岩的主要成分——方解石为例，盐酸与碳酸钙的化学反应如下：

$$2HCl + CaCO_3 = CaCl_2 + H_2O + CO_2$$

这说明溶解 1mol $CaCO_3$需要 2mol HCl，生成 1mol $CaCl_2$、1mol H_2O、1mol CO_2。与反应物分子量相乘的数就是化学当量系数，（例如 2 HCl 中的“2”即是化学当量系数）。若知道式（9－21）中各种组分的相对分子质量（表 9－3），便可计算出溶解一定量碳酸盐所需的酸量、反应生成物的数量以及其他化学当量数据。

盐酸与白云岩地层（主要成分为碳酸钙镁）的化学反应，亦可用化学反应方程式来表示。

$$4HCl + MgCa(CO_3)_2 = CaCl_2 + MgCl_2 + 2H_2O + 2CO_2$$

其化学反应及生成物状态和盐酸与碳酸钙作用相似。

表 9－3　反应物和反应产物相对分子质量

成　分	分子式	相对分子质量
盐酸	HCl	36.47
甲酸	HCOOH	46.03
乙酸	HCH_2COOH	60.5
方解石	$CaCO_3$	100.09
白云石	$CaMg(CO_3)_2$	184.30
氯化钙	$CaCl_2$	110.99
氯化镁	$MgCl_2$	95.30
甲酸钙	$Ca(COOH)_2$	130.12
甲酸镁	$Mg(COOH)_2$	114.35
乙酸钙	$Ca(CH_2COOH)_2$	158.16
乙酸镁	$Mg(CH_2COOH)_2$	142.39
水	H_2O	18.02
二氧化碳	CO_2	44.01

2. 酸液的溶解能力

为了更方便地表示化学反应的计算法，Williams 等引入了溶解能力概念，即单位体积酸液与岩石反应完全后，所能溶解的岩石体积。用 X 表示：

$$X = \frac{溶解能力系数\beta \times 酸液密度}{岩石密度} \tag{9-25}$$

这一数值可用以直接比较各种用酸成本。具体计算时，首先计算溶解能力系数 β_{100}，即单位质量的纯酸反应完全后所能溶解的矿物质量；然后计算每一种反应的溶解能力。即：

$$\beta_{100} = \frac{矿物相对分子质量 \times 矿物在反应方程式中的摩尔数}{酸的相对分子质量 \times 酸在反应方程式中的摩尔数} \tag{9-26}$$

例：根据式（9－1），以 100% 盐酸与纯石灰岩反应时的溶解能力为：

$$\beta_{100}=\frac{100.09\times1}{36.47\times2}=1.372$$

同理，可以计算出不同酸与不同矿物反应的溶解能力系数（表9-4）。

表9-4 纯酸与碳酸盐岩反应的β_{100}

酸 液	反应矿物	
	方解石	白云石
盐酸	1.37	1.26
甲酸	1.09	1.00
乙酸	0.83	0.77

若酸的浓度不是100%，而为15%（质量），则

$$\beta_{15}=\beta_{100}\times0.15=0.206$$

相应的溶解能力为：

$$X=\frac{\beta_{15}\times\rho_{HCl}}{\rho_{CaCO_3}}=\frac{0.206\times1.07}{2.71}=0.082$$

HCl溶液的相对密度见表9-3，其他酸液的相对密度可查阅相关手册。同理，可以计算出任何已知百分浓度的酸液和岩石矿物反应的溶解能力。不同酸液与碳酸盐岩的溶解能力见表9-5。须注意的是，X值中的岩石体积不包括孔隙体积，当计算地层中酸蚀体积时，应将X值除以（$1-\phi$），其中ϕ为孔隙度值。其次，表9-6可用作酸的对比，盐酸的溶解能力最强，甲酸次之，然后是乙酸。表中所列数据没有考虑化学平衡的影响。

表9-5 盐酸浓度与密度的关系（15℃）

浓度/%	密度/（kg/m^3）	浓度/%	密度/（kg/m^3）
5.14	1025	22.86	1115
10.17	1050	25.75	1130
15.16	1075	28.61	1145
20.01	1100	30.55	1155

表9-6 常用酸对碳酸盐岩的溶解能力（X）/（m^3/m^3）

反应矿物	酸液类型	酸液浓度/%			
		5	10	15	30
方解石	盐酸	0.026	0.053	0.082	0.175
	甲酸	0.02	0.041	0.062	0.129
	乙酸	0.016	0.031	0.047	0.096
白云石	盐酸	0.023	0.046	0.071	0.152
	甲酸	0.018	0.036	0.064	0.112
	乙酸	0.014	0.627	0.041	0.083

3. 反应生成物的状态

从盐酸溶解碳酸盐岩的数量关系来看，渗透性应有明显的增加。然而酸处理后，地层的渗透性能是否得到改善，仅仅根据盐酸溶解碳酸盐岩还是不够的。可以设想，如果反应

生成物都沉淀在孔隙或裂缝里，或者即使不沉淀但黏度很大，以致在现有工艺条件下排不出来。那么，即使岩石被溶解掉了，但对于地层渗透性的改善仍是无济于事的。因此，必须研究反应生成物的状态和性质。

1）氯化钙的溶解能力

根据化学反应方程式可知，$1m^3$浓度为28%的盐酸和碳酸钙反应，生成486kg的氯化钙。假设氯化钙全部溶解于水，则此时氯化钙水溶液的质量浓度$X\%$为：

$$X\% = \frac{\text{氯化钙质量}}{\text{全部水质量} + \text{氯化钙质量}} \times 100\% \tag{9-27}$$

全部水质量即为$1m^3$浓度为28%盐酸溶液中水的质量与反应生成水的质量之和。将具体数值代入上式，则得：

$$X\% = \frac{486}{820 + 79 + 486} \times 100\% = 35\%$$

图9-10是氯化钙在不同温度下，在水中的溶解度曲线。由曲线可知，氯化钙极易溶于水。如当温度为30℃时，氯化钙的溶解度为52%，此值大大超过了35%。因此，486kg的氯化钙能全部呈溶解状态，不会产生沉淀。由于实际油层温度一般都高于30℃，而且所使用的盐酸浓度一般最高为28%左右，因此，在实际施工条件下，不会产生氯化钙沉淀。可以把残酸水当成为水。

2）二氧化碳的溶解能力

由化学反应方程式可知，$1m^3$浓度为28%的盐酸和碳酸钙反应，生成193kg质量的二氧化碳，根据亚佛加德罗定律，这193kg二氧化碳在标准状况下的体积为$98m^3$。这$98m^3$（标准状况）的二氧化碳在油层条件下部分溶解于酸液中，部分呈自由气状态。这与地层压力的大小有关。

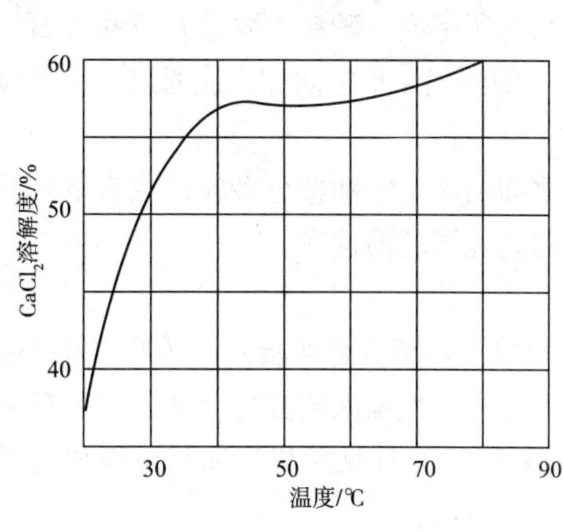

图9-10　$CaCl_2$溶解度曲线

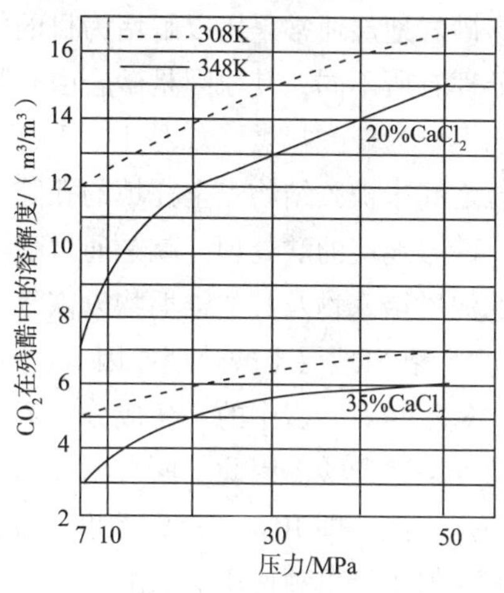

图9-11　CO_2溶解度曲线

图9-11可知，CO_2的溶解度和地层温度、压力及残酸水中的氯化钙溶解量有关。地层温度愈高，残酸水中的氯化钙溶解量愈多，地层压力愈低，CO_2愈难以溶解。如前所述，

$1m^3$ 28%的盐酸与碳酸钙反应后，生成的 $CaCl_2$ 水溶液的浓度为35%。

归纳以上分析可知，酸处理后，地层中大量的碳酸盐岩被溶解，增加了裂缝的空间体积，为提高孔隙性和渗透性提供了必要条件。另一方面，反应后的残酸水是溶有少量 CO_2 的 $CaCl_2$ 水溶液，同时留有部分 CO_2 呈小气泡状态分布于其中。假如存在于裂隙中的反应生成物对地层的渗透性没有破坏，通过排液可以把这些反应物排出地层，则可为提高地层的渗透性能创造了条件。为此，研究反应生成物对渗流的影响是很有必要的。

3）反应生成物对渗流的影响

如前所述，盐酸与碳酸盐岩反应后，生成物氯化钙全溶解于残酸中，氯化钙溶液的密度和黏度都比水高。这种黏度较高的溶液，对流动有两面性：一方面，由于黏度较高携带固体微粒的能力较强，能把酸处理时从地层中脱落下来的微粒带走，防止地层堵塞；另一方面，由于其黏度较高，流动阻力增大，对地层渗流不利。至于游离状态的小气泡对渗流的影响，应从相渗透率和相饱和度的关系上作具体的研究分析。

残酸液一般都具有较高的界面张力，有时残酸液和地层油还会形成乳状液，这种乳状液有时相当稳定，其黏度高达数 Pa·s，对地层渗流非常不利。此外，油气层并不是纯的碳酸盐，或多或少含有如 Al_2O_3、Fe_2O_3、FeS 等金属氧化物杂质，在盐酸与碳酸盐反应的同时，也会与这些杂质反应。再则当盐酸经由金属管柱进入地层时，首先会腐蚀金属设备，或者将一些铁锈 Fe_2O_3 及堵塞在井底的杂质带入地层，盐酸与这些杂质反应后，生成 $AlCl_3$、$FeCl_3$ 等，当残酸水的 pH 值逐渐增加到一定程度以后，$AlCl_3$、$FeCl_3$ 等会发生水解反应，生成 Fe（$OH)_3$↓、Al（$OH)_3$↓等胶状物，这些胶状物是很难从地层中排出来的，因此形成了所谓二次沉淀，堵塞了地层裂缝，对渗流极为不利。

4. 砂岩油气层的土酸处理

1）砂岩的组成

砂岩地层通常采用以解堵为目的的常规酸化处理，而不适宜酸化压裂。但与碳酸盐岩酸处理有所不同，其原因是砂岩由砂粒和粒间胶结物所组成，砂粒主要是石英和长石，胶结物主要为硅酸盐类（如黏土）和碳酸盐类。砂岩的油气储集空间和渗流通道就是砂粒与砂粒之间未被胶结物完全充填的孔隙。

砂岩地层的酸处理，就是通过酸液溶解砂粒之间的胶结物和部分砂粒，或者溶解孔隙中的泥质堵塞物及其他结垢物以恢复、提高井底附近地层的渗透率。

2）砂岩地层土酸处理原因

氢氟酸对砂岩中的一切成分（石英、黏土、碳酸盐）都有溶蚀能力，又是溶解硅酸盐类的唯一普通酸。因此，所有用于砂岩酸化的配方都包含氢氟酸或其化合物。目前最常采用的是土酸，即10%～15%浓度的盐酸和3%～8%浓度的氢氟酸与添加剂所组成的混合酸液。但不能单独使用氢氟酸，其主要原因有以下两方面：

①氢氟酸与硅酸盐类以及与碳酸盐类反应时，其生成物中有气态物质，也有可溶性物质，以及不溶于残酸液的沉淀。如氢氟酸与碳酸钙的反应：

$$2HF + CaCO_3 = CaF_2 \downarrow + CO_2 + H_2O$$

氢氟酸与硅酸钙铝（钙长石）的反应：

$$16HF + CaAl_2Si_2O \longequal CaF_2 \downarrow + 2AlF_3 \downarrow + 2SiF_4 \uparrow + 8H_2O$$

在上列反应中生成的 CaF_2，当酸液浓度高时，处于溶解状态，当酸液浓度降低后，即会沉淀。酸液中包含有 HCl 时，依靠 HCl 维持酸液在较低的 pH 值，以提高 CaF_2 的溶解度。氢氟酸与石英的反应：

$$6HF + SiO_2 \longequal H_2SiF_6 + 2H_2O$$

反应生成的氟硅酸（H_2SiF_6）在水中可解离为 H^+ 和 SiF_{6^-}，而后者又能和地层水中的 Ca^{2+}、Na^+、K^+、NH^+ 等离子相结合。生成的 $CaSiF_6$、$(NH)_4SiF_6$ 易溶于水，不会产生沉淀，而 Na_2SiF_6 及 K_2SiF_6 均为不溶物质，会堵塞地层。但是，有关实验表明，这些硅胶体沉淀过程不是瞬时完成的，而是以相当慢的速度进行的。因此，在酸处理过程中，应先将地层水顶替走，避免与氢氟酸接触。其次，酸处理后应马上反排残酸。

②氢氟酸与砂岩中各种成分的反应速度各不相同。氢氟酸与碳酸盐的反应速度最快，其次是硅酸盐（黏土），最慢是石英。因此当氢氟酸进入砂岩地层后，大部分氢氟酸首先消耗在与碳酸盐的反应上，不仅浪费了大量价值昂贵的氢氟酸，并且妨碍了它与泥质成分的反应。但是盐酸和碳酸盐的反应速度比氢氟酸与碳酸盐的反应速度还要快，因此土酸中的盐酸成分可先把碳酸盐类溶解掉，从而能充分发挥氢氟酸溶蚀黏土和石英成分的作用。

总之，依靠土酸液中的盐酸成分溶蚀碳酸盐类，并维持酸液较低的 pH 值，且依靠氢氟酸成分溶蚀泥质成分和部分石英颗粒，其反应结果就能清除井壁的泥饼及地层中的黏土堵塞，恢复和增加近井地带的渗透率。

3）溶解能力

氢氟酸对 SiO_2 和硅酸盐的溶解能力可以用前面介绍的方法根据化学反应式计算，因此可算出混合酸的溶解能力。表 9-7 给出了不同浓度配比的“土酸”对石英和硅酸盐矿物的溶解能力值。

表 9-7　土酸对砂岩矿物的溶解能力

酸液质量百分浓度/%		溶解能力/（m^3/m^3）	
HF	HCl	Na_4SiO_4	SiO_2
2.1	12.9	0.017	0.007
3.0	12.0	0.024	0.010
4.2	10.8	0.033	0.014
6.0	9.0	0.047	0.020

对比表 9-6 和表 9-7 可以发现，土酸对砂岩矿物溶解能力比盐酸对碳酸盐岩的溶解能力低得多。这是因为虽然二者的综合浓度一样，但土酸参与反应的成分只有氢氟酸。因此，对砂岩地层的酸化一般只会在井筒很近的地层中发生反应。

第三节　酸化工艺技术

酸化作为重要的增产措施自发明至今，为了满足不同改造对象和作业的要求，酸化工艺得到了不断的完善和发展，形成了不同的工艺类型。本节介绍酸化选井选层的一般原则，重点阐述目前酸化工艺，并简单介绍酸化后的排液和效果分析。

1. 酸化井层的选择

通常情况下，为能够得到较好的处理效果，在选井选层方面应考虑以下几点：

①应优先选择在钻井过程中油气显示好，且试油效果差的井层；

②应优先选择邻井高产且本井低产的井层；

③对于多产层位的井，一般应进行选择性（分层）处理，首先处理低渗透地层。对于生产史较长的老井，应临时堵塞开采程度高、地层压力已衰减的层位，选择处理开采程度低的层位；

④靠近油气或油水边界的井，或存在气水夹层的井，应慎重对待，一般只进行常规酸化，不宜进行酸压；

⑤对套管破裂变形，管外串槽等井况不适宜酸处理的井，应先进行修复，待井况改善后再处理。

2. 碳酸盐岩油气层酸化

常用的碳酸盐岩地层酸化技术有基质酸化和酸压。近年来，随着石油工业的发展，酸化技术也越来越先进，除普通盐酸酸化外，出现了改性盐酸体系酸化工艺如泡沫酸酸化、胶束酸酸化、乳化酸酸化、稠化酸酸化和化学缓速酸酸化等酸化技术。

1）基质酸化工艺技术

基质酸化也称为常规酸化或解堵酸化，是在低于破裂压力的条件下进行的酸处理工艺，只能解除井眼附近的堵塞，一般采用浓度为15%～28%的盐酸加入添加剂。通过酸液直接溶解钙质堵塞物和碳酸盐岩钙质胶结类岩石，解除堵塞，疏通油气流通道，从而达到恢复或提高地层的渗透能力，提高油气井产量或提高注水井注入量的目的。该工艺的优点是施工工艺简单、成本低，对地层的溶蚀率较强，反应后生成的产物（$CaCl_2$、$MgCl_2$）可溶，生成的CO_2利于助排，不产生沉淀。缺点是与石灰岩作用的反应速度太快，特别是高温深井，由于地层温度高，因此与地层岩石的反应速度较快，处理范围较小。

为了达到缓速、降阻、降漏失等目的，又发展了泡沫酸酸化，胶束酸酸化等工艺技术，其工艺大同小异，主要是使用的酸液不同。

2）酸压工艺技术

酸压是碳酸盐岩油藏的一种有效的油层改造措施，普通酸压通常是以足够大的压力将酸液挤入地层，将地层压开，或扩大已有的天然裂缝。由于地层的非均质性以及裂缝壁面的不平整性，当酸液沿裂缝流动时，会对裂缝壁面形成不均匀的溶蚀，产生许多酸蚀沟槽；当裂缝闭合后，这些酸蚀沟槽仍保留下来，成为油气流通道。

一般情况下，酸压与加砂压裂相比，具有以下优点：

①没有脱砂危险，而脱砂是支撑裂缝形成过程中的主要问题；

②酸压裂不存在凝胶残留物的返排问题，这在加砂压裂中是造成裂缝导流能力降低的主要原因之一；

③从理论上讲，酸压裂缝及其相连开式沟槽的导流能力应当很大。

但由于下列问题的存在，会影响到酸压的范围和压后油井的产能，从而降低了酸压的效果：

①酸蚀裂缝长度：酸液的快速消耗（尤其是在高温方解石地层中）导致裂缝缝长较短，约为30m，比约450m的常规支撑裂缝短得多。

②裂缝导流能力：酸压裂缝的导流能力常常比推断的无限导流能力低得多。

3. 改进后的酸压工艺技术

为了提高碳酸盐岩地层的酸压效果，控制酸液滤失及扩大活性酸的有效作用距离是非常重要的。由于压裂液中常用的降滤剂和胶凝剂大多数在酸液中会迅速水解且极难稳定，因此，为控制滤失，提高活性酸的穿透深度，经多年的研究和试验，对酸压工艺不断进行改进和完善，国内外已形成几种行之有效的酸压工艺技术。

1）前置液酸压

前置液酸压工艺的施工方法是，先挤注黏性前置液，接着挤注酸液和顶替液。先挤注高黏液体比一开始就注酸所产生缝宽要大得多。缝宽加大使酸进入裂缝后的面容比提高，从而增大了裂缝内酸液的百分数。前置液还具有冷却裂缝内温度的作用，从而减缓酸液的反应速度。另外。这种黏性前置液可在裂缝上形成一个可压缩滤饼层，防止随后注入的酸液直接与岩石面接触。由于酸液黏度比前置液黏度低得多，它不是以活塞方式完全驱替，而是趋向于向前置液内指进。这样就减少了岩石与酸反应的表面积，提高了酸液在裂缝中的流动速度，增加了活性酸的穿透距离。此外，由于有更多的酸液流过一小段裂缝，沿这一选择性指进段就会酸蚀更多的岩石，从而可提高酸蚀裂缝的有效导流能力。

高黏前置液可以采用胶凝水、乳化液，并在其中加入适量降黏剂。前置液的初始黏度在注酸过程中基本不变，只允许在裂缝中压力释放之后或与压力释放的同时破胶。酸液可以采用无机酸或有机酸，如盐酸，醋酸，甲醛或其混合物，必要时可加入缓蚀剂、缓速剂和转向剂。在压裂之前可采用预处理液，压裂液和酸液之间可采用缓冲剂。此外，一切注入流体中都可加入降滤失剂来提高流体效率。前置液的最佳用量可通过模拟加以确定，即采用不同前置液来计算增产倍数。前置液与酸液的用量比一般在（1∶1）~（1∶3）之间。

2）多级前置液酸压工艺（多级交替注入酸压）

采用多级前置液酸压处理地层的原理基本上与上述前置液酸压相同。主要区别是在挤注各段酸液之前，须先注入高黏造壁性前置液，压开裂缝并控制酸液的滤失。多级前置液可封堵和填充被前面酸液溶蚀出的孔洞，迫使后续酸液在裂缝壁上溶蚀出具有高导流能力的指进沟槽，并在酸液再次滤失之前使溶蚀出的酸蚀裂缝进一步延伸，实现深度处理。

前置液中常加入细颗粒来帮助控制流体滤失，这种颗粒物可填充或桥塞酸蚀洞和天然裂缝，从而提高流体效率。前置液可采用各种聚合物制备，最常用的是凝胶。无论是高黏度交联凝胶还是低黏度线性凝胶都可以使用。交联凝胶由于具有造缝宽的优势因而常常被优先采用。制备这种凝胶的方法是：每 3. 785m^3 水中加入 4. 8 ~ 4. 9kg/m^3 的胍胶，然后加入锆、钛或硼酸盐等任一种交联剂。纤维素衍生物或聚丙烯酰胺等合成水溶性聚合物也可采用。温度在 93℃以内时最好采用胍胶和纤维素衍生物。稠化酸常用的几种丙烯酰胺共聚物也可以使用，这些稠化剂具有良好的酸蚀热稳定性，在 93℃以上时用于配制前置液效果很好。油包酸乳化液反应缓慢，在中温井中也可作前置液。

酸液通常采用 15% ~28% 的盐酸，也可采用 20% 的盐酸加 7% 的甲酸。此外，各处理级可采用不同的前置液和酸液。例如，第一级用 15% 盐酸，后几级可用 28% 盐酸，这样可获得更大的酸穿距离。还可以考虑使用缓速酸。

3）缓速酸酸压

降低酸液反应速度最简便的方法是直接利用反应生成的天然副产品，盐酸与石灰岩和白云岩的基本反应式如前所述，要利用这种生成的副产品来延缓反应速度，只需加大酸的初始浓度。初始浓度为 15% 的盐酸，其反应速度几乎是初始浓度为 28%、消耗后降为 15% 的盐酸的 2 倍。其原因是在酸液消耗的同时，反应生成物进入了酸液，致使反应速率降低。

最早采用的延缓酸液反应速度的方法之一是向酸液中添加亲油表面活性剂（即乳化酸）。如：烷基磷酸盐或烷基胺。当缓速表面活性剂与地层原油混合后，可在岩石表面形成一层油膜，保护碳酸盐物质不受酸的侵蚀。其中一些表面活性剂缓速剂还与反应生成物释放出的 CO_2 生成一种稳定的泡沫，在岩石表面形成一个隔层，防止酸与岩石表面接触。

加入表面活性剂和气体生成的泡沫也有利于降低酸的反应速度，这种泡沫含有能形成泡沫隔膜的表面活性剂。而且，这种泡沫以乳化液形式出现，总是有 2 个分离相与岩石面接触，其中之一是非反应性气体。此外，泡沫液能够导致较高的黏度，有利于加大缝宽，降低扩散，并对滤失性有改善能力。

已经证明乳化酸对延缓酸的反应速度具有很好的效果。油外相和酸内相乳化液的应用已获得巨大成功。油外相乳化液是最有效的，它本身具有防止酸液立即接触岩石表面的作用，这些液体由于其黏度高，因而具有加大缝宽的优点，如加入亲油性表面活性剂，可进一步降低其反应速度。除此之外，前面提到的泡沫酸、交联酸、胶凝酸等都可作为缓速酸酸压的工作液。它们的特点及适应范围有所不同，但处理工艺基本相同。

一、砂岩油气层的酸化

砂岩油气层结构复杂，矿物成分较多，因此，砂岩酸化所用酸液类型较多，须针对油气层的特点即岩石物性、储层特征开展试验研究，找出与该地区油气层相适应的酸液和添加剂，提高酸后效果。下面仅就几种常用的酸液进行论述。

1. 常规土酸酸化工艺技术

土酸由盐酸、氢氟酸及相应的添加剂组成。适用于砂岩地层的酸处理。

土酸进入地层跟二氧化硅、长石等硅酸盐矿物反应，使之变成可溶的，从而解除污染堵塞，提高地层渗透率，提高增产、增注效果。在此过程中应注意保持足够的剩余酸度，以避免形成二次沉淀，影响酸化效果。酸液中应加入足量的缓蚀剂，以保护地面施工设备和井内管柱。还需加入适量的表面活性剂、络合剂、破乳剂等，以提高酸化效果。

施工工艺：施工中酸液以低于地层破裂压力的压力被挤入地层。处理过程一般是先挤前置液（一般是浓度为15%的HCl），然后挤土酸液，最后挤入足量的清水或油作为后置液，将井内管柱中的酸液替入地层。为了防止地层黏土水化膨胀，在挤注土酸和后置液之间加上挤防膨剂溶液这一步骤，称之为“土酸防膨增注酸化”。有时在挤注土酸和后置液之间加上挤互溶剂步骤，以利于地层岩石的水湿和酸化后微粒的排除，此工艺称为“互溶剂土酸酸化”。只要选井得当、配方合理、施工正常，常规土酸酸化、土酸防膨增注酸化、互溶剂/土酸酸化通常均会取得令人满意的增产、增注效果。

2. 胶束酸酸化

胶束酸是加有胶束剂配制而成的酸液。它是根据胶束理论，利用胶束溶液的增溶作用，将与酸液不相溶的，而又是酸化所需的各种药剂复配，使之和酸具有良好的配伍性且与地层流体有很好的相溶性，从而达到改善酸液性能和提高酸化效果的目的。

钻井、完井及注采过程中的钻井液、完井液、注入水等外来液体及携带物的浸入，往往会污染油层，堵塞渗流孔道，造成产油量或注水量降低。尽管造成堵塞的原因诸多，但堵塞物不外乎有机物（沥青、胶质的析出、细菌代谢物、油水乳化物）以及无机物（碳酸盐、硅酸盐、腐蚀产物和黏土等）两种类型。因而要求酸液有多效性能。为此，依据表面活性剂在水（或油）中能够形成胶束的性质，并加有互溶剂和有机溶剂，可研究成具有多种效能的胶束溶剂，该溶剂加入土酸或盐酸，便可配成胶束酸。它具有降低界面张力，破乳及溶解重质烃的能力，酸中的胶束能把复盖在岩石或无机堵塞物表面上的油垢渗透溶解下来，部分油垢可增溶到胶束中去，从而解除有机物造成的堵塞，也利于酸和无机堵塞物发生反应。

胶束剂用量视地层条件而定，对稠油或低渗透的油井一般为酸体积的5%～10%，一般油井则为酸体积的1%～3%，水井中一般为酸体积的5%。

3. 浓缩酸酸化

浓缩酸是以磷酸为主体酸并含有多种助剂的浓缩液体。它是一种缓速酸，反应速度一般为盐酸的1/20～1/10，从而可达到活性酸深穿透的目的。适合于钙质胶结物高的砂岩油水井酸化，可解除地层较深部的铁质、钙质污染堵塞。

浓缩酸主要特点是可以解除碳酸盐及铁的腐蚀产物，具有缓速作用。摩尔浓度相同的HCl与H_3PO_4相比，前者的H^+浓度要比后者大的多，这正是磷酸可延缓反应，以达到地层深部酸化的目的。其次，磷酸还具有防沉淀的作用，磷酸在与地层岩石反应的过程中，由于同离子效应，磷酸与反应物可形成缓冲溶液，在地层条件下，磷酸便成为一种“自身缓速”的酸。因此，即使与地层长时间接触，它的pH值也很少增加到3以上，故用磷酸处理地层，在一定时间内，可预防铁的氢氧化物沉淀。另外对施工用的金属设备也只有轻微腐蚀。施工方便，可在不动管柱的前提下，油井直接由套管将稀释好的浓缩酸泵入井内，施工周期仅一天，经济效益高。

4. 深部酸化工艺

1）自生酸酸化工艺技术

自生酸亦称再生酸，是生成盐酸、氢氟酸等多种自生酸方法的总称。也是国内外常用的酸化技术之一。酸液中同样要加入与地层相配伍的多种添加剂，以改善酸液性能，获得更好的酸化效果。

施工工艺：它是将可产生所需酸的组分及相应的添加剂同时或交替泵入井内，使之在井筒或地层温度下逐步产生所需要的酸，逐步与地层矿物进行化学反应，解除堵塞，达到增产、增注的目的。由于跟地层作用的酸是逐步形成的，所以酸的浓度一般都较低，因而对设备及管柱的腐蚀速度低，与岩石的作用较缓和，作用的时间和距离较长，可起到深度酸化作用。因而是一项深度酸化措施。生产中可根据地层需要选择适宜的生酸组成，以获得预期的酸化效果。该处理工艺既可用于砂岩酸处理，也可用于碳酸盐地层的酸处理。施工中除顺序多次交替注入生酸组分的工艺外，其余均类同于土酸或盐酸酸化的施工工艺。

该项技术是一种在油层内部生成 HF（或 HCl）延迟反应的酸化系统，可用于解除深部油层的黏土损害，因此，其穿透深度大，有效期长，酸化效果好。

2）氟硼酸酸化工艺技术

氟硼酸（又称黏土酸）是由其与相应添加剂组成的酸化液，适宜于水敏性砂岩地层的酸处理。因 HBF_4缓慢水解生成 HF，因而可起到深度酸化作用。其特点是酸岩反应速度慢，酸穿距离远，有较好的稳定黏土的作用（防止黏土水化膨胀、分散、运移）。

施工工艺：①泵入所需的前垫液，一般为浓度为 1% 的 KCl 溶液；②泵入预处理液，一般为浓度为 15% 的 HCl；③泵入所需的黏土酸，泵入速度一般不大于 33L/（m · min）；④顶替一般为轻质油；⑤关井根据油层温度，确定关井时间；⑥开井放喷，抽吸求产。

该项技术具有一定的深度酸化及稳定黏土的作用。值得说明的是氟硼酸酸化由于其水解速度受温度影响，随温度升高，HBF_4水解加快，因此它不适用高温地层的酸化。且由于氟硼酸价格贵，大面积推广应用受到限制。

二、分层酸化工艺技术

由于砂岩油田的油藏具有多套层系，各层系渗透率差异很大，各层一起酸化，酸液易进入高渗透层，而中低渗透油层得不到酸化。为了充分发挥一些中低渗透油层的作用，酸化时应采用分层酸化工艺技术。国内外普遍采用分隔器进行分层酸化。关键是分层酸化工具必须结构简单，操作方便，封隔可靠，组配灵活，座、解、封方便，适应深井和高压施工的要求。

三、暂堵酸化工艺技术

暂堵酸化是用携带液将暂堵剂带入地层，暂时封堵处理高渗透层，然后挤酸酸化中小渗透层；或者将暂堵剂加入酸液中一起挤入地层，酸化暂堵剂首先进入高渗透层，迫使后来酸进入中低渗透层，从而达到暂堵酸化的目的。用暂堵剂进行酸化，可避免用封隔器酸化卡不准，套管变形封隔器下不去，放压等缺点。因此，国内外都发展了该项技术。国内胜利油田 1981 年将苯甲酸暂堵剂加入酸中，对砂岩油井成功进行了暂堵酸化，华北油田使用也见到了好效果。

苯甲酸是溶于油、微溶于水的固体有机物质，将它加入酸中，以微小颗粒悬浮于酸液中。当酸液泵入油水井后，首先进入启动压力低的高渗透层，悬浮在酸液中的固体有机物质的微小颗粒，将高渗透层的孔隙暂时封堵，减少酸液的进量，迫使其后进入的酸进入到中低渗透层，然后挤酸进入中低渗透层，对其进行酸化，达到改善中低渗透层的目的。施工后封堵高渗透层的苯甲酸溶于原油或慢慢溶于地层中随产液排出或随注入水挤入地层深部，恢复高渗透层产油或注水能力。

四、酸化井排液

酸化施工结束后，停留在地层中的残酸水由于其活性已基本消失，不能继续溶蚀岩石，而且随着其 pH 值增高，原来不会沉淀的金属会相继产生金属氢氧化物沉淀。为了防止生成沉淀堵塞地层孔隙，影响酸处理效果，一般说来应缩短反应时间，确定残酸水的剩余浓度在某值以上时，即将残酸尽可能快速地排出。为此，应在酸化前就作好排液和投产的准备工作，施工结束后立即进行排液。

残酸流到井底后，如果剩余压力（井底压力）大于井筒液柱回压，靠天然能量即可自喷。对于这类井，可依靠地层能量进行放喷排液。如果剩余压力低于井中液柱回压，就要用人工方法将残酸从井筒排至地面。目前常用的人工排液法可分为两大类：一类是以降低液柱高度或密度为主的抽汲、气举法；另一类是以助喷为主的增注液体二氧化碳或液氮法。

1. 放喷、抽汲、气举排液

1）放喷

油气井如果位于裂缝发育地带，有广阔的供油、气区且地层能量充足，往往一经解堵或沟通裂缝后，一开井就可连续自喷。对于这类井，应本着既要尽快排净残酸，又要少消耗能量的原则，选择合适的油嘴，适当控制回压进行放喷。究竟用多大的油嘴，一般是根据油、气和酸水的多少以及压力的变化情况，由大到小进行倒换。

2）抽汲

抽汲就是不断排出井内液体，从而降低井内液柱高度 H，亦即降低井筒中液柱的回压，促使残酸流入井底。伴随残酸流入井底的地层流体（原油及天然气）数量增多后，井筒内液柱混气程度将逐渐增高，密度亦相应下降。在这种情况下，通过多次抽汲、激动和诱导，有时可将油、气井诱喷成功，则可自喷排液，否则应继续进行抽汲。抽汲的主要缺陷是：效率低、速度慢，不能及时快速排出残酸，除非能很快转为自喷，否则对酸化效果会造成不利影响。

3）气举

气举排液就是用高压压风机将高压压缩空气或用邻井的高压天然气，从环形空间注入井内，压迫套管液面下降，当液面下降到油管管鞋时，气体进入油管，使液柱混气并喷至地面。如果井较深，液柱回压超过压风机的最大工作压力（额定工作压力）时，压缩气体则不能通过油管管鞋进入油管。此时，可采用气举阀以完成深井酸化气举排液作业。气举的主要问题是：需要有高压压风机或高压天然气源，另外，这种方法要控制得当，否则由于会产生较大的压力波动，易于在疏松地层引起出砂。

2. 增注液态 CO_2 及氮气助喷排液

为了提高排液能力，可将液氮或液体 CO_2 同酸液混合挤入地层，由于温度升高和压力下降会导致液氮或液化 CO_2 气化。排液时，气态 N_2 或 CO_2 的体积不断膨胀，这种膨胀力将不断携带和推挤流体，对排净残酸十分有利，往往无需抽汲即可完成排液。同时 CO_2 还有缓速等多种效能，在现场施工中见到较好效果。

五、施工工序

1. 施工前准备

按酸化施工设计任务书要求，作好酸化施工前的准备工作。一般包括：①使井口采油树各闸门齐全、无刺漏，井场和道路畅通；②按设计要求完成管柱，洗好井；③备好料，配好各种用液；④准备好酸化车及其他车辆、施工管汇等。

2. 施工步骤

按酸化施工设计任务书执行。一般包括：①交底后摆好设备；②连接管线，地面试压；③低压正替，然后依次剂入各种酸液；④挤顶替液；⑤关井反应时间及排液方式等。

3. 施工中安全及质量要求

（1）酸液对衣服、皮肤腐蚀能力很强，配液、施工时必须注意安全。

①酸液配制时要注意穿戴好劳保用品，胆大心细，有专人负责指挥配液，并提前备好洗液，一旦酸溅在身上、脸上要及时用洗液、清水冲洗，重者及时送医院治疗。

②配好酸液后要检查酸罐车放液口阀门，入液口上盖是否上紧，不能有滴、漏现象。车上应标有危险标记，在运往井场途中要注意安全。

③施工队上井后，在施工前要认真检查井口阀门是否齐全，螺丝是否上紧，待井口合格后才能进行施工。施工时首先进行井口、管线试压，在确保无刺漏时，才向井内注酸。

④当对酸量大、新工艺井进行酸化施工时，要配备生产指挥车、救护车上井。

⑤严格按设计进行施工。

（2）酸化施工的好坏，直接关系到酸化效果。因此，必须保证施工质量，做到下述几点要求：

①酸化施工前进行交底，明确分工，统一指挥；非工作人员不得进入高压区。

②严格按设计要求，进行酸化施工。

③保证施工中酸液不刺漏，一定打够设计液量。

④对基质酸化施工泵压，一定不能超过地层破裂压力，随时注意观察施工泵压、排量变化。

⑤取全、取准施工压力、排量、施工时间等资料，并认真记录。

4. 施工后期管理

酸化施工后对油气水井的管理好坏，关系到酸化施工的效果。对油气井酸化施工后按设计要求关井之后，须及时开井。若能自喷，则装油嘴排液求产。一般当残酸浓度降至0.1%时，自喷井原油进站生产，非自喷井起出酸化管柱下泵转抽投入生产。不能自喷时就要及时排液防止二次沉淀是酸化成功的关键。在油气井生产过程中要认真记录油、套压，油气日产量等数据，且定时测油井动液面。对具备排液条件的注水井，在酸化施工后按设计要求及时排残酸，当残酸浓度降至0.1%时恢复注水；不具备排液条件的注水井应及时恢复注水，将残酸挤入地层深部。在注水期间认真记录泵压、套压、油压、日注水量、注入水水质等数据，定时测吸水指示曲线、吸水剖面等。酸化施工后按配注要求要平稳注水，注入速度不能太大，否则易造成地层速敏，影响酸化效果；注入水质要符合注水水质标准，这是延长酸化注水井有效期的根本因素。否则，随注水时间增长，注水量增多，势必再次堵塞注水井地层，导致酸化失败。

第四节　油层改造评价

一、油气层损害的矿场评价

1. 油气层损害评价参数

1）侵入半径（损害半径）

侵入半径（损害半径）指的是入井流体侵入地层并对地层渗透能力产生影响的范围。

2）表皮效应与表皮系数

表皮效应：在井筒周围一个很小的区域内，由于压井液的入侵，油层打开不完善、油层改造见效等，使这个区域的渗透率发生改变。因此，当原油从油层流入井筒时，在这里会产生一个附加压降，这种现象叫表皮效应。

表皮系数：把井筒附近的附加压差无因次化，得到无因次附加压降，称为表皮系数。它表征一口井表皮效应的性质和油气层受到损害程度。

2. 油气层损害评价标准

1）表皮系数评价标准

表皮系数评价标准如表9-8所示。

表 9-8　表皮系数评价标准

地　层	损　害	未损害	强　化
均质储层	>0	0	<0
非均质储层	> -3	-3	< -3

2）均质储层损害程度评价标准

均质储层损害程度评价标准如表 9-9 所示。

表 9-9　均质储层损害程度评价标准

损害程度	轻微损害	比较严重损害	严重损害
S	0~2	2~10	>10

二、压裂施工效果评价

对压裂施工效果的及时评价，有助于今后设计的改进。

1. 施工评价

施工评价包括下述几个方面的内容：

①与压裂设计的符合情况，包括井口施工压力，前置液量，携砂液量，加砂量、顶替液量，总入井液量。

②整个压裂施工的连续性，是否一次施工成功，并安全作业。

③井底沉砂情况前后氏沉砂高度。

④压裂施工资料全准率，包括施工记录及施工曲线，瞬时停泵压力，井温剖面记录曲线、裂缝监测曲线、压裂后压降曲线等。

2. 压裂效果评价

对压裂效果评价主要包括 3 个方面的内容。

（1）增产量评价。

压裂后实际增产倍数与设计效果预测增产倍数的符合情况；实际增产量与设计累计增产量的符合情况。

（2）以压裂前后压力恢复曲线试井资料为基础，对比产层污染变化及采油指数变化情况。

（3）经济评价。

压裂施工经济评价主要考虑以下几点：

①压裂施工的现值（PV）；

②压裂施工的净现值（NPV）；

③压裂施工的偿还时间（PO）或贴现的偿还时间（DPO）；

④压裂施工的投资回收（ROI）或贴现的投资回收（DROI）；

⑤压裂施工的回收率（ROR）。

三、酸化效果评价

酸化施工的油气水井要及时进行效果评价，以便总结经验，吸取教训，从而提高酸化工艺技术水平，增加酸化的成功率和酸化效果。

酸化效果的评价办法：①通过酸化前后油井日产量或采油指数，水井视吸水指数的对比进行酸化效果评价；②通过酸化前后测得压力恢复曲线求得的表皮系数、堵塞比来进行酸化解堵情况的效果评价；③通过酸化前后测得的吸水剖面或采油剖面的对比情况进行酸化效果的评价；④通过酸化后生产有效期进行酸化效果评价等。

目前最常用的酸化效果评价方法是通过酸化前后注水或产油气状况对比（吸水指数指数、吸水剖面，油井日产油量或采油指数、油井生产方式、动液面变化等）和有效期的长短、经济效益等来进行评价酸化效果，也用同一口井采用不同酸化措施后得到的不同结果进行效果评价。从多井酸化后总的采油指数或吸水指数变化、措施成功率以及经济效益来评价该项酸化工艺技术的实用性和总体酸化效果。

第十章　堵水及调剖工艺

海上油气田的开发建设和生产都需要大量的资金投入，为尽快收回投资并取得好的开发经济效益，海上油田必须以较高的采油速度进行生产。提高采油速度必须维持油井较高的产量，因此，提出了强化油井产能的一系列措施，如大排量电潜泵、注水等工艺技术。这些技术在海上油田中比较广泛，从而使油井见水和产出液含水率上升快的风险增大。此外，随着油田的开发，油井出水问题越来越突出。由此可见，稳油控水是延长海上油井经济开采寿命，提高油田采收率的重要途径，调剖堵水技术是实现这一目标的主要手段。

在我国已开发的海上油田中，原油采收率一般不到30%，要提高原油采收率，还需要采取其他的强化采油措施（通常称三次采油）来实现。然而海上油田具有的特殊性，使许多在陆地油田行之有效的三次采油技术在海上应用受到了很大限制。目前，提高海上油田原油采收率主要是通过调层补孔、开窗侧钻等措施来实现，而调剖堵水是今后海上油田提高采收率的主要发展方向。

第一节　油井堵水技术

一、出水原因及堵水的目的

油井大量出水在油田生产中后期是普遍存在的问题，但新投产的油井有时也会出现见水过早且产出液中含水率上升太快的严重问题。油井所出的水可能是来自同层的水，也可能是异层水（外来水）。注入水、边水和底水属于同层水，一般而言，油井出水是由于水锥或水沿大孔道窜流造成的。由于油层的非均质性和油水流度比的不同，随着油水界面的前进，注入水及边水可能沿着高渗透层不均匀前进，纵向上形成单层突进，横向上形成指进。油层出现底水时，原油的产出可能破坏油水原来的平衡关系，使油水界面在井底附近呈锥形升高，形成底水锥进。水锥一般发生在近井地带，当流体的压力梯度克服油水的重力梯度差时即可形成水锥，纵向渗透率高的地层会加速水锥的形成。异层水又叫外来水，异层水造成油井出水的主要原因是油井固井质量差、套管损坏引起流体窜槽或误射水层引起产水。

油井产水，对油田生产的经济效益影响很大。对于新投产的油田，如果油井过早大量出水，将严重影响油田开发投资的尽快回收。对于老油田，油井因大量产水带来处理费用的增加，将缩短油田的经济开采期，甚至导致油井报废并损失部分可采储量。因此，对油井出水应及时采取有效措施，适时地在油井内对强水淹高含水层进行封堵，即进行油井堵水作业，来控制高含水层的产液量，降低流压并提高低含水层产液量，以达到缓出水、少出水和降低含水率上升速度的目的。

二、找水方法

油井堵水针对的目标是封堵高含水层，因此，首先必须找出井下的主要的出水层段，这是确保堵水效果的前提。油井找水方法主要有通过电缆下入找水仪器和用管柱下入找水仪器2种作业方式（表10-1）。具体方法参见地层测试和连续油管的相关内容。

表10-1　油井找水方法

电缆测井法找水	脉冲电子寿命测井
	固井质量评价测井
	套管评价测井
	井温、流量测井
	井下电视测井
管柱找水	油管带封隔器、测试器找水
	连续油管带封隔器、测试器找水
其他方法	水分析法找水

三、堵水工艺

1. 机械堵水

机械堵水是一种使用封隔器及其配套的控制工具来封堵高含水层的堵水方法。海上油田的生产井很多都是电泵机采井。因此，适用于海上油田的机械堵水管柱一般应为可丢手的管柱结构。

2. 化学堵水

油井化学堵水是将化学堵剂通过油管注入到高渗透出水层位，利用化学堵剂封堵出水层，以减少油井出水，增加原油产量。根据堵剂在油层形成封堵的方式不同，化学堵水可分为非选择性堵水和选择性堵水。

1）非选择性化学堵水

非选择性化学堵水是将化学堵剂注入预堵的出水层，形成一种不透水的人工隔板，使油、水、气都不能通过的堵水方法。非选择性堵水适用于封堵单一水层或含水层，因为所用的堵剂对水和油都没有选择性，既可堵水也可堵油。非选择性化学堵水方法的选择取决于所用的化学堵水剂，非选择性化学堵水剂的种类见表10-2。

表 10-2 非选择性化学堵水剂

类 型	堵水剂名称	特 点	应用范围
硅酸钙类堵水剂	水玻璃—氟硅酸堵水剂	堵剂配制液地面黏度低、可泵性能好、抗盐、凝胶强度大，堵水效率大于95%	适用于高含水油层堵水，单层有效厚度大于5cm，过早水淹，采出程度低或多层层间渗透率级差大的油井，适用温度：30~95℃
	水玻璃—氯化钙堵水剂	配制液地面黏度低、凝胶强度高、抗盐性能好、热稳定时间长，封堵效率95%	适用于砂岩或碳酸岩油层堵水，可用于封堵窜槽水或同层水（或夹层水），适用温度：40~80℃
	硅酸凝胶堵水剂	堵剂地面黏度低、凝胶强度大、热稳定性能好，堵水效率大于90%	适用于地层渗透率级差大，水淹进度快，油层厚度大于5cm的砂岩油层堵水，适用温度：60~80℃
	硅土胶泥堵水剂	凝固时间较快、凝胶强度较高，堵水效率大于95%	可用于封堵裂缝发育的高渗透砂岩油井或注水井，也可用于封窜或打水泥塞，适用温度：30~60℃
树脂类堵水剂	脲醛树脂堵水剂	堵剂地面黏度低，可泵性好，凝固时间可控制在0.5~3h，耐温性能好、封堵强度高，堵水效率大于98%	主要适用于砂岩或碳酸岩地层堵水，可用于封堵裂缝发育的高渗透出水孔道
	酚醛树脂堵水剂	堵剂地面黏度小，可泵性好，凝固时间在0.5~3h，耐温性能好、封堵强度高，堵水效率大于98%	适用于出水层位清楚的砂岩或碳酸岩油井堵水，也可用于封底水、封窜和出砂井，适用温度：40~150℃
聚合物冻胶类堵水剂	铬交联部分水解聚丙烯酰胺堵水剂	堵剂地面黏度小于50mPa·s，常温下24h不发生交联，70℃凝胶时间为3.5h，凝胶物热稳定性好，堵水效率大于95%	适用于碳酸岩或砂岩油层堵水，处理层渗透率大于0.5μm^2，油层厚度大于3m，出水层位清楚的油井封堵底水或同层水
	甲醛交联部分水解聚丙烯酰胺堵水剂	堵剂常温下年度小于60mPa·s，流动性好，易优先进入含水饱和度高的层段，在地层温度下交联时间可控制在1~5h，热稳定性好	适用于封堵砂岩油层同层水和与注水井联通的高渗透条带。处理层纵向渗透性差异大，油水界面明显的井可优选，油层厚度5~13m的油井
	聚丙烯酰胺高温堵水剂	堵剂地面黏度小于40mPa·s，可泵性好，在120℃下凝胶时间45~150min，恒温下稳定30d不破胶水化，堵水效率大于95%	适用于油层为碳酸岩或砂岩的油井堵水，适用温度为100~130℃，处理井纵向渗透率差异大，水平裂缝发育，井底主要产水层含水率高
	聚丙烯酰胺—木质素磺酸盐堵水剂	堵剂配制液地面黏度小于100mPa·s，70℃下凝胶时间为2~3h，70℃恒温下稳定100d不破胶水化，堵水效率大于95%	适用于封堵单一出水层或因套管破损及出水层位清楚且出水层干扰生产层明显，平时多次卡封不住，且有潜在生产能力的出水井
水泥类	超细水泥堵水剂	超细水泥是颗粒更加细化了的油井水泥，其水化速度更快，抗压强度更高，凝固后抗渗透性好，能通过更窄小的缝隙，堵水效率高	适用于套管损坏井、套管外窜井的挤堵和分层开采油气井严重水淹层进行永久封堵

施工程序为：先找准出水层段，选用合适的工艺措施，将油层和水层分隔开，然后将化学堵剂挤入水层，造成堵塞。

2）选择性化学堵水

选择性化学堵水是将具有选择性的化学堵剂笼统注入井中，或注入卡出的高含水大层段中，选择性化学堵剂本身对水层有自然选择性，并能与出水层中的水发生作用，产生一种固态或胶态阻碍物，以阻止水流入井内。这些化学堵剂因有对水层的选择性，就很少进入油层，即使进入油层，也不与油发生作用，在生产与排液过程中随油、气一起排出，从而起到堵水不堵油（理想状态）或多堵水，少堵油，降低油水比的作用。

选择性堵水方法使用的堵剂为选择性化学堵水剂，它是通过利用油和水的差别或油层和水层的差别，达到选择性堵水的目的。表10-3所列的化学堵水剂是一些在油田应用比较成熟的选择性化学堵水剂。

表10-3　选择性化学堵水剂

堵水剂名称	性能特点	适用范围
聚丙烯酰胺高温溶胶堵水剂	堵剂地面黏度30～50mPa·s，堵水效率70%～80%	用于砂岩或碳酸岩油井堵水，地层水矿化度小于5000ppm* 地层渗透率小于0.3μm^2
甲叉基聚丙烯酰胺溶胶堵水剂	堵水剂溶液在100ppm[①]氯化钙存在下，地面黏度小于50mPa·s，温度低于90℃时黏度稳定，堵水效率60%～70%	适用于砂岩油层堵水，油层空气渗透率小于0.5μm^2，井温40～90℃的油井
部分水解聚丙烯腈堵水剂	堵剂反应沉淀率高，可达83%～93%，沉淀物在水中淡化度小于23%，在90%下淡水中浸泡95d稳定，堵水效率91%～95%	适用于同层出水砂岩油层堵水，地层温度40～90℃，油层厚度大于5m，出水层位清楚，地层渗透率级差大于2
泡沫堵水剂	三相泡沫各组分混合物密度低，起泡速度快，膨胀率大且性能稳定	适用井温40～50℃，堵层渗透率小于0.05μm^2，渗透率差异大于1.5，油层厚度>10m的砂岩油层油井堵水
有机硅堵水剂	堵剂配制液地面黏度低，凝固时间为5～60min，凝胶强度高，抗盐性能好，堵水效率大于80%	适用于砂岩油层堵水，适用井温150～200℃，含水上升速度快、地层渗透率差异大、出水层清楚的油井
松香皂堵水剂	堵剂配制液地面黏度小于30mPa·s，易泵入地层并可优先进入出水孔道。凝固体强度大，稳定性好，堵水效率为66%～85%	适用于砂岩油层堵水，地层水中钙、镁离子含量应大于5000ppm，使用温度40～60℃，凝固时间0.5～3h
活性稠油堵水剂	堵剂配制液地面黏度小于300mPa·s，形成水分散体系后最大黏度为1300mPa·s，堵水效率60%	适用于出水类型为同层水的砂岩油层堵水，可用于井温为40～60℃油井

续表

堵水剂名称	性能特点	适用范围
活性稠油—固体粉末堵水剂	堵剂地面黏度小于200mPa·s，油包水型乳状液形成时间为10~30min，黏度升高为20~40倍	可用于同层出水的砂岩油层堵水，要求堵水井渗透性差异大，油层厚度在10m左右，水淹厚度小，含水大于70%
油基水泥堵水剂	油基水泥是水泥在油中的悬浮体，地面流动性较好，进入油层与水接触，水置换水泥表面的油与水泥作用，固化后封堵水层，封堵强度高，作用时间长，堵水成功率大于90%	用于高渗透性或裂缝大通道水层的封堵，也可用于封堵管漏、管外窜和砾石重填，还可作聚合物深部调剖剂和封口胶，防止聚合物返排

注：* 1ppm = 10^{-6}。

四、堵水设计及实施

油井堵水主要有机械堵水和化学堵水2种方式，机械堵水工艺主要反映在井下的堵水管柱上，而化学堵水必须使用合适的施工工艺来达到不同的堵水目的，选择正确的挤注方式可以提高化学堵水的成功率。堵水作业最有效的挤注方式是用封隔器卡封后直接将化学堵剂挤入目的层，借助地层条件在地层内反应形成堵塞物，从而堵塞地层水渗流通道，使驱替液绕流改道，提高驱替液波及效率，达到堵水增油的目的。对不同的井及不同的出水原因，化学堵水作业的工艺措施是不一样的。

1. 封堵底水窜

对大多底水驱油田，随着油井生产，加上不合理的开采因素，致使底水沿井筒锥进，很快上升的底水将井筒附近的油层全部淹没，造成油井高含水，甚至只出水不出油，影响油田的开发效益和原油的采收率。

封堵底水水锥时，必须保护上部油层的产能，堵水管柱一般下到油层中坐封（图10-1）。采用泵注性能好、强度高的化学堵剂，利用油管正挤堵剂，油管环空辅以平衡液的注入工艺将堵剂注入地层当作水平隔板，降低水的渗透率而不降低油的渗透率，那么原油产能就能保持不变，而产水量却受到控制。这种方法又称底水隔板法。

2. 堵封管外窜

对于油水层分开，中间有隔层的油井，随着油井的生产，井下条件的改变，套管外原本封固很好的油水隔层间可能出现裂缝或微缝隙，下部水层的水沿套管外的缝隙上窜到上部层，致使油井含水量增加。

封堵管外窜出水，必须将堵水管柱下放在隔层坐封，挤注高强度、成胶时间短的化学堵剂，快速在套管外油水隔层间形成有效的封堵层（图10-2）。

3. 封堵边水、层内水

对边水、层内水引起的油井高含水，由于油水层无法明显地分隔开来，堵水时采用堵水不堵油的笼统堵水工艺，通过原生产管柱挤注选择性化学堵水堵剂，达到不伤害油流通道而对水流通道形成一定的封堵作用，以取得控制产水量的目的。

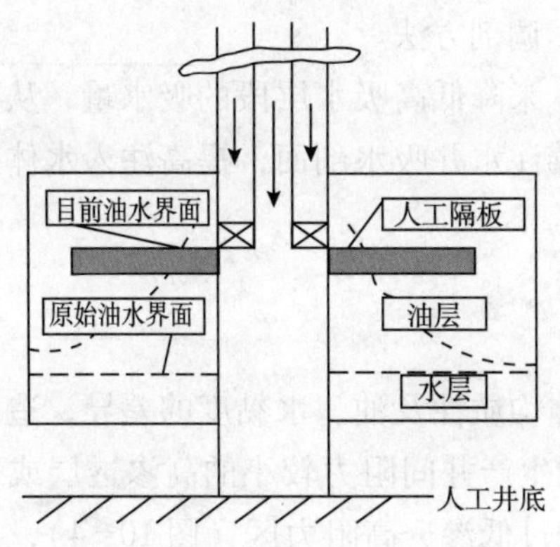

图 10-1　封堵底水锥施工示意图

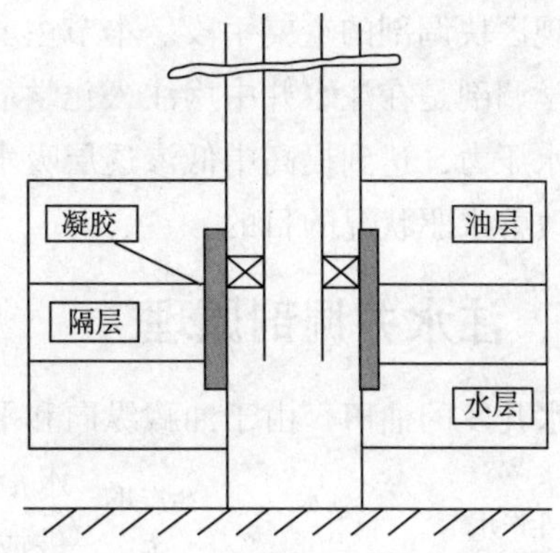

图 10-2　封堵管外窜施工示意图

4. 封堵水层

对于误射水层造成的油井出水，一般采用水泥封堵，如果水泥封堵无效，可采用化学堵水。直接封堵水层的施工工艺比较简单，将堵水管柱下放到水层卡封后，直接将化学堵剂挤入目的层进行堵水。

5. 砾石充填防砂井细分堵水工艺

海上油田对地层疏松易出砂的油井都是进行前期砾石充填防砂完井，几个油层处于同一个防砂段内。随着油井的生产，由于存在较大的层间差异，同一防砂段内的某一层出现了水淹，致使整个防砂段大量水淹。为解决砾石充填防砂段内对水淹层的堵水，研究了一种砾石充填防砂井的细分堵水的工艺，其作法为：首先，随管柱下入小直径油管封隔器及化学药剂注入工具，向油水层之间的砾石段注入暂堵剂，在筛管、砾石层及地层附近形成隔离层，防止油层遭到不必要的损害。随后，提出加药工具，然后向水淹层注入化学堵剂，封堵水淹层。注入时严格控制压力，以免压力过大，使暂堵剂窜动，造成油层污染（图 10-3）。

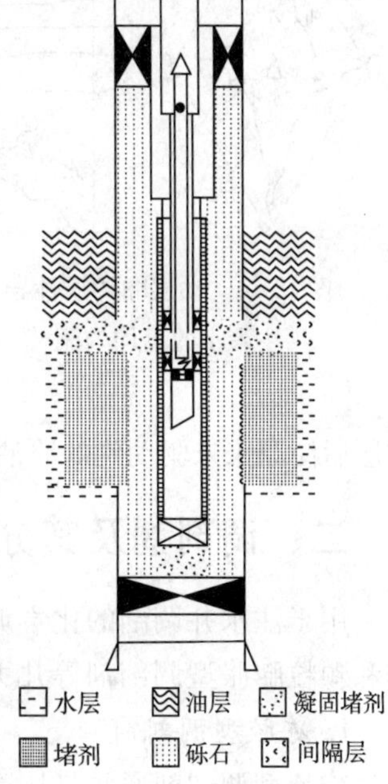

图 10-3　砾石重填防砂井细分堵水工艺示意图

第二节　注水井调剖技术

注水井调整吸水剖面的技术简称注水井调剖。注水井调剖有两种途径可以采用，一种是机械调剖方法，另一种是化学调剖方法。目前，海上油田基本上采用的是分层注水的机械调剖方法。然而，机械调剖方法存在一定的局限性，在同一储层非均质性很严重的情况下，用机械调剖方法很难取得好的效果。机械调剖方法也无法进行地层深部调剖，不能进一步提高水驱扫油面积。随着海上油田含水率的上升和进一步提高采收率的要求，化学调剖是实现区块调剖的重要手段。本节主要介绍化学调剖方法。

化学调剖是在注水井中用注入化学剂的方法，来降低高吸水层段的吸水量，从而相应提高注水压力，达到提高中低渗透层吸水量，改善注水井吸水剖面，提高注入水体积波及系数，改善水驱状况的目的。

一、注水井调剖原理

注水开发的油田，由于油藏纵向和平面上的非均质性及油、水黏度的差异，造成注入水沿注入井和生产井间阻力较小的高渗透层或裂缝突进或指进而绕过低渗透高阻力区（图 10-4），从而降低了水的波及体积和水驱效果，甚至在注入流体波及不到的区域形成死油区，这不仅会使中低渗透层的原油采出程度降低，而且会使油井过多过早产水，影响油田的稳产、高产，降低油田注水效率，增加原油生产成本。

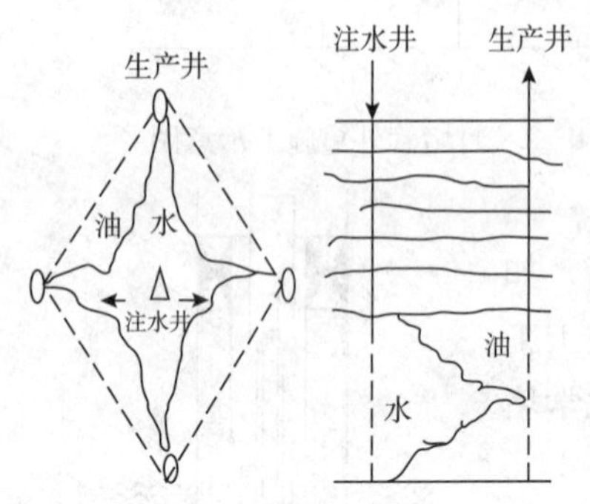

图 10-4　油层非均质性导致注入水的不均匀驱替

注水井调剖就是通过向注水井注入化学调剖剂，让调剖剂在井下封堵注水井的高渗透层，改变水流方向，迫使注入水进入原来的中低渗透层，从而扩大注入水的波及体积，提高注入水的利用率。注入水进入中、低渗透层后使原来未驱动到的原油被驱替了出来，提高了油井的产油量和阶段采出程度。

二、调剖剂及其分类

用于注水井调剖的化学调剖剂按其封堵作用的差异可分为冻胶型调剖剂、沉淀型调剖剂和颗粒膨胀型调剖剂等几大类型。

1. 冻胶型调剖剂

冻胶型调剖剂通常是用高分子材料在井下条件下进行交联或聚合，形成凝胶而堵塞高渗透层，实现调整吸入水剖面的目的。下文中对几种常用的冻胶型调剖剂进行介绍。

1）木质素磺酸盐—聚丙烯酰胺调剖剂

（1）调剖原理：木质素磺酸盐（包括木质素磺酸钙和木质素磺酸钠）的分子链上含有多种官能团，如甲氧基、羟基、醚基、羰基、芳香基和磺酸基等。交联剂重铬酸钠中的六价铬经木质素磺酸盐中的羟基和羰基还原为三价铬，三价铬再与木质素磺酸盐和聚丙烯酰胺（HPAM）发生络合作用形成三维网状结构的凝胶堵塞高渗透通道。

（2）主要性能特点：堵剂交联前室温下黏度为 50～100mPa·s，可泵性好。成胶时间随温度升高而缩短，通过调整配方其成胶时间可控制在 1～48h，成胶后，冻胶具有较好的黏弹性、抗挤和抗剪切性，冻胶黏度为 5～20mPa·s；堵剂对岩心具有较好的进入和封堵能力，岩心封堵率 95% 以上。堵剂误堵非目的层后，可用 NaOH 和 HCl 破胶解堵；堵剂现场配制，施工工艺简单方便。

（3）基本配方见表10-4。

表10-4　木质素磺酸盐—聚丙烯酰胺调剖剂基本配方

配方一	配方二（适用90℃以下井温）	配方三（适用90～120℃井温）
木质素磺酸钙：3%～6% 聚丙烯酰胺：0.7%～1.1% 氯化钙：0.7%～1.1% 重铬酸钠：1.0%～1.1%	木质素磺酸钙：4%～5% 聚丙烯酰胺：1.0% 氯化钙：1.0%～1.6% 重铬酸钠：1.0%～1.4%	木质素磺酸钙：4%～6% 聚丙烯酰胺：0.8%～1.0% 氯化钙：0.4%～0.6% 重铬酸钠：0.9%～1.1%

2）TP-910调剖剂

（1）调剖原理TP-910调剖剂由丙烯酰胺单体、甲叉基丙烯酰胺及引发剂组成，堵剂进入地层后，借助地层温度压力条件，在地层内聚合交联形成具有黏弹性能的高强度聚合物凝胶，堵塞地层大孔道高渗透层。

（2）主要性能特点：调剖剂地面黏度低，黏度与水相近，能像注入水一样优先进入高吸水层段或裂缝，具有良好的选择性进入作用；聚合反应在地下进行，消除了聚合物黏度大、易降解等弱点，也简化了地面施工工艺；可泵时间与单体浓度、反应时间、引发剂种类及用量、反应速度、控制剂的浓度和用量等因素有关，一般可在1～20h内控制调整；堵剂交联度低，有很强的吸水膨胀性，封堵效果好。

（3）基本配方：淡水：1kg；丙烯酰胺：35～50kg；过硫酸钾（铵、钠）：0.08～0.2kg；N，N—甲撑基双丙烯酰胺：0.15～0.3kg；缓聚剂（铁氰化钾）：0～400ppm（1ppm=10^{-6}）；缓冲剂：0～6kg。

3）黄胞胶调剖剂

（1）调剖原理：黄胞胶又称生物聚合物，是淀粉或蔗糖经野油菜单胞菌发酵产生的一种多糖物质，其分子链上带有多种基团。黄胞胶分子中的羧基与多价金属离子结合，形成黄胞胶冻胶堵塞高渗透地层。

（2）主要性能特点：黄胞胶冻胶具有假塑性，因而配制时可将各种成分在地面一次混合，即使在地面黏度变稠或形成冻胶，仍具有可泵性，在注入系统出现故障时也不用担心会堵塞管道和井筒，可保证施工安全；冻胶具有剪切稳定性，由于它是弱结合冻胶，剪切只是使其结构变得松弛而不致断链降解，因此，一旦剪切力消失，冻胶仍能恢复到原来的黏度；假塑性的黄胞胶冻胶比牛顿流体对高渗透层更具有选择性；由于黄胞胶的滞留量特别低，因而不会永远改变地层渗透性，一旦冻胶失效，地层渗透率能够得到恢复；黄胞胶调剖剂适用温度30～70℃。

（3）基本配方见表10-5。

表10-5　黄胞胶调剖剂基本配方

配　方　一	配　方　二
黄胞胶：0.25%～0.35%	黄胞胶：0.25%～0.35%
三氯化铬：0.01%～0.02%	重铬酸钾（钠）：0.015%～0.018%
甲醛溶液：0.1%～0.2%	甲醛溶液：0.1%～0.2%

续表

配 方 一	配 方 二
pH 值：6~7	亚硫酸钠：0.014%~0.020%
	pH 值：3~5

4）BD-861 调剖剂

（1）调剖原理：将丙烯酰胺单体、过硫酸胺、交联剂 861 配成溶液注入地层，进入注水井高渗透吸水层，在地层中丙烯酰胺单体和过硫酸胺先生成聚丙烯酰胺高聚物，然后与交联剂 861 在酸性环境下生成冻胶封堵地层孔道。

（2）主要性能特点：地面黏度低，与水接近，可优先进入高渗透层段；地下合成聚合物，不存在机械剪切降解现象；冻胶强度大，封堵能力强，热稳定性好，有效期长；成胶时间和冻胶强度可在堵剂工艺要求范围内调节；配制简单，施工方便。

（3）基本配方：清水；丙烯酰胺：4%~5%；过硫酸胺：0.2%~0.4%；交联剂 861：0.05%~0.1%。

5）PIO-601 调剖剂

（1）调剖原理：由聚丙烯酰胺、苯酚、六亚甲基四胺为原料配制的调剖剂溶液注入地层，进入注水井高渗透吸水层，在地层中六亚甲基四胺受热缓慢释放出甲醛，甲醛再与聚丙烯酰胺和苯酚缩合，生成聚合物冻胶封堵地层孔道。

（2）主要性能特点：调剖剂在室温下凝胶化速度缓慢，初始黏度为 30mPa·s，便于配制、储存和泵送，利于大剂量处理；调剖剂在地层温度下，随着时间的延长，凝胶化速度加快，黏度不断增高，3 天后逐渐达到所要求的黏度；冻胶热稳定性好，70℃下 2 个月凝胶黏度基本不变；封堵效果好，岩心实验表明，经调剖剂处理后，岩心水相渗透率至少降低 99%。

（3）基本配方：清水；聚丙烯酰胺：0.5%~0.9%；苯酚：0.05%~0.3%；六亚甲基四胺：0.1%~0.6%。

2. *沉淀型调剖剂*

沉淀型调剖剂是通过调剖剂在进入地层孔道后生成沉淀来封堵高渗透性地层实现调剖。

1）水玻璃—氯化钙调剖剂

（1）调剖原理：将分隔开的水玻璃溶液和氯化钙溶液同时注入地层，两种溶液在地层中相遇后发生反应生成沉淀，这些沉淀物可以封堵地层孔道，降低高渗透层的渗透率。注入时，两种溶液用油或水隔开，进入地层后随着注入液向外推移，隔离液越来越薄，最后两种溶液相遇而产生沉淀。

（2）主要性能特点：水玻璃与氯化钙的反应条件及反应产物均不受温度的影响，因此使用不受温度条件的限制，可用于各种井温的井，适用范围广。

（3）基本配方：甲液为 20% 的水玻璃 +0.3% 的聚丙烯酰胺水溶液；乙液为 10%~

15%的氯化钙水溶液；甲液:乙液=1:1。

2）聚丙烯腈—氯化钙调剖剂

（1）调剖原理：将聚丙烯腈溶液和氯化钙溶液注入地层后，两种溶液在地层中相遇，氯化钙与聚丙烯腈发生反应生成一种性能稳定的棉絮团状沉淀物，这种沉淀物有很好的韧性，能封堵地层孔道，阻止水的流动。因高渗透层孔隙度大，进入孔道的调剖剂多，所形成的堵塞物也多，因此对高渗透层具有选择性调剖作用。

（2）主要性能特点：调剖剂沉淀物不淡化，经水长期浸泡不变软溶解；调剖剂沉淀物产生率高；沉淀反应不受施工条件影响，抗盐、抗温、抗剪切能力强；沉淀物能够酸溶，现场处理有误时可用盐酸解除。

（3）基本配方：甲液为6.5%～8.5%的聚丙烯腈水溶液；乙液为20%～30%的氯化钙水溶液；甲液：乙液=1：1；隔离液为原油。

3）铁系单液法调剖剂

（1）调剖原理：铁系单液法调剖剂主要有两种，一种是三氧化铁，一种是硫酸亚铁。这2种铁盐均可在水中解离出或，水解反应产生的可以溶解近井地带的腐蚀产物或碳酸盐，起到增注作用，进入地层的各个水解阶段的氢氧化物在相应pH值下完成其水解的全过程而沉淀下来，对高渗透层产生封堵，起到调剖的作用。

（2）主要性能特点：耐温性能好，适合高温井调剖具有增注和调剖的双重功能，即近井增注远井调剖。

4）硅系双液法调剖剂

（1）调剖原理：通过双液法的方式注入两种工作液，一种是硅酸钠溶液，一种是酸性工作液（盐酸或硫酸亚铁）。酸性工作液进入地层后先起增注作用，当在远井地带与硅酸钠溶液相遇时，两种溶液反应产生硅酸盐沉淀，堵塞地层孔道起到调剖的作用。

（2）主要性能特点：耐温性能好，适合高温井调剖；具有增注和调剖的双重功能，即近井增注远井调剖。

（3）参考配方见表10-6。

表10-6 铁系单液法调剖剂参考配方

配方一	配方二
盐酸：5%	硫酸亚铁：12%
硅酸钠：20%～25%	硅酸钠：20%～25%

3. 颗粒膨胀型调剖剂

颗粒膨胀型调剖剂是一种通过在注入地层后吸水膨胀来堵塞孔道，实现调剖作用的调剖剂。

1）聚丙烯酰胺颗粒调剖剂

（1）调剖原理：聚丙烯酰胺颗粒调剖剂是一种部分交联的聚丙烯酰胺，由于其交联度控制适当使其失去了水溶性而具有遇水膨胀的性质，选择适当粒径的水膨性聚丙烯酰胺固体颗粒，使其进入高渗透层孔隙或裂缝，吸水后溶胀变大，对地层孔道产生堵塞而起到调剖作用。

（2）主要性能特点：水中溶解率低；膨胀性受温度和水的矿化度影响大，水温越高，膨胀越快、越大，矿化度越大，膨胀越慢、越小；调剖剂密度与水接近，不会发生下沉；封堵效果较好，裂缝型封堵效率在90%以上，孔隙型封堵效率为70%～95%。

（3）基本配方：用清水、盐水或轻质油作为携带液，根据地层吸水能力确定调剖剂加量配制成调剖工作液。

2）聚乙烯醇颗粒调剖剂

（1）调剖原理：聚乙烯醇颗粒具有吸水溶胀而不溶解的性能，将聚乙烯醇颗粒注入地层后遇水膨胀，溶胀后的颗粒堵塞地层孔道，降低高吸水层的吸水量，提高低渗透层的吸水量，实现调剖。

（2）主要性能特点：水中溶解性低；水中膨胀度适当且温度和矿化度影响小；密度较水高，易下沉，注入速度必须大于沉降速度；封堵效果好，封堵效率大于98%。

（3）基本配方：用清水作携带液，根据地层渗透率、孔隙度和吸水能力，选择合适粒径的调剖剂固体颗粒及固液携带比，配制调剖工作液。

3）聚丙烯酰胺—膨润土调剖剂

（1）调剖原理：将聚丙烯酰胺溶液和膨润土泥浆同时注入井中，对于非均质多油层注水井，水基膨润土浆在注入时容易进入高渗透层，膨润土颗粒在地层中遇水膨胀，遇到聚丙烯酰胺聚合物形成絮状物及凝胶体，堵塞吸水层段水流通道，改变吸水剖面，实现调剖。

（2）主要性能特点：经济性好，有一定的效果。

（3）基本配方：膨润土泥浆∶聚丙烯酰胺溶液＝2∶1。

聚丙烯酰胺分子量约为350×10^4，水解度为30%，浓度为200～800ppm。

三、深部调剖工艺

深部调剖技术就是通过使用不同的方法使注入的化学调剖剂进入油层深部后再封堵水流通道，使油藏中的液流改向，提高注入水的波及系数，从而提高原油采收率。目前比较常用的深部调剖剂主要有两大类，即冻胶类和颗粒类。

1. 聚合物延迟交联深部调剖

普通聚合物调剖技术由于注入的剂量比较小，调剖后存在绕流问题，使调剖有效期很短。利用聚合物延迟交联进行注水井大剂量深部处理，是目前油田进行高含水期开发的一项重要技术。

聚合物延迟交联深部调剖属于冻胶类调剖技术，它采用控制成胶时间的方法，使调剖剂有足够的时间达到足够远的地方再形成凝胶。成胶时间的控制通常采用加延缓交联的添加剂来延长聚合物的成胶时间。聚合物延迟交联深部调剖技术采用的调剖剂体系虽然有所不同，但调剖原理上大致相似，下面以两种调剖剂体系为例展开介绍。

聚丙烯酰胺—重铬酸盐调剖体系可用于高渗透层的调剖，其原理是：交联剂在与部分水解聚丙烯酰胺聚合物的羧基反应之前，先与体系中的还原剂发生氧化还原反应，由于交联体系中加入了延缓剂，使还原反应时间增长，致使与聚合物的羧基反应时间延长，即聚合物的变构时间延长。这一过程应用于聚合物交联调剖技术，使得在聚合物成胶前有充裕的时间注入到地层深部，然后发生交联反应形成凝胶体，堵塞高渗透层（图10-5）。

对低渗透裂缝性油藏进行聚合物延迟交联深部调剖，某油田采用了一种以复合离子聚合物和交联剂及助剂组成的延迟交联调剖剂体系，它以低黏度形式注入井内，调剖剂沿裂缝前进，在适宜的pH值和温度条件下交联剂缓慢释放出甲醛，达到预定交联时间后，在远离井筒的油层裂缝中交联，并在油层深部形成三维网状结构，从而达到较深的调剖半径，封堵裂缝性水窜，且保持注水井较高的注水能力（图10-6）。

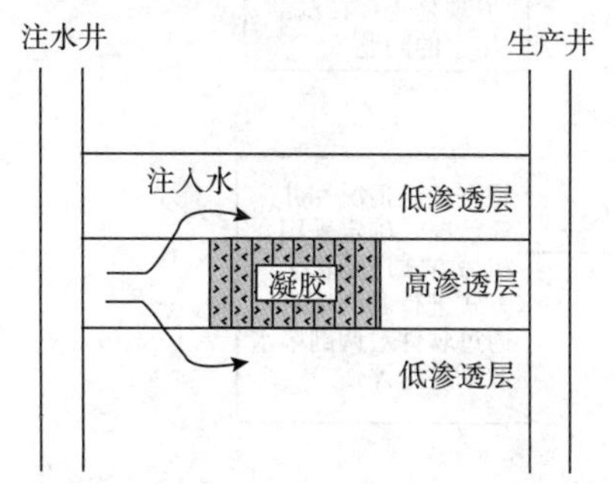

图10-5　聚合物延缓交联深部调剖机理示意图

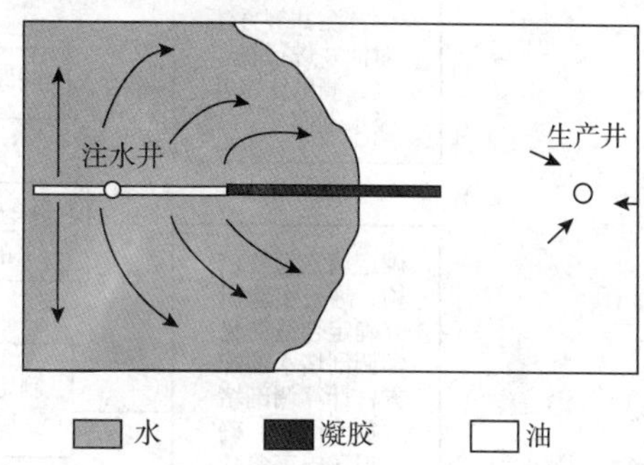

图10-6　有裂缝油水井冻胶合理充填位置示意图

2. 颗粒类调剖剂深部调剖技术

颗粒类调剖剂通常采用大剂量注入的方式，使颗粒类调剖剂进入油层深部，通过颗粒的絮凝、膨胀、积累等作用使油层通道变窄直至完全堵塞来改变注入水的流向，提高水驱效率（图10-7）。

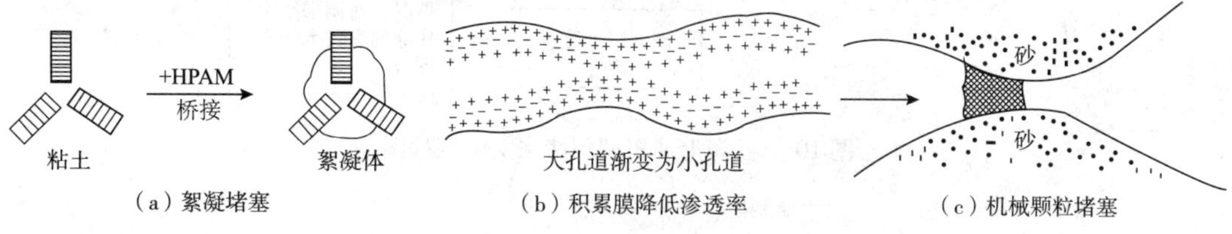

图10-7　黏土双液法堵剂封堵原理示意图

颗粒类调剖剂深部调剖技术常采用的是双液法聚丙烯酰胺—黏土颗粒调剖剂体系。近年来陆地油田采用黏土颗粒类调剖剂进行大剂量调剖，有效地解决了小剂量调剖有效期短，对应油井增油降水效果幅度不大的弊端。

四、调剖设计及实施

注水井调剖选井一般遵循以下原则：

①位于综合含水高，采出程度较低，剩余饱和度较高的开发区块的注水井；

②累计注采比尽量接近于1，这时最需要启动新层；

③与井组内油井连通情况好的注水井；

④吸水和注水良好的注水井；

⑤吸水剖面纵向差异大的注水井；

⑥注水井固井质量好，无窜槽和层间窜漏现象。

海上油田在生产过程中，如果出现油井异常出水或注水井注水失调，都需要采取必要的措施，对油井或注水井进行调剖堵水作业。与陆地油田一样，海上油田进行调剖堵水一般也要经过如图10-8所示的各个步骤。

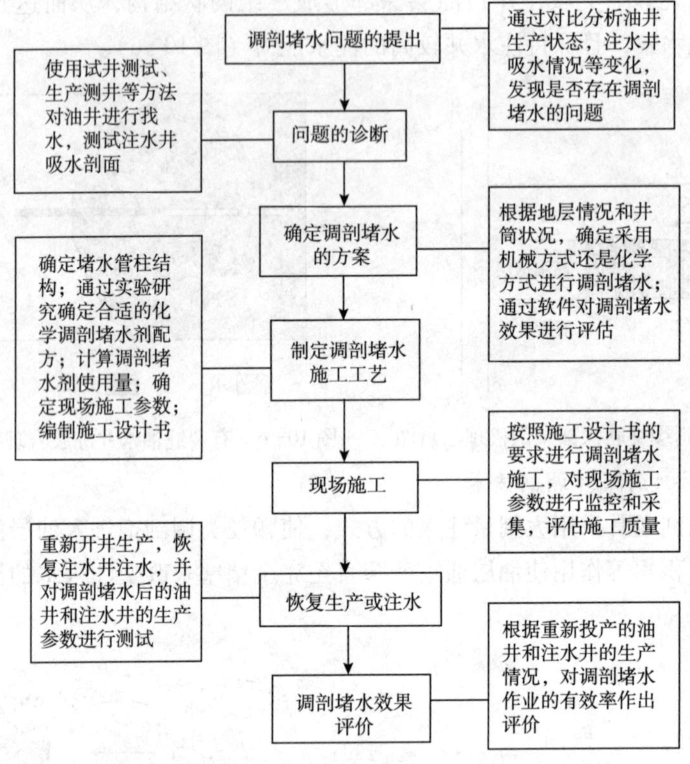

图10-8 海上油田调剖堵水实施流程图

第十一章　天然气集输工艺

第一节　水合物的形成与防止

气体水合物在外观上类似于不干净的冰，它是由某些气体分子嵌入水的晶格中所组成的。天然气水合物是轻的碳氢化合物和水所形成的疏松结晶化合物。这些化合物可能以稳定的形式存在，但不能由所包含的分子形成准确化学结合物。水合物通常是当气流温度低于水合物形成的温度而生成。在高压下，这些固体可以在高于0℃的温度下生成。人们总是不希望形成水合物，因为水合物晶体会导致流体管线、节流阀、各种阀门以及检测仪表被堵塞，降低管线的流通能力或导致产生物理性破坏。这些水合物尤其在节流阀和控制阀内有大的压力降和小的流通孔眼的地方容易形成，因为压力降低会引起温度降，如果形成水合物，孔眼就很容易被堵塞。水合物形成而导致流动受到限制，这就被认为是“结冰”了。

一、天然气的水汽含量

天然气在地层温度和压力条件下含有饱和水汽。天然气的水汽含量取决于天然气的温度、压力和气体的组成等条件。天然气含水汽量，通常用绝对湿度、相对湿度、水露点3种方法表示。

1. 天然气绝对湿度

每立方米天然气中所含水汽的克数，称为天然气的绝对湿度，用 e 表示。

2. 天然气的相对湿度

在一定条件下，天然气中可能含有的最大水汽量，即天然气与液态平衡时的含水汽量，称为天然气的饱和含水汽量，用 e_s 表示。相对湿度，即在一定温度和压力条件下，天然气水汽含量 e 与其在该条件下的饱和水汽含量 e_s 的比值，用 ϕ 表示。即：

$$\phi = \frac{e}{e_s} \tag{11-1}$$

3. 天然气的水露点

天然气在一定压力条件下与 e_s 相对应的温度值称为天然气的水露点，简称露点。可通过天然气的露点曲线图查得（图11-1）。图11-1中，气体水合物生成线（虚线）以下是水合物形成区，表示气体与水合物的相平衡关系。该图是在天然气相对密度为0.6，与纯水接触条件下绘制的。若天然气的相对密度不等于0.6且（或）接触水为盐水时，应乘以图中修正系数。非酸性天然气饱和水含量按下式计算：

$$W = 0.983 W_0 C_{RD} C_s \tag{11-2}$$

式中　W——非酸性天然气饱和水含量，mg/m^3；

W_0——由图 11-1 查得的含水量，mg/m^3；

C_{RD}——相对密度校正系数，由图 11-1 查得；

C_s——含盐量校正系数，由图 11-1 查得。

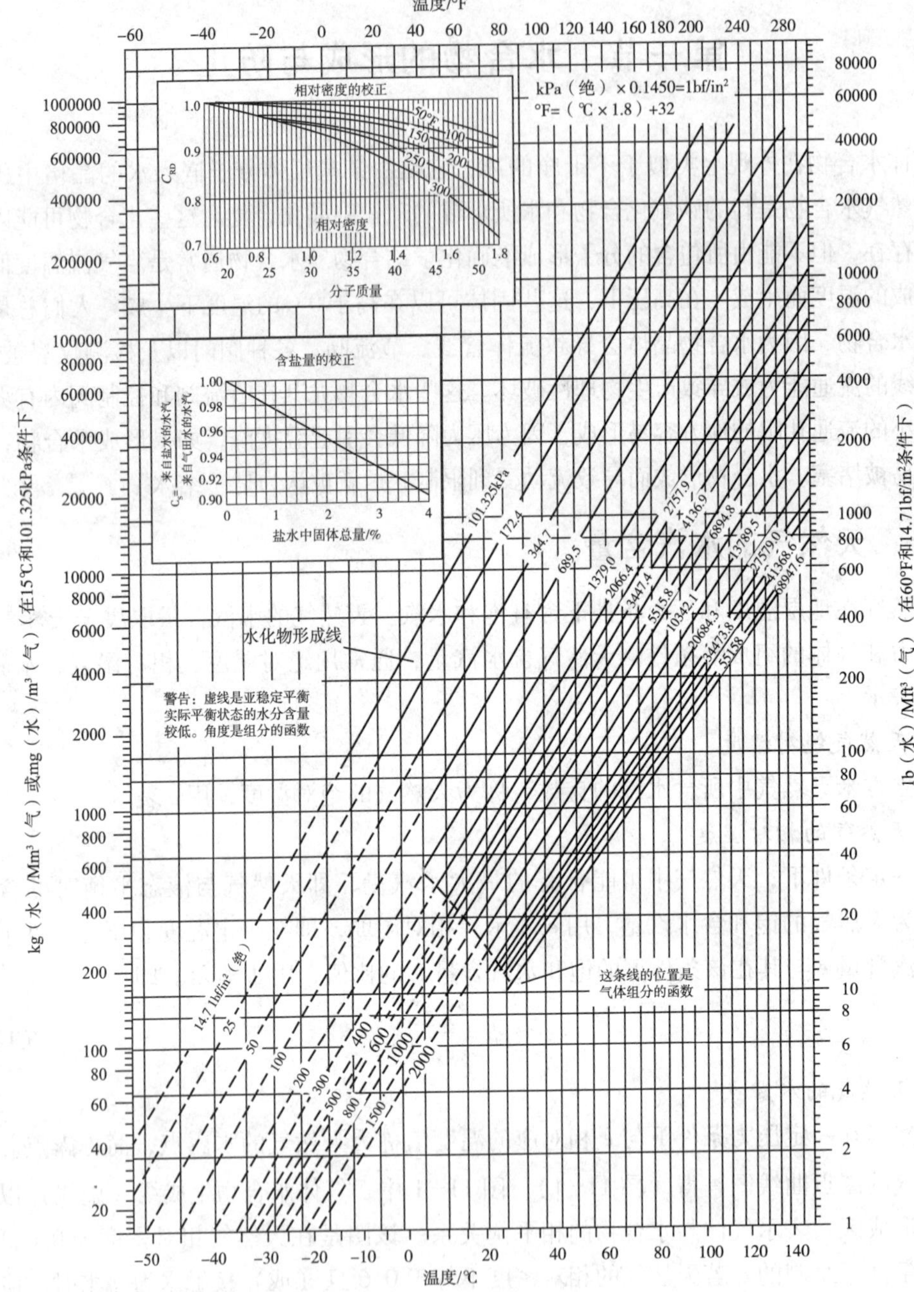

图 11-1　天然气的露点

对于酸性天然气，当系统压力低于2100kPa（绝）时，可不对H_2S和（或）CO_2含量进行修正。当系统压力高于2100kPa（绝）时，则应进行修正。酸性天然气饱和水含量按下式计算：

$$W=0.983\left(y_{HC}W_{HC}+y_{CO_2}W_{CO_2}+y_{H_2S}W_{H_2S}\right) \tag{11-3}$$

式中 W——酸性天然气饱和水含量，mg/m^3；

y_{CO_2}，y_{H_2S}——气体中CO_2，H_2S的物质的量分数；

y_{HC}——气体中除CO_2、H_2S以外的其他组分的物质的量分数；

W_{HC}——由图11-1查得的含水量，mg/m^3；

W_{CO_2}——CO_2气体含水量，由图11-2查得；

W_{H_2S}——H_2S气体含水量，由图11-3查得。

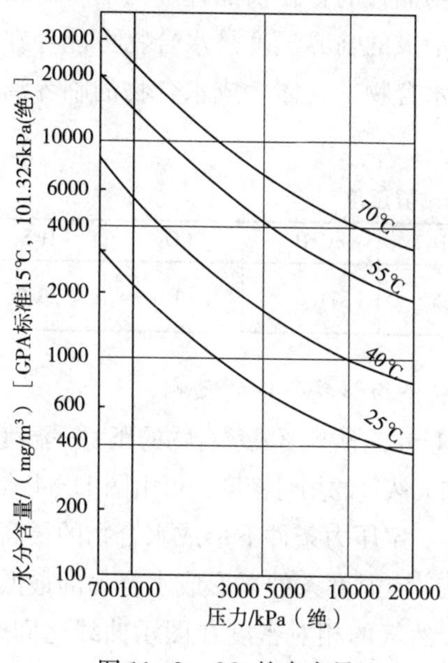

图11-2 CO_2的水含量

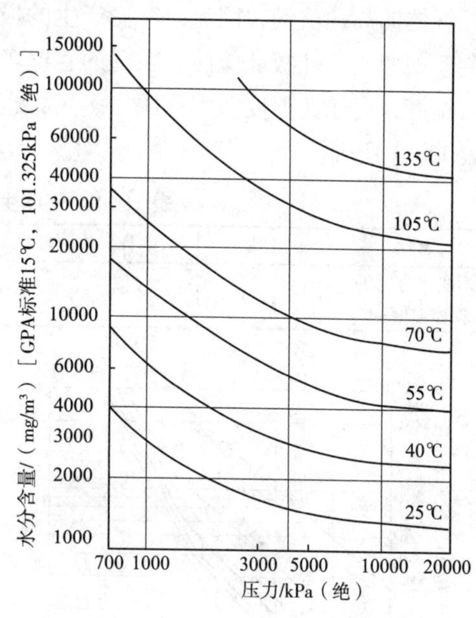

图11-3 H_2S的水含量

二、水合物的形成

在天然气输送管道和设备中，一旦有水合物的形成，轻则使管道的流通面积减小，重则将导致管道或设备的堵塞。因此，了解水合物的特性，防止水合物的生成是非常必要的。

1. 水合物的特性

在一定的温度和压力条件下，天然气中某些气体组分能和液态水形成水合物。天然气水合物是白色结晶固体，外观类似松散的冰或致密的雪，密度为0.88～0.90g/cm^3。天然气水合物是一种笼形晶格包络物，即水分子籍氢键结合成笼形晶格，而气体分子则在范德华力作用下，被包围在晶格的笼形孔室中。在水合物中，与1个气体分子结合的水分子数不是恒定的，这与气体分子的大小和性质以及晶格中孔室被气体分子充满的程度等因素有关。当气体分子占据全部晶格中的孔室时，天然气各组分的水合物分子的分子式为：$CH_4\cdot 6H_2O$，$C_2H_6\cdot 8H_2O$，$C_3H_8\cdot 17H_2O$，$iC_4H_{10}\cdot 17H_2O$，$H_2S\cdot 6H_2O$，$CO_2\cdot 6H_2O$，戊烷和己烷以上烃类一般不形成水合物。

2. 水合物的形成条件

1）必要条件

天然气水合物形成的必要条件是：

①气体处于水汽的饱和或过饱和状态并存在游离水；

②有足够高的压力和足够低的温度。

2）辅助条件

在具备上述条件时，水合物有时尚不能形成，还必须具有一些辅助条件，如压力的脉动，气体的高速流动，因流向突变产生的搅动，水合物晶种的存在及晶种停留的特定物理位置，如弯头、孔板、阀门、粗糙的管壁等。水合物形成的临界温度是水合物可能存在的最高温度，高于此温度，不论压力多高，也不会形成水合物。气体生成水合物的临界温度如表 11-1 所列。

表 11-1　气体生成水合物的临界温度

名称	CH_4	C_2H_6	C_3H_8	iC_4H_{10}	nC_4H_{10}	CO_2	H_2S
形成水合物的临界温度/℃	21.5	14.5	5.5	2.5	1.0	10.0	29.0

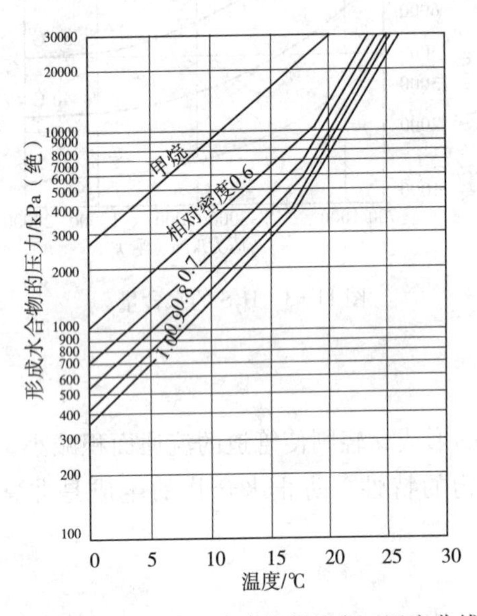

图 11-4　预测形成水合物的压力-温度曲线

由 GPSA 修改为 SI 制单位，选自 D. L. Kat2

3. 水合物形成条件的预测

图 11-4 是预测形成水合物的压力—温度曲线。已知天然气的相对密度，可由图 11-4 查出天然气在一定压力条件下形成水合物的最高温度，或在一定温度条件下形成水合物的最低压力。当天然气的相对密度在图示曲线之间时，可用线性内插法求出形成水合物的压力或温度。

[例 1]：某天然气的相对密度为 0.67，求温度为 10℃时形成水合物的最低压力。

解：从图 11-4 查得天然气在 10℃时形成水合物的压力为：

相对密度为 0.6 时，$p=3350$kPa（绝）；

相对密度为 0.7 时，$p=2320$kPa（绝）；

用线性内插法求算天然气相对密度为 0.67 时形成水合物的压力：

$$p=3350-\left[(3350-2320)\times\left(\frac{0.67-0.6}{0.7-0.6}\right)\right]$$

$$=2629\ (\text{kPa})\ (\text{绝})$$

三、水合物的防止

由于水合物是一晶状固体物质，天然气中一旦形成水合物，极易在阀门、分离器入口、管线弯头及三通等处形成堵塞，严重时影响天然气的收集和输送，因此必须采取措施防止其生成。通常在天然气集输系统采取加热法或注抑制剂法防止水合物形成。

1. 加热法

提高天然气节流前的温度，或敷设平行于采气管线的热水伴随管线，使气体流动温度保持在天然气的水露点以上，是防止水合物生成的有效方法。矿场常用的加热设备有壳管式换热器、套管式换热器和水套加热炉。

判断或防止水合物形成的压力及温度如下所示：

(1) 在不形成水合物的条件下，允许气体进行膨胀。

在天然气的生产实践中，气体流经节流阀后由于压力降低气体膨胀而导致温度也随之降低，这样就有可能在节流阀或控制阀处生成水合物，阻塞阀门或管道，影响生产的正常进行。如果适当控制节流阀的开启度，就可以达到调压的目的，而又不生成水合物。在确定了天然气的相对密度以及节流调压前的初始温度和初始压力之后，利用图 11-5 ~ 图 11-7，就可以求得在不形成水合物的条件下，节流调压后的最终压力。

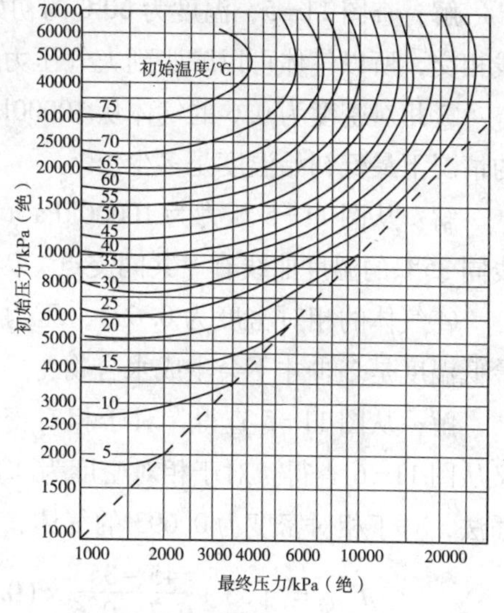

图 11-5 相对密度为 0.6 的天然气在不形成水合物的条件下允许达到的膨胀程度

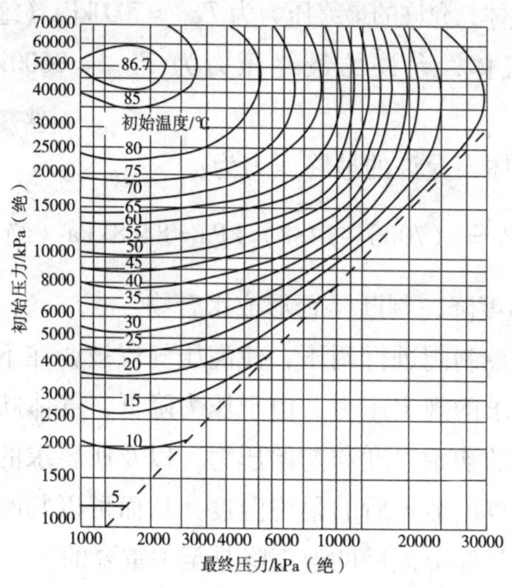

图 11-6 相对密度为 0.7 的天然气在不形成水合物的条件下允许达到的膨胀程度

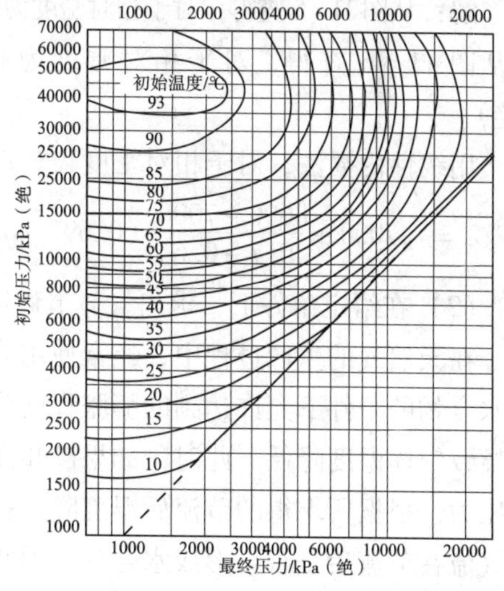

图 11-7 相对密度为 0.7 的天然气在不形成水合物的条件下允许达到的膨胀程度

举例说明这些图表的使用方法如下：

①压力为14000kPa（绝），温度为40℃，相对密度为0.6的气体，在不生成水合物的情况下可以膨胀到什么程度？

解：从图11-5找出压力为14000kPa（绝）的初始压力线与温度为40℃的初始温度曲线交点，在水平轴上即可读出允许的最终压力为7000kPa（绝）。

②压力为14000kPa（绝），温度为60℃，相对密度为0.6的气体，在不生成水合物的情况下可以膨胀到什么程度？

解：查图11-5，温度为60℃的初始温度曲线不与压力为14000kPa（绝）的初始压力线相交，所以气体可以膨胀到大气压力而不生成水合物。

③相对密度为0.6的气体从10000kPa（绝）膨胀到3500kPa（绝），在不生成水合物的情况下最低初始温度是多少？

解：从图11-5压力为10000kPa（绝）的压力线与压力为3500kPa（绝）的最终压力线同35℃的温度曲线有一共同交点。因此，35℃是避免生成水合物的最低初始温度。

④气体的相对密度为0.693，压力从10000kPa（绝）节流调压到3500kPa（绝），问最低温度是多少才不会生成水合物？

解：从图11-5查得，对于相对密度为0.6的气体，最低的初始温度下 $T_{最初}=35℃$。又从图11-6查得，对于相对密度为0.7的气体，最低的初始温度 $T_{最初}=45℃$。用线性内插法，对于相对密度为0.693的气体，其最低初始温度为：

$$T_{最始} = \left[35 + \frac{45-35}{0.7-0.6} \times (0.693-0.6)\right]℃ = (35+9.3)℃ = 44.3℃$$

⑤气体的相对密度为0.693，温度为40℃，压力为14000kPa（绝），问在不生成水合物的情况下，可以膨胀到什么程度？

解：从图11-5查得，对于相对密度为0.6的气体，允许的最终压力为 $T_{最初}=7000kPa$（绝）。又从图11-6查得，对于相对密度为0.7的气体，允许的最终压力为 $T_{最初}=8600kPa$（绝）。

用线性内插法，对于相对密度为0.693的气体，允许的最终压力为：

$$T_{最始} = \left[7000 + \frac{8600-7000}{0.7-0.6}(0.693-0.6)\right] kPa = (7000+1488) kPa = 8488kPa（绝）$$

（2）在给定条件下，求出气体节调压后的温度降，判断是否形成水合物。

在天然气的生产过程中，经常使用节流阀或控制阀进行调压，使高压气流被调在不形成水合物的条件下允许达到的膨胀程度节点所要求的规定压力。由于压力降低，气体膨胀就导致气体温度降低。此时，如果已知高压气流的初始温度和初始压力，以及所要求的最终压力，根据所求得的节流后温度降，就可以计算出节流后的最终温度，从而可以判断高压气流在节流后是否会形成水合物。因此，求得气体节流后的温度降是至关重要的。

通常，利用图11-8就可以快速求出天然气节流后的温度降。例如，初始压力为27000kPa，最终压力为12000kPa，由图11-8，根据初始压力 $P_{初始}=27000kPa$ 和压力

降 $\Delta P=$（27000 - 12000）kPa = 15000kPa，求得节流后的温度降 $\Delta t=24.5$℃。

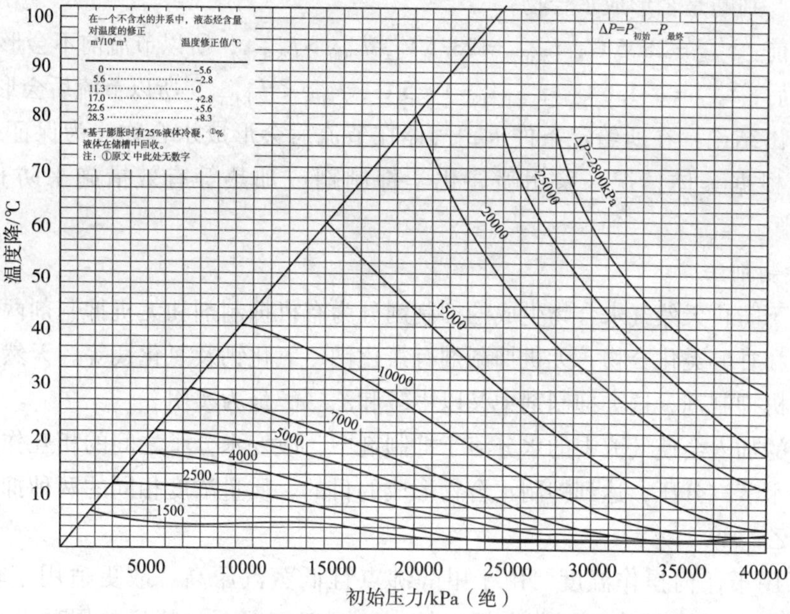

图 11-8　给定压力降所引起的温度降

图 11-8 是根据液态烃含量在 11.3m³/10⁶m³（GPA 标准）条件下得出的。在气体中，液态烃量愈高，则温度降愈小，也就是说，计算出来的最终温度就愈高，每增加 5.6m³（液态烃）/10⁶m³（GPA 标准），就有 2.8℃的温度修正值。这样，如果没有液态烃，则温度降将比图 10-8 所求出的温度降多 5.6℃，亦即气体的最终温度要更冷 5.6℃。

如果知道天然气的相对密度（或组成）、初始压力、初始温度和最终压力，就可以判断是否会形成水合物。

[例 2]：天然气相对密度为 0.6，初始温度为 28.5℃，初始压力为 27000kPa，最终压力为 12000kPa，试问气体节流后是否会形成水合物？

解：第一步，计算节流后的温度降：

利用图 11-8，根据初始压力 $P_{初始}=27000$kPa 和压力降 $\Delta P=$（27000 - 12000）kPa = 15000kPa，求得节流后的温度降 $\Delta t=24.5$℃，由于气体中不含液态烃，故最后的温度降应为 $\Delta t'=[24.5-(-5.6)]℃=30.1℃$。

第二步，计算节流后的温度：

$$t_{最终}=t_{初始}-\Delta t'=(28.5-30.1)℃=-1.6℃$$

第三步，计算形成水合物的温度：

①求气体在节流前（$P_{初始}=27000$kPa）形成水合物的温度，

气体相对密度为 0.6，$P_{初始}=27000$kPa 时，由图 11-5 查得：形成水合物的温度 $t_{水合物}=23.5$℃。

②求气体节流后（$P_{最终}=12000$kPa）形成水合物的温度，气体相对密度为 0.6

($P_{最终}=12000\text{kPa}$)时，形成水合物的温度 $t_{水合物}=19.5℃$。

第四步，判断是否形成水合物：

①节流前：$t_{初始}=28.5℃$，$t_{水化物}=23.5℃$，$t_{初始}>t_{水化物}$，所以节流前不会形成水合物。

②节流后：$t_{最终}=-1.6℃$，$t'_{水化物}=19.5℃$，$t_{最终}<t'_{水化物}$，所以节流后会形成水合物。

于是得出结论：在所给定条件下，气体在节流后会形成水合物。为保证生产的正常进行，必须根据具体情况，采用喷注化学抑制剂或加热等有效措施来防止水合物的形成。

2. *注抑制剂法*

可以用于防止天然气水合物生成的抑制剂分为有机抑制剂和无机抑制剂两类。有机抑制剂有甲醇和甘醇类化合物，无机抑制剂有氯化钠、氯化钙及氯化镁等。天然气集输矿场主要采用有机抑制剂，这类抑制剂中又以甲醇和乙二醇最为实用。

抑制剂的加入会使气流中的水分溶于抑制剂中，改变水分子之间的相互作用，从而降低表面上的水蒸汽分压，达到抑制水合物形成的目的。质量浓度相同的两种抑制剂，甲醇的效果优于乙二醇。

甲醇可用于任何操作温度。由于甲醇沸点且低蒸汽压高，故更适用于较低的操作温度，若在较高温度下使用则蒸发损失较大。一般情况下，喷注的甲醇蒸发到气相中的部分不再回收，液相水溶液经蒸馏后可循环使用。甲醇具有中等程度的毒性，可通过呼吸道、食道及皮肤侵入人体。因此，使用甲醇作抑制剂时应注意采取相应的安全措施。

甘醇类抑制剂无毒，较甲醇沸点高，蒸发损失小，一般可回收再生重复使用。甘醇适于处理气量较大的气井和集气站的防冻。甘醇类抑制剂黏度较大，注入后将使系统压降增大，特别是在有液烃存在情况下，操作温度过低将使甘醇溶液与液烃的分离造成困难，并增加在液烃中的溶解损失和携带损失。溶解损失一般为 0.12～0.72L/m^{3}液烃，多数情况为 0.25L/m^{3}液烃。在含硫液烃系统中的溶解损失大约是不含硫系统的 3 倍。

哈默斯米特公式可以用来计算为降低水合物形成温度在水相中所需要的抑制剂量：

$$\Delta T=\frac{KW}{100M-MW} \tag{11-4}$$

式中 ΔT——形成水合物的温度降，℃；

M——抑制剂的分子量（表 11-2）；

K——常数（表 11-2）；

W——在最终的水相中抑制剂的重量百分数（即富液的重量浓度）。

抑制剂总的需要量为用来处理自由水所需要的抑制剂量［由式（11-4）求得］与蒸发到汽相中所损失的抑制剂量及溶解到液态烃中的抑制剂量之和。图 11-9 是确定甲醇蒸发损失量的示意图，约有 3% 的甲醇溶于液态烃中。

表 11-2　抑制剂及其常数

抑制剂	M	K
甲　醇	32.14	1297.2
乙　醇	46.06	1297.2
异丙醇	60.10	1297.2
乙二醇	62.07	1222.2
丙二醇	76.10	1994.4
二甘醇	106.10	2427.8

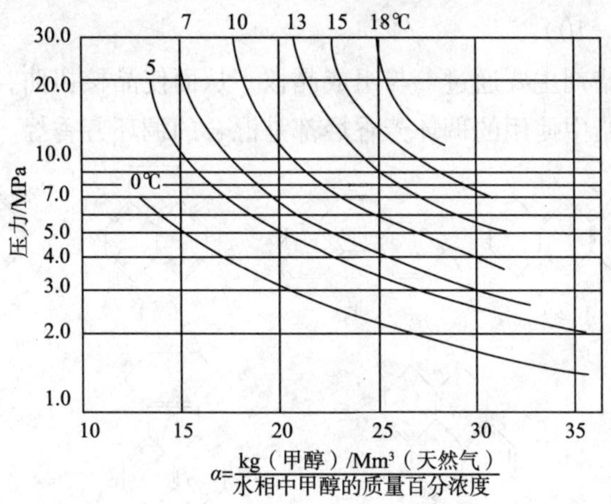

图 11-9　不同温度下甲醇汽相浓度对液相浓度的比值与压力的关系曲线图

一液换热器与低温分离器顶部引来的冷天然气换热被冷却，降温到 0℃左右。最后，液烃通过出站截断阀，由管线送至稳定装置。从三相分离器右端底部出来的抑制剂富液经液位控制阀 6 再经流量计 7 后，通过出站截断阀送至抑制剂再生装置。

低温分离流程的选取，取决于天然气的组成、低温分离器的操作温度、稳定装置和提浓再生装置的流程设计要求。低温分离器操作温度越低，轻组分溶入液烃的量越多。

第二节　油田防蜡降黏剂

一、防蜡剂

蜡是 C_{15} ~ C_{70} 的直链烷烃，常温下为固体。这里所指的蜡是油田蜡。油田蜡除含固体烷烃外，还含有油质和其他物质（如胶质、沥青质）。

在地层条件下，蜡是溶解在原油中的。当原油从地层流入井底再上升到井口的过程中，由于压力、温度的降低，减小了原油对蜡的溶解度，才会引起结蜡。

结蜡过程可分3个阶段，即析蜡阶段、蜡晶长大阶段和沉积阶段。若蜡是从某一种固体表面（如钢铁表面）的活性点析出，此后蜡就在其上不断长大引起结蜡，则结蜡过程就只有前面两个阶段。

防蜡剂是指能抑制原油中蜡晶析出、长大、聚集和（或）在固体表面上沉积的化学剂。

1. 防蜡剂类型

1）稠环芳香烃型防蜡剂

稠环芳香烃是指有两个或两个以上苯环分别共用两个相邻的碳原子而成的芳香烃，如萘、蒽、菲等（图11-10）。

稠环芳香烃型防蜡剂主要通过参与组成晶核，从而使晶核扭曲，不利蜡晶的继续长大而起防蜡作用。在防蜡中使用的稠环芳香烃都是混合的稠环芳香烃。例如从煤焦油截取的

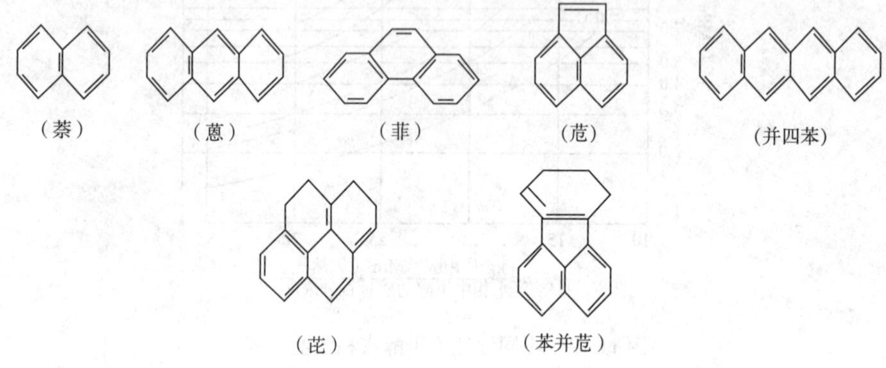

图11-10　常见稠环芳香烃

232～388℃馏分中，芳香烃的质量分数至少为0.90，其中混合烷基（C_1～C_3）萘的质量分数至少为0.50，是一种高效的防蜡剂。

原油中的胶质、沥青质是一种特殊结构的稠环芳香烃。图11-11是相对分子质量为2606沥青质的分子模型。模型说明，沥青质中的稠环芳香烃是其重要的组成部分，此外还含有其他环和侧链，其中还含有氧、硫、氮等杂原子。沥青质是胶质进一步的缩合物，所以胶质也应有类似沥青质的稠环芳香烃结构。

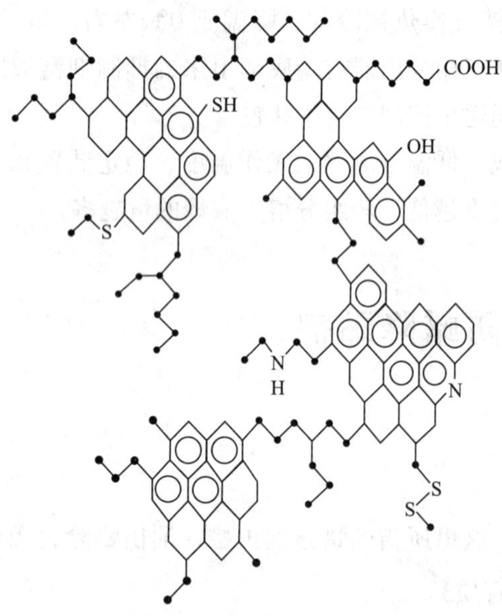

图11-11　一个相对分子量为2606的沥青质分子模型

胶质和沥青质是通过不同的机理起到防蜡作用的。胶质能溶于油，它在油中参与组成晶核起稠环芳香烃的防蜡作用。沥青质是不溶于油的，它以固体颗粒的形式分散在油中，因此可作为蜡的晶核。这众多的晶核可

使蜡晶以分散的状态悬浮在油流中而被带走，达到防蜡的目的。任何原油都有一定数量的胶质、沥青质，它们是基本的防蜡剂，其他防蜡剂都在它们的配合下起防蜡作用。

2）表面活性剂型防蜡剂

这是一类通过表面活性剂在蜡晶表面或结蜡表面上吸附而起防蜡作用的防蜡剂。

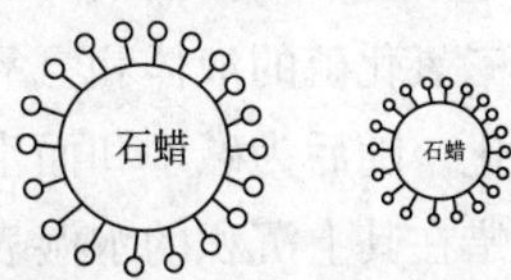

图 11-12 活性剂使石蜡表面变成极性表面

（1）油溶性表面活性剂。油溶性表面活性剂是通过改变蜡晶表面的性质起防蜡作用的。由于表面活性剂在蜡晶表面吸附使它变成极性表面（图 11-12），不利蜡分子进一步沉积。

可用的油溶性表面活性剂主要为石油磺酸盐 $RArSO_3M$（M：1/2Ca、Na、K、NH_4）和胺型表面活性剂，如

$$R—N\begin{cases}(CH_2CH_2O)_{n_1}-H \\ (CH_2CH_2O)_{n_2}-H\end{cases}\qquad (R:C_{16}\sim C_{22},\ n_1,\ n_2:2\sim 4)$$

（2）水溶性表面活性剂。水溶性表面活性剂是通过改变结蜡表面（如油管表面、抽油杆表面和设备表面）的性质起防蜡作用的，这是由于溶于水的表面活性剂可吸附在结蜡表面，使其变成极性表面并有一层水膜，不利于蜡在其表面沉积。可用的水溶性表面活性剂有：

$$R—SO_3Na \qquad R:C_{12}\sim C_{18}$$

$$\left[R—\overset{\displaystyle CH_3}{\underset{\displaystyle CH_3}{\overset{|}{\underset{|}{N}}}}—CH_3\right]Cl \qquad R:C_{12}\sim C_{18}$$

$$R—O\!\left[CH_2CH_2O\right]_nH \qquad R:C_{12}\sim C_{18},\ n;\ 5\sim 100$$

$$R—\langle\bigcirc\rangle—O\!\left[CH_2CH_2O\right]_nH \qquad R:C_8\sim C_{14},\ n:5\sim 100$$

$$\begin{array}{l}CH_3—CH—O\!\left(C_3H_6O\right)_m\!\left(C_2H_4O\right)_nH \\ \quad\ \ |\\ \quad\ CH_2—O\!\left(C_3H_6O\right)_m\!\left(C_2H_4O\right)_nH\end{array}\qquad m:17,\ n:15\sim 53$$

$$\begin{array}{l}\qquad\ \ O \qquad H\!\left(OH_2CH_2C\right)_{n_3}OHC — CHO\left(CH_2CH_2O\right)_{n_2}H \\ \qquad /\!/ \\ R—C \\ \qquad \backslash \\ \qquad\ O—CH_2—CH—CH\quad CH_2 \\ \qquad\qquad\qquad\quad\ |\qquad\ \ \backslash\ /\\ \qquad\qquad\qquad\quad\ |\qquad\quad O \\ \qquad\qquad\qquad O\!\left(CH_2CH_2O\right)_{n_1}H\end{array}\qquad R:C_{11}\sim C_{17},\ n_1+n_2+n_3:18\sim 26$$

$$R—O\!\left[CH_2CH_2O\right]_nSO_3Na \qquad R:C_{12}\sim C_{18},\ n:1\sim 10$$

$$R—\langle\bigcirc\rangle—O\!\left[CH_2CH_2O\right]_nSO_3Na \qquad R:C_8\sim C_{14},\ n:1\sim 10$$

$$R—O\!\left[CH_2CH_2O\right]_nR'SO_3Na \qquad R:C_{12}\sim C_{18},\ R':C_1\sim C_3,\ n:1\sim 10$$

$$R-C_6H_4-O{+}CH_2CH_2O{+}_nR'SO_3Na \quad R：C_8\sim C_{14}，R'：C_1\sim C_3，n：1\sim 10$$

水溶性表面活性剂可以不用外加，它可由含蜡油与相应的化学剂反应生成。例如先后用含三氧化硫的液体和氢氧化钠溶液处理油管表面，就可使蜡中烃或非烃等可磺化物质先被磺化，随后为碱中和而生成表面活性剂。这些表面活性剂吸附在油管表面，使它变成不利于蜡在其上沉积的水湿表面，从而达到防蜡的目的。

水溶性表面活性剂还可通过乳化法防止蜡在油管表面沉积。这种方法只适用于产液中含水率超过35%的油井。例如对一种蜡的质量分数为0.16的油，用 $C_{12}H_{25}$—O—[—CH_2CH_2O—]—H（n：9～10）作乳化剂，连续向油套管环形空间注入乳化剂的质量分数为0.02的水溶液，每采出1t油约需注入0.3kg乳化剂，就可防止蜡在油管表面沉积。

（3）聚合物型防蜡剂。这类防蜡剂是一类聚合物。这类聚合物的非极性链节和极性链节中的非极性部分可与蜡共同结晶，而极性链节则使蜡晶的晶型产生扭曲，不利蜡晶继续长大形成网络结构，因而有优异的防蜡作用。下面是一些重要的聚合物型防蜡剂：

[葡萄糖单元结构式：CH_2OOCR，OH，OH，—O—，$]_n$]　　R：$C_{17}H_{35}$

（直链淀粉十八酸酯）

$$-\!\!(CH_2-\underset{R}{CH})_m\!(CH_2-\underset{C_6H_5}{CH})_n- \qquad R：C_{20}\sim C_{28}$$

（α-烯烃与乙烯苯共聚物）

$$-\!\!(CH_2-\underset{R}{CH})_m\!(CH_2-\underset{CH_3}{CH})_n- \qquad R：C_{20}\sim C_{28}$$

（α-烯烃与丙烯共聚物）

$$-\!\!(CH_2-CH_2)_m\!(CH_2-\underset{O-C(=O)-R}{CH})_n- \qquad R：C_1\sim C_{25}$$

（乙烯与羧酸乙烯酯共聚物）

$$-\!\left(CH_2-CH_2\right)_m\!\left(CH_2-C(CH_3)(O-C(=O)-R)\right)_n-$$

R: C_1~C_{25}

（乙烯与羧酸丙烯酯共聚物）

$$-\!\left(CH_2-CH_2\right)_m\!\left(CH_2-CH(COOR)\right)_n-$$

R: C_1~C_{26}

（乙烯与丙烯酸酯共聚物）

$$-\!\left(CH_2-CH_2\right)_m\!\left(CH_2-C(CH_3)(COOR)\right)_n-$$

R: C_1~C_{26}

（乙烯与甲基丙烯酸酯共聚物）

$$-\!\left(CH_2-CH_2\right)_m\!\left(CH(COOR)-CH(COOR)\right)_n-$$

R: C_{18}~C_{26}

（乙烯与顺丁烯二酸酯共聚物）

$$-\!\left(CH_2-CH(C_6H_5)\right)_m\!\left(CH(COOR)-CH(COOR)\right)_n-$$

R: C_{18}~C_{26}

（苯乙烯与顺丁烯二酸酯共聚物）

$$-\!\left(CH_2-CH(R_3)\right)_m\!\left(CH(COOR_2)-CH(CODR_2)\right)_m$$

R_1: C_{20}~C_{28}，R_2: C_{18}~C_{26}

（α-烯烃与顺丁烯二酸酯共聚物）

$$-\!\left(CH_2-CH(COOR)\right)_m\!\left(CH_2-CH(O-C(=O)-CH_3)\right)_n-$$

R: C_{18}~C_{26}

（丙烯酸酯与乙酸乙烯酯共聚物）

从图 11-13 可以看到，这种原油蜡的烷烃碳数分布在 18～38 范围，而以 24 为其峰值。在通常的聚合物型防蜡剂中，当聚合物中类似石蜡结构的支链的平均碳数与原油蜡的烷烃峰值碳数相近时，最有利于蜡在其上析出，可产生最佳的防蜡效果。因此，聚合物型防蜡剂中支链 R 的平均碳数应由原油蜡中烷烃峰值碳数决定。高分子防蜡剂可溶于溶剂中再加到原油中使用，也可成型后，下到井底使用。

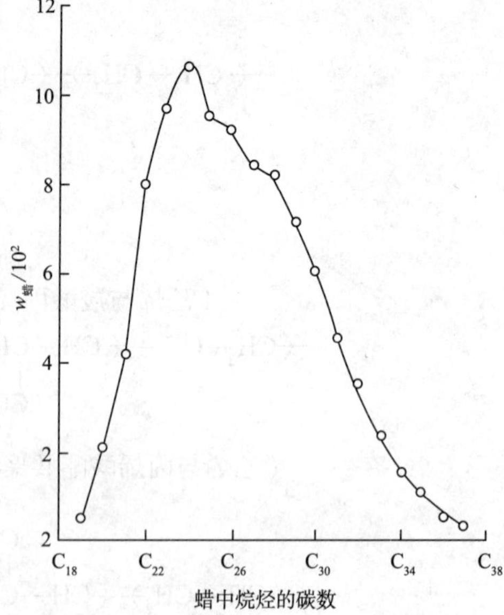

图 11-13　一种原油中蜡的烷烃碳数分布

2. 防蜡剂的使用方法

防蜡剂有 3 种使用方法：

（1）配成油溶液使用：使用时，将油溶液注到油井结蜡段以下与油混合而起作用。

（2）制成中空的防蜡块使用：使用时，将防蜡块安在防蜡管中，与油管一起下至油井结蜡段以下，通过原油对防蜡剂的缓慢溶解而起作用。

（3）沉积在近井地带使用：这种方法也是通过原油对防蜡剂的缓慢溶解而起作用的。例如向近井地带交替注入等体积的甲醇和防蜡剂（如相对分子质量为 $1\times10^4\sim2\times10^4$ 的乙烯与羧酸乙烯酯共聚物）的质量分数为 0.01～0.03 的油溶液，关井 24h，就可将防蜡剂沉积在近井地带。

3. 清蜡剂

对已结蜡的地层、管线和设备，最好用加热（如热油循环、井底加热器加热等）方法清除蜡，但也可用清蜡剂将它清除。能清除蜡沉积物的化学剂叫清蜡剂。

1）清蜡剂的类型

清蜡剂有两种类型：

（1）油基清蜡剂。油基清蜡剂是一类蜡溶量很大的溶剂，主要为芳香烃，如苯、甲苯、二甲苯、乙苯、异丙苯、均三甲苯等，也可用混合芳香烃，如石油烃的重整馏分、煤油的抽提物和由煤焦油来的芳香烃。通常使用苯、甲苯。此外还可用汽油、煤油、柴油等石油馏分。二硫化碳、四氯化碳、三氯甲烷等溶剂虽然有优异的清蜡性能，但由于它们可在原油的后加工过程中产生严重的腐蚀和催化剂中毒，所以禁止使用。

由于油田蜡含有极性物质，所以油基清蜡剂中需加入一些有极性结构的互溶剂，以提高清蜡剂对这些物质的溶解作用。可用的互溶剂分为 3 种类型：

①醇：如正丙醇、异丙醇、乙二醇、丙三醇等。异丙醇是一种常用的醇。

②醚：如丁醚、戊醚、己醚、庚醚、辛醚、丙基戊基醚、乙基己基醚等。醚的碳数应小于 12。丁醚是一种常用的醚。

③醇醚：如丁二醇乙醚、乙二醇丁醚、二乙二醇乙醚、丙三醇乙醚等。醇醚的碳数也应小于12。乙二醇丁醚是一种常用的醇醚。

表11-3和表11-4是2个油基清蜡剂的配方。

表11-3 油基清蜡剂的配方

成 分	$\phi_{成分}/10^2$
煤油	45~85
苯	5~45
乙二醇丁醚	0.5~6
异丙醇	1~15

表11-4 油基清蜡剂的配方

成 分	$\phi_{成分}/10^2$
甲苯	60~75
乙二醇丁醚	15~30
丁醚	5~15

除上述极性物质外，也可在煤油中加入甲酚、乙胺等极性物质，配成油基清蜡剂使用。

由于表面活性剂都有极性部分，因此也可在油基清蜡剂中加入表面活性剂以提高其清蜡效果。例如在富含芳香烃的重整汽油中加入阳离子型表面活性剂（如十六烷基氯化吡啶）、非离子型表面活性剂（如聚氧乙烯烷基苯酚醚—4）或阴离子型表面活性剂（如十二烷基硫酸酯钠盐），它们就可在油基清蜡剂溶解了油田蜡中的油质以后，对未溶的固体蜡起分散作用，使它们成块地分散在油基清蜡剂中而更快地被溶解。油基清蜡剂的主要缺点是有毒、易燃，使用起来不够安全。

（2）水基清蜡剂。水基清蜡剂是一类以水作分散介质，其中溶有表面活性剂、互溶剂和（或）碱性物质的清蜡剂。

表面活性剂的作用是润湿反转，使结蜡表面反转为亲水表面，有利于蜡从表面脱落。可用的表面活性剂包括水溶性的磺酸盐型、季铵盐型、聚醚型、吐温型、平平加型、OP型表面活性剂，硫酸酯盐化或磺烃基化的平平加型与OP型表面活性剂等。

互溶剂的作用是增加油（包括蜡）与水的相互溶解度。可用前面油基清蜡剂用到的互溶剂。

碱的作用是使油田蜡中的沥青质易于分散在水中，因沥青质中的—COOH、—SH、—OH等基团可与碱（如NaOH）作用转变为—COONa、—SNa、—ONa，提高了它们在水中的分散能力。可用的碱包括氢氧化钠、氢氧化铵、氢氧化钾等一类碱和偏硅酸钠（Na_2SiO_3）、原硅酸钠（Na_4SiO_4）、磷酸钠（Na_3PO_4）、焦磷酸钠（$Na_4P_2O_7$）、六偏磷酸钠［$(NaPO_3)_6$］等一类溶于水中使水呈碱性的盐。

表11-5~表11-7是一些水基清蜡剂的示例。

表 11-5　由表面活性剂与碱配的水基清蜡剂

成　分	$w_{成分}/10^2$
$R—O\{CH_2CH_2O\}_nH$ R：$C_{12}\sim C_{18}$，n_2 $C_8\sim C_{20}$	10
Na_2SiO_3	2
H_2O	88

表 11-6　由表面活性剂与互溶剂配的水基清蜡剂

成　分	$w_{成分}/10^2$
$R—C_6H_4—O\{CH_2CH_2O\}_nH$ R：$C_6\sim C_{18}$，n_1：$C_{30}\sim C_{40}$	20
CH_3OH	20
H_2O	60

表 11-7　由表面活性剂与复配互溶剂配的水基清蜡剂

成　分	$w_{成分}/10^2$
$CH_3—CH_2—CH(CH_3)—C_6H_4—O\{CH_2CH_2O\}_4H$	10
$CH_3—CH_2—CH_2—CH_2—O\{CH_2CH_2O\}_7H$	25
CH_3OH	25
H_2O	40

二、稠油乳化降黏开采法

稠油是指在油层温度下脱气原油的黏度超过 100mPa·s 的原油。稠油之所以稠，主要由于油中的胶质、沥青质含量高。从表 11-8 可以看到，原油的胶质、沥青质含量越高，油的黏度就越大。由于稠油黏度大，流动性差，给开采带来许多困难：

①由于油稠，所以抽油机的负荷很大，这不仅耗电量大，而且机械事故（如断抽油杆、断悬绳等）也随着增加，作业频繁；②由于油稠，有时连抽油杆也下不去，影响正常生产；③由于油稠，地面管线回压很高，增加了原油外输的困难。可用乳化降黏法开采稠油。这一方法是将活性剂水溶液注到井下，使高黏度的稠油转变为低黏度的水包油乳状液采出。

表 11-8　一些原油的性质

井例	相对密度	黏度/（mPa·s）	油质/%	胶质/%	沥青质/%	（胶质＋沥青质）/%
1	0.9534	6105	35.49	55.22	9.29	64.51
2	0.9521	4875	50.49	S9.27	10.24	49.51

续表

井例	相对密度	黏度/(mPa·s)	油质/%	胶质/%	沥青质/%	(胶质+沥青质)/%
3	0.9414	832	58.07	30.68	11.25	41.92
4	0.9331	457	63.33	31.71	4.96	36.67
5	0.8876	51.5	71.37	24.33	4.30	27.63

水包油乳状液的黏度可用下面的经验式表示：

$$\mu=\mu_0 e^{K\varphi} \tag{11-5}$$

式中 μ——水包油乳状液的黏度；

μ_0——水的黏度；

φ——油在乳状液中所占的体积分数；

K——常数，决定于φ，当$\varphi \leqslant 0.74$时，$K=7.0$；当$\varphi>0.74$时，$K=8.0$；

e——自然对数的底，即2.718。

从式中可以看出：

①水包油乳状液的黏度只与水的黏度（很低，50℃时为0.55mPa·s）有关，而与油的黏度无关。这是由于水处于连续状态，而油处于分散状态。

②水包油乳状液的黏度随油在乳状液中所占的体积分数增加而指数地增加，即乳状液黏度受油在乳状液中所占的体积分数的影响很大。例如50℃时，$\mu_0=0.55\text{mPa·s}$，若$\varphi=7.0$，则$k=7.0$，由上式得出$\mu=0.55\times2.718^{7.0\times7.0}=73\text{mPa·s}$。若$\varphi=8.0$，则$k=8.0$，代入上式：$\mu=0.55\times2.718^{8.0\times8.0}=3.3\times10^2\text{mPa·s}$。

也就是说，当油在乳状液中所占的体积分数由0.70增至0.80时，相应的乳状液黏度由73mPa·s增至3.3×10^2mPa·s，提高4倍多。可见，要使稠油（不管它的黏度为多大）乳化后能够降黏，必要条件是要求它乳化后能够形成水包油的乳状液，而充分条件是要求油在乳汰液中所占的体积分数（或油对水的体积比）不能太大，否则，即使是水包油乳状液，它的黏度也会提高。

稠油乳化降黏可使用下列活性剂作乳化剂，这些活性剂的HLB值都在7~8的范围内：烷基磺酸钠，烷基苯磺酸钠，聚氧乙烯烷基醇醚（聚合度大于10），聚氧乙烯烷基苯酚醚（聚合度大于10），聚氧乙烯聚氧丙烯丙二醇醚—2040，聚氧乙烯聚氧丙烯多烯多胺，聚氧乙烯烷基醇醚硫酸酯钠盐。乳化利不一定外加，例如用氢氧化钠将原油含有的环烷酸和沥青质酸皂化后即可作为水包油型乳化剂。稠油乳化降黏形成的乳状液不需要十分稳定，只要达到流动时分散的要求就够了。

活性剂使用浓度范围为0.02%~0.5%。若稠油含水，因油层水的矿化度高，活性剂的浓度就要大些。稠油对水的体积比一般是（70:30）~(80:20)。乳化稠油所用的水量不能太少，但也不能太多，这是因为若用水量太多，活性剂消耗就多；而且由于泵的容量一定，用水量多了，产油量就少了。

乳化稠油采至地面后需将加入的水脱出。乳化稠油脱水，有两种方法：①加热法，即升高温度的方法。因为温度升高，可以减少乳化剂（特别是聚氧乙烯基的乳化剂）的溶剂化层，可以减少乳化剂在油水界面上的吸附。有些乳化稠油，只用升温的方法就可将它破坏。②化学法，即加入破乳剂的方法。重要的破乳剂是反型乳化剂。水包油型乳化剂的反型乳化剂是油包水型乳化剂。因此，只要加入适当数量的油包水型乳化剂，就可抵消乳化稠油中水包油型乳化剂的乳化作用，使乳化稠油破乳脱水。反型乳化剂不一定需要外加，例如用碱液将稠油乳化成的水包油乳状液之所以能用酸（H^+）和高价离子（例如 Ca^{2+}）破坏，就是因为酸和高价离子可与稳定水包油乳状液的乳化剂环烷酸钠、沥青质酸钠反应生成反型乳化剂环烷酸，如沥青质酸、环烷酸钙、沥青质酸钙等，使乳化稠油迅速破乳脱水。

加热法和化学法虽然是两种不同的方法，但为了提高乳化稠油的破乳脱水效果，通常会同时使用。除用乳化降黏法开采稠油外，还可用润湿降阻法开采稠油。这是一种连续地将少量带润湿剂的水溶液注到油管的不同位置，使油管表面经常为水所润湿，从而大大降低稠油流动阻力的开采方法。

三、防垢剂

油田水的结垢类似于原油的结蜡，是油田生产中不可避免要遇到的一个问题。这个问题随着油田产水的增加而变得越来越突出。在一定条件下从水中析出的固体物质叫作垢。垢通常是无机物质，而且其溶度积很小（表 11-9）。

表 11-9　一些垢的溶度积（18～250℃）

垢	溶度积	垢	溶度积
$BaCO_3$	5.1×10^{-9}	$FeCO_3$	3.2×10^{-11}
$BaSO_4$	1.1×10^{-10}	FeS	6.3×10^{-18}
$CaCO_3$	2.8×10^{-9}	$Fe(OH)_2$	8.0×10^{-16}
$Ca(OH)_2$	5.5×10^{-6}	$MgCO_9$	3.5×10^{-8}
$Ca_3(PO_4)_2$	2.0×10^{-29}	$MZ(OH)_2$	1.8×10^{-11}
$CaSiO_3$	2.5×10^{-8}	$SrCO_3$	1.1×10^{-10}
$CaSO_4$	9.1×10^{-5}	$SrSO_4$	3.2×10^{-7}

在油田中最常见的垢是碳酸钙垢、硫酸钙垢、硫酸锶垢和硫酸钡垢。通常把腐蚀产物（如碳酸亚铁、硫化亚铁、氢氧化亚铁、氢氧化铁和三氧化二铁等）以及溶解度大、含量高、在一定条件下析出的盐（如氯化钠等）也包括在垢之内。

海底输油管线内结垢的组分比较复杂，它不仅含有一般水垢中所具有的盐类，如钙盐、镁盐、钡盐等，而且还含有油井中带出来的泥砂、石蜡、沥青生平。因此，在管道出现结垢后，要及时清除掉，否则越积越多，堵塞管道，直接影响原油生产和输送的正常进行。

结垢给生产带来许多危害，如在地层结垢会引起注水压力升高和油井产液量减少，在管线结垢会引起堵塞和局部腐蚀，在加热炉换热表面上结垢会影响传热和发生安全问题。预防管道结垢，一般要从结垢机理入手，设法控制影响结垢的各种因素，来抑制水中结垢离子的结晶沉淀。采油中遇到的结垢问题常常由于水的不配伍或条件的变化而产生。

（1）由水不配伍引起的结垢。不配伍的水是指混合后可发生沉淀的水。如含 SO_4^{2-} 的地面水与含大量 Ca^{2+}、Mg^{2+} 的地层水就是不配伍的水，它们混合后可产生 $CaSO_4$ 与 $MgSO_4$ 沉淀。不同来源的水常常是不配伍的。采油中不同来源水的混合，会引起结垢。在油井同井合采，在水井污水回注都遇到这种情形。

（2）由条件变化引起的结垢。在由条件变化引起的结垢中，有时是由于物理条件变化引起的，有时则是由于化学条件变化引起的。

①若地层水在地层温度下为盐（如氯化钠或氯化钙）所饱和，则当它从井筒上升时，由于温度下降使盐析出，产生结垢。

②当地层水经过地面加热器时，由于温度升高，使地层水中一些无机物质的溶解度减小，引起结垢。

③注 CO_2 采油时，地层中的 $CaCO_3$ 由于下列反应产生可溶的 $Ca(HCO_3)_2$：

$$CO_2 + H_2O \longrightarrow H_2CO_3$$

$$CaCO_3 + H_2CO_3 \longrightarrow Ca(HCO_3)_2$$

当含 $Ca(HCO_3)_2$ 的水从采油井采出，由于压力降低，使 $Ca(HCO_3)_2$ 分解：

$$Ca(HCO_3)_2 \longrightarrow CaCO_3 + CO_2 + H_2O$$

大量的 $CaCO_3$ 析出，引起油井严重结垢。

④碱驱、碱－聚合物驱、碱－表面活性剂驱、碱－表面活性剂－聚合物驱采油时，碱与砂岩地层反应产生可溶性硅酸盐，与从其他方向到达油井的含 Ca^{2+}、Mg^{2+} 的地层水混合，引起结垢：

$$Ca^{2+} + SiO_3^{2-} \longrightarrow CaSiO_3 \downarrow$$

$$Mg^{2+} + SiO_3^{2-} \longrightarrow MgSiO_3 \downarrow$$

⑤注水井用盐酸酸化时，盐酸首先将堵塞地层渗滤面的 Fe_2O_3 溶解产生可溶的 $FeCl_3$。随着酸化的进行，酸浓度减小。当 pH 值上升至 2 左右时，Fe^{3+} 在水中水解，发生如下反应：

$$Fe^{3+} + H_2O \longrightarrow Fe(OH)^{2+} + H^+$$

$$Fe(OH)^{2+} + H_2O \longrightarrow Fe(OH)_2^+ + H^+$$

在 pH 值继续升高时就能产生 $Fe(OH)_3$ 沉淀：

$$Fe(OH)_2^+ + H_2O \longrightarrow Fe(OH)_3 + H^+$$

因而在排酸过程中，引起结垢。

防垢剂是指能防止或延缓水中无机物质形成垢沉积的化学剂。在管道系统内注入一种或多种化学防垢剂，使溶解度小、易沉淀的盐类变为溶解度大的盐，以延缓、减少或抑制化学结垢。防垢剂是最常用的防垢方法。采用化学防垢方法时，加药的位置和加药的浓度很重要，应根据原油性质、含水情况和管道流程情况进行优选。一般可在输油管道始端的输油泵后加药。选择不同类型的防垢剂，其加药浓度也不同。油田上常用的防垢剂主要有3种类型。

防垢剂主要有下列几个类型：

（1）缩聚磷酸盐。缩聚磷酸盐可分为链状缩聚磷酸盐和环状缩聚磷酸盐。链状缩聚磷酸盐的通式为 $M_{n+2}P_nO_{3n+1}$，式中 M 为一价金属元素如 Na、K、NH_4。当 $n=3$ 时，即三聚磷酸盐，分子式为 $M_5P_3O_{10}$，结构式为：

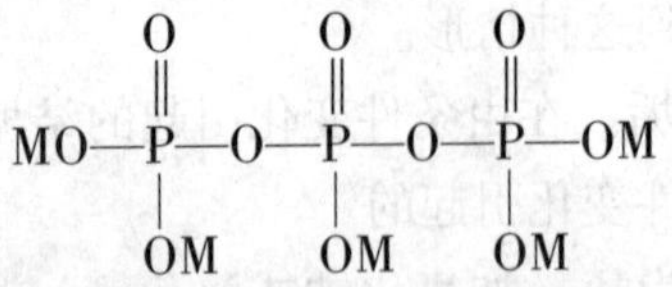

```
       O        O        O
       ‖        ‖        ‖
MO—P—O—P—O—P—OM
       |        |        |
      OM       OM       OM
```

环状缩聚磷酸盐的通式为（MPO_3）$_n$，式中 M 的意义同前。当 $n=6$ 时，即为六偏磷酸盐，分子式为（MPO_3）$_6$，结构式为：

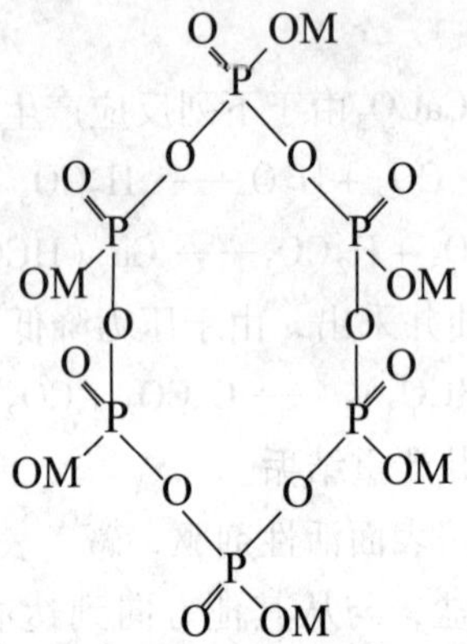

```
              O   OM
               \\ /
                P
               / \
              O   O
       O     /     \     O
        \\  /       \  //
          P           P
         / \         / \
       OM   O       O   OM
            |       |
       O    O       O    O
        \\ /         \ //
          P           P
         / \         / \
       OM   O       O   OM
             \     /
              \   /
                P
               // \
              O   OM
```

缩聚磷酸盐的用量应控制其磷的质量浓度在 6～10mg/L。缩聚磷酸盐在温度超过50℃时即可发生部分水解。以六偏磷酸钠为例，它的水解反应如下：

$$3\ (NaPO_3)_6 + 12H_2O \longrightarrow 2\ (NaPO_3)_3 + 12NaH_2PO_4$$

温度越高，水解度越大。水解后产生的正磷酸盐，可与二价金属离子（如 Ca^{2+}）反应而结垢：

$$2NaH_2PO_4 + 3Ca^{2+} \longrightarrow Ca_3\ (P0_4)_2 + 2Na^+ + 4H^+$$

（2）膦酸盐。膦酸盐可由多氨基化合物与甲醛和亚磷酸反应，再用碱中和生成。例如乙二胺四亚甲基膦酸盐（EDTMP）是通过下列反应得到：

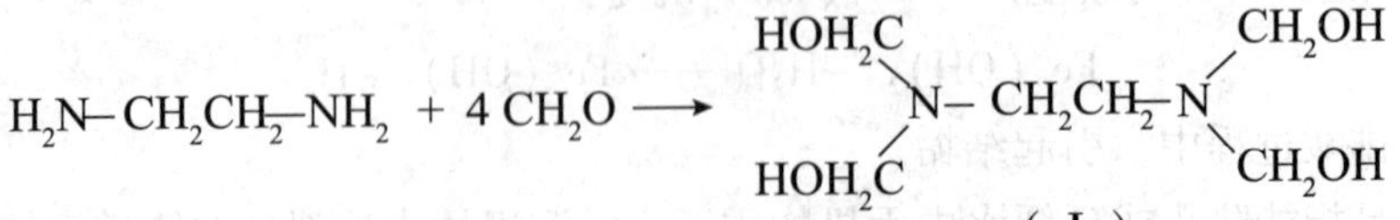

$$H_2N-CH_2CH_2-NH_2 + 4\ CH_2O \longrightarrow (HOH_2C)_2N-CH_2CH_2-N(CH_2OH)_2$$

（Ⅰ）

$$(\text{I}) + 4\,\text{H—P(=O)(OH)}_2 \longrightarrow (\text{HO})_2\text{P(=O)—H}_2\text{C}\backslash\;/\text{CH}_2\text{—P(=O)(OH)}_2$$
（亚磷酸）

$$\text{N—CH}_2\text{CH}_2\text{—N} \quad + 4\,\text{H}_2\text{O}$$

$$(\text{HO})_2\text{P(=O)—H}_2\text{C}/\;\backslash\text{CH}_2\text{—P(=O)(OH)}_2$$

（Ⅱ）

$$(\text{II}) + 8\,\text{MOH} \longrightarrow [(\text{MO})_2\text{P(=O)—H}_2\text{C}]_2\text{N—CH}_2\text{CH}_2\text{—N}[\text{CH}_2\text{—P(=O)(OM)}_2]_2 + 8\text{H}_2\text{O}$$

（EDTMP）

由于产品可以是部分中和或全部中和，所以 M 可以看作是 H 或 Na、K、NH_4等。可用下列结构的膦酸盐作防垢剂：

$$\text{CH}_3\text{—N}(\text{CH}_2\text{PO}_3\text{M}_2)_2$$
（MADMP）

$$\text{M}_2\text{O}_3\text{PH}_2\text{C—N}(\text{CH}_2\text{PO}_3\text{M}_2)_2$$
（ATMP）

$$\text{M}_2\text{O}_3\text{P—C(CH}_3\text{)(OH)—PO}_3\text{M}_2$$
（HEDP）

$$\text{M}_2\text{O}_3\text{P—C(CH}_3\text{)(NH}_2\text{)—PO}_3\text{M}_2$$
（AEDP）

$$(\text{M}_2\text{O}_3\text{PH}_2\text{C})_2\text{N—CH}_2\text{CH}_2\text{—N}(\text{CH}_2\text{PO}_3\text{M}_2)_2$$
（EDTMP）

$$(\text{M}_2\text{O}_3\text{PH}_2\text{C})_2\text{N—CH}_2\text{—CH(C}_2\text{H}_5\text{)—N}(\text{CH}_2\text{PO}_3\text{M}_2)_2$$
（BDTMP）

也可用一些带羧基的膦酸盐或带膦酸基的羧酸盐作防垢剂，如：

$$\text{MOOC—CH}_2\text{—N}(\text{CH}_2\text{PO}_3\text{M}_2)_2$$
（GDMP）

$$\text{M}_2\text{O}_3\text{P—C(CH}_2\text{COOM)(CH}_2\text{CH}_2\text{PO}_3\text{M}_2\text{)—PO}_3\text{M}_2$$
（TPPA）

$$\text{M}_2\text{O}_3\text{P—C(CH}_2\text{CH}_2\text{—COOM)}_2\text{—PO}_3\text{M}_2$$
（DPHDA）

$$\text{CH}_2\text{—COOM}$$
$$|$$
$$\text{CH—COOM}$$
$$|$$
$$\text{CH}_2$$
$$|$$
$$\text{M}_2\text{O}_3\text{P—CH—COOM}$$
（PBTC）

在防垢中，膦酸盐的质量浓度一般在 0.1～30mg/L 的范围。膦酸盐比缩聚磷酸盐的热稳定性好，例如 EDTMP 与 HEDP 可分别用到 200℃和 250℃。由于膦酸盐用量低、热稳定性好，所以是一类理想的防垢剂。

（3）氨基多羧酸盐。

氨基多羧酸盐是由多氨基化合物与氯乙酸在碱性条件下反应生成的。例如乙二胺四乙酸盐（EDTA）可通过下面反应得到：

$$H_2N-CH_2CH_2-NH_2+4\,ClCH_2COOH+4\,MOH \longrightarrow (MOOCH_2C)_2N-CH_2CH_2-N(CH_2COOM)_2+4MCl$$

（EDTA）

可用下列结构的氨基多羧酸盐作防垢剂：

$$C_6H_5-N(CH_2COOM)_2$$

（PIMDA）

$$MOOCH_2C-N(CH_2COOM)_2$$

（NTA）

$$C_6H_{10}\text{（环己烷-1,2-二基）}[-N(CH_2COOM)_2]_2$$

（DACHTA）

$$(HOH_2CH_2C)(MOOCH_2C)N-CH_2CH_2-N(CH_2COOM)_2$$

（HEEDTA）

$$MOOCH_2C-(N(CH_2COOM)-CH_2CH_2)_2-N(CH_2COOM)_2$$

（DTPA）

$$(MOOCH_2C)_2N-CH_2CH_2-N(CH_2COOM)_2$$

（EDTA）

$$MOOCH_2C-(N(CH_2COOM)-CH_2CH_2)_3-N(CH_2COOM)_2$$

（TTHA）

氨基多羧酸盐也是一种热稳定性较好的防垢剂，如EDTA的使用温度可用到200℃。

（4）表面活性剂。

表面活性剂可用作防垢剂，磷酸酯盐是重要的一类，它由相应的醇和磷酸（或五氧化二磷、五氯化磷）反应，再用碱中和生成的：

$$ROH+(HO)_2P(=O)OH \longrightarrow R-O-P(=O)(OH)_2+H_2O$$

（磷酸一酯）

$$R-O-P(=O)(OH)_2+2\,MOH \longrightarrow R-O-P(=O)(OM)_2+2H_2O$$

（磷酸一酯盐）

反应物配比不同，可产生磷酸一酯盐或磷酸二酯盐。由于 R 的碳链越长，防垢效果越好，但溶解度越小，所以常将醇氧乙烯化后再酯化、中和：

$$ROH + n\,\underset{\diagdown O \diagup}{CH_2—CH_2} \longrightarrow R—O\!\left[CH_2CH_2O\right]_n\!H$$

$$R—O\!\left[CH_2CH_2O\right]_n\!H + (HO)_2P(=O)OH \longrightarrow$$

$$R—O\!\left[CH_2CH_2O\right]_n—P(=O)(OH)_2 + H_2O$$

$$R—O\!\left[CH_2CH_2O\right]_n—P(=O)(OH)_2 + 2\,MOH \longrightarrow$$

$$R—O\!\left[CH_2CH_2O\right]_n—P(=O)(OM)_2 + 2\,H_2O$$

同样由于产品可以是部分中和或全部中和，所以 M 也可以是 H 或 Na、K、NH_4等。可用下列结构的磷酸酯盐作防垢剂：

$$\left[R—O\!\left(CH_2CH_2O\right)_{n_1}\right]\left[R—O\!\left(CH_2CH_2O\right)_{n_2}\right]P(=O)OM$$

$$R—O\!\left(C_3H_6O\right)_m\!\left(C_2H_4O\right)_n—P(=O)(OM)_2$$

$$\left[R—O\!\left(C_3H_6O\right)_m\!\left(C_2H_4O\right)_n\right]_2P(=O)OM$$

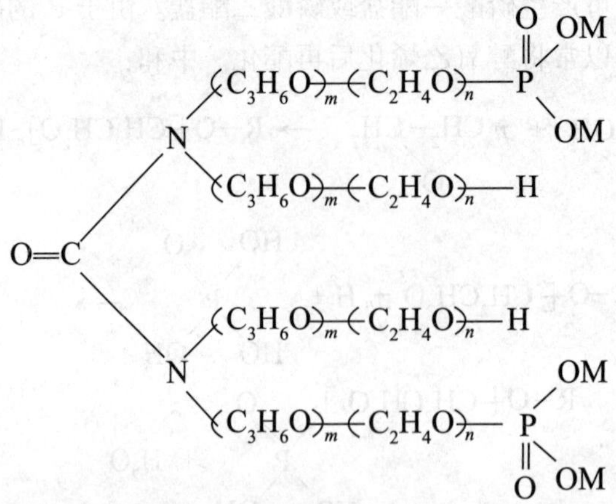

$$O{=}C\left[N\begin{matrix}(C_3H_6O)_m(C_2H_4O)_n—P(=O)(OM)_2\\(C_3H_6O)_m(C_2H_4O)_n—H\end{matrix}\right]_2$$

磷酸酯盐的用量也须控制其磷的质量浓度在6～10mg/L的范围。磷酸酯盐虽比缩聚磷酸盐稳定，但在温度超过90℃时也能产生缩聚磷酸盐那样的水解，而水解产物也能与二价金属离子反应而结垢。

除磷酸酯盐外，硫酸酯盐、磺酸盐、羧酸盐等类型的表面活性剂也有防垢作用。为了将R的碳链延长，提高其防垢效果，这些表面活性剂结构中都引入聚氧乙烯基以保证它们的水溶性。下列表面活性剂可用作防垢剂：

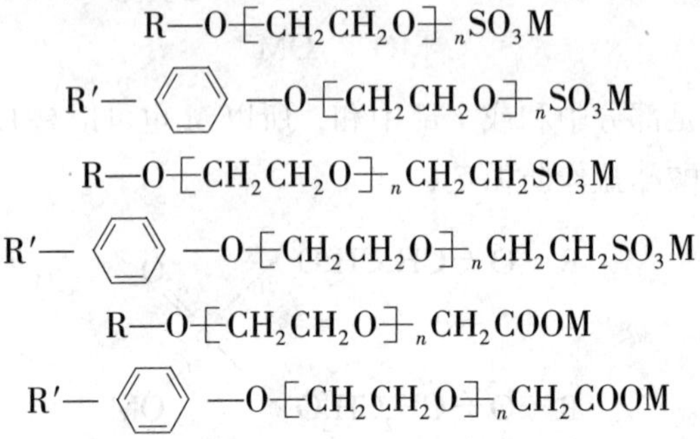

$$R—O\![CH_2CH_2O]_nSO_3M$$

$$R'—C_6H_4—O\![CH_2CH_2O]_nSO_3M$$

$$R—O\![CH_2CH_2O]_nCH_2CH_2SO_3M$$

$$R'—C_6H_4—O\![CH_2CH_2O]_nCH_2CH_2SO_3M$$

$$R—O\![CH_2CH_2O]_nCH_2COOM$$

$$R'—C_6H_4—O\![CH_2CH_2O]_nCH_2COOM$$

式中，R：C_{12}～C_{18}；R′：C_8～C_{14}；n：2～10；M：Na、K、NH_4。在防垢的表面活性剂中，磺酸盐、羧酸盐等类型表面活性剂的热稳定性（至150℃）明显优于磷酸酯盐、硫酸酯盐型表面活性剂的热稳定性，这是由于前者不会发生后者那样的水解反应。

第三节　井筒降黏技术

井筒降黏技术是指通过热力、化学、稀释等措施使得井筒中的流体保持低黏度，从而达到减少井筒流动阻力，缓解抽油设备的不适应性，提高稠油及高凝油的开发效果等目的的采油工艺技术。该技术主要用于稠油黏度不很高或油层温度较高，所开采的原油能够流入井底，只需保持井筒流体有较低的黏度和良好的流动性，采用常规开采方式就能进行开采的油藏。

目前常采用的井筒降黏技术主要包括化学降黏技术和热力降黏技术。

一、井筒化学降黏技术

井筒化学降黏技术是指通过向井筒流体中掺入化学药剂，从而使流体黏度降低的开采稠油及高黏油的技术。其作用机理是：在井筒流体中加入一定量的水溶性表面活性剂溶液，使原油以微小油珠分散在活性水中形成水包油乳状液或水包油型粗分散体系，同时活性剂溶液在油管壁和抽油杆柱表面形成一层活性水膜，起到乳化降黏和润湿降阻的作用。

1. 乳化剂的选择

乳化剂在化学降黏中起着重要作用，如乳状液的形成类型及稳定性都与乳化剂本身的性质有直接关系，选用乳化剂一般按其亲油亲水平衡值（HLB）来确定，通常形成水包油型乳状液的 HLB 值为 8 ~18。在实际应用中，为了满足开采要求，乳化剂选择标准有 3 条：

①活性剂比较容易与原油形成水包油型乳状液，具有好的稳定性和流动性；

②乳化剂用量少，室内试验浓度不高于 0.05%；

③原油采出后重力分离快，易于破乳脱水。

2. 化学降黏工艺技术

乳化降黏开采工艺是在地面油气集输中建设的降黏流程，根据加药地点不同，可分为单井乳化降黏、计量站多井乳化降黏及大面积集中管理乳化降黏 3 种地面流程。根据化学剂与原油混合点的不同，又可分为地面乳化降黏和井筒中乳化降黏技术。

单井乳化降黏是在油井井口加药，然后把活性水掺入油套环形空间；计量站多井乳化降黏是为了便于集中管理，在计量站总管线完成加药、加压加热及水量计量，然后再分配到各井，达到降黏的目的；而大面积集中管理乳化降黏则在接转站进行加药，这种方式设备简单、易于集中管理。

地面乳化降黏适用于油井能够正常生产，地面集输管线中流动困难的油井。原油从油井产出后，经井口油水混合器与活性剂溶液混合成乳状液，由输油管线输送到集油站。

井筒中乳化降黏工艺是由管柱装有封隔器和单流阀，活性剂溶液通过油管柱上的单流阀进入油管与原油乳化，达到降黏的目的。根据单流阀与抽油泵的相对位置又可分为泵上乳化降黏和泵下乳化降黏，其管柱如图 11-14 所示。

化学降黏工艺一定要根据油井的实际情况进行选择，其设计中的主要参数包括活性剂溶液的浓度、温度、水液比。

活性剂水溶液的浓度要适当，浓度过低不能形成水包油型乳状液，浓度过高时乳状液浓度进一步下降幅度不大，采油成本提高，经济效益不理想，而且有化学剂（如烧碱、水玻璃等），在高浓度时易形成油包水型乳状液，反而会造成原油黏度的升高。温度对已形成的乳状液黏度影响不大，但它影响乳化效果。实验证明，随着温度的提高，乳化效果变好。水液比是指活性水与产出液总量的比值，它直接影响乳状液的类型、黏度和油井产油量。水液比应根据油井实际情况而定，某油田现场试验结果表明：在井口活性剂溶液保持为 60℃，活性剂浓度为 0.02 ~0.03 时，不同的原油黏度与水液比关系见表 11-10。

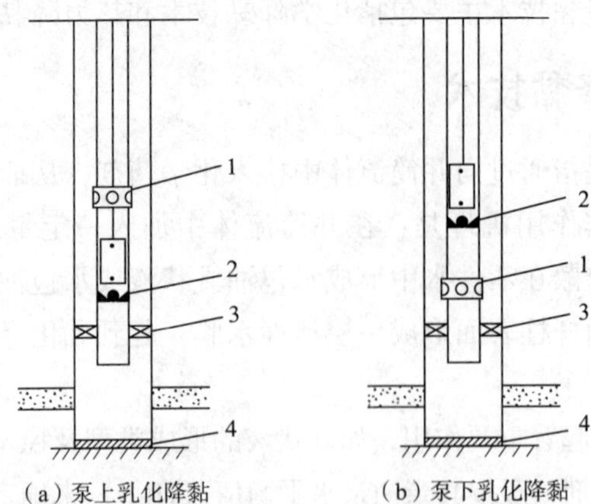

图 11-14　井筒中乳化降黏管柱结构示意图

1—掺液器；2—深井泵；3—封隔器；4—人工井底

表 11-10　某油田原油黏度与水液比关系

原油黏度/(mPa·s)	1000~2000	2000~3000	>3000
水液比	25%~30%	30%	>35%

二、井筒热力降黏技术

井筒热力降黏技术是利用高黏油、稠油对温度敏感这一特点，通过提高井筒流体的温度，使井筒流体黏度降低的工艺技术。目前常用的井筒热力降黏技术根据其加热介质可分为两大类：热流体循环加热降黏技术和电加热降黏技术。

1. *热流体循环加热降黏技术*

热流体循环加热降黏技术应用于地面泵组，将高于井筒生产流体温度的油或水等热流体以一定的流量通过井下特殊管柱注入井筒中建立循环通道以伴热井筒生产流体，从而达到提高井筒生产流体的温度、降低黏度、改善其流动性目的的工艺技术。根据其井下管(杆)柱结构的不同主要分为以下 4 种形式：

(1) 开式热流体循环工艺：其井下管柱结构如图 11-15 (a) 所示。开式热流体循环根据循环流体的通道不同又可分为正循环和反循环两种。开式热流体反循环工艺是油井产出的流体或地面其他来源的流体经过加热后，以一定的流量通过油套环形空间注入井筒中，加热井筒生产流体及油管、套管和地层，然后在泵下或泵上的某一深度上进入油管并与生产流体混合后一起采到地面。开式热流体正循环工艺则是指热流体由油管注入井筒中，在油管的某一深度处进入油套环形空间与生产流体混合。这种工艺技术适用于自喷井和抽油井等不同采油方式生产的高凝油及稠油油井。

(2) 闭式热流体循环工艺：其井下管柱结构如图 11-15 (b) 所示。闭式热流体循环工艺循环的热流体与从油层采出的流体不相混合，而且循环流体也不会对油层产生干扰。图 11-16 中列出了 3 种闭式热流体循环的基本井下管柱结构：(a) 为加热管同心安装，从油套环形空间采油，该管柱的最大优点是不需要封隔器，井下作业方便，相当于井筒中悬挂了一个加热器，在循环方式上热流体可从中间油管进入，两油管环形空间返出，也可相反循环。由于其从套管采油，因而不能用于抽油井；（b）为加热管同心安装，油管上安装有封隔器，热流体从两油管环形空间进入井筒，由油套环形空间返回地面，油层采出流体由中心油管举升到地面，此结构不如（a）加热效果好，但它适用于自喷井和抽油井；（c）为加热油管与生产油管平行安装，在油管下部装有封隔器，热流体由热油管注入井筒，由油套环形空间返回地面，油层采出流体经油管举升到地面，这种结构需有较大的套管空间，且井下作业困难。

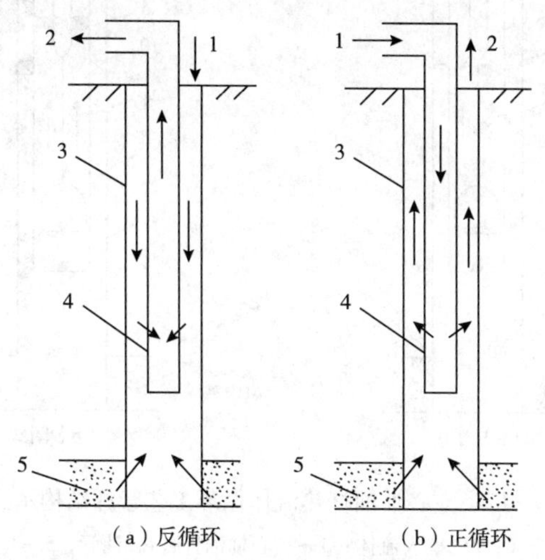

图 11-15 开式热流体循环工艺管柱结构示意图

1—掺入流体；2—产液；3—套管；4—油管；5—油层

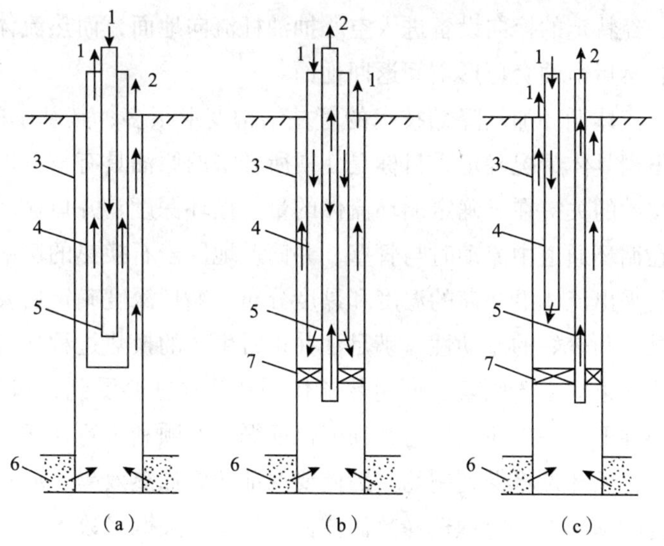

图 11-16 闭式热流体循环工艺管柱结构示意图

1—掺入流体；2—产液；3—套管；4—油管①；5—油管②；6—油层；7—封隔器

(3) 空心抽油杆开式热流体循环工艺：其井下管柱结构如图 11-17（a）所示。它是将空心抽油杆与地面掺热流体管线连接，热流体从空心抽油杆注入，经杆底部凡尔流到油管内与油层采出流体混合后一同被举升到地面。

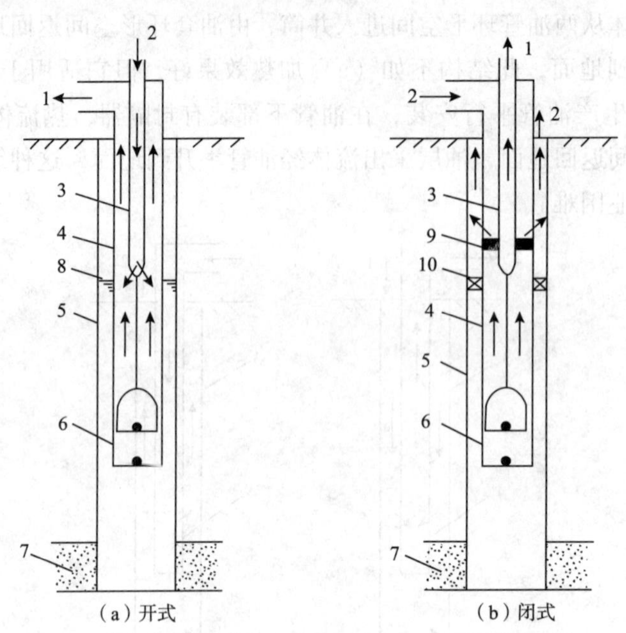

图 11-17　空心抽油杆热流体循环工艺管柱结构示意图

1—产液；2—掺入流体；3—空心抽油杆；4—油管；5—套管；6—抽油泵；7—油层；8—动液面；9—动密封；10—封隔器

(4) 空心抽油杆闭式热流体循环工艺：其井下管柱结构如图 11-17（b）所示。油层流体进入油管后，经特定的换向设备进入空心抽油杆流向地面，而热流体由杆与油管的环形空间进入井筒，然后由油套环形空间返回地面。

除此之外，热流体循环加热降黏技术的管柱结构变形很多，其基本的原理是相似的，在实际应用中应根据具体情况确定，目标是使得所开采的原油具有较低的开采成本。热流体循环加热降黏技术的关键在于确定循环流体的量、循环深度、井口循环流黏度、含蜡量等的制约和流体在循环通道中流动时与管壁、井筒及地层岩石换热的影响。循环深度的确定主要取决于油层采出流体沿井筒的温度和黏度分布，循环深度确定后要求使井筒中的流体具有足够低的黏度和较好的流动性，满足油井正常生产的换热过程研究的基础上，这两个参数是影响加热效果的主要因素，同时热流体循环量往往会受到井口注入压力的限制，在一定循环量的条件下，井口注入压力必须能保证循环的顺利进行，相反在地面限定井口注入压力的情况下，循环量将受到制约。因此要保证达到加热效果，应根据油井的条件在优化井筒管柱结构的基础上，合理选择热流体循环的 4 个关键参数。

2. 加热降黏技术

电加热降黏技术是利用电热杆或伴电缆，将电能转化为热能，提高井筒生产流体温度，以降低其黏度并改善其流动性。目前常用的方法有电热杆采油工艺和伴热电缆采油工艺两种技术：

（1）电热杆采油工艺：井筒杆柱和管柱结构如图 11-18（a）所示。其工作原理是交流电从悬接器输送到电热杆的终端，使得空心抽油杆内的电杆发热或利用电缆线与空心抽油杆杆体形成回路，根据集肤效应原理将空心抽油杆杆体加热，通过传热提高井筒生产流体的温度，降低生产流体黏度，改善其流动性。

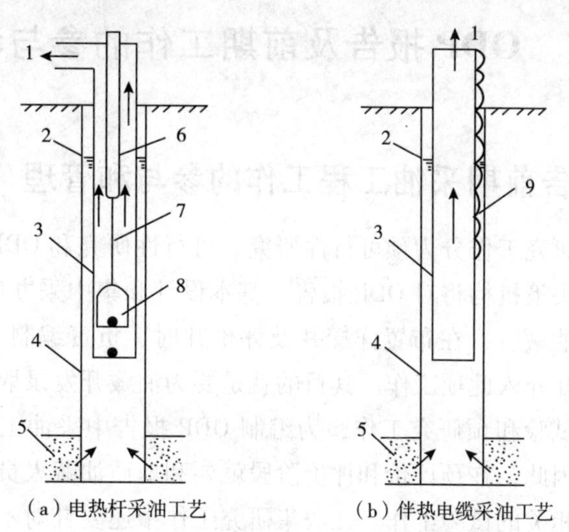

图 11-18　电加热降黏工艺井筒管柱结构示意图

1—产液；2—动液面；3—油管；4—套管；5—油层；6—电热杆；7—实心杆；8—抽油泵；9—拌热电缆

（2）伴热电缆采油工艺：井筒管柱结构如图 11-18（b）所示，伴热电缆分为恒功率伴热电缆与恒温（自控温）伴热电缆两种，后者节约电能，但价格昂贵，前者则相反。在生产高凝油和稠油的油井中，将伴热电缆利用卡箍固定在油管外部，通电后电缆发热加热井筒中的生产流体。

电加热降黏技术的工艺设计中的关键是确定加热深度和加热功率两个主要的参数。加热深度根据井筒中生产流体的温度、黏度分布及流体特性等为基础确定，加热功率的大小取决于所需的温度增值，要通过设计使得井筒内的生产流体具有低黏度和较好的流动性，同时考虑到节省材料和节省能源，因此要根据具体情况确定合理的加热深度和经济的加热功率。

电加热降黏技术对电缆和电缆杆制造工艺要求比较高，要求其质量稳定，工作可靠，温度调节容易。在工艺实施过程中，其地面设备简单，生产管理方便，温度调节和控制容易、快速，沿程加热均匀，停电凝管处理容易，热效率高，便于实现自动控制，且对环境无污染，使用安全。电热杆采油工艺还具有井下作业和维修施工方便、简单，一次性投资少，资金回收快等特点，且电热杆的重量加在悬点上，只适于有杆抽油系统采油的油井。而伴热电缆井下作业和维修施工则比较复杂，且一次性投资较高，但其应用不受采油方式的影响，因而适用范围更广。

第十二章　海上油气田生产与管理

第一节　ODP 报告及前期工作的参与和管理

一、ODP 报告前期采油工程工作的参与和管理

开发项目的前期研究工作分为预可行性研究、可行性研究和 ODP 报告编制 3 个阶段。上级投资和预算审查决策机构将对 ODP 报告、基本设计和集中采办项目进行审查。因此，当海上一预探井发现油藏后，在布置详探井及评价井时，负责编制 ODP 报告中采油工程方案的人员就要关心并介入此项工作。其目的就是要为油藏开发录取相关的采油工程必需的资料，进行必要的试验和预研究工作，为编制 ODP 报告中采油工程方案打下基础。由于海上的评价井少，因此，在预评价和评价阶段就要和地质油藏人员在一起紧密配合设计录取相关资料和进行相关的试验工作。在收集研究工作中还要针对不同油、气藏类型和需要，开展相应的研究工作，如有可能分层开采，则应按不同层系来取资料和进行研究，对于特殊的油气藏，在下述一般录取资料及研究的基础上另外增加所需内容。

1. 取岩心、流体及试采的资料数据

1）取岩心

取储层岩心以供预研究及今后编制报告和开发中各种工艺研究试验使用，应提出取心要求、数量等。

2）取流体样

取储层流体和采水层水样，供研究使用，应提出所需数量及相关要求。

3）取试采及试油过程中的资料数据

所取资料数据包括油气藏的生产压差、压力、温度、梯度及井口压力、温度、产量、含水、气油比及稳定生产数据。

2. 工艺试验及预研究工作

1）室内试验分析研究工作

（1）储层的各项力学参数试验、分析，如破裂压力、出砂强度等。

（2）储层的有关成分及结构分析，如储层结构、成分、粒度等。

（3）流体性质分析，如油、气、水及腐蚀性流体的组分、相态、黏温曲线等。

（4）注入水与储层及流体的配伍和敏感试验。

（5）储层伤害与保护研究。

2）现场试验和工艺预研究

（1）供水层水质及产水量、供给能力研究（水文地质调查及产水能力试验及供水层采水工艺）及完井方式研究。

（2）海水水质预研究：海水水质环境调查，海水和储层流体配伍试验研究。

（3）注水工艺预研究：储层吸水能力研究，进行试注试验，取得注入压力、注水量及分层吸水能力测试等资料。

（4）进行油、气、水层出砂试验，测取出砂强度数据。

（5）进行举升方式和生产测试工艺预研究，必要时进行现场试验。

（6）进行腐蚀、结蜡、出砂等防护措施的预研究。

二、ODP 报告中采油工程方案的研究编制和管理

1. 采油气工程方案研究设计内容

采油气工程方案共包括 8 项工程方案，需分项进行研究设计：

①完井工程方案研究设计；②采水工程方案研究设计；③注水工程方案研究设计；④人工举升方案研究设计；⑤监测测试工艺研究；⑥增产增注措施研究；⑦钻修作业手段及工艺研究；⑧防蜡、防水化物、防腐、防垢等工艺和化学剂研究。

这 8 项方案编制具体内容参见中国海洋石油总公司编制的 ODP 报告要求。

2. 设计研究的要求

（1）要求在油田评价阶段就应作概念研究和可行性方案研究，在此基础上作 ODP 报告中采油工程方案编制，ODP 报告中的采油气工程方案研究深度要达到确定工艺方式、类型、方法，并作出预算及经济评估。

（2）其中各项工艺方案的设计研究必须遵循国家及行业制定的各项标准。

（3）各项工艺方案必须做出和整个油气藏开采各阶段变化相适应的全过程方案和变化方案。

（4）各项工艺必须和其他工艺，以及钻井、海洋工程方案互相协调配合，同时满足油藏开发方案的要求。

（5）要求总报告中的采油气工程方案应是在多种可行方案基础上的优化方案，不仅单项工艺方案进行了优化，而且多项工艺方案组合时也进行了优化，应在经济分析、综合评价后推荐的最佳方案为 ODP 报告方案。

3. 编制采油工程方案的组织管理要求

（1）在前期研究阶段应固定少量人员进行跟踪研究，收集早期评价井资料。

（2）在油藏预研究阶段，采油工程人员就要进行参与，及时提出取岩心、取资料及试验要求，写出录取资料及试验的设计，并参与试验。

（3）在油藏预研究及研究阶段，在组织上应成立项目组专职负责研究设计，同时编制出前期研究及编制 ODP 报告中采油工程方案的预算申请费用。

（4）由于 ODP 报告的预研究及编制是一个多专业系统工程，必须在预研究及编制过

程中，由总项目组及有关领导负责在各专业项目组间建立联系，协商制度，负责解决问题。

三、ODP 报告中生产管理部门的参与及管理

1. 油（气）田总体开发方案的内容及参与编制“生产作业”的要求

油（气）田总体开发方案是在整个油（气）田开发过程中必须遵守的指导性文件，其主要内容包括：

第一卷　总论

第二卷　开发地质和油（气）藏工程

第三卷　钻井、完井和采油（气）工艺

第四卷　油（气）田开发工程第五卷生产作业

第六卷　安全分析报告

第七卷　投资估算及经济评价

第八卷　海洋环境保护论述

通常情况下，“生产作业”由油（气）田总体开发方案的编制部门及生产管理部门参与编制。有关部门在编写“生产作业”的过程中，要根据中国海洋石油总公司颁发的《海上油（气）田自营开发管理暂行规定》的要求，按照下列目录进行编写：

第一章　概述

第二章　主要组织机构

第三章　海上或终端组织机构

第四章　重要岗位工作描述

第五章　生产准备费预算及操作费用估算

附录

其中，《概述》部分主要说明油（气）田开发工程规模、生产处理能力、产品种类、合格标准以及为达到上述要求而设置的系统及设备。同时要阐明油（气）田海上或终端操作机构的行政地位及其关系。《主要组织机构》部分主要说明对油（气）田生产管理的陆地组织机构、服务机构及其他机构，并阐明与海上或终端操作机构的相互关系。《海上或终端组织机构》部分主要说明海上或终端操作机构的岗位设置、人员定编、素质要求及其管理层次。《重要岗位工作描述》部分主要说明海上或终端各管理岗、重要操作岗的工作任务及职责。《生产准备费预算》部分是指与油（气）田投产有关，从操作队伍（包括筹备组）组建开始直至进入商业性生产前的所有费用预算。《操作费用估算》部分是指对油（气）田进入商业性生产后，与原油（天然气）开采、处理、储存、输送及设备设施维修保养等和生产作业有关的费用估算。

2. 参与油（气）田总体开发方案的审查

油（气）田总体开发方案是在整个油（气）田开发过程中必须遵守的指导性文件，

它的完整、优化、完善直接影响到油（气）田的总体开发效益。生产管理部门有责任参加总体开发方案的审查，特别是对总体开发方案的基础数据和工艺方案进行审查。主要内容包括：环境条件；油藏基础数据；原油物性；设计生产能力；产品要求；油（气）田开采方式及工艺；完井方式及生产管理；原油、天然气、污水、注水水质处理流程的合理性；主电站、应急电站的装机容量及供配电方式；仪表控制方案及自动化控制水平；热站负荷及供热方式；通信系统方案等。

在油气田总体开发方案的审查过程中，生产管理部门的技术人员应以高度的责任心参加审查，对方案中的各种基础数据及工艺方案如有疑问之处，应以正规的书面形式将意见反馈到油（气）田总体开发方案的编制部门，并得到编制部门正规的书面答复。

第二节　采油工程及生产管理部门在工程建造阶段的管理

一、采油工程的基本设计、审查与修改

1. 采油工程基本设计方案要求

（1）在 ODP 报告的基础上做深化设计研究的工作，继续和补充一些室内试验研究及现场试验的工作。

（2）根据油藏方案的深化及变化和钻井工程方案的调整深化及变化进行相应的调整深化研究工作。

（3）分为 8 项工艺，对各项工艺的设备、工具、流程工艺做出具体的选型、选规格、选材。对其中工艺做出主要工艺参数的设计，对相关工艺应提出具体要求。

（4）在选型、选规格确定主要工艺参数的基础上，提出采办供货要求及费用预算，并进行 ODP 报告中采油气工程方案的设计深化调整和费用调整。

2. 采油工程基本设计阶段的组织管理

（1）由于 ODP 报告和基本设计不是同一单位编制，因此要求 ODP 报告编制单位将 ODP 报告中有关研究试验资料及报告同时转给基本设计编制单位。

（2）基本设计编制单位应成立相应项目组（完井及采油工艺）负责基本设计的研究编制工作，同时向总公司申请有关研究编制费用。

（3）由于采油工程中各工艺紧密相关的特点，设计中的试验研究及设计计算应及时协调，统一进行，分先后次序安排工作，避免重复。

（4）根据规定在基本设计阶段各项工艺调整后其预算费用的调整不能超过 ODP 方案的 15%。

（5）采油工程方案基本设计完成后总公司组织专家对基本设计进行评议审查、验收。

（6）要求在评审后迅速进行修改工作，以便及时拿出合格的基本设计供下步工作使用。

二、采油工程详细设计及施工阶段的管理

1. 采油工程详细设计的要求

（1）完井工艺的详细设计要求。参考《海上油气田完井手册》。

（2）对各种举升工艺和注采工艺，在地面及井下工具设备采办订货的基础上须进行单井及单项工艺的详细施工设计。

（3）根据详细设计施工阶段中钻井、油藏、海洋工程的进一步变化调整结果，进行相应的采油工程详细设计的各项工艺修改调整。

2. 进行各项工艺的实施施工和运行调试、验收工作

（1）在有条件时开展破乳、脱水和净水药剂的筛选研究工作。

（2）在有条件时进一步开展各种防蜡、防腐、防垢、防水化物的药剂及工艺研究相关设计的施工调试工作。

（3）各种举升设施、注采设施的试运调试、验收工作。

（4）修井设施的安装调试及验收工作。

3. 组织管理

（1）完井及各工艺项目组不仅进行详细设计及修改调整工作，同时还要进行施工安装运行及调试、验收工作。

（2）项目组应负责组织编制工艺操作手册并进行有关培训工作。

（3）对投产后需继续研究的项目及课题，及时提出报告移交有关单位人员，进行下步工作。

三、开发工程基本设计及详细设计阶段生产管理部门的参与和管理

1. 组织学习油（气）田总体开发方案

海上油（气）田开发项目是一个技术复杂、投资大、涉及面广的系统工程。每一个项目的启动，按照中国海洋石油总公司“海上油（气）田自营开发管理暂行规定”都必须编制油（气）田总开发方案。在编制总体开发方案前，公司生产管理部门组织对具有商业性开发价值的油（气）田进行评价，并将评价报告提交上级投资和预算审查决策机构审查。评价报告批准后，由上级有关部门委托具有相关资质的单位进行总体开发方案的编制。总体开发方案编制完成后，编制部门召开专家技术会议进行讨论，上级有关部门派人参加，编制部门听取专家的意见后，对总体开发方案作必要的修改和补充。中国海洋石油总公司还组织专门会议对总体开发方案进行审查，并报政府主管部门批准。因此，正式颁布的油（气）田总体开发方案是经过多次讨论审查，比较完善的开发方案，是在整个油（气）田开发过程必须遵守的指导性文件。生产管理部门应组织有关的技术人员，认真学习油（气）田总体开发方案，领会方案的实质及技术关键点。在项目实施过程中，严格按总体开发方案的要求进行。牵涉到要修改总体开发方案的原则时，必须有专门的报告，报

总公司批准后方可进行。

2. 参与基本设计审查

基本设计是项目确定阶段的成果。所谓项目确定阶段，是指油（气）田总体开发方案批准到基本设计完成的全过程。在项目确定阶段，生产管理部门应根据“海上油（气）田自营开发管理暂行规定”指派具有资质的生产代表参与工程项目组工作，协调工程管理部门和生产管理部门的相关事宜。在基本设计审查阶段，生产管理部门应组织本部门从事总体、工艺、机械、电气、仪表、安全等各个专业的技术人员，着重从以下几个方面参与基本设计审查：

（1）总体专业。

总体专业设计审查的主要内容包括：①油（气）田开发总体布置图；②各类生产平台（设施）单项设计布置图及分层布置图；③生活动力平台（设施）总布置图；④安全布置总图（包括救生、逃生、消防、报警等）；⑤油（气）田开发工程总流程图；⑥设备布置总图。

（2）工艺专业。

工艺专业设计审查的主要内容包括：①工艺系统物料平衡图（包括计算书）；②主流程图；③各系统流程图；④工艺系统管线及仪表图（P&I 图）。

（3）机械专业。

机械专业设计审查的主要内容包括：①主要设备规格书（包括主发电机、应急发电机、天然气压缩机、空压机、热油锅炉、消防泵、外输泵、吊机等）；②主要设备数据表。

（4）电气专业。

电气专业设计审查的主要内容包括：①电气总规格书；②高、低压配电盘数据表；③动力和照明布置图；④电力负荷表；⑤短路电流计算书。

（5）仪表专业。

仪表专业设计审查的主要内容包括：①各类主要仪表规格书和数据表；②仪表盘面布置图；③中控室布置图；④现场仪表布置图；⑤消防、探测仪表布置图；⑥仪表回路图；⑦气控系统图；⑧逻辑、因果图。

（6）安全专业。

安全专业设计审查的主要内容包括：①消防设备数据表；②消防系统流程图；③危险区域划分图；④逃生线路图；⑤消防设备布置图；⑥消防系统设备规格书。

（7）通讯专业。

通讯专业设计审查的主要内容包括：①通讯设备规格书和数据表；②通讯系统图；③通讯设备布置图。

3. 组织详细设计审查

详细设计是在基本设计的基础上，专业面扩大，设计内容细化，提供为加工设计、制造及操作所需要的全部图纸及技术文件。详细设计的好坏，直接影响着生产管理和操作。

根据“海上油（气）田自营开发管理暂行规定”，中国海洋石油总公司不再组织专门的审查会对详细设计进行审查。作为生产管理部门，应从油（气）田开发的长远利益出发，站在生产管理和操作的角度，组织工艺、机械、电气、仪表、安全等专业的专家和现场工程师对详细设计进行认真审查。

由于在基本设计过程中，完成了设备、仪表等规格书的编制，基本设计审查通过后，工程管理部门根据基本设计成果对长线采办设备实施发标采办，在与设备供货商的技术澄清过程中，根据规格书的要求及供货商的能力，对设备的性能、功能及其与周围系统的接口实现全面了解。在此基础上，细化基本设计，优化设计方案，从而完成详细设计。因此，生产管理部门在详细设计的审查过程中，在了解设备规格书的基础上，着重对设备应具备的性能、周边接口关系、系统配套功能以及操作维修方便等方面进行审查。同时对整个工艺流程的完整性、仪表控制的合理性以及容器的内部结构等进行审查。主要内容包括：

（1）工艺系统。

对工艺系统的审查包括：①工艺流程的完整性；②工艺流程的物料平衡；③各容器内部结构的合理性；④流程最大处理量与设备、仪表的能力和量程的配套性；⑤仪表回路控制的合理性；⑥工艺管线配管的合理性；⑦单系统之间的衔接情况；⑧操作是否方便。

（2）公用系统。

对公用系统的审查包括：①设备的性能是否满足工艺要求；②设备的保护设施是否齐全；③设备的安装是否合理，是否与系统配套；④设备之间的控制关系是否合理；⑤维修是否方便。

（3）电气系统。

对电气系统的审查包括：①电气设备性能、技术参数是否满足规格书要求；②各种保护及设定值是否满足电力系统要求；③电气设备总体布置及安装是否合理，是否满足规范要求；④电力系统逻辑关系是否合理；⑤各配电间的设计是否满足规范要求。

（4）仪表系统。

对仪表系统的审查包括：①仪表选型、配备数量是否满足生产要求；②仪表控制回路、控制关系是否满足工艺要求；③关断逻辑是否合理；④各控制盘的功能是否齐全。

（5）安全系统。

对安全系统的审查包括：①所有安全系统设备是否满足规范要求；②火气探测及消防系统是否可靠；③消防系统配备是否齐全，流程是否完整；④安全区域的划分是否合理；⑤关断逻辑是否满足安全要求；⑥逃生、救生设施的配备是否满足规范要求；⑦安全各系统是否便于日常演习；⑧检修是否方便。

另外，在油（气）田总体开发方案批准后，钻井部门即可实施开发井钻井作业，在钻井作业过程中，如发现新的油（气）层或地质条件上发生了重大变化，工程管理部门应及时对基本设计或详细设计进行修改。生产管理部门应着重对修改的部分进行审查。

四、生产管理部门在工程建造阶段的管理

1. 生产操作人员的组织和培训

新油（气）田海上或终端操作人员队伍一般于投产前一年左右组建。生产管理部门应根据油（气）田总体开发方案中的人员定编定额，组建新的操作队伍，队伍组建完成后，应着手进行组织操作人员的系统培训和专项培训。生产管理部门应有专门的机构组织新油（气）田人员的培训，并建立相应的培训考核机制。

新油（气）田操作队伍是一支全新的队伍，无论从理论上还是实际操作水平上都需要进行一系列的培训，归纳起来主要有下列内容：

(1) 系统培训。

系统培训包括：①专业理论培训；②现场操作培训；③详细设计培训；④《投产方案》培训；⑤《安全手册》培训。

(2) 安全取证培训。

安全取证培训包括：①海上“五小证”培训；②游泳证培训；③油气消防培训。

(3) 特殊工种培训。

特殊工种培训包括：①吊车司机取证培训；②起重工取证培训；③电工取证培训；④锅炉工取证培训；⑤化验培训。

(4) 专题培训。

生产管理部门应根据新油（气）田的特点，对新型设备和操作难度大的设备举行专题培训，同时对油（气）田的大型设备和重要设备要在调试现场请厂家进行专题讲座，以确保操作人员能正确操作各种设备。

2. 工程建造阶段的管理

工程建造阶段是指从工程设备安装开始到单机及其系统调试完成的全部工作，即达到机械完工状态（机械完工状态是指单机及其系统根据调试大纲和厂家说明书的要求，完成所有设备的调试工作，使单机及其系统具备正常运转的条件）。机械完工是工程管理部门和生产管理部门的交接点。机械完工前，由工程管理部门负责设备安装、调试等工作。机械完工后，由生产管理部门负责生产系统的联合调试，使其具备投产的条件。在机械完工前，即工程建造及设备调试阶段，生产管理部门应积极参与调试，熟悉和掌握设备的完工状态，为机械完工交接作好准备，为联合调试打好基础。

对于油气田的二期开发或滚动开发项目，虽然工程管理部门成立了相应的工程项目组，但生产管理部门也应按油气田生产管理程序，积极参与工程前期工作，协助工程管理部门搞好设备调试及交验工作，认真落实联合调试计划并做好机械完工后的生产管理工作。

1）生产代表参与工程项目管理

生产代表的主要任务是代表生产管理部门与工程管理部门协调工程中的有关事宜。生产代表可以是一人，也可以是多人，其宗旨是反映生产管理部门的意见，站在生产管理的角度审查各种设计，处理工程中与生产有关的各项事宜。根据“海上油（气）田自营开发管理暂行规定”，油（气）田开发项目管理中要建立生产代表制度。生产代表由生产管

理部门派出参加工程项目组。从基本设计开始到油（气）田投产，应有合格的生产代表参加基本设计的审查，负责确认与生产操作和维修有关的详细设计图纸，并参加建造、单机调试、系统调试和联合调试实施阶段的工作。生产代表在工程项目经理领导下工作，并可以直接向其主管部门报告工作。生产代表应本着实事求是精神与工程管理部门讨论问题，不提出过高的标准与要求。工程管理部门应认真考虑生产代表的意见和建议，积极处理生产代表提出的各种意见。如有分歧意见，应提交主管领导协调决定，把问题解决在施工前。经生产代表确认的图纸施工后，除发现对安全和操作有碍、必须修改的内容外，一般不再进行修改。

2）落实定购一年备件

一年备件采办是否齐全，直接影响到油（气）田投产后的正常连续生产。中国海洋石油总公司颁发的“新油（气）田投产条件和验收标准”中把一年备件的准备情况作为投产许可证颁发的条件之一，以此强调一年备件对于新油（气）田投产的重要性。在以往工程项目管理的过程中，一年备件的定购出现了两种形式，但各具有其优缺点。

第一种形式是：一年备件由工程管理部门提出定购清单，经生产管理部门确认后，由工程管理部门采办。这种形式的主要缺点是一年备件在油（气）田投产前经常动用，不能保证投产后一年备件的数量。

第二种形式是：工程管理部门向生产管理部门提供一年备件清单，生产管理部门确认后负责采办。这种形式的主要缺点是一年备件清单在机械完工时才能提供，受采办周期限制，一年备件在油（气）田投产时不能按时到货。

鉴于上述一年备件定购程序的缺点，在近期工程项目管理过程中，综合上述 2 种备件定购的优点，形成一套新的一年备件采购形式，即在大型和主要设备的采办过程中，生产管理部门根据厂家提供的备件清单，在设备采办合同谈判过程中，同时定购一年备件，费用由工程项目组支付。设备和备件到货后，工程管理部门和生产管理部门分别对设备和备件进行验收保存。这种做法不仅保证了新油（气）田投产后一年备件的种类与数量，而且还节省了一年备件的定购费用。

3）细化“新油（气）田投产条件和验收标准”

为了加强新油（气）田从建造完工到投产运行这一过程的管理，明确这一阶段各有关部门的责任，及时解决投产过程中可能出现的问题，使新油（气）田安全顺利投产，总公司颁发了“新油（气）田投产条件和验收标准”。投产条件主要从投产组织、人员配备、技术准备、外部条件 4 个方面提出了要求；验收标准主要提出了主电站、应急电站、供配电系统、热介质锅炉及供热系统、空压机系统、吊机、天然气压缩机系统、外输系统、三甘醇脱水系统、井口控制盘系统、火气探测系统、消防系统、救生系统、海底管线、工艺系统联合调试以及油藏和钻完井的验收标准，并作为投产许可检查的依据。生产管理部门应根据新油（气）田的具体情况和特点，认真学习详细设计，吃透调试大纲，同时组织专题会议交流学习经验，分解、细化验收标准，掌握设备的性能并从资料准备、外观检查和功能及负荷试验 3 个方面做好设备的调试工作，为机械完工验收作好充分准备。

4）组织生产操作人员参与设备调试

根据总公司颁发的“新油（气）田投产条件和验收标准”的要求，在工程管理部门组织的单机及其系统调试全部完成的前提下，生产管理部门和工程管理部门双方方能签署机械完工文件。在单机及其系统调试开始之前，工程管理部门应提前至少3天向生产管理部门提交调试大纲及相关资料，生产管理部门应派有关的技术人员参加。生产管理部门参与调试的技术人员的主要职责是：在调试过程中学习掌握设备操作和维修的技术要点；发现调试过程中存在的主要问题；协助工程项目记录调试大纲的调试内容并整理出完整的设备调试档案。每台设备的单机调试和系统调试完成后，由工程项目组组织包括厂家、检验、生产管理部门的有关人员对单机的系统调试结果进行确认，并对存在的问题形成备忘录，确定整改完成时间，对调试结果进行签字确认。

5）组织机械完工验收

机械完工是指工程项目完成所有设备的安装、连接及其系统的调试工作，并具备向生产管理部门交接的条件。根据总公司颁发的“新油（气）田投产条件和验收标准”的要求，由工程项目组负责组织设备及其系统的交验工作，设备及其系统的验收人员由设备承包商、工程项目组和生产管理部门的有关技术人员共同组成，各部门要明确具体负责人。根据验收标准，针对具体设备和调试现状，对具体验收项目逐一确认。对于不具备条件的功能试验，要根据现场的实际情况酌情考虑，但必须写明原因。承包商、工程项目组和生产管理部门的具体负责人对设备及其系统的交验情况必须签字认可。对于存在的问题要签署备忘录，并注明整改完成时间。达到上述条件后，由生产管理部门和工程项目组双方的负责人共同签署机械完工验收文件。机械完工后，由于施工质量或设计引起的重大问题，继续由工程项目组负责处理；操作失误导致的问题，由生产管理部门负责处理。

第三节　联合调试阶段及投产阶段生产管理

一、联合调试阶段的管理

联合调试，指机械完工后按照生产过程的要求，使工艺系统通入介质，对系统中所有设备及管路进行的调试。联合调试的起始时间点为机械完工，结束点为投产（油气田第一口油气井开井）。系统调试时间根据油气田大小、设备的多少及复杂程度来决定，一般为25～45天。

1. 投产组织

投产工作是一项涉及面广、协调工作量大、技术性强的阶段性重要工作。根据投产工作的性质，应成立强有力的投产领导组织机构。投产领导组织机构是新油气田投产期间代表地区公司组织协调投产各项工作的权威机构，代表地区公司全权处理投产过程中的一切问题。投产领导组织机构的职责是主要负责投产的组织管理及协调，并对重大问题作出处理决定。投产领导组织机构的人员构成主要为各地区领导以及生产部门、工程部门主管投产的负责人。投产领导组织机构应在联合调试前成立。

下面以渤西油田群的投产为例，说明投产领导组织机构和工作界面。

渤西油田群开发工程是渤海公司的一个设计原油处理能力 50×10^4t/a，天然气处理能力 40×10^4m^3/d，包括（QK18－1 和 QK17－3）2 座海上平台，1 座陆地油气处理厂终端，并向天津市供应燃料气的重点工程。其投产组织机构如图 12-1 所示。

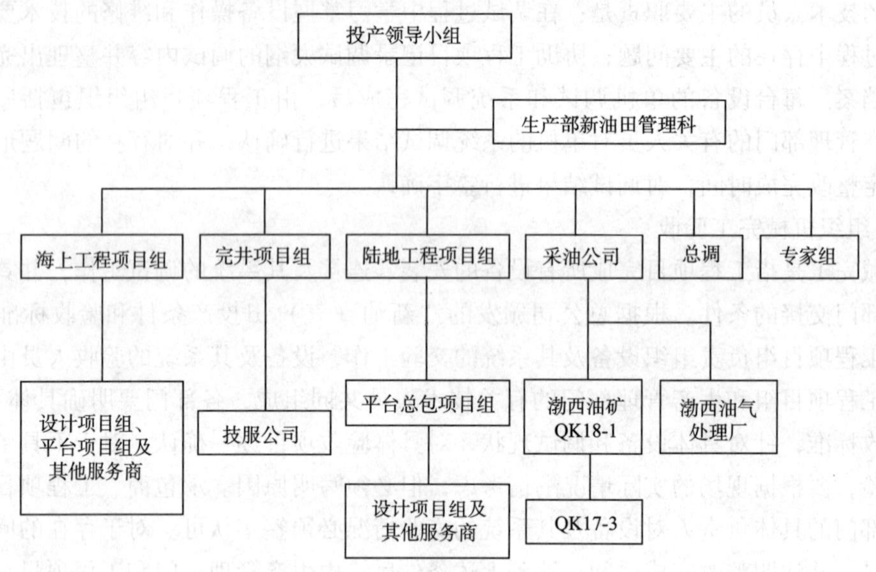

图 12-1　投产组织机构

机构编制说明：

（1）投产领导小组代表公司全权负责渤西上、下游的投产组织工作和总体协调工作。投产领导小组组长和副组长由公司领导指派，并直接对公司主管副总经理负责。

（2）生产部新油田管理科作为投产领导小组的日常办事机构，负责投产领导小组与海上工程项目组、完井项目组、陆地工程项目组、采油公司、总调等有关单位联络和协调，负责日常的联合调试、投产组织工作。

（3）海上工程项目组负责海上工程项目的机械完工按时完成，保证单机设备在联合调试过程中能正常运转。同时协助新油田管理科搞好投产前的系统调试，及时整改联合调试过程中出现的问题，组织好设计项目组、平台项目组及其他服务商为投产保驾护航。

（4）完井项目组包括 QK18－1 完井项目组和 QK17－3 完井项目组，主要负责生产井的完井、自喷井和机采井的诱喷工作，保证在投产时，生产井能正常开井生产，QK18－1 完井项目组还应确保两口水源井在投产时能投入正常生产。

（5）陆地工程项目组：负责组织对平台总包项目组的单机调试进行监督，确保单机设备在联调过程中能正常运转，督促平台总包项目组按期达到机械完工状态，并协助新油田管理科搞好投产前的联合调试和投产工作。

（6）平台总包项目组：协助新油田管理科搞好投产前的系统调试工作，及时整改系统调试过程中出现的问题，组织好设计项目组和其他服务商对系统调试的技术支持，确保正常投产。

（7）采油公司负责对平台和处理厂的安全管理，负责组织好调试队伍进行现场操作，负责投产时和投产后的生产维护及设备保养。同时还应组织好“自立号”对海上作业人员生活、后勤的服务工作。

（8）总调：协助新油田管理科管理好投产期间的船舶和飞机调度。

（9）专家组：负责投产期间的技术把关和技术支持。

其他说明：

（1）新油田管理科是渤海公司生产部专门负责新油田准备投产管理的一个职能科室。

（2）采油公司是渤海公司的二级单位，负责油田投产后的正常生产管理。

（3）“自立号”是一条后勤支持船。

2. 人员配备

人员配备主要是指海上平台（陆地终端油气处理厂）的人员配备，人员的配备必须严格按 ODP 报告批准的定员进行。全部人员应当在机械完工前完成系统培训、专项技术培训和安全培训。全部人员应在作业许可证颁证检查前取得如下证书：岗位合格证、五小证、特殊工种证及职务证书。全部人员必须在全员培训前配备到位，四师和经理应至少提前一年配备到位。

上述渤西油田上下游的人员配备如图 12－2 所示，其中 QK17－2 平台于 2000 年投产，比 QK18－1 和 QK17－3 平台晚 3 年。

3. 技术和文件准备

1）投产方案

由生产部门组织编写的《投产方案》经过了总公司和专家组的审查，并经地区公司主管副总经理批准实施。在联合调试前，对操作人员进行了《投产方案》的全面介绍和培训。《投产方案》至少应包括 12 个重要部分：①油气田及工程规模简介；②操作管理说明；③投产程序；④投产关键时间点；⑤油气藏简介及投产配产方案；⑥油气井完井状态及诱喷方案；⑦工艺流程（油、气、水）联合调试方案；⑧海底管线完工状态及调试方案；⑨工艺流程惰化方案；⑩开井，油气进流程操作程序；⑪油气外输计划；⑫投产过程中的安全管理。

2）安全手册

由生产部门组织编写的《安全手册》经过了总公司和专家组的审查，并由地区公司安全总监批准实施。对于没有建立采油生产安全管理体系的地区，《安全手册》要分“安全管理”和“安全技术”两部分进行编写，对于已建立采油生产安全管理体系的地区，《安全手册》是安全体系的一个支持性文件，其内容主要有：①针对油气田特点的安全管理规定；②火气探测、报警系统的管理及使用规定；③关断系统的管理及使用规定；④消防系统的管理及使用规定；⑤救生系统的管理及使用规定；⑥通讯系统的管理及使用规定；⑦海底管线、电缆的安全操作及管理规定；⑧应急程序及应急布置；⑨安全体系未涉及的设备及系统的管理规定。《安全手册》出版后，在作业许可颁证检查前，要组织操作人员进行学习及各种应急训练。

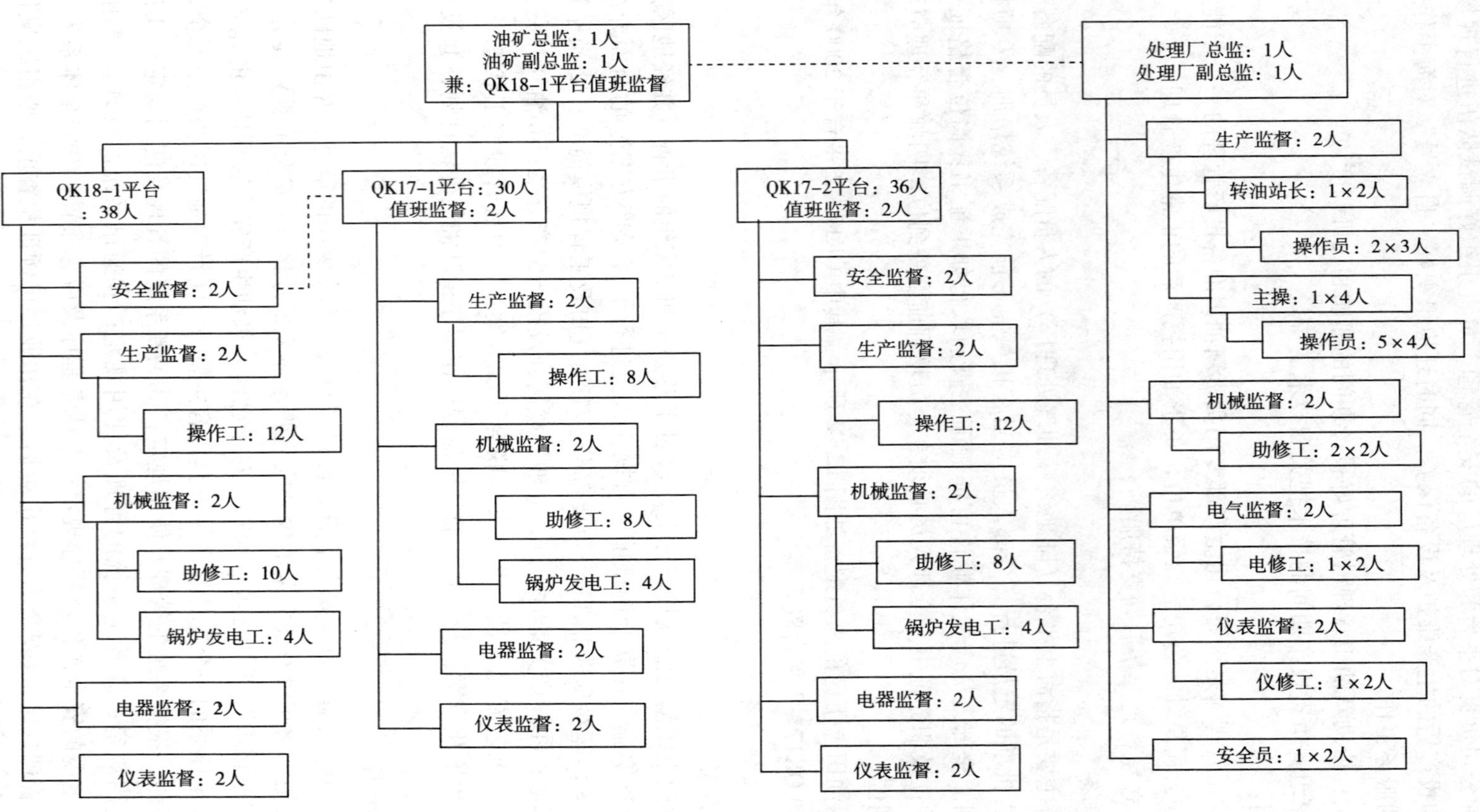

图12-2 渤西油田群机构定员示意图

3）溢油应急计划

由生产部门组织编写的《溢油应急计划》要于投产前45天报国家海洋局审查批准。《溢油应急计划》的主要内容应包括：①应急组织机构；②溢油风险分析及估计；③溢油事故处理；④溢油应急能力；⑤油田附近生物状况及海域环境。

4）培训教材

工程部门负责编写的培训教材，在操作人员全员培训前交生产部门使用。

5）机械完工文件

工程项目机械完工后，主要设备（指电站、压缩气站、热站及工艺主要设备）须达到验收标准，且工程部门、生产部门双方须签署机械完工文件。

6）操作维修手册工程部门负责组织编写的《操作维修手册》在投产前3个月交付生产部门使用。

7）投产物料及采办

生产部门根据联合调试需要和物料准备标准编制投产物料最低要求，并已全部由采办落实。

8）诱喷作业

油气井按诱喷验收标准的要求完成诱喷作业，且具备开井条件。

9）联合调试

工艺系统按验收标准的要求完成了联合调试。

10）关断试验

在工艺流程惰化前，根据关断逻辑图，完成了平台的各级关断试验。

11）报表及制度

投产前，完成了生产报表的编制，并建立了相应的报表传送制度。

4. 物料准备

物料主要是指系统调试阶段使用和为投产初期生产准备的物料。

1）临时流程连接和系统惰化用料

①胶管（两端带法兰）；②不锈钢管；③各种钢质、不锈钢管件（不同压力等级，不同尺寸）；④各种规格垫片、钢圈；⑤压力表、温度表；⑥瓶装氮气和液氮；⑦各种仪表、可燃气体检测仪、便携式流量计、检漏仪等。

2）化学药剂

根据设计要求，油、气、水处理化学药剂准备1个月的用量。

3）油料

各主要设备用的润滑油、液压油、燃料油、导热油、黄油应根据厂家要求准备一定的备用量（一般不少于1个季度的用量，燃料油除外）。

4）备件

①按厂家推荐的配件清单定购至少半年的配件；②根据海管大小配备相应尺寸的清管球（器）6～8个；③易损件适量配备。

5）化验室仪器及试剂

化验室的仪器及试剂应按设计要求和有关标准配备齐全。

6）机电仪安全专用工具和仪表

根据各专业的需要和标准配备。

7）防污染（环保用品）

应配备适量的消油剂、吸油毛毡、棉砂等。

5. 外部协调和投产前应取得的证书

“外部”是针对中国海洋石油总公司而言的，指的是国家主管部门、油气用户等。

（1）生产部门应在投产前45天向海洋石油作业安全办公室提出许可证颁证检查申请，根据海洋石油作业安全办公室的要求准备接受检查，通过检查并取得作业许可证后方可投产。

（2）生产部门应在投产前45天向中国海洋石油总公司开发生产部提出投产许可证颁证检查申请，根据总公司开发生产部的要求准备接受检查，通过检查并取得投产许可证后方可投产。

（3）生产部门负责将《溢油应急计划》提前45天报国家海洋局审批，并于作业许可颁证检查前获得批准。

（4）工程部门应当在作业许可证颁证前取得中国船检局颁发的平台防污染证书、船级社的认证书和无线电管理部门颁发的无线电台营业执照，交由生产部门存档备查。

（5）各地区公司的销售代表与油、气用户签订了销售合同（协议），生产部门根据销售合同（协议）确认油、气用户具备了接油、气条件。

（6）工程部门负责委托国家批准的资格单位在投产前对外输计量仪表完成标定，并将标定证书交由生产部门存档。

二、投产后商业化生产前的管理

投产后商业化生产指纳入公司常规生产系统的生产。根据油田情况不同，投入商业化生产的标志也不同，一般为第一船（批）原油外输，投产后两个月或原油产量达到ODP指标。投产后商业化生产前的管理与正常生产管理不完全相同，应根据这段时间的生产特点进行生产管理。下面分别就生产管理、设备管理、安全管理3方面进行说明。

1. 生产管理

（1）建立指令传达系统和报表传送制度。投产后商业化生产前油矿的主管部门为投产领导部门，这段时间的生产指令由投产领导部门统一下达，油（气）矿向投产领导部门进行生产汇报。油（气）矿的生产报表和各种信函、备忘录，先报投产领导部门，然后由投产领导部门统一处理或转发。

（2）制定油（气）矿各岗位的责任制，明确各自的岗位职责。投产后商业化生产前这段时间，生产尚未完全正常，突发意外情况比较多，油（气）矿各主要岗位应参照正常生产期间的岗位责任制，根据这段时间的生产特点，制定岗位责任制，明确各岗位职责。

（3）建立有关的生产管理规定和操作程序。投产后商业化生产前这段时间，根据公司有关工作界面的划分，公司其他业务部门（钻完井部门、工程部门）负有保修及故障处理的责任，油（气）矿发现问题应及时汇报并制定有关的管理规定和操作程序，根据各油（气）矿的情况，至少应包括如下内容：①油气井（机采设备）管理规定和操作程序；②工艺流程管理规定和操作程序；③海底管线管理规定和操作程序；④外输管理规定和操作程序；⑤停产、再启动管理规定和操作程序；⑥其他正常生产期间的管理规定和操作程序。

（4）建立生产巡检制度和记录报表。油（气）矿应根据平台的生产实际情况和存在问题，制定投产后商业化生产前生产系统的巡检制度和记录报表。

（5）其他正常生产期间的生产管理制度。如例会制度、交接班工作制度、值班船/飞机管理规定、资料录取管理规定等。

2. 设备管理

根据投产后设备未经过长期运转，有些设备还存在遗留问题的特点，设备管理应包括如下内容：

（1）根据厂商资料和厂商服务人员的现场培训以及设备存在的遗留问题，制定设备操作程序和保养制度。

（2）与工程部门协作，解决设备的遗留问题，并记录在案。如果发现新的重大问题应及时汇报。

（3）建立巡检制度和记录报表，有问题的设备要重点检查，确保生产正常。

（4）根据剩余配件量和厂商的技术要求，做好备件和专用工具、仪表的计划采办。

3. 安全环保管理

根据公司的工作界面，油（气）矿取得临时作业许可证后，安全管理即时纳入采油生产系统安全管理体系。投产后商业化生产前的安全管理主要包括如下内容：

（1）由投产领导部门组织油（气）矿和工程部门就安全作业许可颁证检查提出的问题进行整改。

（2）进行一年后换发正式作业许可证颁证检查的准备工作。

（3）考虑到投产后商业化生产前污水处理流程尚未完全正常，要做好不达标污水的再处理工作，确保不造成环境污染。

参考文献

[1] 万仁溥. 现代完井工程 [M]. 北京：石油工业出版社，1996.

[2] 李克向. 保护油气层钻井完井技术 [M]. 北京：石油工业出版社，1993.

[3] 张琪. 油藏工程与采油工艺基础 [M]. 东营：中国石油大学出版社，1988.

[4] 朱恩灵. 试油工艺技术 [M]. 北京：石油工业出版社，1987.

[5] 王鸿勋，张琪等. 采油工艺原理 [M]. 北京：石油工业出版社，1989.

[6] 罗英俊等. 水平井开采技术译文集 [M]. 北京：石油工业出版社. 1992.

[7] 童宪章. 油井产状和油藏动态分析 [M]. 北京：石油工业出版社，1981.

[8] M. 戈兰，C. H. 惠特森. 油气井动态分析 [M]. 陈钟祥，许政纲等，译. 北京：石油工业出版社，1992.

[9] Kermit E. Brown. The Technology of Artificial Lift Methods [M]. Tulsa：Petroleum publishing company，1997.

[10] E. H. Timmerman. Practical Reservoir Engineer [M]. Tulsa：Pennwell Publishing company，1982.

[11] N. B 布雷德利. 石油工程手册（上册）[M]. 张柏年等，译. 北京：石油工业出版社，1992.

[12] 陈家琅. 石油气液两相管流 [M]. 北京：石油工业出版社，1979.

[13] Robert M. Pearson. Well Completion Design and Practice [M]. Amsterdam：Elsevier，1987.

[14] 王浦潭，郭呈柱. 海洋采油工程 [M]. 天津：渤海石油公司，1994.

[15] H. P 布雷德利. 石油工程手册·采油工程 [M]. 北京：石油工业出版社，1992.

[16]《海上油气田完井手册》编委会. 海上油气田完井手册 [M]. 北京：石油工业出版社，1998.

[17] 杨川东. 采气工程 [M]. 北京：石油工业出版社，1997. 8.

[18] 曾庆恒. 采气工程 [M]. 北京：石油工业出版社，1999. 8.

[19] 布朗. 升举法采油工艺（卷四）[M]. 北京：石油工业出版社，1990. 1.

[20] C. U. 伊克库. 天然气开采工程 [M]. 北京：石油工业出版社，1990. 3.

[21] 杨继盛编. 采气工艺基础 [M]. 北京：石油工业出版社，1992. 12.

[22] 杨继盛，刘建仪. 采气实用计算 [M]. 北京：石油工业出版社，1994. 3.

[23] 郭旭光，李生莉，周蔚云. 负压法地层解堵增注工艺 [J]. 石油钻采工艺，1994，(2)：86-90 + 109.

[24] 王兴刚，张长青. 水力振动解堵增注技术的应用 [J]. 石油钻采工艺，1992，(2)：73-76.

[25] 路斌，严炽培. 超声波提高油气渗流速度的机理研究 [J]. 石油钻采工艺，1992，(5)：51-56.

[26] 胡博仲，刘顺生，杨宝君. 解除近井地层污染技术 [J]. 石油钻采工艺，1995，(4)：72-77 + 83-108.

[27] 刘发喜，秦发动. 高能气体压裂施工工艺及其发展趋势 [J]. 石油钻采工艺，1993，(2)：63-69 + 75.

[28] 万仁薄，罗英俊. 采油技术手册 [M]. 北京：石油工业出版社，2005.

[29] 美国 Oilplus 公司. 绥中 36 - 1 油田开发注水设施概念性研究报告 [R]. 1996.

[30] 胡博仲. 大庆油田高含水期稳油控水采油工程技术 [M]. 北京：石油工业出版社，1997.

[31] 刘翔鹗. 油田堵水技术论文集 [M]. 北京：石油工业出版社，1998.

[32] 万仁溥，罗英俊等. 采油技术手册 [M]. 北京：石油工业出版社，1991.

［33］油气田开发新技术汇编（1991—1995）［C］. 北京：石油工业出版社，1996.
［34］张继芬等. 提高石油采收率基础［M］. 北京：石油工业出版社，1997.
［35］韩显卿. 提高采收率原理［M］. 北京：石油工业出版社，1993.
［36］刘翔鹗等. 波及技术手册［M］. 北京：石油工业出版社，1996.
［37］刘一江等. 化学调剖堵水技术［M］. 北京：石油工业出版社，1999.